# 从LTE到5G

## 移动通信系统

### 技术原理及其LabVIEW实现

李晓辉 刘晋东 李丹涛 屠方泽 编著

U0332306

清华大学出版社

北京

# 内 容 简 介

本书在对 LTE 关键技术和规范深入分析的基础上,全面介绍 5G 移动通信系统的 NSA 和 SA 标准,并阐述业界关注的 5G 移动通信新技术。同时,本书将移动通信新技术和图形化 LabVIEW 设计语言相结合,详细介绍基于 LabVIEW 图形化设计语言和 USRP 的 LTE 框架实现,并描述 5G 移动通信中大规模 MIMO、GFDM 等新技术的 LabVIEW 实现,是一本原理、技术和实现相结合的通信工程专业前沿性书籍。

本书基于西安电子科技大学通信工程学院多年来对 LTE/LTE-Advanced 以及 5G 移动通信技术的研究,结合通信与信息工程国家级实验教学示范中心的通信与网络综合开发实验以及 NI 公司在移动通信领域最新的成果编写而成。本书内容丰富,叙述深入浅出。通过本书的学习,读者不仅可以掌握移动通信的基本原理和技术规范,了解未来移动通信的新技术,还可以通过 LabVIEW 和 USRP 实例对这些新技术有深刻的认识,并在提供的 NI 软件无线电上进行技术实验和相应开发。

本书可作为通信领域高年级本科生或硕士、博士研究生的教材,还可作为从事通信网络和无线通信等领域工程技术人员的参考书。

**图书在版编目(CIP)数据**

从 LTE 到 5G 移动通信系统:技术原理及其 LabVIEW 实现/李晓辉等编著. —北京:清华大学出版社,2020.1(2022.2重印)

ISBN 978-7-302-53765-6

Ⅰ. ①从… Ⅱ. ①李… Ⅲ. ①无线电通信－移动通信－通信技术 Ⅳ. ①TN929.5

中国版本图书馆 CIP 数据核字(2019)第 219160 号

责任编辑:王 芳
封面设计:常雪影
责任校对:李建庄
责任印制:杨 艳

出版发行:清华大学出版社
　　　网　　　址:http://www.tup.com.cn,http://www.wqbook.com
　　　地　　　址:北京清华大学学研大厦 A 座　　　　　　　邮　　编:100084
　　　社 总 机:010-62770175　　　　　　　　　　　　　　邮　　购:010-83470235
　　　投稿与读者服务:010-62776969,c-service@tup.tsinghua.edu.cn
　　　质量反馈:010-62772015,zhiliang@tup.tsinghua.edu.cn
　　　课件下载:http://www.tup.com.cn,010-83470236

印 装 者:北京富博印刷有限公司
经　　销:全国新华书店
开　　本:185mm×260mm　　　印 张:23　　　　　　字　　数:558 千字
版　　次:2020 年 1 月第 1 版　　　　　　　　　　印　　次:2022 年 2 月第 4 次印刷
定　　价:79.00 元

产品编号:076735-01

# P 前 言

## Preface

随着移动通信技术的飞速发展,人们开始意识到移动通信技术给自身生活带来的巨大变化。在第四代(4G)移动通信技术不断成熟和人们理念不断更新的前提下,第五代(5G)移动通信技术应运而生并有了很大的进展。随着5G移动通信标准NSA和SA标准第一版本的冻结,移动通信产业开始把注意力转向如何为其他行业提供有效的通信能力,万物互联成为移动通信的愿景。

本书主要介绍LTE移动通信技术及其向第五代移动通信技术的演进,涉及LTE和5G新空口(NR)的原理、技术规范及LabVIEW实现等内容。首先分析LTE的关键技术和相关规范,然后阐述5G移动通信系统的NSA和SA标准,并研究讨论业界关注的5G移动通信新技术。在实现方面,在介绍基于LabVIEW图形化设计语言和通用软件无线电平台(USRP)的基础上,给出详细的LTE框架实现,以及5G移动通信中大规模MIMO、GFDM等新技术的LabVIEW实现。

本书是一本理论和实际相结合的通信领域专业性书籍,在学习新知识的同时,通过技术实现形式来掌握新技术,并可将其用于未来移动通信技术的研究开发,整体上本书可分为两大部分:第一部分是LTE和5G的基本原理和技术规范,包括第1~8章;第二部分包括第9~14章,主要介绍LabVIEW和USRP在移动通信新技术上的应用。

第1章主要介绍从第一代移动通信到第五代移动通信的发展历程,重点描述LTE和5G的新技术和标准化进展,使读者对移动通信的发展过程有一个全面认识。为了便于对LTE技术规范的学习,在介绍LTE技术规范之前,在第2章首先给出LTE的体系架构,然后重点介绍无线接入的物理层技术和规范。第3章介绍LTE的关键技术,包括OFDM技术、多天线技术、自适应编码和调制技术、带有软合并的HARQ技术等。第4章介绍LTE技术规范,包括LTE物理层概述、上行传输过程和下行传输过程等。第5章介绍LTE-Advanced技术,包括LTE-A中的多天线技术、多点协作技术、中继技术和载波聚合技术。

第6~8章介绍5G移动通信新技术。第6章介绍5G移动通信系统的网络架构,阐述SDN和NFV的概念及其在第五代移动通信系统中的应用。第7章围绕当前5G NR的系列标准,给出物理层传输的一般过程,重点阐述5G采用的编码方式。第8章从研究领域重点介绍5G移动通信物理层传输新技术,包括大规模MIMO技术、毫米波混合波束成形、新波形技术和全双工干扰抑制等。

第9~14章阐述本书原理部分在USRP上的实现。第9章和第10章分别是软件无线电平台简介和LabVIEW编程基础,第11章介绍用USRP和LabVIEW构建无线系统的实例,第12章介绍LTE在USRP上的实现,第13章介绍MIMO平台的构建,第14章介绍NI公司开发的其他的第五代移动通信新技术的实现方案。

本书由李晓辉、刘晋东、李丹涛和屠方泽编著。感谢参与本书材料整理的杜洋帆、谢羿以及参与校对的各位研究生。本书是在西安电子科技大学通信工程学院多年来对 LTE/LTE-Advanced 以及 5G 移动通信技术研究的基础上,结合通信与信息工程国家级实验教学示范中心的通信与网络综合开发实验以及 NI 公司在移动通信领域最新的成果编写而成的。感谢西安电子科技大学通信工程学院以及通信与信息工程实验教学示范中心各位领导和老师给予的帮助和支持。本书的出版得到了西安电子科技大学研究生精品教材建设项目以及 NI 公司的教育部产学合作育人项目的资助和支持,在此表示感谢!

　　本书可作为通信领域高年级本科生和硕士、博士研究生的教学与科研用书,使学生在掌握移动通信新技术基本原理和技术规范的同时,还能够通过图形化的实践模式展开深入学习和研究,便于提高学生的创新意识和动手能力。此外,本书还可作为无线通信等领域工程技术人员的参考书。

　　由于作者水平有限,加上时间仓促,书中难免存在不足之处,恳请广大读者批评指正。

作　者<br>2019 年 10 月

# C目录
## ontents

# 第1章
## Chapter 1

# 移动通信技术概述

本章给出了移动通信技术概述,首先介绍了移动通信系统的发展历程,阐述了长期演进(Long Term Evolution,LTE)技术指标、体系架构和关键技术。同时,还描述了5G移动通信技术的发展现状和标准化进展。此外,还介绍了NI USRP在移动通信领域的应用。最后给出了本书的组织结构和内容安排。

## 1.1 移动通信发展历程

移动通信系统出现于20世纪80年代中期,最初被称为第一代(First-Generation,1G)模拟移动通信系统,例如美国的高级移动电话系统(Advanced Mobile Phone System,AMPS)和北欧移动电话系统(Nordic Mobile Telephone,NMT)。

第二代(The Second-Generation,2G)移动通信系统是无线数字系统,具有比第一代模拟系统更高的频谱效率和更强的鲁棒性。主要的2G技术包括全球移动通信系统(Global System for Mobile communications,GSM)、CDMAOne、时分多址接入系统(Time Division Multiple Access,TDMA)和个人数字蜂窝网(Personal Digital Cellular,PDC)。CDMAOne以码分多址接入(Code Division Multiple Access,CDMA)为基础,也称IS-95,主要用于亚太地区、北美和拉丁美洲。GSM在欧洲和全球范围的其他多数国家开发和使用。TDMA系统采用IS-136北美标准,由于TDMA是1G标准AMPS的演进,因此该系统也称为数字高级移动电话系统(Digital Advanced Mobile Phone System,D-AMPS)。PDC是日本专用的2G标准。

表1.1描述了上述4种主流2G系统间的区别,给出了各自的无线基本参数(例如调制方式、载波频率间隔和主要接入方式等)以及服务级别参数(例如初始数据速率和话音编码算法等)。

表 1.1  主要 2G 系统参数对照表

| 参　　数 | 系 统 名 称 | | | |
| --- | --- | --- | --- | --- |
| | GSM | CDMAOne | TDMA | PDC |
| 工作频段 | 900MHz | 800MHz | 800MHz | 900MHz |
| 调制方式 | GMSK | QPSK/BPSK | QPSK | QPSK |
| 载波频率间隔 | 200kHz | 1.25MHz | 30kHz | 25kHz |
| 载波调制速率 | 270Kb/s | 1.2288Mchip/s | 48.6Kb/s | 42Kb/s |
| 每载波业务信道 | 8 | 61 | 3 | 3 |

| 参　　　数 | 系 统 名 称 | | | |
|---|---|---|---|---|
| | GSM | CDMAOne | TDMA | PDC |
| 主要接入方式 | TDMA | CDMA | TDMA | TDMA |
| 初始数据速率 | 9.6Kb/s | 14.4Kb/s | 28.8Kb/s | 4.8Kb/s |
| 话音编码算法 | RPE-LTP | CELP | VSELP | VSELP |
| 话音速率 | 13Kb/s | 13.3Kb/s | 7.95Kb/s | 6.7Kb/s |

2G 系统向第三代(The Third Generation,3G)移动通信演进的中间版本称为 2.5G,即在语音基础上又引入了分组交换业务。GSM 对应 2.5G 是通用分组无线业务(General Packet Radio Service,GPRS)系统。CDMAOne 可以进一步分为 IS-95A 和 IS-95B,IS-95A 是 2G 标准,而 IS-95B 是 IS-95A 的 2.5G 演进标准。

EDGE 是英文 Enhanced Data Rate for GSM Evolution 的缩写,也是一种从 GSM 向 3G 演进的过渡技术。EDGE 主要是在 GSM 系统中采用了多时隙操作和 8PSK 调制技术,使每个符号所包含的信息是原来的 3 倍,其性能优于 GPRS 技术。

随着 2G 技术的不断发展,用户迫切地需要全球统一的移动通信标准。制定 3G 移动通信系统标准的根本目的就是为无线用户提供一种简单的全球移动解决方案,避免大量多模终端来覆盖公共蜂窝的通信方式带来的严重的无线资源和能量浪费,从更广泛的业务层面改善用户终端体验。3G 移动通信系统期望的吞吐量为:在乡村室外无线环境 144Kb/s,在城市或郊区室外无线环境 384Kb/s,在室内或室外热点环境 2048Kb/s。

主要的 3G 标准包括 WCDMA、CDMA2000 和时分同步码分多址(Time Division-Synchronous Code Division Multiple Access,TD-SCDMA)。

WCDMA 是第 3 代伙伴计划(3rd Generation Partnership Project,3GPP)提出的 3G 系统标准,也称通用移动电信系统(Universal Mobile Telecommunications System,UMTS)。WCDMA 是基于码分多址(Code Division Multiple Access,CDMA)的方案,使用高速编码的直接扩频序列。每个用户在单信道的速率可达 384Kb/s,在专用信道上的理论最大比特速率为 2Mb/s,同时支持基于分组交换(Packet Switch,PS)和电路交换(Circuit Switch,CS)的应用并且改进了漫游能力。WCDMA 于 2001 年在日本开始商用,其名称为自由移动多媒体接入(Freedom of Mobile Multimedia Access,FOMA),并于 2003 年在其他国家商用。WCDMA 的无线接口与 GSM/EDGE 完全不同,但是其结构和处理过程是从 GSM 继承而来,与 GSM 后向兼容,终端能够在 GSM 和 WCDMA 网络间无缝切换。

3GPP 还接纳了我国的时分同步码分多址(Time Division-Synchronous Code Division Multiple Access,TD-SCDMA)技术,有的文献也将其称为 TDD 模式的 UMTS 标准。

北美 CDMA2000 是由 IS-95 发展而来。CDMA2000 的一个主要分支称为演进数据和话音(Evolution Data and Voice,1xEV-DV),迄今为止没有大规模商用。另外一个分支是演进数据优化(Evolution Data Optimized,1xEV-DO),支持高速分组数据业务传送,在 CDMA2000 的发展中将占据重要的地位。

高速分组接入(High Speed Packet Access,HSPA)是对 UMTS 进一步的增强,包括高速下行链路分组接入(High Speed Downlink Packet Access,HSDPA)和高速上行链路分组

接入(High Speed Uplink Packet Access,HSUPA)。HSDPA 于 2005 年底开始商用化。HSDPA 中引入了新的调制方式——正交幅度调制(Quadrature Amplitude Modulation,QAM),理论上支持 14.4Mb/s 的峰值速率(使用最低信道保护算法)。用户实际体验到的数据速率可以达到 1.8Mb/s 甚至 3.6Mb/s。

主要 3G 系统的参数对照如表 1.2 所示。

表 1.2 主要 3G 系统参数对照表

| 参 数 | 3G 系统 | | |
| --- | --- | --- | --- |
| | WCDMA 或 HSPA | CDMA2000 | TD-SCDMA |
| 多址方式 | FDMA+CDMA | FDMA+CDMA | FDMA+TDMA+CDMA |
| 双工方式 | FDD | FDD | TDD |
| 工作频段/MHz | 上行：1920~1980<br>下行：2110~2170 | 上行：1920~1980<br>下行：2110~2170 | 上行：1880~1920<br>下行：2010~2025 |
| 载波带宽/MHz | 5 | 1.25 | 1.6 |
| 码片速率/(Mc/s) | 3.84 | 1.2288 | 1.28 |
| 峰值速率/(Mb/s) | 下行：14.4<br>上行：5.76 | 下行：3.1<br>上行：1.8 | 下行：2.8<br>上行：0.384 |
| 接收检测 | 相干检测 | 相干检测 | 联合检测 |
| 越区切换 | 软、硬切换 | 软、硬切换 | 接力切换 |

HSDPA 采用共享无线方案和实时(每 2ms)信道估计技术来分配无线资源,能够实现对用户的数据突发进行快速反应。此外,HSDPA 实现了混合自动重传(Hybrid Automatic Repeat Request,HARQ),这是一种在靠近无线接口处实现的快速重传方案,能够快速适应无线传输信道特征的变化。HUSPA 是一种与 HSDPA 相对应的上行链路(从终端到网络)分组发送方案。HSUPA 不是基于完全共享信道的发送方案,每一个 HSUPA 信道实际上具有自己专有物理资源的专用信道。HSUPA 的共享资源由基站来分配,主要是根据终端的资源请求来分配上行 HSUPA 的发送功率。HSUPA 理论上可以提供高达 5.7Mb/s 的速率,当移动用户进行高优先级业务传输时,还可以使用比通常情况下分配给单个终端更多的资源。

HSPA+也称 HSPA 演进,是 HSDPA 和 HSUPA 技术的增强,目标是在 LTE 成熟之前,提供一种 3G 后向兼容演进技术。由于采用了大量新技术,例如,多输入多输出(Multiple Input Multiple Output,MIMO)技术和高阶调制(例如下行采用 64QAM,上行采用 16QAM),HSPA+能在 WCDMA 系统的 5MHz 带宽上达到接近演进 UMTS 的频谱效率。同时,HSPA+结构上也做了改进,降低了数据发送时延。

同时,CDMA2000 也在不断发展,出现了 1xEV-DO 和 1xEV-DO 两个 3G 版本的标准,而 1xEV-DO 逐步发展到 Revision C。北美 CDMA 系列标准不是本书研究的重点,这里不再赘述。

HSPA 的引入使得移动网络由话音业务占统治地位的网络转换为数据业务占统治地位的网络。数据使用主要是由占用大量带宽的便携式应用推动的,这些应用包括互联网接入、文件共享、用于分发视频内容的流媒体业务、移动电视以及交互式游戏。此外,视频、数据和话音业务的集成也进入移动市场。

HSPA+被认为是当前 HSPA 和演进 UMTS LTE 间的过渡技术,与 3G 网络后向兼容,便于运营商平滑升级网络,在 LTE 网络进入实际商用前提高网络性能。随着家庭和办公室的移动业务逐步取代传统的固定网络话音和宽带数据业务,人们对移动网络数据的容量和效率提出了更高的要求。因此,3GPP提出了比HSPA具有更高性能的LTE以及其高级标准LTE-A(LTE-Advanced),以改善用户的性能。

LTE是UMTS无线接入技术标准的演进,在3GPP中称为演进的通用陆地无线接入网(Universal Terrestrial Radio Access Network,EUTRAN)。在无线接入技术不断演进的同时,3GPP还开展了系统架构演进(System Architecture Evolution,SAE)的研究。LTE的分组核心网称为演进分组核心网(Evolved Packet Core,EPC),采用全IP结构,旨在帮助运营商通过采用无线接入技术来提供先进的移动宽带服务。EPC和EUTRAN合称演进分组系统(Evolved Packet System,EPS),是业界公认的第四代(The Fourth-Generation,4G)移动通信系统,但在实际应用中,人们更习惯用LTE+(包括LTE-A在内的LTE各升级版本)来指代4G移动通信网络。

此外,CDMA2000也有对应的4G标准超移动宽带(Ultra Mobile Broadband,UMB),但是UMB没有在全球范围内大规模商用。

随着物联网、车联网的兴起,移动通信技术又将成为万物互联的基础,由此带来爆炸性的数据流量增长、海量的设备连接以及不断涌现的各类新业务和应用场景。移动通信领域正在迎接新一轮的变革,从而诞生了第五代(The Fifth-Generation,5G)移动通信系统。

2019年,5G系统逐步走向商用。在研究领域,B5G/6G技术的研究正逐步展开,移动通信将进入万物互联、无处不在的智能化时代。

综上所述,移动通信的发展历程如图1.1所示。

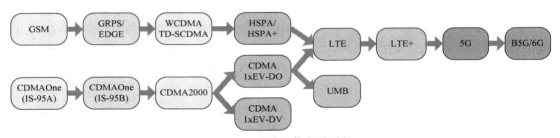

图1.1　移动通信发展历程

# 1.2　演进分组系统概述

## 1.2.1　网络结构演进

EPS的目标是在简单的公共平台上综合所有业务。EPS由优化的分组接入网络和简单的核心网络组成,两者的特点如下:

(1)优化的分组接入网络,可以有效支持基于IP的非实时业务和类似电路交换的需要恒定时延和恒定比特速率传输的业务。

(2)简单的核心网络,仅由分组域组成,支持所有的分组交换(Package Switch,PS)业务,能够与传统的公共交换电话网(Public Switched Telephone Network,PSTN)互通。

可以从图1.2中看出EPS架构与之前各移动通信系统架构的不同。

从图1.2可以看出,早期2G蜂窝网络采用电路交换方式,主要支持基于电路交换的业务(包括呼叫建立、认证和计费)以及与PSTN的互通。

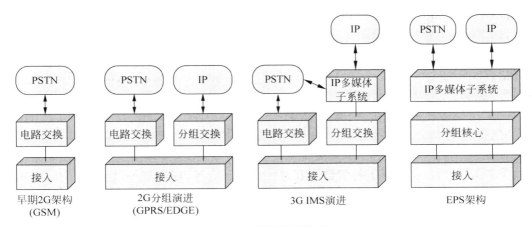

图 1.2 网络结构演进

随着 IP 和 Web 业务的出现，2G GSM 网络逐步演进到能够支持分组数据传输方式的阶段，例如 GPRS 和 EDGE。这一阶段里，系统的接入网络规范中引入了支持分组发送和共享资源分配方案。此外，还增加了与 CS 域并行的 PS 域。PS 域支持分组发送（包括认证和计费）以及与公共或私有 IP 网络的互通。

早期 3G UMTS 网络结构与 2G 网络或多或少有相同的地方，都包括电路和分组核心网络。随着网络结构的发展，UMTS 逐步在 PS 域上面增加了一个新的域：IP 多媒体子系统（IP Multimedia Subsystem，IMS）。IMS 是在 Internet 工程任务委员会（Internet Engineering Task Force，IETF）提出会话发起协议（Session Initiation Protocol，SIP）的基础上开发的，主要目标是在各种无线网络间采用统一的方法来实现 IP 业务的互操作。此外，IMS 标准通过信令和媒体网关支持 VoIP（Voice over IP），并且能够与传统 PSTN 进行互通。虽然 IMS 在综合业务方面具有很强的吸引力，但是在 3G 核心网中仍保留了 CS 域，来支持电路交换话音业务和基于 H324M 的视频电话。在该阶段，IMS 机制还不支持与 CS 网络间话音业务的无缝移动，因此传统网络运营商没有把 IMS 作为一个面向所有业务的公共平台（包括话音、实时和非实时业务）。

在 EPS 架构中，3GPP 组织重点针对 LTE/SAE 网络的系统架构、无线传输关键技术、接口协议与功能、基本消息流程、系统安全等方面进行了细致的研究与标准化，在核心网方面引入了全新的 PS 域核心网络系统架构，在 PS 域上支持所有应用（包括大多数实时受限应用），不再包括 CS 域。此外，还对 IMS 技术进行了增强，提出 Common IMS 课题，并重点解决 3GPP 与 3GPP2、TISPAN 等几个标准化组织之间的 IMS 技术的融合和统一，支持多种非 3GPP 接入网技术接入统一的核心网。EPS 结构中需要引入一个网关节点，该节点可以作为 IMS 结构的一部分，使得 IP 业务能够转换到基于电路交换的 PSTN 进行传输。

## 1.2.2 LTE 技术指标

LTE 是由 3GPP 组织制定的通用移动通信系统（Universal Mobile Telecommunications System，UMTS）的长期演进标准，于 2004 年 12 月在 3GPP 多伦多会议上正式立项并启动，2009 年 3 月发布 LTE 标准的第一个版本。

LTE 的主要目标是设计一种高性能无线接口，也称之为演进的陆地无线接入网（Evolved UMTS Terrestrial Radio Access Network，EUTRAN），通过引入正交频分复用

(Orthogonal Frequency Division Multiplexing, OFDM)和多输入多输出(Multiple Input Multiple Output, MIMO)等关键技术,显著提高了频谱效率和数据传输速率。在20MHz带宽、2×2天线配置、64QAM情况下,LTE的理论下行最大传输速率为201Mb/s,除去信令开销后大概为150Mb/s。但根据实际组网以及终端能力限制,一般认为LTE下行峰值速率为100Mb/s,上行峰值速率为50Mb/s。

　　LTE支持多种带宽分配,包括1.4MHz、3MHz、5MHz、10MHz、15MHz和20MHz等,且支持全球主流2G/3G系统频段和一些新增频段,因此频谱分配更加灵活,系统容量和覆盖也显著提升。LTE系统网络架构更加扁平化、简单化,减少了网络节点和系统复杂度,从而减小了系统时延,也降低了网络部署和维护成本。此外,LTE系统支持与其他3GPP系统互操作。

　　根据双工方式不同LTE系统分为FDD(Frequency Division Duplexing)-LTE和TDD(Time Division Duplexing)-LTE,二者的主要区别在于空口的物理层,如时分设计、同步等。FDD系统空口上下行采用成对的频段接收和发送数据,而TDD系统上下行则使用相同的频段在不同的时隙上传输。

　　LTE系统的性能指标可以用表1.3来表示。

**表1.3　LTE系统的性能指标**

| 频谱指标 | 传输指标 | 传输时延 | 移动性 | 其他指标 |
|---|---|---|---|---|
| 支持1.4/3/5/10/15/20MHz带宽;灵活使用现有或新增频谱;支持对称和非对称频谱;频谱效率下行达到HSDPA的2~4倍,上行达到HSUPA的2~3倍 | 20MHz带宽的情况下支持上行50Mb/s,下行100Mb/s | 在非过载的条件下,LTE规范的用户数据时延小于5ms,端到端时延小于150ms | 在120km/h下性能良好;在高速(350~500km/h)情况下,用户能够保持连接性 | 支持现有3GPP和非3GPP系统的互操作;支持增强型广播业务和多播业务;支持增强的IMS和核心网取消电路域,所有业务均在分组域实现 |

## 1.2.3　LTE关键技术

　　与之前的技术相比,LTE采用了多项新技术,这些技术包括OFDM技术、MIMO技术、链路自适应技术(包括自适应编码调制(Adaptive Modulation Coding, AMC)和HARQ等),以及小区干扰协调技术(Inter Cell Interference Coordination, ICIC)等。

### 1. OFDM技术

　　OFDM把系统带宽划分成多个相互正交的子载波,在多个子载波上并行传输数据;各个子载波的正交性是由基带IFFT(Inverse Fast Fourier Transform)实现的。由于子载波带宽较小(15kHz),多径时延将导致符号间干扰,破坏子载波之间的正交性,因此,在OFDM符号间插入保护间隔,采用循环前缀CP来实现。为了实现多用户共享信道传输,下行多址接入采用OFDMA技术,上行多址接入采用SC-FDMA(Single Carrier-FDMA)

技术。

2. MIMO 技术

LTE 下行支持 MIMO 技术进行空间维度的复用。空间复用支持单用户 MIMO（Single-User-MIMO，SU-MIMO）模式或者多用户 MIMO（Multiple-User-MIMO，MU-MIMO）模式。SU-MIMO 和 MU-MIMO 都支持通过预编码的方法来降低或者控制空间复用数据流之间的干扰，从而改善 MIMO 技术的性能。SU-MIMO 中，空间复用的数据流调度给一个单独的用户，提升该用户的传输速率和频谱效率。MU-MIMO 中，空间复用的数据流调度给多个用户，多个用户共享同一时频资源，系统可以通过空间维度的多用户调度获得额外的多用户分集增益。

受限于终端的成本和功耗，实现单个终端上行多路射频发射和功放的开销较大。因此，LTE 在上行采用多个单天线用户联合进行 MIMO 传输的方法，称为虚拟 MIMO。调度器将相同的时频资源调度给若干个不同的用户，每个用户都采用单天线方式发送数据，系统采用多用户 MIMO 检测方法进行数据分离。采用虚拟 MIMO 方式能同时获得 MIMO 增益以及功率增益（相同的时频资源允许更高的功率发送），而且调度器可以控制多用户数据之间的干扰。同时，通过用户选择可以获得多用户分集增益。

3. 调度和链路自适应技术

LTE 支持时间和频率两个维度的链路自适应，根据时频域信道质量信息对不同的时频资源选择不同的调制编码方式。功率控制在 CDMA 系统中是一项重要的链路自适应技术，可以避免远近效应带来的多址干扰。在 LTE 系统中，上下行均采用正交的 OFDM 技术对多用户进行复用。因此，功率控制主要用来降低对邻小区上行的干扰，补偿链路损耗，也是一种慢速的链路自适应机制。

4. 小区干扰协调

LTE 系统中，系统中各小区采用相同的频段进行发送和接收，因此必将在小区间产生干扰，小区边缘干扰尤为严重。

为了改善小区边缘的性能，系统上下行都需要采用一定的方法进行小区干扰控制，常见的方法如下。

（1）干扰随机化：被动的干扰控制方法。目的是使系统在时频域受到的干扰尽可能平均，可通过加扰、交织、跳频等方法实现。

（2）干扰对消：终端解调邻小区信息，对消邻小区信息后再解调本小区信息；或利用交织多址 IDMA 进行多小区信息联合解调。

（3）干扰抑制：通过终端多个天线对空间有色干扰特性进行估计和抑制，可以分为空间维度和频率维度进行抑制。系统复杂度较大，可通过上下行的干扰抑制合并（IRC）实现。

（4）干扰协调：主动的干扰控制技术。对小区边缘可用的时频资源做一定的限制。这是一种比较常见的小区干扰抑制方法。

## 1.2.4 LTE-Advanced

LTE-Advanced（简称 LTE-A）是 LTE 的演进，2008 年 3 月提出，2008 年 5 月确定需求。3GPP 规范的制订是不断完善和演进的，通常用 Rel（Release）来表示不同版本。当一个版本对所涉及的关键技术的研究到达一定程度时，就会冻结，然后继续在某项或者某几项技术上加以演进或者提出新的关键技术，形成新的版本。例如：2009 年 3 月冻结的 Rel-8 被认为是 LTE 的基础版本，而在 2011 年冻结的 Rel-10 被视为 LTE-Advanced 的基础版本。这些标准的版本一般是向下兼容的。表 1.4 给出了 LTE Rel-8 及以后各版本的比较。

表 1.4　LTE Rel-8 及以后各版本的比较

| 版本 | Rel-8 | Rel-9 | Rel-10 | Rel-11 及以后 |
|---|---|---|---|---|
| 描述 | LTE 基础版本 | LTE 增强版本 | LTE-A 基础版本 | LTE-A 增强版本 |
| 关键技术 | OFDM<br>MIMO<br>自适应编码调制<br>混合 ARQ<br>小区间干扰抑制 | 双流波束赋形<br>终端定位<br>多播广播 | 载波聚合<br>增强 MIMO<br>中继技术<br>异构网络干扰管理<br>最小化路测 | 多点协作传输<br>载波聚合增强<br>增强下行控制信道<br>异构网络干扰管理<br>增强<br>… |

LTE-Advanced 采用了载波聚合（Carrier Aggregation，CA）、上/下行多天线增强（Enhanced UL/DL MIMO）、多点协作传输（Coordinated Multi-point Transmission，CoMP）、中继（Relay）、异构网干扰协调增强（Enhanced Inter-cell Interference Coordination for Heterogeneous Network）等关键技术，大大提高了无线通信系统的峰值数据速率、峰值谱效率、小区平均谱效率以及小区边界用户性能，同时也能提高整个网络的组网效率，其关键技术指标如表 1.5 所示。

表 1.5　LTE-Advanced 关键技术指标

| 参　　数 | 下　　行 | 上　　行 |
|---|---|---|
| 最大带宽 | 最大 100MHz | |
| 峰值数据速率/(Mb/s) | 1000 | 500 |
| 峰值频谱效率/(b/s/Hz) | 30 | 15 |
| 平均频谱效率/(b/s/Hz/小区) | 2.6 | 2 |
| 小区边缘用户频谱效率/(b/s/Hz) | 0.09 | 0.07 |

LTE Rel-8 的技术指标与 4G 非常接近，俗称 3.9G，但其并不是真正意义上的 4G。表 1.5 中 LTE-Advanced 的关键指标已经满足并超过 IMT-Advanced 的需求，可以称得上真正意义上的 4G。同时 LTE-Advanced 还保持对 LTE 较好的后向兼容性。接下来简单描述 LTE-Advanced 的关键技术。

1. 载波聚合

为了满足峰值速率要求，LTE-Advanced 当前支持最大 100MHz 带宽，然而在 3GPP 规定的 LTE-Advanced 工作频段中很难找到如此大的带宽，而且大带宽给基站和终端的硬件设计带来很大困难。此外，对于分散在多个频段上的频谱资源，亟须一种技术把它们充分利用起来。基于上述考虑，LTE-Advanced 引入载波聚合这一关键技术。

通过对多个连续或者非连续的成员载波的聚合可以获取更大的带宽，从而提高峰值数据速率和系统吞吐量，同时也解决了运营商频谱不连续的问题。此外，考虑到未来通信中上下行业务的非对称性，LTE-A 支持非对称载波聚合，典型场景为下行带宽大于上行带宽。

为了保持与 LTE 良好的兼容性，Rel-10 版本规定进行聚合的每个成员载波采用 LTE

现有带宽,并能够兼容 LTE,后续可以考虑引入其他类型的非兼容载波。在实际的载波聚合场景中,根据不同的传输需求和能力,可以同时调度一个或者多个成员载波。

2．多天线增强

在 LTE Rel-8 中,上行仅支持单天线的发送,在 LTE-Advanced 增强为上行最大支持 4 天线发送。物理上行共享信道(Physical Uplink Shared CHannel,PUSCH)引入单用户 MIMO,可以支持最大两个码字流和 4 层传输;而物理层上行控制信道(Physical Uplink Control CHannel,PUCCH)也可以通过发射分集的方式提高上行控制信息的传输质量,提高覆盖率。

LTE-Advanced 多天线增强在空间维度进一步扩展,并且对下行多用户 MIMO 进一步增强。下行传输由 LTE Rel-8 的 4 天线扩展到 8 天线,最大支持 8 层和两个码字流的传输,从而进一步提高了下行传输的吞吐量和频谱效率。此外,LTE-Advanced 下行支持单用户 MIMO 和多用户 MIMO 的动态切换,并通过增强型信道状态信息反馈和新的码本设计进一步增强下行多用户 MIMO 的性能。

3．中继技术

中继传输技术是在基站和用户之间引入中继节点(或称中继站),中继节点和基站通过无线连接,下行数据先由基站发送到中继节点,再由中继节点传输至用户终端,上行则反之。通过中继技术能够增强覆盖,支持临时性网络部署和群移动,同时也能降低网络部署成本。

根据功能和特点的不同,中继可分为两类:第一类中继和第二类中继。第一类中继具有独立的小区标识,具有资源调度和混合自动重传请求功能,对于 LTE 终端类似于基站,而对于 LTE-Advanced 终端可以具有比基站更强的功能。第二类中继不具有独立的小区标识,对 LTE 终端透明,只能发送业务信息而不能发送控制。当前,Rel-10 版本主要考虑第一类中继。

4．多点协作传输技术

CoMP 技术利用多个小区间的协作传输,有效解决小区边缘干扰问题,从而提高小区边缘和系统吞吐量,扩大高速传输覆盖。

多点协作传输技术包括下行多点协作发射和上行多点协作接收。上行多点协作接收通过多个小区对用户数据的联合接收来提高小区边缘用户吞吐量,其对协议影响比较小。下行多点协作发射根据业务数据能否在多个协调点上获取可分为联合处理(Joint Processing, JP)和协作调度/波束赋形(Coordinated Scheduling/Coordinated Beamforming,CS/CB)。前者主要利用联合处理的方式获取传输增益,而后者通过协作降低小区间干扰。

为了支持不同的 CoMP 传输方式,用户终端需要反馈各种不同形式的信道状态信息。CoMP 定义了 3 种类型的反馈:显式反馈、隐式反馈和基于探测参考符号(Sounding Reference Symbol,SRS)的反馈。显式反馈是指终端不对信道状态信息进行预处理,反馈诸如信道系数和信道秩等信息;隐式反馈是指终端在一定假设的前提下对信道状态信息进行一定的预处理后反馈给基站,如编码矩阵指示信息和信道质量指示信息等;基于 SRS 的反馈是指利用信道的互易性,基站根据终端发送的 SRS 获取等效的下行信道状态信息,这种方法在 TDD 系统中尤为适用。

根据上面几种技术的简要介绍可知,在 LTE-Advanced 中,载波聚合通过已有带宽的汇聚扩展了传输带宽;MIMO增强通过空域上的进一步扩展提高小区吞吐量;中继通过无线的接力提高覆盖;CoMP通过小区间协作提高小区边缘吞吐量。通过上述关键技术的引入,LTE-Advanced能够充分满足或者超越IMT-Advanced的需求,是业界公认的4G移动通信技术。

# 1.3　第五代移动通信技术

## 1.3.1　5G总体愿景

移动通信已经深刻地改变了人们的生活,但人们对更高性能移动通信的追求从未停止。为了应对未来爆炸性的移动数据流量增长、海量的设备连接、不断涌现的各类新业务和应用场景,5G系统应运而生。

5G系统将渗透到未来社会的各个领域,以用户为中心构建全方位的信息生态系统。5G系统将使信息突破时空限制,提供极佳的交互体验,为用户带来身临其境的信息盛宴;5G系统将拉近万物的距离,通过无缝融合的方式,便捷地实现人与万物的智能互联。5G系统将为用户提供光纤般的接入速率,"零"时延的使用体验,千亿设备的连接能力,超高流量密度、超高连接数和超高移动性等多场景的一致服务、业务及用户感知的智能优化,同时将为网络带来超百倍的能效提升和超百倍的比特成本降低,最终实现"信息随心至,万物触手及"的总体愿景,如图1.3所示。

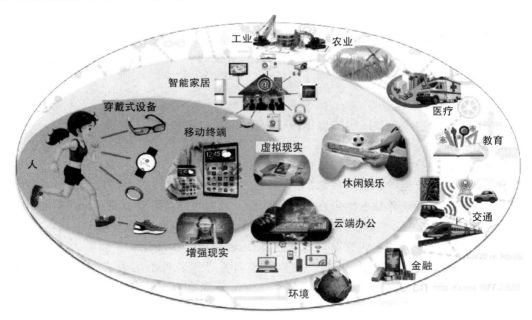

图1.3　5G愿景

## 1.3.2　5G的应用场景和技术需求

5G移动通信支持新的业务和应用场景给人们的生活带来了很大的变化。5G系统主要业务包括移动互联网及物联网业务应用。移动互联网的流类和会话类业务,由于超高清、3D和浸入式显示方式的出现,用户体验速率对无线技术形成新的挑战,例如8K(3D)的无压缩视频传输速率可达100Gb/s,经过百倍压缩后,也需要1Gb/s。物联网采集类业务以海量连接数量的激增对无线技术形成挑战,而控制类业务中,如车联网、自动控制等时延敏感业务要求时延低至毫秒量级,且需要保证高可靠性。

根据上述业务的分析,ITU从增强型移动宽带(enhanced Mobile BroadBand,eMBB)、海量机器类通信(Massive Machine Type Communications,mMTC)、超可靠、低时延通信(ultra Reliable Low Latency Communication,uRLLC)的三大应用场景上对5G技术规范做出了规划。eMBB对应的是3D/超高清视频等大流量移动宽带业务,mMTC对应的是大规模物联网业务,而uRLLC对应的是如无人驾驶、工业自动化等需要低时延高可靠连接的业务。

为了支持5G新型的业务和应用场景,5G与4G相比较,需满足以下关键技术指标:

(1) 传输速率提高10~100倍,用户体验速率0.1~1Gb/s,用户峰值速率可达10Gb/s。

(2) 时延降低5~10倍,达到毫秒量级。

(3) 连接设备密度提升10~100倍,达到每平方千米数百万个。

(4) 流量密度100~1000倍提升,达到每平方千米每秒数十太比特。

(5) 移动性达到500km/h以上,实现高铁环境下的良好用户体验。

此外,能耗效率、频谱效率及峰值速率等指标也是重要的5G技术指标,需要在5G系统设计时综合考虑。

### 1.3.3 5G的标准化进展

3GPP的第5代移动移动通信系统的标准化进程如图1.4所示。

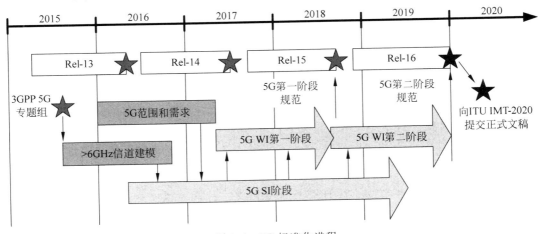

图1.4 5G标准化进程

按照3GPP规划,5G标准分为独立组网(Standalone,SA)和非独立组网(Non-Standalone,NSA)两种。5G NSA组网是一种过渡方案,主要以提升热点区域带宽为主要目标,没有独立信令面,依托4G基站和核心网工作。SA版本的5G标准具有完整的用户和控制平面功能,并采用下一代核心网络架构。

2017年12月,3GPP完成了基于NSA架构的5G新空口(5G NR)标准。基于NSA架构的5G载波仅承载用户数据,其控制信令仍通过4G网络传输,其部署可被视为在现有4G网络上增加新型载波进行扩容。运营商可根据业务需求确定升级站点和区域,不一定需要完整的连片覆盖。同时,由于5G载波与4G系统紧密结合,5G载波与4G载波间的业务连续性有较强保证。在5G网络覆盖尚不完善的情况下,NSA架构有利于保证用户的良好体验。

　　由于重用现有4G系统的核心网与控制面,NSA架构将无法充分发挥5G系统低时延的技术特点,也无法通过网络切片实现对多样化业务需求的灵活支持。4G核心网已经承载了大量4G现网用户,也难以在短期内进行全面的虚拟化改造。而网络切片、全面虚拟化以及对多样业务的灵活支持都是运营商对5G系统的热切期盼之处。可以说,只有基于SA架构的5G系统才能真正实现5G的技术承诺,并为移动通信产业界创造出新的发展机会。SA标准已于2018年完成,但其商业化还需要过程。

　　总之,NSA和SA不但是5G启动阶段的两种架构选项,两者各有优势及风险,其部署也并不互相排斥。在不同思路指引下,运营商可在NSA和SA架构之间有所侧重,形成不同的5G启动路径,可以根据业务发展规划,针对不同应用场景,同时部署NSA与SA架构。同时也必须看到,NSA仅是从4G向5G的过渡选项,而SA架构才是5G发展的真正目标。

　　无论是选择NSA、SA还是二者组合,运营商都应利用5G规模部署前的过渡时期,加快网络虚拟化、软件定义网络等技术的实践步伐,为5G核心网的部署积累经验、分散风险。5G新业务模式的建立绝非朝夕之功,随着移动通信向垂直行业的不断渗透,通信行业也需适应垂直行业的发展节奏,不断优化成本结构、提高运营效率,并提升合作共赢意识。只有通过与垂直行业的深度合作,通信行业才可能勾画出可行的5G新业务模式,从而充分发挥5G SA架构的优势;也只有通过通信行业内不同利益主体之间多维度多层次的协作,才能真正提高投资效率、分担风险,实现长期可持续发展。

### 1.3.4　5G新空口

　　5G新空口是从多个方位展开研究和设计的,这里主要考虑如下几个方面:在OFDM的基础上,能够结合灵活的参数集以实现空口切片。通过新型多址接入方式和编码方式进一步提升了连接数、可靠性和频谱效率,满足了ITU对5G的能力要求。此外,多天线用于更高的谱效、毫米波拥有更宽的带宽、灵活的信道状态信息(Channel State Information,CSI)可以自由获取连接点和波束,这些都是5G新空口考虑或将要考虑的关键技术。

　　1. 新波形技术

　　波形设计是实现统一空口的基础,要同时兼顾灵活性和频谱的利用效率,4G的OFDM满足不了5G系统的要求。OFDM将高速率数据通过串/并转换调制到相互正交的子载波上去,并引入循环前缀,较好地解决了码间串扰问题,在4G发挥了重要的作用。OFDM最主要的问题是不够灵活,不能满足5G网络不同应用对空口技术不同的需求,例如毫秒级时延的车联网业务要求极短的时域符号长度和发送时间间隔(Transmission Time Interval,TTI),这就需要频域较宽的子载波间隔。基于滤波的OFDM(Filtered OFDM,F-OFDM)和广义频分复用(Generalized Frequence Division Multiplexing,GFDM)等新波形技术能为不同业务提供不同的子载波间隔和其他参数集,以满足不同业务的时频资源需求。

F-OFDM 不同带宽的子载波之间本身不再具备正交特性,因此需要引入更大的保护带宽,但是 F-OFDM 可以通过优化滤波器的设计大大降低了带外泄漏,不同子带之间的保护带开销可以降至 1% 左右,不仅大大提升了频谱的利用效率,也为将来利用碎片化的频谱提供了可能。GFDM 可以基于多个子载波和符号实现调制,根据信号和业务变化要求插入不同类型的 CP,同时结合新型滤波器,允许低复杂度均衡。因此 GFDM 具有简单性和灵活性。

总的来说,F-OFDM 在继承了 OFDM 的频谱利用率高、适配 MIMO 等优点,又克服了 OFDM 的一些固有缺陷,进一步提升了灵活性和频谱利用效率,是实现 5G 空口切片的候选技术。

### 2. 新多址技术

多址技术决定了空口资源的分配方式,也是进一步提升连接数和频谱效率的关键。新波形技术已经实现了在频域和时域的资源灵活复用,并把保护带宽降到了最小。为了进一步提高频谱效率,就要考虑非正交多址接入技术,例如 NOMA、SCMA、MUSA 和 PDMA 等。LTE 采用了 MIMO 技术充分利用空域资源,而码域资源的利用则是 5G 提高频谱效率的一个重要内容。稀疏码多址接入(Sparse Code Multiple Access,SCMA)正是采用这一思路,引入稀疏码本,通过码域的多址实现了连接数的 3 倍提升。

SCMA 通过引入稀疏码域的非正交,在可接受的复杂度前提下,经过外场测试验证,相比 OFDMA,上行可以提升 3 倍连接数,下行采用码域和功率域的非正交复用,可显著提升下行用户的吞吐率。同时,由于 SCMA 允许用户存在一定冲突,还可以结合免调度技术可以大幅降低数据传输时延,以满足 1ms 的空口时延要求。

### 3. 新编码技术

2007 年,土耳其比尔肯大学教授 Erdal Arikan 首次提出了信道极化的概念,基于该理论,他给出了一种能够被严格证明达到香农极限的信道编码方法,并命名为极化码(Polar 码)。Polar 码具有明确而简单的编码和译码算法。通过信道编码学者的不断努力,当前 Polar 码所能达到的纠错性能超过目前广泛使用的 Turbo 码和 LDPC 码。

Polar 码的优点,首先是相比 Turbo 码更高的增益,在相同的误码率前提下,实测 Polar 码对信噪比的要求要比 Turbo 码低 0.5～1.2dB,更高的编码效率等同于频谱效率的提升。其次,Polar 码得益于汉明距离和串行抵消(Successive Cancellation,SC)算法设计,因此没有误码平层,可靠性相比 Turbo 码大大提升(Turbo 码采用的是次优译码算法,所以有误码平层),对于未来 5G 超高可靠性需求的业务应用(例如远程实时操控和无人驾驶等),能真正实现 99.999% 的可靠性,解决垂直行业可靠性的难题。最后,Polar 码的译码采用了基于 SC 的方案,在相同译码复杂度情况下相比 Turbo 码可以使功耗降低 20 多倍,对于功耗十分敏感的物联网传感器而言,可以大大延长电池寿命。

### 4. 多天线传输

5G 新空口根据不同的工作频段采取不同的天线解决方案与技术。对于较低频段,可采用少量或中等数量的有源天线(最高约 32 副发射天线),并采用频分双工。此外,由于低频段的可用带宽有限,在 5G 新空口网络中,就需要通过 MU-MIMO 以及更高阶的空间复用来提高频谱效率。

对于较高频段,可以在给定空间内部署大量的天线,从而可增大波束成形以及 MU-MIMO 的能力。此时常采取时分双工的频谱配置以及基于互易的运行模式。于是,通过上行信道测量可以获得高精度的信道状态信息。这样5G新空口基站就可以采用复杂的预编码算法,从而就可增强对于多用户干扰的抑制。为减少信道互易性的影响,可能需要用户终端对小区间干扰或者校准信息进行反馈。

### 5. 毫米波技术

5G新空口还制定了毫米波波段的传输规范,针对模拟波束成形容易受限于单波束在每个时间单位及无线链路之内传输能力受限的问题,毫米波传输常采用结合模拟和数字波束成形的混合波束成形技术。为了补偿数值很大的路径损耗,需要同时在发射端和接收端通过波束成形技术来保证覆盖效果,对控制信道传输也是如此。这样,就需要研发一种新型的波束管理流程,使得基站及时扫描无线发射机波束。而且,用户终端需要通过维持一个合适的无线接收机波束以便实现对于所选定发射机波束的接收。

### 6. 同时同频全双工技术(Co-time Co-frequency Full Duplex,CCFD)

同时同频全双工技术是指设备的发射机和接收机占用相同的频率资源同时进行工作,使得通信双方在上、下行可以在相同时间使用相同的频率,突破了现有的频分双工(FDD)和时分双工(TDD)模式的限制,是通信节点实现双向通信的关键之一。传统双工模式主要是FDD和TDD,用以避免发射机信号对接收机信号在频域或时域上的干扰,而同频同时全双工技术采用干扰消除的方法,减少传统双工模式中频率或时隙资源的开销,从而达到提高频谱效率的目的。与现有的FDD或TDD双工方式相比,同时同频全双工技术能够将无线资源的使用效率提升近一倍,从而显著提高系统吞吐量和容量,因此成为5G潜在的关键技术之一。

同时同频全双工技术的应用仍面临不小的挑战。采用同时同频全双工无线系统,所有同时同频发射节点对于非目标接收节点都是干扰源,同时同频发射机的发射信号会对本地接收机产生强自干扰,因此同时同频全双工系统的应用关键在于干扰的有效消除。在点对点场景同时同频全双工系统的自干扰消除研究中,根据干扰消除方式和位置的不同,有三种自干扰消除技术:天线干扰消除、射频干扰消除、数字干扰消除。尽管在蜂窝系统中,干扰情况还会变得复杂多变,但同时同频全双工系统在点对点场景中表现出的巨大潜力已经引起业界的广泛关注和研究,相信通过理论的完善及硬件上的深入发展,同时同频全双工技术将在5G的成功应用中充当重要角色。

### 7. 灵活的信道状态信息结构

为了支撑诸多不同的用例,5G新空口采取了高度灵活且统一的信道状态信息。与LTE相比,5G的CSI测量、CSI上报以及实际的下行传输之间的耦合有所减少。可以把CSI框架看成是一个工具箱,其中面向信道及干扰测量的不同CSI上报设置及信道状态信息参考信号(Channel State Information Reference Signal,CSI-RS)资源设置可以混合并匹配起来,以便与天线部署及在用的传输机制相对应,而且其中不同波束的CSI报告可以得到动态的触发。此外,CSI框架也支持诸如多点传输及协调的更为先进的技术。此外,控制信息与数据的传输遵循自包含原则——对传输(比如伴随DMRS参考信号)进行解码所需的所有信息均包含于传输自身之中。从而,随着用户终端在5G新空口网络中移动,网络就可无缝地改变传输点或波束。

## 1.4 基于 USRP 的移动通信技术研发

5G 移动通信技术有望建立一个丰富、可靠的超链接世界,但是无论是新频段、更高带宽需求还是新的波束成形技术,5G 新空口都提出了重大的设计和测试挑战。基于通用软件无线电外设(Universal Software Radio Peripheral,USRP)的方式有助于快速有效地开展 5G 空口技术的研发,缩短开发周期。

软件无线电技术(Software Defined Radio,SDR)已经有近 30 年的发展历史,开始出于灵活性的技术优势只应用于军事领域,如今已经逐步渗透到了无线电工程应用的诸多领域。从广义定义上看,SDR 就是通信的物理层可以通过软件去定义一部分或者全部内容。从应用上看,基本所有的商用基站包括终端都是 SDR 的设备,这些系统中包含通用 FPGA,可以对物理层做相关的更改。SDR 技术中的 DSP 和 FPGA 具有可编程性,与用于承载网络的 SDN 相对应,SDR 可用于无线基站侧的优化,达到无线频谱利用率最优,可以为 5G 空口技术验证带来极大的灵活性。

美国国家仪器(NI)公司的通用软件无线电外设(USRP)收发器是在软件定义无线电发展过程中使用的计算机设备,拥有常见的软件定义无线电架构,能够直接运行通信模拟前端和高速模数转换器(ADC)与数模转换器(DAC),且配备具有固有属性的 FPGA,用于实现数字下变频(DDC)和数字上变频(DUC)的步骤。在接收信号时,USRP 硬件接收器从高度敏感、可接受微小信号的模拟前端开始,然后使用直接下变频将它们数字化为同相(I)和正交(Q)基带信号。下变频后有高速模数转换器和 DDC,用以降低采样率并将 I 和 Q 打包传输到主机,再使用千兆以太网做进一步处理。发射器从主机开始,生成 I 和 Q 并通过以太网电缆传输到 USRP 硬件。DUC 为 DAC 准备信号,然后 I 和 Q 进行混合,直接上变频信号以产生一个射频(RF)频率信号,然后进行信号放大与传输。

NI 的 USRP 收发器与 LabVIEW 软件匹配,为软件定义无线电提供了一个理想的原型化平台,可用于移动通信物理层相关技术的研究与开发,如图 1.5 所示。

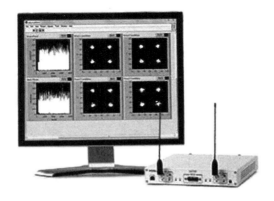

图 1.5 USRP 和 LabVIEW

LabVIEW 是一种图形化数据流编程语言,非常适合设计和实施通信算法。在最基本的层面上,LabVIEW 软件使用 NI-USRP 驱动程序来配置 NI USRP 硬件,发送和接收格式正确的基带 I/Q 数据。LabVIEW 调制工具包和 LabVIEW MathScript RT 模块为 LabVIEW 提供额外的通信特有功能和本机的.m 文件脚本支持。信道编码、脉冲整形、模拟信道损害、建立可视化等更多模块使得 LabVIEW 调制工具包对于许多应用来说都非常重要。内含示例提供了多种调制方式用以实现通信链接，打开后即可使用。LabVIEW MathScript RT 模块支持.m 文件语法，实现最大程度的代码可移植与复用，可以使用.m 文件语法更快速地将模拟构造融入基于硬件的系统，从而进行验证。每个 NI USRP 硬件套件中都含有 LabVIEW 调制工具包和 LabVIEW MathScript 的 RT 模块。

目前，NI 公司开发出了基于 USRP 和 LabVIEW 的 LTE 平台和大规模 MIMO 平台等，可以灵活扩展通道数量，自定义测试 IP，以及满足灵活覆盖射频频段的需求，可以为移动通信技术的研发 5G 技术验证带来极大的灵活性。

# 1.5　本书内容安排

本书共分为两大部分，第一部分是从 LTE 到 5G 的原理和技术规范，第二部分是基于 LabVIEW 和 USRP 的移动通信新技术开发。具体如下：

第 2 章到第 4 章阐述了 LTE 关键技术和技术规范。第 2 章介绍了 LTE 网络架构演进。第 3 章介绍了物理层关键技术，包括 OFDM 技术、多天线技术和链路自适应技术等。第 4 章介绍了 LTE 物理层技术规范，包括频段、带宽分配、帧结构（时域结构、频域结构）和双工方式；然后重点阐述了物理层传输过程，包括 PDCCH、PDSCH 等的传输过程，LTE 随机接入过程，小区搜索过程等。第 5 章介绍了 LTE-A 关键技术。

第 6 章到第 8 章介绍了 5G 网络架构、空口技术规范和可能采用的关键技术。第 6 章的 5G 体系结构包括了 5G 的应用场景和网络架构。第 7 章介绍了 5G 标准的架构，以及 5G NR 的物理层技术。第 8 章介绍的 5G 候选的空中接口技术，包括大规模 MIMO、新波形、新的接入方法、毫米波技术、全双工技术等。

第二部分包括第 9 章到第 14 章的内容，主要是 LTE 及第五代移动通信系统的 LabVIEW 和 USRP 实现，其中，第 9 章是软件无线电介绍；第 10 章介绍了 LabVIEW Communication 的使用方法；第 11 章给出了无线系统的快速部署；第 12 章给出了 NI 公司的 LTE 框架的实现；第 13 章给出了大规模 MIMO 框架；第 14 章介绍了 5G 新技术的实现。

# 第 2 章
## Chapter 2

# LTE网络体系架构

本章介绍和分析了演进分组系统的网络体系架构和 LTE 协议的分层结构。首先描述网络架构和接口;接着给出了用户平面和控制平面的结构;重点阐述了无线接口协议,包括协议的分层结构、不同层次信道之间的映射关系,并对各层次的作用进行了展开分析。通过本章的学习,有助于读者全面地了解和认识 LTE 的系统组成,掌握各网元间相互的连接关系,理解协议各层次的作用以及不同层次间信道的映射关系,从而更好地理解后续章节中的 LTE 关键技术和工作过程。

## 2.1 网络体系架构

### 2.1.1 基本概念

3GPP 提出了完整的新一代网络演进架构——演进的分组系统(Evolved Packet System,EPS)目标是制定一个具有高数据率、低时延、高安全性和 QoS 保障,以数据分组化、支持多种无线接入技术为特征的系统架构。EPS 系统由长期演进(Long Term Evolution,LTE)和系统架构演进(System Architecture Evolution,SAE)组成。

LTE 是第四代(The Fourth Generation,4G)移动通信网络的基础,是 3GPP 标准化组织在无线接入领域的演进技术,与演进的通用陆地无线接入网相对应。

SAE 是 3GPP 标准化组织定义的与 LTE 相匹配、基于全 IP 技术构建的演进分组核心网规范。演进的分组核心网(Evolved Packet Core,EPC)是 SAE 在 4G 移动通信网络的核心网具体形式。

值得注意的是,LTE 和 SAE 是 3GPP 的项目名称,而 EPC 和 EUTRAN 是网络的名称,通常情况下可以认为 SAE 和 EPC、LTE 和 EUTRAN 是等价的。

这几个术语及相互关系如表 2.1 所示。

表 2.1　EPS 系统术语及相互关系

| EPC | Evolved Packet Core | 演进的分组核心网 | 仅指核心网 |
|---|---|---|---|
| EUTRAN | Evolved Universal Terrestrial Radio Access Network | 演进的通用陆地无线接入网 | 仅指无线侧 |
| SAE | Architecture Evolution | 系统架构演进 | 仅指核心网,等同于 EPC |
| LTE | Long Term Evolution | 长期演进 | 仅指无线侧,等同于 EUTRAN |
| EPS | Evolved Packet System | 演进分组系统 | 等同于 EPC+EUTRAN |

在实际应用中,随着 4G 移动通信技术的不断发展,业界已经习惯将 LTE 或 LTE＋作为 4G 技术的代称。因此,本章首先对 EPS 的一个整体描述,在此基础上重点阐述 EUTRAN 的接口和协议的分层结构。

### 2.1.2　EPS 体系架构

图 2.1 给出了一个简化的 EPS 体系结构,描述了 EUTRAN 和 EPC 的组成以及用户信令和数据接口。

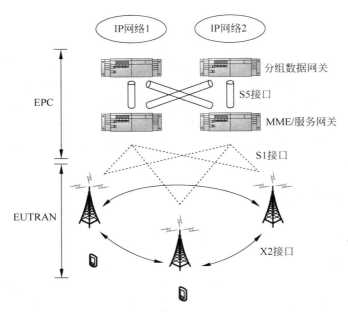

图 2.1　EPS 体系架构

如图 2.1 所示,EPC 主要由移动性管理设备(Mobility Management Entity,MME)、服务网关(Serving GateWay,SGW)、分组数据网关(PDN GateWay,PGW)等组成,其中 SGW 和 PGW 在逻辑上是相互独立的功能实体,在物理上两者可以通过不同的设备来实现,也可以合二为一。

MME 为控制面功能实体,临时存储用户数据的服务器,负责管理和存储 UE(User Equipment,用户终端设备)相关信息,比如 UE 用户标识、移动性管理状态、用户安全参数等,为用户分配临时标识。当 UE 驻留在跟踪区域或者网络时,MME 负责对该用户进行鉴权,处理和 UE 之间的所有非接入层消息。

SGW 为用户面实体,负责用户面数据路由处理,终结处于空闲状态的 UE 的下行数据,管理和存储 UE 的承载信息,比如 IP 承载业务参数和网络内部路由信息。

PGW 是负责 UE 接入 PDN 的网关,为用户分配 IP 地址,执行安全过滤,并基于用户的请求找到匹配的 PDN 网络,完成用户数据的路由转发。用户在同一时刻能够接入多个 PGW,同时 PGW 还是 3GPP 和非 3GPP 接入系统的移动性锚点。

此外,EPC 还包括存储签约信息的归属用户服务器(Home Subscriber Server,HSS)和策略控制单元(Policy and Charging Rules Function,PCRF)。HSS 存储并管理用户签约数

据,包括用户鉴权信息、位置信息及路由信息。PCRF 功能实体主要根据业务信息、用户签约信息以及运营商的配置信息产生控制用户数据传递的服务质量(Quality of Service,QoS)规则以及计费规则。该功能实体也可以控制接入网中承载的建立和释放。

在基本的 EPS 网络架构中,EUTRAN 只涉及一个网元演进的基站节点(evolved Node Basestation,eNodeB),可以简写成 eNB。

EPC 系统能够支持多种接入技术,既能和现有 3GPP 2G/3G 系统进行互通,也能支持非 3GPP 网络(例如 WLAN、CDMA、WiMAX)的接入。从网络建设过程来看,LTE/EPC 网络在现网中的部署是一个渐进的过程,必将有与 2G/3G 网络并存的阶段,使 LTE 用户在无 LTE 覆盖的区域内仍能接入 2G/3G 网络,保证业务的连接性,因此 2G、3G、4G 网络在相当一段时期将共同存在。

图 2.1 还给出了 EPS 中几种最常用的接口:X2 接口、S1 接口和 S5 接口。此外,接口还有 S6a、S8、S11、SGi 等。

在 EUTRAN 中,X2 接口是 eNodeB 间的网状接口。定义 X2 接口的主要目的是当用户移动时,分组可以在各个 eNB 间进行转发,来降低分组丢失率(丢包率)。

S1 接口是 eNB 和 MME/服务网关间的接口。由于一个 eNodeB 可能会连接到多个 MME,因此 S1 接口不再是一个 eNodeB 和 MME/服务网关间的简单接口,这种灵活的方式称作 S1-flex,本章第 2.2 节还将对这种方式加以详细介绍。

当把 MME 和服务网关分离开时,S1 接口就可以划分为两个部分:

(1) S1-U(用于用户平面),发送 eNodeB 和服务网关之间的用户数据;

(2) S1-C(用于控制平面),只发送 eNodeB 和 MME 之间的控制信令。

从 EPS 系统的处理过程看,在上行用户业务传输中,eNodeB 将用户的数据发送给 SGW。SGW 通过 S1-U 接口接收用户 IP 报文,并通过 S5/S8 接口发送给 PGW。PGW 通过 SGi 口连接到外部 PDN 网络。

每个 eNodeB 都会通过 S1-C 接口连接到 MME,MME 需要处理 EPC 相关控制面的信令消息,包括对用户的移动性管理消息、安全管理消息等。MME 还需要基于终端用户的签约数据对用户进行管理。出于此目的,MME 需要通过 S6a 接口从 HSS 获取用户的签约信息。

服务网关可以通过 S5 接口连接到不同的 PGW,EPC 用户通过 S5 接口可以连接到几个不同的 IP 网络。

MME 和 SGW 之间控制平面的信令则通过 S11 逻辑接口交互,通过该接口,MME 可以和 SGW 一起完成 EPS 承载的建立并维护其状态。

### 2.1.3 EPS 的特点

1. EPC 与 2G/3G 核心网的区别

EPC 与 2G/3G 核心网相比有很大区别,可以归纳如下:

(1) 核心网不再有电路域,EPC 成为移动运营商的基本承载网络。

(2) 承载全 IP 化。在 2G/3G 分组域中,Gr、Iu-Ps 接口有多种不同的承载方式,2G/3G 核心网分组域与无线接入网之间是多种承载方式并存的,即 TDM/ATM/IP 同时存在。EPC 网络结构采用全 IP 承载,即用 IP 完全取代传统 ATM 及 TDM。

（3）扁平化架构，减少了端到端的延迟。3GPP将无线侧相关网元功能进行合并。其中，将无线接入网中的NodeB和RNC的功能进行了合并，由一个新网元eNodeB实现。而在EPC核心网，用户面处理网元SGW和PGW均为网关产品，因此主流厂商均支持SGW和PGW在硬件上合设，合设之后称为系统架构演进网管（System Architecture Evolution GateWay，SAE-GW）。因此，用户在传输数据业务时，数据流经过eNodeB和SAE-GW两个节点，这样减少了设备处理所带来的时延，提升了用户体验。

（4）控制面板和用户面的分离。由于EPC网络对传统SGSN的功能进行了拆分，这使得运营商在网络部署时更加灵活，并且由于用户面网关可以实现分布式部署，大大减少了用户上网的延迟。

2. EUTRAN 的数据处理

EUTRAN的体系结构已经对网络中主要功能所处的实体和网络层次进行了修改。修改后的数据处理方式与2G/3G也有所不同。以HSDPA为例，由于RLC发起的外部重传和MAC发起的内部重传相互独立，数据分组通常被缓存两次。当终端选择其他eNodeB时，先前eNodeB中缓存的数据将丢失。RLC层重传机制和高层TCP机制保证了丢失的数据将被重传，其代价就是增加了数据恢复时间，因为RLC层和高层反应速度比MAC层要慢。

在EUTRAN中，由于存在X2接口，缓存数据可以在源eNodeB和目标eNodeB之间进行转发，这也起到了尽可能避免数据分组丢失的作用。此外，位于eNodeB端的PDCP层还同时支持压缩和加密功能。因为所有UMTS中涉及的重传机制都位于eNodeB端，所以数据的处理只需要对IP包进行一次压缩，如图2.2所示。

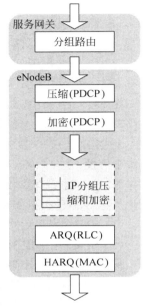

图 2.2　EPS下行处理过程

# 2.2　网络接口

本节主要描述关于EUTRAN的S1接口和X2接口。这两个接口具有相同的网络接口模型，如图2.3所示。

与3G的无线接入网络接口模型相类似，EUTRAN模型也包括两个部分：无线网络层和传输网络层。无线网络层包括接口的上层协议，而传输网络层只表示无线网络层传输的方式。两层之间是独立的，这样的好处很多，例如应用部分升级时就不会影响传输层。

EUTRAN采用OSI垂直独立层次结构，每一个接口被进一步分为用户平面和控制平面。用户平面发送用户数据，包括纯用户数据（话音或是视频）和应用层的一些信令（SIP、SDP和RTCP分组），不同的数据分组发送之前只是简单发送到传输层，而不进行任何处理，因而图2.3中用户平面的无线网络层的功能模块是空白的。控制平面涉及所有与接口相关的消息和过程，包括切换管理和承载管理的控制信令。

物理层作为EUTRAN传输网络层的一部分，对用户平面和控制平面来说是共用的。用户平面和控制平面使用不同的协议集，为每一个平面定义了不同的独立传输协议栈和承

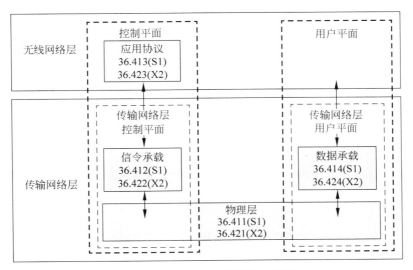

图 2.3　EUTRAN 网络接口模型

载。控制平面信息要求安全、可靠、分组丢失少；而用户平面信息要求路由协议简单，对安全要求低于控制平面信息。

　　EUTRAN 接口是完全"开放"的，意味着 S1 和 X2 接口的所有细节已经由 3GPP 定义任何一个设备制造商都要遵循该接口规范。也就是说，不同厂商制造的 eNodeB 可以用于同一个网络中，并且可以互联互通。

　　尽管 S1 接口介于接入网和核心网之间，但是最后还是被划分在接入网的范围内，这是由于 S1 接口支持的许多功能都符合 EUTRAN 的特征，比如说用户移动或是无线承载管理。

### 2.2.1　S1 接口

　　1. S1 用户平面接口

　　S1 用户平面接口（S1-U 接口）主要传输 eNodeB 和服务网关之间的用户数据。S1-U 接口利用了一个简单的"GTP over UDP/IP"传输协议，该协议负责对用户数据进行封装。在 S1-U 接口上没有任何流量控制、差错控制或是其他保证数据传输的机制。

　　GPRS 隧道协议（GPRS Tunneling Protocol，GTP）是从 2G/GPRS 和 3G/UMTS 网络继承而来的。在 2G/GPRS 网络中，GTP 用于 GPRS 节点（SGSN 和 GGSN）间的传输。在 3G/UMTS 中，GTP 用在 Iu-PS 接口上（在 RNC 和 SGSN 之间）。

　　2. S1 控制平面接口

　　S1 控制平面接口（S1-C 接口）是一个信令接口，支持 eNodeB 和 MME 间的一系列信令功能和过程。所有的信令处理过程可以被划分为 4 个主要部分：

　　（1）承载的处理过程，涉及承载建立、修改和释放。在 S1 接口的范围内，承载对应于会话的 S1 和无线接口路径，这些过程常常用在通信建立和释放阶段。

　　（2）切换过程，包括用户在不同 eNodeB 间或不同 3GPP 技术间移动时的 S1 接口的功能。

　　（3）NAS 信令传输过程，对应于终端和 MME 间的信令传输，对基站来说这种信令的传输是透明的,因此终端和 MME 间的信令也被称为 NAS 信令。这些信令非常重要,所以都是通过 S1-C 接口由专门的过程传输,而不是由没有保证的 S1-U GTP 接口来传输。

(4) 寻呼过程,用在移动用户被叫时。通过寻呼过程,MME 在给定小区集内请求 eNodeB 寻呼终端。

为了避免信令的重传和控制平面处理过程中不必要的时延,S1-C 接口应该在高层提供可靠性保证。

UDP/IP 传输在很多时候是不可靠的,而且传输网络往往并不完全属于移动网络运营商所有,从而会出现不能保证传输网络业务的服务质量的情况。因此 S1-C 接口要充分利用可靠的传输网络层协议来实现端到端的传输。

在 EPS 体系结构中,这种业务的可靠性由流控传输协议(Stream Control Transmission Protocol,SCTP)来保证。

3. SCTP

1) SCTP 简介

STCP 是一种可靠的面向连接的传输层协议,与已经广泛使用的 TCP 协议非常相似。类似于 TCP,STCP 能够实现拥塞和流量控制、差错控制、数据的丢弃和复制并且支持选择重传机制。

和 TCP 一样,STCP 也是面向连接的,因此在传输数据之前要先建立好"连接"。在 STCP 中,"连接"由包括源地址、目的地址、源端口、目的端口的四元组来定义。

从功能上看,STCP 与 TCP 有两点不同之处:

(1) 支持多流;

(2) 支持多穴(multi-homing,也称多宿)。

在 SCTP 中,流是发往上层的单向用户消息序列,所以两个实体之间的双向通信至少要包括一对流,即每个方向上传输一个流。SCTP 中的一个重要特征是多流,允许在两个通信对端之间建立多个独立的流。这样,每一次传输错误只会影响到一个流,不会影响其他流的传输。相反,TCP 为一个连接只提供一个流,这就在分组丢失时增加了传输时延。当 TCP 连接发生传输错误时,分组传递将暂停直到丢失的部分恢复。TCP 中分组必须按照一定顺序传递,这是 TCP 的一个基本特征,但这个特征并不是在任何场合都合适。例如,当传输像网页这样的多媒体数据时,往往需要多个并行的流同时传输网页的内容。内容的传输比顺序更重要。两个节点(例如 MME 和 eNodeB)间进行信令传递也可以使用多流传输,此时,需要保存。每个信令流的传递顺序,所有的流都是独立传输的。

SCTP 的另一个特征是多穴,这使得一个 SCTP 节点可以使用多个网络地址。对多穴技术来说,最关心的就是它的开销。在传输错误的情况下,为了增加正确传输的概率,重传的数据可以传递到另外一个地址。

当然,TCP 和 SCTP 还有其他的区别。下面两个区别也值得一提。

(1) SCTP 是以消息进行传输的,而 TCP 是字符流协议。这也是 3GPP 采用 SCTP 进行信令传输的一个主要原因。

(2) SCTP 内嵌 cookie 的安全策略,可以防止拒绝服务攻击,后面还将进一步描述。

2) SCTP 的安全策略

3GPP 工作组一直在讨论哪一种协议适合 EUTRAN 控制平面,来支持网络节点间的信令交换。在这些候选协议中,由于 UDP 不够可靠,因此很快就被排除在候选范围之外。从高层协议的角度来看,SCTP 和 TCP 非常类似,因为它们都支持可靠的、有序的数据传输,并对常规的网络数据流进行拥塞控制。而 SCTP 具有多流、多穴和面向消息成帧的优点,此外,SCTP 具有防止拒绝服务攻击等保护措施,比如"SYN flood"攻击。

SYN flood 攻击是一种特殊的攻击,它可以使得接收到用于预留资源和存储的连接请求信息的 TCP 节点不能完全正确地进行初始化建立。为了克服这个问题,SCTP 充分利用了"cookie"机制。实际资源分配是在发起者成功应答正确的 cookie 后才执行。

图 2.4 阐明了 SCTP 初始建立的四个步骤。

一旦接收到 INIT 消息,接收者生成一个 cookie,并且向消息发起者发送 INIT ACK 消息。同时,发起者必须应答一个包含相同 cookie 的 COOKIE ECHO 消息。接收者

图 2.4 SCTP 建立步骤

一旦接收到 COOKIE ECHO 后就为连接预留资源。最后,发起者返回 COOKIE ACK 消息。

通过使用这种 cookie 方式可以防止资源攻击。原则上说,接收者接收到 INIT 消息后要快速地创建一个 cookie,这样当它再次接收到 COOKIE ECHO 后就能判定这个 cookie 是不是自己先前生成的。

这项保护措施用于接收实体没有预留资源或是正在 INIT 同步的情况。只有当收到有效的 COOKIE ECHO 后才能激活资源。当然,这种情况的前提是攻击发起者没有处理应答,这通常是拒绝服务攻击的情况。

SCTP 没有完全给出 cookie 的结构,但是可能要包括一个时间戳来指示生存期。

3)EUTRAN 传输层中的 SCTP

在 S1 接口中(与 2.2.3 节的 X2 接口情况相同),SCTP 用于 IP 网络层之上。S1 接口(或 eNodeB 和 MME 间)每次只能建立一个连接。在每个连接中,所有的过程使用一个 SCTP 流,比如寻呼过程。

所有专用过程,包括所有用于专用通信上下文的传输过程,都规定了支持 SCTP 流的数量。

4)EUTRAN 传输网络中的 IP 协议

S1 和 X2 接口在用户平面和控制平面都利用了传统的 IP 网络层。除了 IP 基本协议提供的业务外,EUTRAN 中的 IP 还将支持以下功能:

(1)IP 网络域安全(Network Domain Security for IP,NDS/IP):指一系列由 3GPP 定义的数据交换时的 IP 层安全功能。

(2)区分业务(Differentiated Services,DiffServ):指提供业务差别的改进 IP 协议。

DiffServ 利用现有 IP 头的字段(IPv4 的业务类型(Type Of Service,TOS)字段或者 IPv6 的业务等级字段),定义了一个区分业务(DiffServ,DS)字段。DS 字段由 IP 边缘路由器分配,中间路由器可以通过该字段快速验证数据分组,并执行下一跳(Per Hop Behaviour,PHB)。中间路由器根据 DS 字段的值,能够为一个等待的队列分配一个数据分组,并且为边缘路由器标记为"高优先级"的 IP 流提供更好的服务。

### 2.2.2　S1 的灵活组网

　　传统的 2G 和 3G 蜂窝网络中,核心网和接入网之间的连接是一对多的层次关系:核心网节点(电路域中的 MSC 或分组域中的 SGSN)为一组无线控制器(2G 的 BSC 或 3G 的 RNC)服务,在一个域中,给定的控制器只能连接到一个核心网节点。也就是说,一个核心网节点只连接到它自己的一组控制器,而与其他组的控制器间没有交叉连接。

　　在 UMTS 标准的 Rel-5 版本中,引入了一个新的功能,即接入网节点和核心网节点间可以更加灵活地互连,打破了以往的体系结构。在 EPS 标准中引入了该功能,被称为 S1 的灵活组网方式(S1-flex)。

　　如图 2.5 所示,S1-flex 允许一个 eNodeB 连接到多个 MME 或是服务网关。在图 2.5 中,为了描述简单,MME 和服务网关合并称为一个节点,但是 MME 和服务网关可以独立地使用 S1-flex 技术。

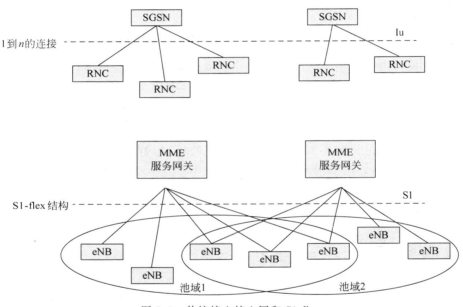

图 2.5　传统接入核心网和 S1-flex

　　图 2.5 还引入了池域(Pool Area,PA)的概念,指终端移动时不需要改变它的服务核心网节点的区域,由预先定义的 eNodeB 组成。PA 可以重叠,MME 和服务网关可以为一个或多个 PA 服务。

　　尽管一个 eNodeB 可以同多个 MME 相连,但是一个终端只能同时和一个 MME 相连,这是由于用户会话通常在一个核心网 MME 节点的控制下进行。

　　S1-flex 还有以下优势:

　　(1) 通过核心网节点扩展业务,S1 可以减少切换过程(在连接模式)或是跟踪区域更新过程(在空闲模式)所涉及的核心网内节点数。只要终端仍然处于同一 PA,这项功能就可保持 MME 与移动节点的连通。所以,S1-flex 降低了 HSS 负荷。

（2）S1-flex 有助于定义由不同运营商共享的网络结构。例如,在 E-UTRAN 网络中,在一定地理区域的一组 eNodeB 可以同时由两个不同的运营商运作。这时,当一个终端发送初始注册请求时,eNodeB 能够向 MME 转发初始注册消息,该 MME 指的是用户的网络运营商。

（3）S1-flex 使得网络更加健壮,当一个核心网节点出现故障时,可以通过同一个池域内的其他节点补偿。这将增加可用业务量,然而这种鲁棒性却不能动态完成。当传输失败时,正在进行的通信会话不会自动转移到新节点。

S1-flex 在容量升级和网络开销方面也有一定的优势。一个 eNodeB 可以连接到多个 MME,通过控制终端使其连接到负载较轻的核心网节点,来平衡和分散网络开销。

S1-flex 引入一个新的信息字段,可以在多个 MME 中唯一地识别可用 MME,从而指示 eNodeB 同这个 MME 进行正确连接（在网络共享下还可以同一组 MME 连接）,或者指示 eNodeB 向已经注册的 MME 发送终端初始化消息。

### 2.2.3　X2 接口

（1）X2 用户平面接口

X2 用户平面接口（X2-U 接口）主要在 eNodeB 间传输用户数据。这个接口只在终端从一个 eNodeB 的连接切换到另一个 eNodeB 时使用,来实现数据的转发。

（2）X2 控制平面接口

X2 控制平面接口（X2-C 接口）是一个信令接口,支持一系列 eNodeB 间的功能和信令流程。X2-C 的处理步骤有限,并且与用户移动有关,目的是在 eNodeB 间传递用户上下文消息。

另外,X2-C 接口支持负载指示,该过程的主要目的是向相邻的 eNodeB 发送负载状态指示信令。3GPP 标准中并没有给出负载状态指示信令的实现细节。这个过程的目的是支持负载平衡管理或是最优化切换门限和切换判决。

eNodeB 间的信令传递与 S1-C 接口一样都要求可靠的传输,因此 X2-C 接口也是在 IP 层上使用 SCTP 传输层协议来保证可靠传输的要求。

## 2.3　用户平面和控制平面

本节描述 EPS 中用户平面和控制平面的端到端协议结构,分别应用于用户数据传输和信令传输。

### 2.3.1　用户平面结构

从无线网络角度来看（包括接入网和核心网部分）,用户平面不但能够为用户提供话音和网页浏览时所需的数据,而且还包括与应用层业务有关的信令,比如 SIP 或 RTCP,这些都将会在本节加以描述。尽管应用层会把高层信令看作控制信息,但是这些高层信令还是通过用户平面传输。

图 2.6 描述了端到端的用户平面结构,最左侧是终端,最右侧是应用服务器。应用层只存在于终端和服务器中,是基于 IP 传输的。应用层数据分组在到达目的地之前通过核心网中的网关进行路由。在图 2.6 的例子中,用户数据的应用层由一系列端到端的传输协议(TCP、UDP)、RTP 协议以及高层信令协议(SIP、SDP 和 RTCP 等)组成,此外还包括支持 IMS 业务的可选应用层协议——IMS 协议。

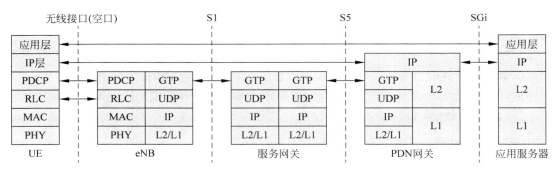

图 2.6　用户平面协议栈

在图 2.6 中,L1 和 L2 分别代表了 S1,S5 和 SGi-固网接口的物理层和数据链路层接口。对于这些层来说,EPS 标准是很灵活的,并且提出了许多适合 IP 网络的可选功能。

### 1. GTP 数据隧道

在通信领域中,隧道是两节点间端到端通信的常用技术。在 3GPP 中,数据隧道的主要目的是实现移动终端的路由问题。

考虑从外部网络发往 PDN 网关的数据分组,这些分组在整个会话阶段的实际路由是随时改变的。例如,在会话阶段,移动用户有可能发生服务 eNodeB 间或是服务网关间的切换。因此为了保持链路的连接性,必须改变相应分组的传输路径。

在 IP 网络,存在多种解决终端位置移动问题的方式,最常用的就是移动 IP(Mobile IP,MIP)。MIP 由 IETF 的 RFC3220"IPv4 移动性规范"来定义。在 MIP 中引入了两个特殊的路由器:归属代理(Home Agent,HA)和外地代理(Foreign Agent,FA),它们可以获取终端位置的更新消息,于是用户数据可以被转交或是通过隧道到达终端。

3GPP 核心网中,终端移动的解决方案没有采用 MIP,但从功能上来看,其移动性管理与 MIP 极为类似。当终端移动时,SGW 或是 PGW 就会更新终端位置信息,建立到新eNodeB 的隧道。

图 2.7 说明了当终端移动时建立隧道的情形。这时,终端移动到了一个新的 eNodeB 的覆盖范围。在图 2.7 中,经过 S5 接口的隧道并没有改变,而服务网关和新 eNodeB 间必须建立一条新的隧道。如果在会话过程中服务网关也发生变化,则必须在 SGW 和 PGW 也建立一条新的隧道。

3GPP 定义用户数据隧道由 GTP 协议实现,该协议由 2G/GPRS 标准发展而来,包括两个部分:

(1) 用户平面部分(GTP-U),提供数据封装和传输;

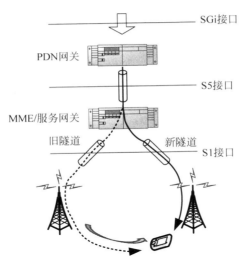

图 2.7　终端移动时应用 GTP 隧道

（2）控制平面部分（GTP-C），主要在 EPC 中使用，提供隧道管理（建立、修改和释放隧道）和位置管理（在节点间交换移动用户消息）所需的消息和处理过程。

图 2.8 表示了 GTP 的封装过程。含有 IP 头部和净荷的数据分组被封装起来，然后添加 GTP 头后组成新的数据单元。接收端使用 GTP 头部来确定隧道的方向。GTP 数据单元使用传统的 UDP/IP 协议在两个隧道端点进行传输。

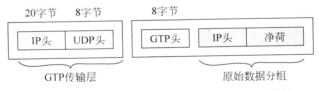

图 2.8　GTP 隧道分组结构（使用 IPv4 的 GTP 传输）

表 2.2 描述了 GTP 数据的头部。第一个字节包括版本（Version）和净荷类型（Payload Type，PT，表示是纯用户数据还是 GTP 控制消息）的常用字段。隧道端点识别符用来唯一识别接收协议实体。每一个隧道识别符对应于终端和网络间支持的一个或多个分组业务的分组数据协议（Packet Data Protocol，PDP）上下文（2G/GPRS 或 3G/UMTS 分组核心网的情况）或 EPS 承载（EPC 核心网的情况）。

表 2.2　GTP-PDU 格式

| 字　节 | 比　特 | | | | | | | |
|---|---|---|---|---|---|---|---|---|
| | 8 | 7 | 6 | 5 | 4 | 3 | 2 | 1 |
| 1 | 版本号 | | | PT | 0 | E | S | PN |
| 2 | 消息类型 | | | | | | | |
| 3 | 长度（第一字节） | | | | | | | |

续表

| 字　　节 | 比　　特 | | | | | | | |
|---|---|---|---|---|---|---|---|---|
| | 8 | 7 | 6 | 5 | 4 | 3 | 2 | 1 |
| 4 | 长度(第二字节) | | | | | | | |
| 5 | 隧道端点识别符(第一字节) | | | | | | | |
| 6 | 隧道端点识别符(第二字节) | | | | | | | |
| 7 | 隧道端点识别符(第三字节) | | | | | | | |
| 8 | 隧道端点识别符(第四字节) | | | | | | | |
| ⋮ | ⋮ | | | | | | | |

隧道建立过程是会话建立过程的一个重要组成部分。对于终端来说,对应不同的 EPS 承载或 PDP 上下文,网络中存在很多隧道。GTP 隧道对于终端和服务器来说完全透明,它仅仅更新 EPC 和 EUTRAN 网络节点间的中间路由信息。

2. 无线接口

无线接口和有线传输的差别在于开销和资源缺乏,而且传输错误率也比有线情况高。因此,无线接口协议栈有很多特别之处,它由以下几层构成:

(1) 物理层(Physical Layer,PHY),负责数据编译码、调制与解调;

(2) 媒体接入控制(Medium Access Control,MAC)层,负责数据调度和快速重传;

(3) 无线链路控制(Radio Link Control,RLC)层,提供可靠的数据传输;

(4) 分组数据汇聚协议(Packet Data Convergence Protocol,PDCP )层,进行协议头部压缩和数据加密。

这个层次结构类似 OSI 结构,PHY 层对应 OSI 的 L1(物理层),RLC 和 MAC 层对应 OSI 的 L2(数据链路层)。

正如在 2G 和 3G 无线接口定义的那样,L2 并不仅仅由单一的组成部分(box)构成。为了更加灵活地适应物理层的改变和演进,EUTRAN 将 MAC 和 RLC 分离开。可以看出,严格使用分层模型在实际应用中会受到很多限制。如果能够按照所支持的物理层特性和限制进行设计,L2 的作用会更加有效。因此,独立于物理层的纯 L2 功能(例如可靠数据传输和分组顺序传输)被单独放在 RLC 层,而与媒体有关的功能(就像数据调度、快速 HARQ 重传机制等)是由 MAC 层来完成的。

在 3G 接口中,定义了一系列不同的 MAC 层(或子层)类型,来更好地支持各种物理信道,包括专用传输信道(Dedicated transport CHannel,DCH)、FACH 共享信道、高速下行链路共享信道(HSDPA)以及将来可能会采用的其他信道。

与 MAC 层不同,RLC 层对于所有 MAC 层来说都是通用的,当增加新的传输信道时,也不需要修改标准中的 RLC 层。

为了维护一定程度的灵活性,无线接口也遵循相同建模原则,这个原则实际上从 IEEE 局域网标准化工作组的无线接口模型中借鉴而来。如图 2.9 所示,IEEE 802 模型可以分为 LLC 层、多个 MAC 层和对应每一种接入技术的规范,例如 WiFi、WiMAX 和以太网等。

图 2.9 无线接口模型

## 2.3.2 控制平面结构

控制平面对应 EUTRAN 和 EPC 的信令传输,例如 RRC 和 EUTRAN 信令,以及 NAS 信令(独立于接入技术的功能和业务)。NAS 信令包括 GPRS 移动管理(GPRS Mobility Management,GMM)和会话管理(Session Management,SM)的信令传输。

图 2.10 给出了控制平面的协议栈。控制平面的协议栈终止于 MME,这是由于控制平面的顶层协议(NAS 信令)在 MME 终止。控制层使用 PDCP、RLC、MAC 和 PHY 来传输 RRC 和 NAS 层的信令。RLC、MAC 和 PHY 层在用户平面和控制平面上支持相同的功能。

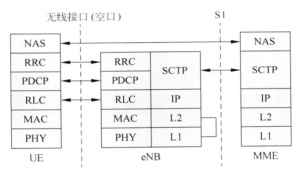

图 2.10 控制平面协议栈

然而,这并不是说用户平面和控制平面以相同的方式传递信息。当终端和网络建立起多个承载时,每一个承载对应一种专门的传输体系、资源保护和优先级处理方法。这也是定义无线信道的目的所在,具体原理将在 2.4 节描述。

# 2.4 无线接口协议

## 2.4.1 协议的分层结构

图 2.11 以基站为例简要地描述了不同层的主要功能以及层与层间的相互关系,用户侧的协议栈与之类似。

位于图 2.11 中顶层的无线资源控制(Radio Resource Control,RRC)层支持所有终端和 eNodeB 间的信令过程,包括移动过程和终端连接管理。EPC 控制平面的信令(例如终端注册或认证的信令)通过 RRC 协议传递给终端,因此要建立起 RRC 和上层的连接。

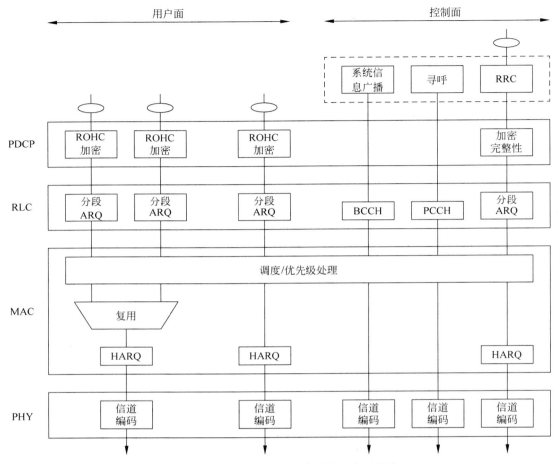

图 2.11　eNodeB 下行链路信道协议分层结构

PDCP 层的主要作用是头压缩,并且实现加密和完整性保护,通过 EUTRAN 的下层提供无线承载。每一个承载对应于一个特定的信息流,例如用户平面数据(如话音帧、流数据和 IMS 信令)或是控制平面信令(如 RRC 或由 EPC 发出的 NAS 信令)。由于"系统信息广播"和"寻呼"功能产生的信息流特殊目的和处理方式,因此它们对于 PDCP 层是透明的。

RLC 层给 PDCP 层提供像 OSI 中的纯 L2 层业务,比如数据分段和自动重传请求(Automatic ReQuest,ARQ)机制。

MAC 层的数据流可以被复用到一个传输信道上,也可以复用到多个传输信道上。MAC 层也支持快速混合 ARQ(HARQ)。

最后,MAC 层将数据流交给物理层(PHY 层),物理层进行信道编码和调制后将数据发送到无线接口。

### 2.4.2　无线信道

LTE 无线接口分为 3 个协议层:物理层(L1 或层 1)、数据链路层(L2 或层 2)和网络层(L3 或层 3),如图 2.12 所示。L2 被进一步分为 3 个子层:分组数据汇聚协议(PDCP)层、无线链路控制(RLC)层和媒体接入控制(MAC)层。L3 包括无线资源控制(RRC)层和非接入(NAS)层,RRC层位于基站或用户设备中,负责接入层的控制和管理;NAS层位于移动管理实体内,主要负责对非接入层的控制和管理,具体介绍见2.4.8节。RRC层和RLC层可分为控制面和用户面,而PDCP层仅在用户面存在。

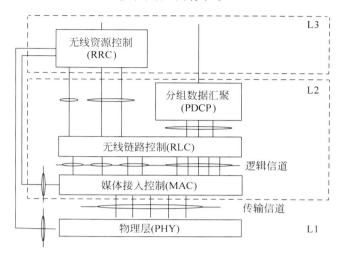

图2.12 LTE无线接口框架

物理层位于无线接口协议的最底层,由上行物理信道和下行物理信道组成。物理层通过传输信道为MAC层提供服务,而MAC层实现逻辑信道向传输信道的映射,通过逻辑信道为上层提供数据传送业务。逻辑信道描述了信息的类型,即定义了"传输的是什么";传输信道描述了信息的传输方式,即定义了"信息是如何传输的";物理信道则用于物理层具体信号的传输。

1. 信道类型

对于许多无线通信系统来说,EUTRAN的无线接口设计是最复杂的。EUTRAN要能够传输高速数据并提供较低的延迟。然而,不是所有的信息都需要相同的差错保护和QoS保证。

一般而言,最为关键的是在移动时,EUTRAN要尽可能快地传输信令消息,并且要有差错控制机制。另一方面,话音和数据流可以接受一定的无线传输的丢帧。而交互式的面向连接的应用(比如网页浏览)则不同,可以使用端到端的重传帮助恢复无线传播带来的错误。

EUTRAN规范引入了3种类型的信道:

(1) 逻辑信道(Logical Channel,LC),主要目的是用来考虑传输什么。

(2) 传输信道(Transport Channel,TC),主要目的是用来考虑如何传输。

(3) 物理信道(Physical Channel,PC),主要用于具体信号的传输。

2. 逻辑信道

逻辑信道对应于无线接口协议和上层间的数据传输业务。通常有两种类型的逻辑信道:控制信道(用来传输控制平面信息)和业务信道(用来传输业务平面信息)。这两种类型的信道对应不同类型的信息流。

EUTRAN逻辑控制信道包括:

（1）广播控制信道（Broadcast Control CHannel，BCCH）：BCCH 是一种下行公共信道，网络使用 BCCH 在小区内向终端广播 EUTRAN 系统信息。用户通过这些信息得知为其提供服务的小区运营商，并且得到小区的公共信道的配置，以及如何接入网络等信息。

（2）寻呼信道（Page Control CHannel，PCCH）：PCCH 也是一种下行公共信道，在一些情况下用来在小区内向终端发送寻呼信息，例如移动用户被叫情况下。

（3）公共控制信道（Common Control CHannel，CCCH）：CCCH 是一种专用的信道，当没有可用的 RRC 连接时，CCCH 用于用户和 EUTRAN 间的通信。一般来说，CCCH 信道用在通信建立阶段。

（4）多播控制信道（Multicast Control CHannel，MCCH）：MCCH 用于从网络向终端发送多媒体广播和多播业务（Multimedia Broadcast and Multicast Service，MBMS）。

（5）专用控制信道（Dedicated Control CHannel，DCCH）：DCCH 是一种终端和网络间的点对点双向控制信道。在 DCCH 上下文中，控制信息只包括 RRC 和 NAS 信令，不包括应用层的控制信息（比如 SIP 或 RTCP）。

EUTRAN 逻辑业务信道：

（1）专用业务信道（Dedicated Traffic CHannel，DTCH）：DTCH 是一种终端和网络间的点对点双向信道。用来传输用户数据，包括数据和应用层信令。

（2）多播业务信道（Multicast Traffic CHannel，MTCH）：MTCH 用于从网络向一个或多个终端发送数据，是点对多点的数据信道。和 MCCH 信道类似，MTCH 信道与 MBMS 业务密切相关。

3. 传输信道

传输信道定义了怎样传输数据。例如，怎样避免出现传输错误、信道编码种类、CRC 校验和交织以及数据分组的大小等。所有这些信息被称为"传输格式"。

传输信道可以划分为：下行传输信道（从网络到终端）和上行传输信道（从终端到网络）。

EUTRAN 下行传输信道包括：

（1）广播信道（Broadcast CHannel，BCH）：与 BCCH 逻辑信道相关。BCH 具有预先定义好的传输格式，并且格式固定。

（2）寻呼信道（Paging CHannel，PCH）：与 BCCH 有关。

（3）下行共享信道（DownLink Shared CHannel，DL-SCH）：用来传输下行用户控制信息和业务数据。

（4）多播信道（Multicast CHannel，MCH）：传输 MBMS 集中控制信息。

EUTRAN 上行传输信道包括：

（1）上行共享信道（UpLink Shared CHannel，UL-SCH）：用来传输上行用户控制信息和业务数据。

（2）随机接入信道（Random Access CHannel，RACH）：用于支持有限控制信息的特定传输信道，例如通信建立过程中控制信息或是当 RRC 改变时的控制信息。

4. 物理信道

物理信道是传输信道的真正实现。EUTRAN 中的物理信道仅在物理层应用，物理信道结构与第3章阐述的 OFDM 规范紧密相关。

EUTRAN 的下行物理信道包括：

（1）物理下行共享信道（Physical Downlink Shared CHannel，PDSCH）：传输下行用户数据和高层信令。

（2）物理下行控制信道（Physical Downlink Control CHannel，PDCCH）：传输上行所需的调度信息。

（3）物理多播信道（Physical Multicast CHannel，PMCH）：传输多播或广播信息。

（4）物理广播信道（Physical Broadcast CHannel，PBCH）：传输系统信息。

（5）物理控制格式指示信道（Physical Control Format Indicator CHannel，PCFICH）：通知用户终端（User Equipment，UE）为 PDCCH 分配的 OFDM 符号索引。

（6）物理混合 ARQ 指示信道（Physical HARQ Indicator CHannel，PHICH）：传输基站对上行传输的 ACK/NACK 应答，与 HARQ 机制有关。

物理上行信道包括：

（1）物理上行共享信道（Physical Uplink Shared CHannel，PUSCH）：传输上行用户数据和高层信令。

（2）物理上行控制信道（Physical Uplink Control CHannel，PUCCH）：传输上行控制信息，包括对下行传输的 ACK/NACK 应答以及与 HARQ 有关的信令。

（3）物理随机接入信道（Physical Random Access CHannel，PRACH）：由用户向网络发送随机接入前导以便接入网络。

除了物理信道外，物理层还使用了其他物理信号，包括：

（1）参考信号：在下行链路的每个天线端口发送。

（2）同步信号：分为主同步信号和辅同步信号。

5. 信道映射

图 2.13 说明了逻辑信道、传输信道和物理信道之间的映射关系。

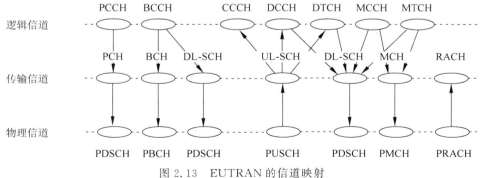

图 2.13　EUTRAN 的信道映射

BCCH 逻辑信道有特殊的传输特性和物理特征，因此它们的传输信道和物理信道的映射也很特殊。BCCH 信道映射到 BCH 信道和 DL-SCH 信道，这是因为系统信息由两部分构成：

（1）固定格式的重要系统信息，需要周期性更新，这些信息映射到 PBCH。

（2）动态的系统信息，其重要性不如固定格式系统信息，带宽和重复周期比较灵活，这些信息映射到 DL-SCH。

另外,一些逻辑信道映射到传输信道时可以有多种选择。通常,在多小区 MBMS 业务中,MCCH 和 MTCH 信道映射到 MCH 信道,而当 MBMS 业务只为单个小区服务时,MCCH 和 MTCH 信道就映射到 DL-SCH 信道。

其他的物理信道(PUCCH、PDCCH、PCFICH 和 PHICH)并不携带来自上层的数据(例如 RRC 信令或用户数据)。这些信道只用于物理层传输与物理资源块有关的或是与 HARQ 有关的信息。因此这些信道没有映射到任何一个传输信道。

RACH 也是一种特殊的传输信道,没有对应的逻辑信道。因为 RACH 只传输 RACH 前导信息(终端向网络发送用来请求接入的前导数据)。一旦网络允许终端接入并且为其分配了上行资源,就不再使用 RACH 信道了。

### 2.4.3　物理层

物理层为上层 RLC 和 MAC 层提供数据传输服务。物理层的处理过程将在第 3 章进行描述。本节主要阐述物理层的功能及与其他无线接口层间的相互作用。

图 2.14 以最通用的下行共享传输信道为例,画出了物理层信道模型。当然上行模型和其他传输信道的情况也与之类似。

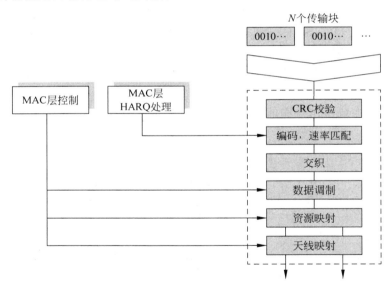

图 2.14　下行共享信道物理层模型

物理层在每个发送时间间隔(Transmission Time Interval,TTI)接收到一定数目的传输块,给每个块加上循环冗余校验(Cyclic Redundancy Check,CRC)信息或是其他用于接收端差错检测的位信息。

传输块通过信道编码(如卷积编码或 Turbo 编码)和物理信道速率匹配来增加信息传输的可靠性。该过程在 MAC 层 HARQ 过程的控制下,根据接收端反馈信息调节信道编码速率(提高了差错控制的鲁棒性)。

交织是改进传输鲁棒性的一个重要措施。当一个已编码块传输错误时,会影响多个连续的比特或符号。在接收端,解交织会将错误的比特分散到不同的传输块上。此时,由于错误比特只影响每一个块中很小的一部分,因此信道解码器就能够很容易地进行纠错。

物理层传输的部分过程由 MAC 层调度。发送数据经过分段映射到资源块。天线映射则是把资源块映射到可用天线端口(MIMO)。

CRC 和交织过程不受高层控制。EUTRAN 的物理层中,这两个过程采用静态参数和算法。

上面已经提到,其他传输信道也采用类似的模型,它们或多或少是共享信道传输过程的子集。例如,用于寻呼的 PCCH 和用于系统信息广播的 BCCH 信道上的传输采用固定的信道编码和调制方式,而不是采用灵活的动态编码和调制。对于这种类型的传输信道,EUTRAN 标准没有给出任何选项和候选方案。

## 2.4.4　MAC

EUTRAN 的媒体接入控制(Medium Access Control,MAC)层在 RLC 层和物理层之间,包括 4 个主要功能:

(1) 逻辑信道和传输信道之间的映射。对于一个给定的逻辑信道,标准给出了不同的选项,MAC 层可以根据运营商的配置来选择传输信道。

(2) 传输格式选择。例如由 MAC 层定义传输块的大小和调制方式,并且向物理层提供这些参数。

(3) 一个终端多个逻辑信道之间或是多个终端之间的优先权处理。

(4) 通过 HARQ 机制进行差错保护。

下面简单描述其中的优先权处理和 HARQ 机制。

1. 优先权处理

优先权处理是 MAC 层的一个主要功能,指从不同的等待队列中选出一个分组,将其传递到物理层,并通过无线接口发送的过程。因为要考虑到不同信息流的发送,包括纯用户数据、EUTRAN 信令(DTCH 逻辑信道)和 EPC 信令(DCCH 逻辑信道),这个过程非常复杂。当已传数据没有正确接收时,是否重传也与优先权处理有关,所以优先权处理过程还与 HARQ 密切相关。

另外,网络侧的 MAC 层要负责上行优先权处理,因为它必须从共享 UL-SCH 信道传输的多个终端的上行调度请求消息中进行选择,如图 2.15 所示。

在上行发送中,终端侧的 MAC 层只是复用来自终端自己的多个上行数据流,并且决定是发送上行调度请求还是发送上行数据。然而在下行共享信道,eNodeB 必须考虑小区内发往所有用户的流(或逻辑信道)。

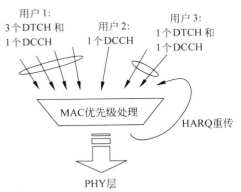

图 2.15　eNodeB 的 MAC 层优先权处理

2. HARQ 机制

HARQ 的基本原理是缓存没有正确接收的数据,并且将重传数据和原始数据进行合并。实际中采取的软合并方式取决于 HARQ 合并机制。在跟踪合并(Chase Combining,

CC)方案中,第一次传输的数据和重传数据相同,接收端总是对整个数据块进行合并。在增量冗余(Incremental Redundancy,IR)方案中,在错误块的基础上增加一些新的校验信息,接收端接收的编码符号中包含了和第一次传输数据不同的信息。

在EUTRAN中,HARQ采用多个并行通道的处理过程(N-Process),当一个过程等待ACK/NACK反馈时,别的过程仍然可以继续发送数据。

下行HARQ采用自适应地异步重传机制,上行HARQ采用同步重传机制。在同步机制中,只能按照第一次发送时的子帧号进行重传。在异步重传机制中,可在任意时刻发送重传数据。

上行链路之所以采用同步方式主要是为了减小协议开销。因为采用同步方式时接收端可以获取子帧号,所以不需要标识HARQ处理的通道号。

EUTRAN的HARQ与3G HSDPA和HSUPA的HARQ类似。

### 2.4.5　RLC

#### 1. RLC传输模式

无线链路控制(Radio Link Control,RLC)协议的主要目的是将数据交付给对端的RLC实体。RLC提出了3种传输模式:透明模式(Transparent Mode,TM)、非确认模式(Unacknowledged Mode,UM)、确认模式(Acknowledged Mode,AM)。

透明模式不改变或者替换上层数据,是最简单的一种模式。BCCH和PCCH逻辑信道传输就是采用这种模式。RLC透明模式实体接收来自上层的数据,并直接转发给下面的MAC层,不添加RLC头部,也不进行分段操作。

非确认模式允许对数据进行丢包检测(接收实体检测RLC分组是否被正确接收),并进行重新排序和重组,这些功能通过RLC数据头部的序列号来实现。UM模式可以用于专用或是多播逻辑信道,与应用层类型和业务等级有关。

数据重新排序指的是由于HARQ重传等原因导致数据没有按照顺序到达的情况下,对分组进行重新排序。如果RLC实体在上层数据传输之前就已经对其进行分段,则在接收端需要对这些分段进行重组。

确认模式是最复杂的。除了有UM模式支持的功能之外,AM的RLC实体还要询问对端是否检测到分组丢失。这种AM机制称为自动重传请求(Automatic Repeat reQuest,ARQ)。因此,AM模式只应用在DCCH和DTCH逻辑信道上。ARQ重传由对等实体之间RLC状态报告触发,例如,接收端检测到分组丢失或是发送端的HARQ过程失败情况下触发。

#### 2. RLC块结构

图2.16描述了RLC的协议数据单元(Protocol Data Unit,PDU)的结构。RLC接收到PDCP层发来的数据块,这些块称为RLC层的服务数据单元(Service Data Unit,SDU)。为了填充PDU的净荷部分,RLC使用数据链路层常用的两种机制:分段和串联。

当RLC的SDU过长,不能放在RLC的一个PDU的净荷中时,需要将SDU进行分段(图2.16中的$n$和$n+3$),在两个不同PDU进行传输。相反,如果SDU比PDU小很多,RLC层会将多个SDU串联在一起填充PDU的净荷。

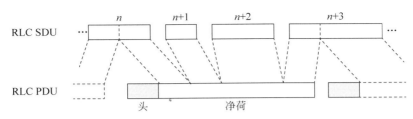

图 2.16 RLC 层 AM 或 UM 模式的协议数据单元

如图 2.16 所示,分段和串联都有顺序标号,所以接收实体能够以正确的顺序将 SDU 交给 PDCP。

### 2.4.6 RRC

1. RRC 基本功能

无线资源控制(Radio Resource Control,RRC)协议是支持终端和 eNodeB 间多种功能的最为关键的信令协议。RRC 包括以下功能。

(1) RRC 连接管理。包括 eNodeB 和基站间 RRC 连接的建立和释放。

(2) 无线资源的建立和释放。指终端和 eNodeB 间传输信令或是用户数据的资源分配。

(3) 系统信息广播。通过 BCCH 逻辑控制信道实现。来自 RRC 层的广播信息要么和接入网有关(例如与无线有关的参数),要么和核心网有关(例如小区相应的地理区域或网络识别码)。

(4) 寻呼。通过 PCCH 逻辑信道实现。

(5) 传输 EPC 的信令消息。这些非接入消息(Non Access Stratum,NAS)通过 RRC 在终端和核心网间传递。

RRC 也支持一系列与处于 RRC 连接状态的用户移动相关的功能。包括:

(1) 测距控制。涉及终端进行测量的配置以及将测量结果告知 eNodeB 的方法。

(2) 支持小区间移动过程。也称越区切换。

(3) 切换过程中 eNodeB 间的用户上下文传输。

2. RRC 状态

RRC 协议的主要功能就是管理终端和 EUTRAN 接入网之间的连接。图 2.17 是 RRC 协议的状态图。每一种 RRC 协议状态实际代表了一种连接状态,并且描述了网络和终端如何处理终端移动、寻呼消息和系统信息广播。

EUTRAN 中,RRC 状态机非常简单,只有两个状态:RRC-IDLE、RRC-CONNECTED。

在 RRC-IDLE 状态,终端和 eNodeB 之间没有连接,意味着 EUTRAN 接入网实际上并不知道终端的信息。

从应用层角度来说终端用户是非激活的,这并不意味着在无线接口上什么都没有发生。相反,为了延长电池寿命,标准中已经规范了终端的行为,在下面 3 个方面对其进行了限制:

(1) EUTRAN 周期性地对系统广播信息进行译码。在网络动态更新信息时需要执行

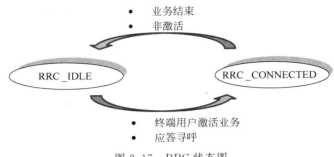

图 2.17　RRC 状态图

这个过程。

（2）对寻呼消息译码。当有会话呼叫时，终端才能进一步连接到网络。

（3）小区重选。终端通过无线测量或者网络上的系统信息参数，可以判断最佳服务小区。在一定条件下，终端就会自动选择新的服务小区。

在小区重选中，终端可能随时改变地理位置或跟踪区域。一旦发生这种情况，终端需要更新网络，以便能够接收寻呼信息。因此，终端必须暂时离开 RRC-IDLE 状态，以便能和网络交换必要的信令消息。当更新过程结束后，如果没有激活的业务或者用户应答，终端返回到 RRC-IDLE 状态。

在 RRC-CONNECTED 状态，eNodeB 和终端之间有激活的连接。也就是说，eNodeB 内存储了终端的通信上下文。双方可以通过逻辑信道交换用户数据和信令。

与 RRC-IDLE 状态不同的是，小区可获取处于 RRC-CONNECTED 状态的终端位置在小区层已知。终端在网络控制下进行移动，切换判决基于许多可能的准则，包括终端反馈的来自 eNodeB 的物理层的测量报告。

## 2.4.7　PDCP

分组数据汇聚子层协议主要为了与对等 PDCP 实体之间进行分组传输，这个功能由 RLC 层保证。从这个角度来说，PDCP 层增加了一些已经超出 OSI 数据链路层协议范围的功能。PDCP 增加的功能包括 4 个方面。

（1）L2 有关功能：包括当终端移动时 RLC 分组的重新排序，或是 RLC 分组的重复接收检测。这项功能由 PDCP 头部序列号保证。

（2）IP 分组头压缩和解压缩：与 3G/UMTS 不同，LTE 的 PDCP 只支持一种压缩方式，即鲁棒头压缩（Robust Header Compression，ROHC）方式。

（3）数据和信令的加密：PDCP 的"数据"是指用户数据和应用层信令，"信令"指由 eNodeB 发送的 RRC 信令和 EPC 发送的非接入层（Non Access Stratum，NAS）信令消息。

（4）信令完整性保护：PDCP 中的信令包括 NAS 和 RRC 消息。完整性机制可以为接收端提供判定信令在传输过程中是否遭到窜改，能有效阻止"中间人"攻击。

图 2.18 是各个功能块模型框架。在控制平面，加密和完整性是必需的。然而，对用户数据来说，加密是可选的。ROHC 头部压缩是不可选的。但是，ROHC 支持一种没有对头部进行修改和压缩的透明"非压缩"模式。

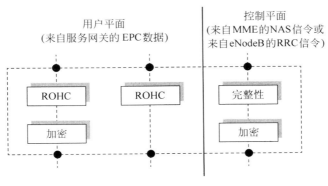

图 2.18 PDCP 层模型

**1. 加密和完整性保护**

加密充分利用了块或流的共享私有密钥加密算法,这个算法不会影响数据长度。算法的基本原理是双方都通过私有密钥产生密钥流。发送方将此密钥流添加到原始数据(使用异或(exclusive OR)逻辑运算),接收端解密时也采用相同方式。

完整性保护需要发送额外的信息,接收端利用此信息校验数据是否来自可靠的数据源,这个额外的信息称为消息认证码(Message Authentication Code,MAC)。

最后,PDCP 层对高层控制平面(EPC 核心网或 RRC 层)发来的数据进行处理,如图 2.19 所示。在加密数据前面添加一个包含 PDCP 序列号的头部(用于 eNodeB 间切换时的重排序),在末尾添加 MAC 来实现信令完整性保护。

图 2.19 PDCP 分组格式(控制平面)

用户平面的操作与控制平面类似,但用户平面没有完整性保护,而且是在 ROHC 后进行加密。

**2. 基于头部压缩的 ROHC**

4G 提出的业务实际上都是基于 IP 的业务,甚至在被叫方处于电路交换电话网时,业务涉及的 EPC 和 EUTRAN 也都由 IP 和 IETF 支持,而信令和承载的转换在无线网络边缘节点上实现。

从无线角度来看,IETF 协议的一个关键问题是开销过大。这些协议非常冗长,消息中包括网络层(IP)、传输层(TCP、UDP)和应用层(RTP、SIP 等)等头部。另外,IETF 的网络和传输协议包含大量对 EUTRAN 来说多余的信息。对于高速有线网络,因为可靠的高速传输对额外的带宽开销不敏感,这些问题都不会给性能带来很大影响。然而无线网络的情况就大不一样了,尽管物理层提供强大的差错控制机制,但是无线接口的错误率还是很高。另外,无线资源较有线资源更为稀缺和昂贵。因此有必要对无线接口的传输进行高效压缩,这样可以避免发送冗余信息,同时减小误帧率。

鲁棒头压缩(Robust Header Compression,ROHC)是由 IETF 定义的,旨在解决传输效率问题的方法。ROHC 没有提出新的压缩编码方式,而是根据分组头的类型使用现有的常用技术来进行压缩。使用这些常用技术的原因是:大多数的 IP、UDP 和 RTP 头部要么是静态的(一旦会话建立后不会更改),要么是可以推断的(通过其他值可以推导出字段长度,比如帧大小),要么按照预测在一定的长度范围之内改变。

ROHC 可以利用下面两种方式对一些字段进行压缩:

(1) 最低有效位(Least Significant Bit,LSB)方式。

(2) 按比例的 RTP 时间戳编码方式。

LSB 方式适合于字段较长,但是只有很少位发生变化的情况(例如 16 位的 RTP 分组顺序号在每个数据帧中递增 1),此时压缩器不是发送该字段内的全部比特,而是使用 LSB 来发送较少的比特。

按比例的 RTP 时间戳方法是 LSB 方法的一种变形。当发送话音数据时,32 位长的 RTP 时间戳每次会递增一个较大的值(比如 160)。此时,压缩器不是发送整个字段,而是发送较少的比特数。解压缩端通过一个线性函数来恢复初始值,比如'y=ax+b',a 和 b 这两个参数由压缩器给出。

表 2.3 描述了 IPv4 头的分类以及各字段的长度和类型,也就给出了压缩器(和解压缩器)处理头部可能采用的压缩方式。例如,表 2.3 中的 IPv4 分组头的长度共 160 位,其中 115 位是静态的或者可以推导出来的,这部分比特可以通过 LSB 等算法进行 ROHC 处理。其余信息是随机可变的,因此它们就不能采用 ROHC 方式了。

表 2.3    IPv4 头部各字段的长度和类型

| 字 段 名 称 | 长度/位 | 类    型 |
|---|---|---|
| 版本 | 4 | 静态 |
| 头长度 | 4 | 静态 |
| 服务类型 | 8 | 可变 |
| 分组长度 | 16 | 可推导 |
| 标识 | 16 | 改变 |
| 标志 | 3 | 静态 |
| 生存时间 | 8 | 可变 |
| 协议 | 8 | 静态 |
| 头校验 | 16 | 可推导 |
| 源地址 | 32 | 静态 |
| 目的地址 | 32 | 静态 |

图 2.20 给出了 ROHC 在 RTP/UDP/IP 话音应用的性能,其中话音数据有 32 字节的净荷。在压缩前,头部的长度甚至都超过了净荷。采用压缩后,头部的长度减小为平均 6 字节。

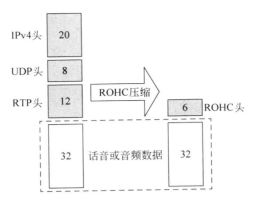

图 2.20 使用 ROHC 发送 VoIP 流的工作过程

## 2.4.8 NAS 协议

### 1. AS/NAS 模型

为了更好地定义 NAS 协议,图 2.21 给出了 2G 提出的 NAS 协议模型,该模型在演进 UMTS 中仍然有效。这个模型划分了两个区域——接入层(Access Stratum,AS)和非接入层(Non Access Stratum,NAS)。两个区域覆盖几个实体(终端、接入网和核心网),其目标是对整个系统的主要功能进行划分。

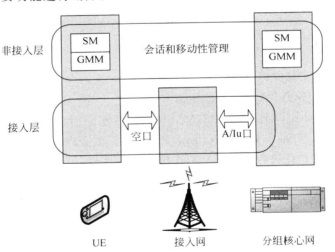

图 2.21 接入和非接入层结构

接入层(AS)表示与接口相关的功能。然而,这些功能并不局限于接入网和终端的无线部分,也包括对核心网部分的管理。AS 的主要功能有:

(1) 无线承载管理,包括无线承载分配、建立、修改和释放。

(2) 无线信道处理,包括信道编码和调制。

(3) 加密,只涉及加密过程本身。加密的初始化和加密算法的选择由 NAS 控制。此外,如果应用层需要的话,可以使用端到端的加密方式,例如虚拟私有网(Virtual Private Network,VPN)。

（4）移动性，即切换。

在 2G/3G 中，AS 功能包括接入网和核心网之间 Iu 接口涉及的所有过程，由 PHY、MAC、RLC、RRC 和 PDCP 协议层支持。

NAS 表示完全独立于接入技术的功能和过程。包括：

（1）会话管理，包括会话建立、修改和释放。

（2）用户管理，包括用户数据管理和切换管理。

（3）安全管理，包括用户和网络之间的认证和加密。

（4）计费。

在 2G/GSM 中，NAS 协议由两层支持，分别是 3GPP 定义的 GPRS 移动性管理（GPRS Mobility Management，GMM）层和会话管理（Session Management，SM）层。由于这两层独立于接入技术，因此提高了 NAS 层的后向兼容性。LTE 中引入了其他的机制（例如，QoS 处理等），但是实际上多数机制还是从 GSM 与 UTRAN 的 NAS 继承而来的。

2. 有关 GMM 和 SM 协议

GMM 层负责支持用户终端的移动，将用户位置信息通知到网络，并提供用户识别信息的机密性。GMM 层的功能由下面过程实现：

（1）用户连接，当终端处于 GMM 激活状态时，可以接收和发送用户数据和信令信息。当用户处于非激活状态时，需要先建立 GMM 上下文。

（2）终端位置更新过程，当终端移动时或是周期性更新存储在核心网的位置信息时，需要执行该过程。

除了移动管理，GMM 层还包括以下安全功能：

（1）用户和网络间的认证；

（2）加密和信令完整性保护；

（3）终端状态管理（连接、空闲和激活）。

SM 层位于 GMM 层以上，并使用 GMM 服务来管理会话。SM 层的主要功能是支持用户终端分组数据协议（Packet Data Protocol，PDP）上下文管理以及终端和 SGSN 间的承载管理，包括激活、更改和释放会话上下文和连接承载的过程。

PDP 上下文由终端地址（IP 地址）和 QoS 属性（例如最大比特速率、保证比特速率和传输延迟等）决定，这些信息在 PDP 上下文建立时在网络和终端间进行协商。

3. EPS 中的 NAS 协议

EPS 中大多数的 NAS 功能和过程是从 GSM 和 UMTS 网络中继承来的，唯一的区别是 GSM 和 UMTS 支持基于电路交换的业务以及采用移动管理（Mobility Management，MM）和呼叫控制（Call Control，CC）。因为 EPS 仅支持分组（Packet Only）交换，所以 EPS 的 NAS 层中不再使用与 CS 核心域相关的过程。然而，对于能够接入 2G、3G 和 EPS 网络的多模终端来说，就必须支持所有 CS 域和 PS 域的功能，如图 2.22 所示。

EPS 网络的移动管理层被称作 EPS 移动性管理（EPS Mobility Management，EMM），能支持与 2G/3G GMM 相同的功能。

EPS 的会话管理（SM）层支持包括 EPS 链路建立、更改、释放以及 QoS 协商等基本功能集。

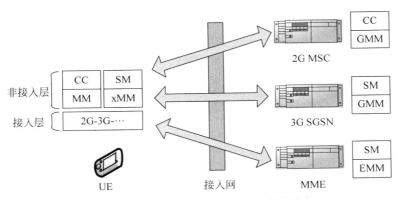

图 2.22 多个接入终端时 NAS 协议的联合

在 2G 和 3G 系统中,移动和会话管理层的处理过程都是独立定义、独立处理的。尽管在 EPS 中继续使用这些概念,但 EPS 的 NAS 协议尽可能地限制交换信令开销。出于这个原因,移动或会话管理层信息通常是作为其他过程(例如 S1 链路管理或是 RRC 连接管理消息)的一部分来传输。

## 2.5 本章小结

本章介绍和分析了演进分组系统的网络体系架构和 LTE 协议的分层结构。首先描述网络架构和接口;接着给出了用户平面和控制平面的结构;重点阐述了无线接口协议,包括协议的分层结构、不同层次信道之间的映射关系,并对各层次的作用进行了展开分析。通过本章的学习,有助于读者全面了解和认识 LTE 的系统组成,掌握各网元间相互的连接关系,理解协议各层次的作用以及不同层次间信道的映射关系,从而更好地理解 LTE 后续章节中的技术规范和工作过程。

# 第3章

## Chapter 3

# LTE关键技术

本章介绍了 LTE 的关键技术——正交频分复用(Orthogonal Frequency Division Multiplexing,OFDM)、多输入多输出(Multiple Input Multiple Output,MIMO)、链路自适应及混合自动重传请求(Hybrid Automatic Repeat reQuest,HARQ)技术。首先阐述了 OFDM 系统的基本原理、实现方法以及 OFDM 系统的信道估计技术以及同步技术;然后讲述了 MIMO 空时编码技术和相应的检测或译码方法,此外还给出了单用户和多用户预编码算法;最后,在信道状态信息的基础上,阐述了自适应信道编码技术、HARQ 技术。

## 3.1 OFDM 技术

近年来,OFDM 系统得到人们越来越多的关注,其主要原因是 OFDM 系统存在如下的优点:

(1) 将高速数据流进行串并转换,使得每个子载波上的数据符号持续长度相对增加,从而可以有效地减小无线信道的时间弥散所带来的符号间干扰(Inter Symbol Interference,ISI),这样就减小了接收机内均衡的复杂度,有时甚至可以不采用均衡器,仅通过采用插入循环前缀的方法消除 ISI 的不利影响。

(2) 传统的频分复用方法将频带分为若干个不相交的子频带来传输并行的数据流,在接收端用一组滤波器来分离各个子信道。这种方法的优点是简单、直接,缺点是频谱利用率低,子信道之间要留有足够的保护频带,而且多个滤波器的实现也有不少困难。而 OFDM 系统由于各个子载波之间存在正交性,允许子信道的频谱相互重叠,因此与传统的频分复用系统相比,OFDM 系统可以最大限度地利用频谱资源。图 3.1 给出了传统频分复用和 OFDM 的比较。

(3) 各个子载波上信号的正交调制和解调在形式上等同于 IDFT 和 DFT,在实际应用中,可以采用 IFFT 和 FFT 来快速实现。随着大规模集成电路和数字信号处理技术的发展,FFT 运算变得更加容易,当子载波数很大时,这一优势十分明显。

(4) 无线数据业务一般存在非对称性,即下行链路中的数据传输量要大于上行链路中的数据传输量,这就要求物理层能够支持非对称高速率数据传输,OFDM 系统就可以通过使用不同数量的子载波来实现上行和下行链路中不同的传输速率。

(5) OFDM 易于和其他多种接入方法结合使用,构成正交频分多址接入(Orthogonal Frequency Division Multiple Access,OFDMA)、多载波码分多址接入(Multi-Carrier Code

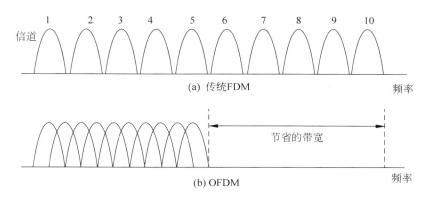

图 3.1 传统频分复用与 OFDM 的信道分配

Deivision Multiple Access, MC-CDMA)以及 OFDM 时分多址接入(OFDM Time Division Multiple Access, OFDM-TDMA)等,使得多个用户可以同时利用 OFDM 技术进行不同的信息传输。

(6) OFDM 易于和现有的空时编码技术相结合,实现高性能的多输入多输出通信系统。

正是由于 OFDM 具有的上述特性,使得 OFDM 技术成为当前常见的宽带无线和移动通信系统的关键技术之一。然而,OFDM 技术在实际应用中也存在缺陷,主要体现在如下两个方面:

(1) OFDM 易受频率偏差的影响。OFDM 技术所面临的主要问题就是对子载波间正交性的严格要求。由于 OFDM 系统中各个子载波的频谱相互覆盖,要保证它们之间不产生相互干扰的唯一方法就是保持相互间的正交性。OFDM 系统对这种正交性相当敏感,一旦发生偏移,便会破坏正交性,造成载波间干扰(Inter-Carrier Interference, ICI),这将导致系统性能的恶化。而且,随着子载波个数的增多,OFDM 符号的周期将被拉长,子载波频率间隔会减小,使得 OFDM 系统对正交性更敏感。此外,在 OFDM 系统的实际应用中,不可能所有条件均达到理想情况,无论是无线移动信道传输环境,还是传输系统本身的复杂性都注定了 OFDM 系统的正交性将受到多种因素的影响。

(2) OFDM 存在较高的峰值平均功率比(Peak-to-Average Power Ratio, PAPR),也称峰均功率比。与单载波系统相比,由于多载波调制系统的输出是多个子信道信号的叠加,因此如果多个信号的相位一致时,所得到的叠加信号的瞬时功率就会远远大于信号的平均功率,导致出现较大的峰值平均功率比。这样就对发射机内放大器的线性范围提出了很高的要求,如果放大器的动态范围不能满足信号的变化,则会给信号带来畸变,使叠加信号的频谱发生变化,从而导致各个子信道信号之间的正交性遭到破坏,产生相互干扰,使系统性能恶化。

## 3.1.1 OFDM 基本原理

OFDM 是一种多载波调制方式,其基本思想是把高速率的信源信息流通过串并变换,变换成低速率的 $N$ 路并行数据流,然后用 $N$ 个相互正交的载波进行调制,将 $N$ 路调制后的信号相加即得发射信号。OFDM 调制原理框图如图 3.2 所示。

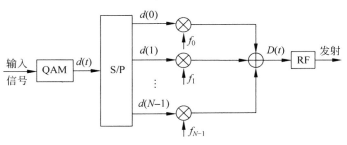

图 3.2　OFDM 调制原理框图

设基带调制信号码元速率为 $R$，码元周期为 $t_s$，且信道的最大迟延扩展 $\Delta_m > t_s$，OFDM 的基本原理是将原信号分割为 $N$ 个子信号，分割后码元速率为 $R/N$，周期为 $T_s = Nt_s$，然后用 $N$ 个子信号分别调制 $N$ 个相互正交的子载波。由于子载波的频谱相互重叠，因而可以得到较高的频谱效率。当调制信号通过信道到达接收端时，由于信道多径效应带来的码间串扰的作用，子载波之间不能保持良好的正交状态。因而，发送前就在码元间插入保护间隔。如果保护间隔 $\delta$ 大于最大时延扩展 $\Delta_m$，则所有时延小于 $\delta$ 的多径信号将不会延伸到下一个码元期间，因而有效地消除了码间串扰。

在发射端，数据经过调制（例如 QAM 调制）形成基带信号，然后经过串并变换成为 $N$ 个子信号，再去调制相互正交的 $N$ 个子载波，最后相加形成 OFDM 发射信号。

OFDM 解调原理框图如图 3.3 所示。在接收端，输入信号分为 $N$ 个支路，分别与 $N$ 个子载波混频和积分，恢复出子信号，再经过并串变换和 QAM 解调就可以提取出数据。由于子载波的正交性，混频和积分电路可以有效地分离各个子信道。

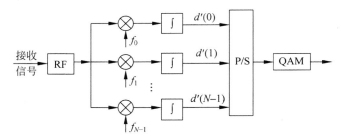

图 3.3　OFDM 解调原理框图

在图 3.3 中，$f_0$ 为最低子载波频率，$f_n = f_0 + n\Delta f$，$\Delta f$ 为载波间隔。

### 3.1.2　OFDM 的 IFFT 实现

OFDM 调制信号的数学表达形式为

$$D(t) = \sum_{n=0}^{M-1} d(n)\exp(\mathrm{j}2\pi f_n t), \quad t \in [0, T] \tag{3.1}$$

式中：$d(n)$ 是第 $n$ 个调制码元；$T$ 是码元周期 $T_s$ 加保护间隔 $\delta(T = \delta + T_s)$。各子载波的频率为

$$f_n = f_0 + n/T_s \tag{3.2}$$

式中：$f_0$ 为最低子载波频率。由于一个 OFDM 符号是将 $M$ 个符号串并变换之后并行传

输出去,所以 OFDM 码元周期是原始数据周期的 $M$ 倍,即 $T_s = Mt_s$,当不考虑保护间隔时,则由式(3.1)、式(3.2)可得

$$D(t) = \left[\sum_{n=0}^{M-1} d(n)\exp\left(\mathrm{j}\frac{2\pi}{Mt_s}nt\right)\right]\mathrm{e}^{\mathrm{j}2\pi f_0 t} = X(t)\cdot \mathrm{e}^{\mathrm{j}2\pi f_0 t} \tag{3.3}$$

式中:$X(t)$ 为复等效基带信号,且

$$X(t) = \sum_{n=0}^{M-1} d(n)\exp\left(\mathrm{j}\frac{2\pi}{Mt_s}nt\right) \tag{3.4}$$

对 $X(t)$ 进行抽样,其抽样速率为 $1/t_s$,即 $t_k = kt_s$,则有:

$$X(t_k) = \sum_{n=0}^{M-1} d(n)\exp\left(\mathrm{j}\frac{2\pi}{M}nk\right), \quad 0 \leqslant k \leqslant (M-1) \tag{3.5}$$

由式(3.5)可以看出,$X(t_k)$ 恰好是 $d(n)$ 的反离散傅里叶变换(Inverse Discrete Fourier Transform,IDFT),在实际中可用 IFFT 实现,相应的接收端解调则可用 FFT 完成。

图 3.4 给出了 OFDM 的系统框图。

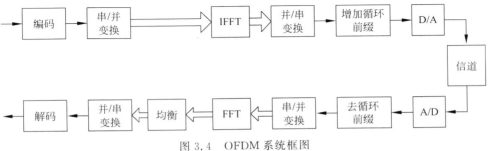

图 3.4 OFDM 系统框图

### 3.1.3 OFDM 系统的抗多径原理

高速移动通信系统面临的主要挑战是克服多径传播不容忽视的有害影响,即传输信号到达接收端,要通过多个传播路径。多径传播造成的两个主要影响是多径衰落和信道响应的频率选择性,即频率选择性衰落。下面分析可以克服多径效应的 OFDM 技术将频率选择性衰落信道转化成平坦衰落信道的基本原理。

参照图 3.4,设 $X(u)$ 表示符号周期为 $t_s$ 的输入系列,串并变换器将 $M$ 个连续的数据符号变成数据向量,即 $\mathbf{X}(n) = [X(nM)\quad X(nM+1)\quad \cdots\quad X(nM+M-1)]^{\mathrm{T}}$,子块的周期是 $Mt_s$。假设块的大小 $M$ 为偶数,事实上,$M$ 一般是 2 的数次幂,以便于在调制和解调中有效利用 IDFT 和 FFT。设 $X(n,k)$ 表示第 $n$ 个数据符号的第 $k$ 个分量,即 $X(n,k) = X(nM+k)$,$k=0,1,\cdots,M-1$,$X(n,k)$ 也被看成是第 $n$ 个子块第 $k$ 个子载波传输的数据符号。数据符号向量 $\mathbf{X}(n)$ 可以表示成:$\mathbf{X}(n) = [X(n,0)\quad X(n,1)\quad \cdots\quad X(n,M-1)]^{\mathrm{T}}$,$\mathbf{x}(n)$ 是 $\mathbf{X}(n)$ 通过 $M$ 点 IDFT 变换调制成 OFDM 符号,$\mathbf{x}(n) = [x(n,1),x(n,1),\cdots,x(n,M-1)]$,其中

$$x(n,k) = \frac{1}{\sqrt{M}}\sum_{m=0}^{M-1} X(n,m)\exp\left(\mathrm{j}\frac{2\pi mk}{M}\right), \quad 0 \leqslant k \leqslant M-1 \tag{3.6}$$

为了避免 OFDM 符号间的干扰,IDFT 输出的长为 $G$ 的循环扩展被加到 $\mathbf{x}(n)$ 上作为保护间隔,一般指的是循环前缀,带有循环前缀的向量可以表示为 $\mathbf{x}^g(n) =$

$[x(n,M-G)\ \cdots\ x(n,M-1)\ x(n,0)\ \cdots\ x(n,M-1)]^{\mathrm{T}}$，向量 $\boldsymbol{x}^g(n)$ 扩展的分组周期为 $(M+G)t_s$，通过频率选择性信道传输。

设多径信道最大延迟扩展为 $L$，保护间隔的长度应满足 $G \geqslant L$，假设在整个扩展的分组间隔内信道状态信息保持不变，接收的信号向量 $\boldsymbol{r}(n)$ 只是 $\boldsymbol{x}^g(n)$ 和 $\boldsymbol{h}(n)$ 的线性卷积，即 $\boldsymbol{r}(n)=\boldsymbol{x}^g(n)*\boldsymbol{h}(n)$，这里 $*$ 表示线性卷积，$\boldsymbol{h}(n)=[h(nM,0)\ h(nM,1)\ \cdots\ h(nM,L-1)]^{\mathrm{T}}$。这里 $h(nM,i)$ 表示第 $n$ 个 OFDM 符号期间第 $i$ 条路径的信道冲击响应。在接收端，首先从接收到的信号向量中去掉保护间隔，形成向量 $\boldsymbol{y}(n)=[r(n,G)\ r(n,G+1)\ \cdots\ r(n,M+G+1)]^{\mathrm{T}}$。很明显，$\boldsymbol{x}^g(n)$ 是由 $\boldsymbol{x}(n)$ 的循环扩展构成，则向量 $\boldsymbol{y}(n)$ 是 $\boldsymbol{x}(n)$ 和 $\boldsymbol{h}(n)$ 的循环卷积。解调器对 $\boldsymbol{y}(n)$ 进行 DFT 变换，以获得解调向量 $\boldsymbol{Y}(n)$，$\boldsymbol{Y}(n)=[Y(n,0)\ Y(n,1)\ \cdots\ Y(n,M-1)]^{\mathrm{T}}$，其中：

$$Y(n,k)=\frac{1}{\sqrt{M}}\sum_{m=0}^{M-1}y(n,m)\exp\left(-\mathrm{j}\frac{2\pi mk}{M}\right),\quad 0\leqslant k\leqslant M-1 \tag{3.7}$$

DFT 的一个重要性质就是时域的循环卷积导致频域的相乘，则解调的信号向量为：

$$\boldsymbol{Y}(n)=\boldsymbol{H}(n)\boldsymbol{X}(n)+\boldsymbol{Z}(n) \tag{3.8}$$

其中，$\boldsymbol{H}(n)$ 是以信道冲击响应 $\boldsymbol{h}(n)$ 的傅里叶变换为对角元素的对角矩阵；$\boldsymbol{Z}(n)$ 是信道噪声的 DFT。由于 $\boldsymbol{H}(n)$ 是对角的，则子信道可以完全分离，第 $k$ 个对角元素 $H_{k,k}(n)$ 可看成是由下式给出的第 $k$ 个子载波的复信道增益：

$$H_{k,k}(n)=\alpha(n,k)=\frac{1}{M}\sum_{l=0}^{L-1}h(l)\exp\left(-\mathrm{j}\frac{2\pi lk}{M}\right),\quad 0\leqslant k\leqslant M-1 \tag{3.9}$$

解调符号用复信道增益可表示为

$$Y(n,k)=\alpha(n,k)X(n,k)+Z(n,k),\quad 0\leqslant k\leqslant M-1 \tag{3.10}$$

除了噪声分量以外，解调符号是复信道增益 $\alpha(n,k)$ 与相应符号 $X(n,k)$ 的乘积，这样带有循环前缀的 OFDM 将频率选择性衰落信道转化成 $M$ 个平坦衰落的子信道。这些平坦衰落子信道提供了一个有效的平台，有助于空时处理技术被扩展到频率选择性衰落信道中。

### 3.1.4　OFDM 系统中的信道估计技术

在无线通信系统中，对无线传输信道特性的认识和估计是实现各种无线通信系统传输的重要前提。为了获取实时准确的信道状态信息，使得系统能够获得相干检测的性能增益等性能提升和实现相关技术，准确高效的信道估计器被作为 OFDM 系统不可缺少的组成部分。

OFDM 信道估计方法可以分为两大类：基于导频的信道估计方法和信道盲估计方法。基于导频的信道估计方法在发送信号选定某些固定的位置插入已知的训练序列，接收端根据接收到的经过信道衰减的训练序列和发送端插入的训练序列之间的关系得到上述位置的信道响应估计，然后运用内插技术得到其他位置的信道响应估计。信道盲估计方法无须在发送信号中插入训练序列，而是利用 OFDM 信号本身的特性进行信道估计。信道盲估计方法能获得更高的传输效率，但信道盲估计性能往往不如基于训练序列的信道估计方法。因此，在 LTE 中使用的是基于导频的信道估计技术。

基于导频的信道估计方法就是在发送端发出的信号序列中某些固定位置插入一些已知的符号和序列，然后在接收端利用这些已知的导频符号和导频序列按照某种算法对信道进行估计。基于导频的信道估计 OFDM 系统框图如图 3.5 所示。

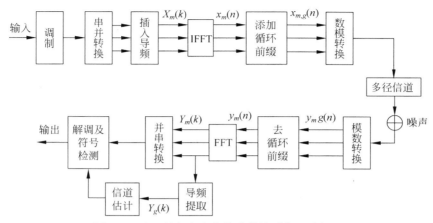

图 3.5　基于导频方法的信道估计系统组成框图

图 3.5 为 OFDM 系统基于导频的信道估计等效基带模型，输入端输入二进制数据，经多进制调制后进行串并变换，在特定时间和频率的子载波上插入导频符号，进行 IFFT 运算，将频域信号转换为时域信号。假定子载波个数为 $N$，$X_m(k)$ 表示第 $m$ 个子载波上发送数据经过 IFFT，产生对应的第 $m$ 个 OFDM 信号的输出序列 $x_m(n)$。

$$x_m(n) = IFFT(X_m(k)) = \frac{1}{N}\sum_{k=0}^{N-1} X_m(k)\exp\left(j\frac{2\pi kn}{N}\right), \quad n=0,1,\cdots,N-1 \quad (3.11)$$

经 IFFT 变换后的数据为避免多径带来的符号间干扰(ISI)，在每个 OFDM 符号前添加长度为 $N_g$ 循环前缀(Cyclic Prefix，CP)。则添加循环前缀后，时域发送信号可以表示为

$$x_{m,g}(n) = \begin{cases} x_m(N+n), & n=-N_g,\cdots,-1 \\ x_m(n), & n=0,1,\cdots,N-1 \end{cases} \quad (3.12)$$

经串并转换后，发送到多径信道。多径信道可建模成为 FIR 滤波器，即其信道的冲激响应可以表示为

$$h(t,\tau) = \sum_{l=0}^{L-1} a_l(t)\delta(n-\tau_1), \quad n=0,1,\cdots,N-1 \quad (3.13)$$

其中，$L$ 表示多径数量；$a_l(t)$ 表示第 $l$ 径信号的幅度响应；$\tau_l$ 为第 $l$ 条路径的时延。在 $t$ 时刻，信道冲激响应的频率响应(Channel Frequency Response，CFR)可写成：

$$H(t,f) = \int_{-\infty}^{\infty} h(t,\tau)e^{-j2\pi f\tau}d\tau \quad (3.14)$$

信道频率响应的离散形式可写成：

$$H(m,k) = \sum_{l=0}^{L-1} h(m,l)e^{-2\pi kl/N} \quad (3.15)$$

则接收端接收到的信号和信道的线性卷积输出时域信号可以表示为

$$y_{m,g}(n) = x_{m,g}(n) * h_m(n,l) + v_m(n)$$
$$= \sum_{l=0}^{L-1} h_m(n,l)x_{m,g}(n-l) + v_m(n), \quad n=0,1,\cdots,N-1 \quad (3.16)$$

其中，下标 $m$ 表示第 $m$ 个时域 OFDM 符号；括号中的 $n$ 表示在 OFDM 符号内的具体位

置；$h_m(n,l)$ 表示第 $m$ 个 OFDM 符号传输时信道的冲激响应；$v_m(n)$ 为加性高斯白噪声。则对应于去掉循环前缀后接收到信号的频域形式可以表示为

$$Y_m(k) = FFT(y_m(n)) = \frac{1}{N}\sum_{n=0}^{N-1}y_m(n)\exp(-\text{j}2\pi kn/N), \quad k = 0,1,\cdots,N-1 \tag{3.17}$$

若 CP 的长度 $N_g$ 远大于多径信道最大时延，则不存在 ISI，有：

$$Y_m(k) = X_m(k) \times H_m + V_m(k) \tag{3.18}$$

从 $Y(k)$ 序列中提取出导频符号 $Y_P(k)$，根据某种估计算法计算出导频处信道的频率响应 $H_P(k)$，之后通过插值算法进而获得数据符号处的频率响应。最后通过解调及符号检测或均衡技术对数据进行校正。

具体的导频方式应该根据具体信道特性和应用环境来选择。一般来说，OFDM 系统中的导频图案可以分为 3 类：块状导频、梳状导频和离散分布导频结构。

在 OFDM 系统中，块状导频分布的原理是将连续多个 OFDM 符号分成组，将每组中的第一个 OFDM 符号发送导频数据，其余的 OFDM 符号传输数据信息。在发送导频信号的 OFDM 符号中，导频信号在频域是连续的，因此这种导频分布能较好地适应信道的多径扩散。这种导频分布方式认为一个 OFDM 符号内信道响应不变且相邻符号的信道传输函数很相近，所以这种信道估计方法较适用于慢衰落信道，而由于所有子载波上都含有导频信号，这种导频结构的 OFDM 系统能较好对抗信道频

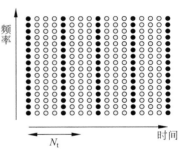

图 3.6　块状导频结构

率选择性衰落。块状导频结构如图 3.6 所示，其中实心点表示导频，空心点表示数据，$N_t$ 表示插入导频的时间间隔。

梳状导频结构与块状导频结构不同，它是指每隔一定的频率插入一个导频信号，要求导频间隔远小于信道的相干带宽。梳状导频信号在时域上连续，在频域上离散，所以这种导频结构对信道频率选择性敏感，但是有利于克服信道时变衰落中快衰落的影响。这种导频结构的 OFDM 信道估计系统可以用频域内插算法得出整个信道的信息。在图 3.7 中，实心点表示导频，空心点表示发送的数据，$N_f$ 表示插入导频的频率间隔。

离散分布的时频二维导频结构有很多种，其中正方形导频分布如图 3.8 所示，其中实心点表示导频，空心点表示发送的数据。

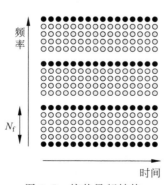

图 3.7　梳状导频结构

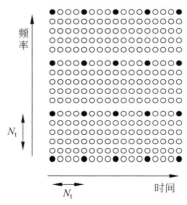

图 3.8　离散分布的导频结构

离散分布的导频结构在构造上比块状和梳状导频分布结构要复杂很多,图 3.8 的正方形导频结构需要在频域和时域上都等间隔地插入导频信号。在实际的通信系统中安排导频分布时,为了保证每帧边缘的估计值也比较准确,使得整个信道估计的结果更加理想,系统要求尽量使一帧 OFDM 符号的第一和最后一个子载波上都是导频符号。

利用上述导频结构,就可以利用导频估计算法实现信道估计。常用的信道估计方法包括频域最小二乘(Least Squares,LS)算法和最小均方误差(Minimum Mean Square Error,MMSE)算法等。

### 1. 频域最小二乘算法(LS)

LS 算法是 OFDM 系统中信道估计的最基本、最简单的算法。假设导频位置发送的子载波信息为 $\boldsymbol{X}_P$,接收到的导频位置子载波信息为 $\boldsymbol{Y}_P$,相应的频域信道衰落系数为 $\boldsymbol{H}_P$,噪声为 $N$。则三者之间的关系可以表示为

$$\boldsymbol{Y}_P = \boldsymbol{X}_P \boldsymbol{H}_P + \boldsymbol{N} \tag{3.19}$$

LS 估计算法的目标是使 $\boldsymbol{Y} - \mathrm{diag}(\boldsymbol{X})\boldsymbol{H}$ 最小,则信道响应的估计值可表示为

$$\hat{\boldsymbol{H}} = \mathrm{argmin} \parallel \boldsymbol{Y} - \mathrm{diag}(\boldsymbol{X})\boldsymbol{H} \parallel^2 \tag{3.20}$$

则基于 LS 准则的信道估计算法可以表示为

$$\hat{\boldsymbol{H}}_{P.LS} = \mathrm{argmin}\big[(\boldsymbol{Y}_P - \boldsymbol{X}_P \boldsymbol{H}_{P.LS})^T (\boldsymbol{Y}_P - \boldsymbol{X}_P \boldsymbol{H}_{P.LS})\big] \tag{3.21}$$

对其求偏导数,令其偏导数为 0,即:

$$\frac{\partial(\boldsymbol{Y}_P - \boldsymbol{X}_P \boldsymbol{H}_{P.LS})^T (\boldsymbol{Y}_P - \boldsymbol{X}_P \boldsymbol{H}_{P.LS})}{\partial \boldsymbol{H}_{P.LS}} = 0 \tag{3.22}$$

可以得到基于 LS 准则的信道估计:

$$\hat{\boldsymbol{H}}_{P.LS} = (\boldsymbol{X}_P^T \boldsymbol{X}_P)^{-1} \boldsymbol{X}_P^T \boldsymbol{Y}_P = \boldsymbol{X}_P^{-1} \boldsymbol{Y}_P = \boldsymbol{H}_P + \frac{\boldsymbol{N}_P}{\boldsymbol{X}_P} \tag{3.23}$$

所以 $\hat{\boldsymbol{H}}_{P.LS}$ 可以表示为

$$
\begin{aligned}
\hat{\boldsymbol{H}}_{P.LS} &= \big[\hat{H}_{P.LS}(0) \quad \hat{H}_{P.LS}(1) \quad \cdots \quad \hat{H}_{P.LS}(N_P - 1)\big]^T \\
&= \left[\frac{Y_P(0)}{X_P(0)} \quad \frac{Y_P(1)}{X_P(1)} \quad \frac{Y_P(N_P - 1)}{X_P(N_P - 1)}\right]^T
\end{aligned} \tag{3.24}
$$

由式(3.24)可见,基于 LS 准则的信道估计方法没有使用任何信道先验信息,算法结构简单,仅在各导频子载波上进行一次除法运算,计算量小,非常适用于实际系统。但是,因为 LS 估计中并未利用信道频域与时域的相关特性,所以在估计时忽略了噪声的影响,所以信道估值对噪声比较敏感。在噪声较大时,估计的准确性大大降低,从而影响数据子信道的参数估计。

### 2. 最小均方误差算法(MMSE)

为了降低噪声对信道估计的影响,提高估计精度,可采用 MMSE 准则来设计信道估计算法,其综合考虑了信道估计的特性和噪声的方差。假设 $\hat{\boldsymbol{H}}$ 为信道估计值,$\boldsymbol{H}$ 为真实值,信道估计的均方误差为

$$MSE = E\left[(\boldsymbol{H} - \hat{\boldsymbol{H}})^{\mathrm{H}}(\boldsymbol{H} - \hat{\boldsymbol{H}})\right] \tag{3.25}$$

MMSE 准则就是使 $MSE$ 最小,考虑导频子信道上的情况,相关矩阵可表示如下:

$$\boldsymbol{R}_{H_r Y_r} = E\left[\boldsymbol{H}_{\mathrm{P}} \boldsymbol{Y}_{\mathrm{P}}^{\mathrm{T}}\right] = E\left[\boldsymbol{H}_{\mathrm{P}}(\boldsymbol{X}_{\mathrm{P}} \boldsymbol{H}_{\mathrm{P}} + \boldsymbol{N}_{\mathrm{P}})^{\mathrm{T}}\right] = \boldsymbol{R}_{H_r H_r} \boldsymbol{X}_{\mathrm{P}}^{\mathrm{T}} \tag{3.26}$$

$$\boldsymbol{R}_{Y_r Y_r} = E\left[\boldsymbol{Y}_{\mathrm{P}} \boldsymbol{Y}_{\mathrm{P}}^{\mathrm{T}}\right] = E\left[(\boldsymbol{X}_{\mathrm{P}} \boldsymbol{H}_{\mathrm{P}} + \boldsymbol{N}_{\mathrm{P}})(\boldsymbol{X}_{\mathrm{P}} \boldsymbol{H}_{\mathrm{P}} + \boldsymbol{N}_{\mathrm{P}})^{\mathrm{T}}\right] = \boldsymbol{X}_{\mathrm{P}} \boldsymbol{R}_{H_r H_r} \boldsymbol{X}_{\mathrm{P}}^{\mathrm{T}} + \sigma_{N_r}^2 \boldsymbol{I}_{N_r} \tag{3.27}$$

其中,$\boldsymbol{R}_{H_r H_r}$ 为导频子信道自相关矩阵;$\boldsymbol{X}_{\mathrm{P}}$ 为导频信号;$\sigma_{N_r}^2$ 为导频子信道的加性噪声的方差。则 MMSE 估计可表示如下:

$$\begin{aligned}
\hat{\boldsymbol{H}}_{\mathrm{P,MMSE}} &= \boldsymbol{R}_{H_r H_r} \boldsymbol{X}_r^{\mathrm{T}} (\boldsymbol{X}_{\mathrm{P}} \boldsymbol{R}_{H_r H_r} \boldsymbol{X}_{\mathrm{P}}^{\mathrm{T}} + \sigma_{N_r}^2 (\boldsymbol{X}_{\mathrm{P}} \boldsymbol{X}_{\mathrm{P}}^{\mathrm{T}})^{-1})^{-1} \boldsymbol{Y}_{\mathrm{P}} \\
&= \boldsymbol{R}_{H_r H_r} (\boldsymbol{R}_{H_r H_r} + \sigma_{N_r}^2 (\boldsymbol{X}_{\mathrm{P}} \boldsymbol{X}_{\mathrm{P}}^{\mathrm{T}})^{-1})^{-1} \boldsymbol{X}_{\mathrm{P}}^{-1} \boldsymbol{Y}_{\mathrm{P}} \\
&= \boldsymbol{R}_{H_r H_r} (\boldsymbol{R}_{H_r H_r} + \sigma_{N_r}^2 (\boldsymbol{X}_{\mathrm{P}} \boldsymbol{X}_{\mathrm{P}}^{\mathrm{T}})^{-1})^{-1} \boldsymbol{H}_{\mathrm{P,LS}}
\end{aligned} \tag{3.28}$$

MMSE 估计算法需要计算 $(\boldsymbol{R}_{H_r H_r} + \sigma_{N_r}^2 (\boldsymbol{X}_{\mathrm{P}} \boldsymbol{X}_{\mathrm{P}}^{\mathrm{T}})^{-1})^{-1}$,其中,$\boldsymbol{X}_{\mathrm{P}} \boldsymbol{X}_{\mathrm{P}}^{\mathrm{T}}$ 在一个 OFDM 符号内是不同的,即该矩阵求逆需要在一个符号时间内更新。当 OFDM 系统子信道数目 $N$ 增大时,矩阵求逆的运算量会变得十分巨大。因此,MMSE 算法的最大缺点就是计算量大,实现起来对硬件要求比较高。而且在 MMSE 信道估计算法中,信道统计特性估计的准确程度对该算法的性能影响较大。若用 $\boldsymbol{P}_X^{\perp} = \boldsymbol{I} - \boldsymbol{X}^H (\boldsymbol{X}\boldsymbol{X}^H)^{-1} \boldsymbol{X}$ 来代替 $(\boldsymbol{X}_{\mathrm{P}} \boldsymbol{X}_{\mathrm{P}}^{\mathrm{T}})^{-1}$,即用各子信道的平均功率代替每一个符号的瞬时功率,则可极大地减小 MMSE 算法的计算量。

# 3.2　MIMO 技术

3GPP LTE 改进并增强了 3G 的空中接入技术,采用 OFDM 和 MIMO 作为其无线网络演进的唯一标准。LTE 系统可以实现上行峰值达到 50Mb/s、下行峰值达到 100Mb/s 的目标,极大地提高了频谱利用率。

由无线通信发展过程可知,在有限的带宽内大幅度提高频谱效率并保证通信链路质量是推动移动通信技术进步的关键。为此 3GPP 在 LTE 及其后续版本的标准中提出过一系列研究方案及解决技术,比如 MIMO 增强技术、OFDM 技术、多点协作(CoMP)、中继(Relay)和异构网络(HetNet)等。在 LTE 中,MIMO 技术利用空间的随机衰落和延迟扩展,对达到用户平均吞吐量和频谱效率要求起着至关重要的作用,因此被视为在当前和未来移动通信中实现高速无线数据传输的关键技术。

多天线技术即多输入多输出(Multiple Input Multiple Output,MIMO)是一种用来描述多天线无线通信系统的抽象数学模型,输入的串行码流通过某种方式(编码、调制、加权、映射)转换成并行的多路子码流,通过不同的天线同时同频发送出去。接收端利用信道传输特性与发送子码流之间一定的编码关系,对多路接收信号进行处理,从而分离出发送子码流,最后转换成串行数据输出。

实际上,MIMO 技术由来已久,早在 1908 年马可尼就提出通过使用多根天线来抑制信道衰落,从而大幅度提高信道容量、覆盖范围和频谱利用率。在 20 世纪 70 年代就有人提出将 MIMO 技术用于通信系统,但是对无线移动通信系统多输入多输出技术产生巨大推动的奠基工作则是 20 世纪 90 年代由 AT&T Bell 实验室学者完成的。1995 年 Teladar 给出了在衰落情况下的 MIMO 容量；1996 年 Foshini 给出了一种多入多出处理算法——对角-贝尔实验室分层空时（D-BLAST）算法；1998 年 Tarokh 等讨论了用于多入多出的空时码；1998 年 Wolniansky 等人采用垂直-贝尔实验室分层空时（V-BLAST）算法建立了一个 MIMO 实验系统，在室内试验中达到了 20(b/s)/Hz 以上的频谱利用率，这一频谱利用率在普通系统中极难实现。这些工作受到各国学者的极大注意，并使得多输入多输出的研究工作得到了迅速发展。

随后，MIMO 技术开始大量应用于实际的通信系统，并很快成为无线通信领域的研究热点。在高信噪比下，MIMO 的信道容量能够成倍地优于单输入单输出（Single Input Single Output，SISO）通信系统。由于 MIMO 在提高频谱效率方面拥有着巨大的潜力，目前 MIMO 技术已应用于多个通信标准与协议，如 3GPP 长期演进计划（LTE）、无线局域网标准（IEEE 802.11n、IEEE 802.11ac）以及 3GPP2 超移动宽带计划（UMB）等。

## 3.2.1　空时分组码

空时分组码（Space Time Block Coding，STBC）利用码字的正交设计原理将输入信号编码成相互正交的码字，在接收端再利用最大似然检测算法，得到原始信号。由于码字之间的正交性，在接收端检测信号时，只需做简单的线性运算即可，这种算法实现起来比较简单。

### 1. Alamouti 码

如第 3.2 节所述，通过采用多个接收天线可以相对容易地实现空间分集。例如，考虑蜂窝电话系统的上行链路，即从移动台到基站的传输，由于在基站端可以轻易地以足够大的间距放置多个天线，所以从移动台传输过来的信号可以被基站的多个天线获取，然后这些信号可以用分集-合并技术（比如最大比合并、选择合并和等增益合并）进行合并，从而实现接收分集。反过来，要在下行链路获取分集增益却不是那么容易，这是因为移动终端的尺寸一般比较小，要在上面以足够大的间距放置多个天线以获得发射信号的多个独立复制是十分困难的，因此通过发射分集来获取空间分集增益是最好的方案。

正是出于这个动机，Alamouti 提出了一种在双发射天线的系统中实现发射分集的方法，Alamouti STBC 编码器的原理框图如图 3.9 所示。

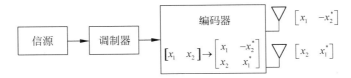

图 3.9　Alamouti STBC 编码器的原理框图

假定采用 $M$ 进制调制方案。在 Alamouti 空时编码中，首先调制每一组 $m$（$m = \log_2 M$）个信息比特。然后，编码器在每一次编码操作中取两个调制符号 $x_1$ 和 $x_2$ 的一个分组，并根据如下给出的编码矩阵将它们映射到发射天线：

$$\boldsymbol{X} = \begin{bmatrix} x_1 & -x_2^* \\ x_2 & x_1^* \end{bmatrix} \tag{3.29}$$

编码器的输出在两个连续的周期从两根发射天线发射出去。在第一个符号周期内,$x_1$从第一个天线发射,$x_2$从第二个天线发射;在第二个周期内,$-x_2^*$从第一个天线发射,$x_1^*$从第二个天线发射。

显然,这种方法既在空间域又在时间域进行编码。且天线1的发射序列 $\boldsymbol{x}_1 = [x_1, -x_2^*]$ 与天线2的发射序列 $\boldsymbol{x}_2 = [x_2, x_1^*]$ 是正交的,即满足所说的空时分组码的构造准则。

这种STBC的最大优势在于采用简单的最大似然译码准则实现了最大的分集增益,是一种简单有效的空时编码方案,同时也是 MIMO 历史上第一种为发射天线数为2的系统提供完全分集的 STBC。

假设接收端只有一根接收天线,两根发射天线到接收天线的信道衰落系数分别为 $h_1(t)$ 和 $h_2(t)$,后面简写为 $h_1$ 和 $h_2$,且衰落系数在两个连续符号发射周期之间不变,则在接收天线端,两个连续符号周期中的接收信号为

$$r_1 = h_1 x_1 + h_2 x_2 + n_1 \tag{3.30}$$

$$r_2 = -h_1 x_2^* + h_2 x_1^* + n_2 \tag{3.31}$$

其中,$r_1$,$r_2$ 分别为两个连续符号周期中的接收信号;$n_1$ 和 $n_2$ 为加性高斯白噪声。

STBC 的译码采用最大似然译码方案。最大似然译码就是对所有可能的 $\hat{x}_1$ 和 $\hat{x}_2$ 值,从信号调制星座图中选择一对信号 $(\hat{x}_1, \hat{x}_2)$,使下面的距离量度最小:

$$d^2(r_1, h_1 \hat{x}_1 + h_2 \hat{x}_2) + d^2(r_2, -h_1 \hat{x}_2^* + h_2 \hat{x}_1^*) = |r_1 - h_1 \hat{x}_1 - h_2 \hat{x}_2|^2 + |r_2 + h_1 \hat{x}_2^* - h_2 \hat{x}_1^*|^2$$

则最大似然译码可以表示为

$$(\hat{x}_1, \hat{x}_2) = \arg \min_{(\hat{x}_1, \hat{x}_2) \in C} (|h_1|^2 + |h_2|^2 - 1)(|\hat{x}_1|^2 + |\hat{x}_2|^2) + d^2(\tilde{x}_1, \hat{x}_1) + d^2(\tilde{x}_2, \hat{x}_2)$$

$$\tag{3.32}$$

其中,$C$ 为调制符号对 $(\hat{x}_1, \hat{x}_2)$ 的所有可能集合;$d^2(\cdot)$ 表示欧氏距离的平方;$\tilde{x}_1$ 和 $\tilde{x}_2$ 是通过合并接收信号和信道状态信息构造产生的两个判决统计,表示为

$$\tilde{x}_1 = h_1^* r_1 + h_2 r_2^* \tag{3.33}$$

$$\tilde{x}_2 = h_2^* r_1 + h_1 r_2^* \tag{3.34}$$

则统计结果可以表示为

$$\tilde{x}_1 = (|h_1|^2 + |h_2|^2) x_1 + h_1^* n_1 + h_2 n_2^* \tag{3.35}$$

$$\tilde{x}_2 = (|h_1|^2 + |h_2|^2) x_2 - h_1 n_2^* + h_2^* n_1 \tag{3.36}$$

由上述知,统计结果 $\tilde{x}_i (i=1,2)$ 仅仅是 $x_i (i=1,2)$ 的函数,因此,可以将最大译码准则分为对于 $x_1$ 和 $x_2$ 的两个独立的译码算法,即

$$\hat{x}_1 = \underset{\hat{x}_1 \in S}{\arg\min} (|h_1|^2 + |h_2|^2 - 1)|\hat{x}_1|^2 + d^2(\tilde{x}_1, \hat{x}_1) \tag{3.37}$$

$$\hat{x}_2 = \underset{\hat{x}_2 \in S}{\arg\min} (|h_1|^2 + |h_2|^2 - 1)|\hat{x}_2|^2 + d^2(\tilde{x}_2, \hat{x}_2) \tag{3.38}$$

以上分析都基于一根接收天线的情形,对于有多根接收天线的系统,它与前者类似,只是形式上略有不同。

图 3.10 给出了不同发射天线数 $(N_t)$ 和接收天线数 $(N_r)$ 对 Alamouti 方案的误比特率(Bit Error Rate,BER)性能的影响。在仿真中,假定发射天线到接收天线的衰落是相互独立的,并且接收机能够获取完整的信道状态信息,调制方式采用 QPSK。作为对照,图 3.10

中还给出了单发单收系统的性能仿真。

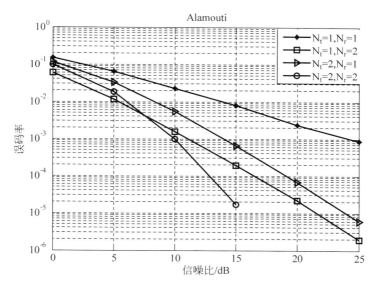

图 3.10　Alamouti 的误码率性能

从图 3.10 中可以看出,$2\times1$ 的 Alamouti 发射分集方案获得了增益,相对于单发单收情况的误比特性能有了极大的提高。$2\times2$ 的 Alamouti 分集方案,相对于 $2\times1$ 的 Alamouti 发射分集方案又有较大的性能改进,这是因为 $2\times2$ Alamouti 分集方案存在接收分集的缘故。当然,从单发单收的无分集结构到 $2\times1$,$2\times2$ 的分集结构,在性能不断改进的同时,系统发射端和接收端的设备复杂度也在不断增加。

### 2. 多发射天线的 STBC

Tarokh 等在基于 Alamouti 研究成果的基础上,根据广义正交设计原理将 Alamouti 的方案推广到多个发射天线的情况。

大小为 $N$ 的实正交设计码字是一个 $N\times N$ 的正交矩阵,其中各项是 $\pm x_1,\pm x_2,\cdots,\pm x_N$ 的其中之一。在数学上正交设计中的问题被称为 Hurwitz-Radon 问题,并且在 20 世纪初就被 Radon 完全解决。

Alamouti 方案可以看作发射天线数为 2 的复信号空时分组码,其复传输矩阵可以表示为

$$\boldsymbol{X}_2^{\mathrm{C}} = \begin{bmatrix} x_1 & -x_2^* \\ x_2 & x_1^* \end{bmatrix} \tag{3.39}$$

该方案提供了完全分集 2、全速率 1 的传输。

对于 $n_t=3,4$ 的情况,其复传输矩阵为

$$\boldsymbol{X}_3^{\mathrm{C}} = \begin{bmatrix} x_1 & -x_2 & -x_3 & -x_4 & x_1^* & -x_2^* & -x_3^* & -x_4^* \\ x_2 & x_1 & x_4 & -x_3 & x_2^* & x_1^* & x_4^* & -x_3^* \\ x_3 & -x_4 & x_1 & x_2 & x_3^* & -x_4^* & x_1^* & x_2^* \end{bmatrix} \tag{3.40}$$

$$
\boldsymbol{X}_4^{\mathrm{C}} = \begin{bmatrix}
x_1 & -x_2 & -x_3 & -x_4 & x_1^* & -x_2^* & -x_3^* & -x_4^* \\
x_2 & x_1 & x_4 & -x_3 & x_2^* & x_1^* & x_4^* & -x_3^* \\
x_3 & -x_4 & x_1 & x_2 & x_3^* & -x_4^* & x_1^* & x_2^* \\
x_4 & x_3 & -x_2 & x_1 & x_4^* & x_3^* & -x_2^* & x_1^*
\end{bmatrix}
\tag{3.41}
$$

该矩阵任意两行内积为 0,保证了结构的正交性。此时,4 个数据符号要在 8 个时间周期内传输,因此传输速率是 1/2。

空时分组码能够克服空时网格码复杂的问题。空时分组码将无线 MIMO 系统中调制器输出的一定数目的符号编码为一个空时码码字矩阵,合理设计的空时分组码能提供一定的发送分集度。空时分组码通常可通过对输入符号进行复数域中的线性处理而完成。因此,利用这一"线性"性质,采用低复杂度的检测方法就能检测出发送符号(特别是当空时分组码的码字矩阵满足正交设计时,如上面提到的 Alamouti 编码)。

### 3.2.2　MIMO 空间复用技术

MIMO 信道的衰落特性可以提供额外的信息来增加通信中的自由度(degrees of freedom)。如果每对发送和接收天线之间的衰落是相互独立的,则可以产生多个并行的子信道。若在这些并行的子信道上传输不同的信息流,可以提高传输数据速率,这被称为空间复用。在 MIMO 系统中,实现空间复用增益的方案主要是贝尔实验室的分层空时编码方案,即 BLAST。

BLAST 技术是朗讯科技的贝尔实验室提出的一种基于 MIMO 技术的空时编码方案,是智能天线的进一步发展。BLAST 技术就其原理而言,是利用每对发送和接收天线上信号特有的"空间标识",在接收端对其进行"恢复"。利用 BLAST 技术,如同在原有频段上建立了多个互不干扰、并行的子信道,并利用先进的多用户检测技术,同时准确高效地传送用户数据,其结果是极大提高前向和反向链路容量。BLAST 技术证明,在天线发送和接收端同时采用多天线阵,更能够充分利用多径传播,提高系统容量。理论研究已证明,采用 BLAST 技术,系统频谱效率可以随天线个数成线性增长,也就是说,只要允许增加天线个数,系统容量就能够得到不断提升。鉴于对于无线通信理论的突出贡献,BLAST 技术获得了 2002 年度美国 Thomas Edison(爱迪生)发明奖。

根据子数据流与天线之间的对应关系,空间复用系统大致分为 3 种模式:对角分层空时码(Diagonal BLAST,D-BLAST)、垂直分层空时码(Vertical BLAST,V-BLAST)以及螺旋分层空时编码(Threaded BLAST,T-BLAST)。

#### 1. D-BLAST

D-BLAST 最先由贝尔实验室的 Gerard J. Foschini 提出。原始数据被分为若干子流,每个子流之间分别进行编码,但子流之间不共享信息比特,每一个子流与一根天线相对应,但是这种对应关系周期性改变,如图 3.11 所示,它的每一层在时间与空间上均呈对角线形状,称为 D-BLAST。D-BLAST 的好处是,使得所有层的数据可以通过不同的路径发送到接收机端,提高了链路的可靠性。其主要缺点是,由于符号在空间与时间上呈对角线形状,会浪费一部分空时单元,或者增加了传输数据的冗余。

在图 3.11 中,在数据发送开始时,有一部分空时单元未被填入符号(对应图 3.11 中右

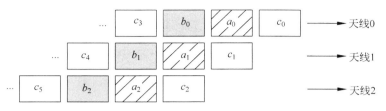

图 3.11 D-BLAST

下角空白部分),为了保证 D-BLAST 的空时结构,在发送结束肯定也有一部分空时单元被浪费。如果采用突发模式的数字通信,那么突发的长度越小,这种浪费越严重。它的数据检测需要一层一层的进行,先检测 $c_0$、$c_1$、$c_2$,然后 $a_0$、$a_1$、$a_2$,接着 $b_0$、$b_1$、$b_2$…

由于 D-BLAST 复杂度较高,可处理的长度较短,而且边界的对角空时处理导致效率不高。因此实际中更常见的是简单易于实现的 V-BLAST 技术。

2. V-BLAST

V-BLAST 系统框图如图 3.12 所示,其中 $(x_1 \quad x_2 \quad \cdots \quad x_M)$ 为发送端发送的数据,$(y_1 \quad y_2 \quad \cdots \quad y_N)$ 为接收端接收到的数据,则 V-BLAST 系统输入和输出之间的关系可以表示为:

$$y = Hx + n \tag{3.42}$$

其中,$H$ 为信道矩阵,$x$ 为发送的数据向量,$y$ 为接收到的数据向量,$n$ 为噪声。发送端将一个单一的数据流分成 $M$ 个子数据流,每个子数据流被编码成符号串,之后送到各自的发射端。每一个发射器是一个 QAM 发射器,发射器组成集合是一个向量值发射器,其中的每个元素是从 QAM 星座集中选出的符号,各符号之间要求定时间步。

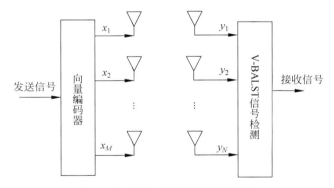

图 3.12 V-BLAST 系统基本框图

V-BLAST 采用一种直接的天线与层的对应关系,即编码后的第 $l$ 个子流直接送到第 $l$ 根天线,不进行数据流与天线之间对应关系的周期改变。如图 3.13 所示,它的数据流在时间与空间上为连续的垂直列向量,称为 V-BLAST。

由于 V-BLAST 中数据子流与天线之间只是简单的对应关系,因此在检测过程中,只要知道数据来自哪根天线即可以判断其是哪一层的数据,检测过程简单。

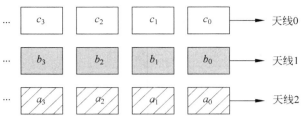

图 3.13　V-BLAST

常用的检测技术有最大似然检测（Maximum Likelihood，ML）算法、迫零检测（Zero-Forcing detection，ZF）算法、最小均方误差（Minimum Mean-Square Error，MMSE）算法和串行干扰消除检测算法等，不论是哪种算法，最根本的就是如何根据接收信号和信道特性来确定每个接收天线的权值，从而准确地估计出发送信号。

1）最大似然检测算法

ML 算法是计算接收信号向量 $y$ 与所有可能的后处理向量 $Hx$（所有可能的发射信号向量 $x$ 与给定信道矩阵 $H$ 的乘积）之间的欧氏距离，并找到一个最小的距离。ML 检测将发送的信号向量 $x$ 估计为：

$$\hat{x} = \underset{x \in \Omega}{\arg\min} \parallel y - Hx \parallel^2 \tag{3.43}$$

其中，$\Omega$ 表示在 $N_t$ 个发射天线中所有可能的星座点组合。假如所有可能传送的组合的概率都是相同的，ML 算法需要计算空间中所有星座点数的 $N_t$ 次方中可能的 $x$，然后将选出的最小值作为最大似然解 $\hat{x}$。

ML 算法是对整个搜索空间中进行搜索，其检测性能是最优的，但是利用 ML 算法进行解码时，如果收发双方天线数目多，同时对信号进行的是高阶调制时，调制后星座空间更大，要搜索整个空间的复杂度也相应增加。最大似然检测很难在星座点数或者天线数目很大的情况下完成，这就局限了 ML 算法的应用。

2）线性检测算法

线性的 MIMO 检测通过对接收信号向量进行基于某种准则的线性滤波，分离不同发射天线上的发射信号，然后对分离后的信号进行独立检测。线性检测算法是最简单的次优检测算法，主要分为基于 ZF 和 MMSE 准则的两种算法。

（1）ZF 检测算法：ZF 线性检测算法基于最小二乘估计原理，所谓的迫零是把多个数据流之间的相互干扰完全抑制掉，从而得到所有期望信号的估计值

$$\hat{x} = H^+ y = x + H^+ n \tag{3.44}$$

其中，$\hat{x}$ 为期望信号 $x$ 的估计值，$H^+ = (H^H H)^{-1} H^H$ 为信道矩阵 $H$ 的伪逆。由式（3.44）可以看出，虽然完全消除了信号之间的干扰，但没有考虑噪声的影响，有可能放大噪声，而且会因为矩阵 $(HH^H)^{-1}$ 中一个很小的特征值会导致很大的误差，造成性能的衰减。

（2）MMSE 检测算法：为了改善 ZF 检测算法的性能，在设计检测矩阵时可以将噪声的影响考虑进来，这就是 MMSE 算法，它在信号放大作用和抑制作用之间取了折中，使信号估计值与发送信号的均方误差最小，在接收端可以得到发送信号的估计量为

$$\hat{x} = (H^H H + \sigma_n^2 I)^{-1} H^H y \tag{3.45}$$

其中,$\sigma_n^2$ 为噪声方差,$I$ 为单位阵。从式(3.45)可以看出,MMSE 算法同时考虑了噪声和干扰的影响,所以性能会有所提高。

(3) 排序的连续干扰抵消算法:V-BLAST 算法采用了结合检测顺序优化的逐层阵列加权合并与层间连续干扰抵消(SIC)方式进行接收处理。这种确定信号分量的检测顺序对于提高系统的总体性能有着非常重要的作用,根据不同的零化准则,可分为 ZF-BLAST 检测方法和 MMSE-BLAST 检测方法。

ZF-BLAST 算法也称 ZF-SIC 算法,其基本思想是每译出一根发送天线上的信号,就要从总的接收信号中减掉该信号对其他信号的干扰,将信道矩阵对应的列迫零后再对新的信道矩阵求广义逆,依次循环译码。在算法中,将每次检测符号的输出信噪比最大化,多空间子信道的相互干扰可以得到有效抑制,从而获得更好的性能。

此外,MMSE 也有相应的排序的连续干扰抵消算法 MMSE-VBLAST(也称 MMSE-SIC),也是消除已检测出的信号对其他未检测出信号的干扰,检测流程基本一致,不同的是加权矩阵,优先检测信干噪比(SINR)最大的信号支路。由于考虑了噪声的影响,取得了比 ZF-BLAST 检测算法更好的性能。

由上述各算法的原理可知,ML 算法是搜索整个星座空间,对信号进行高阶调制时,调制星座点数增加,其计算复杂度也随着增大。ZF 算法只需在接收端乘一个滤波矩阵,求一次伪逆,计算复杂度比较低,但是噪声被放大,其性能理论上是不太理想的。MMSE 算法的滤波矩阵本身以接收信号与发送信号的均方误差最小为准则,与 ZF 算法相比,计算复杂度也不算高,性能有所提升,但噪声同样被放大。基于连续干扰抵消(SIC)的 V-BLAST 算法比 ZF 和 MMSE 性能有所改善,计算量与 ZF 和 MMSE 相比会多求几次滤波矩阵,复杂度也不算高,但是总的性能会受到先检测出信号的影响。

本节将对 V-BLAST 方案进行仿真及性能分析。在收发天线均为 2、采用 QPSK 调制、信道为瑞利衰落信道情况下,ML、ZF、ZF-SIC、MMSE 和 MMSE-SIC 几种算法的仿真结果如图 3.14 所示。

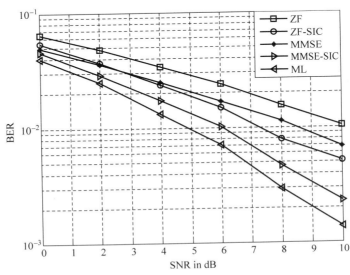

图 3.14 几种经典检测算法的性能

从图 3.14 中可以看到,在相同的信噪比条件下,ML 算法的误码率性能是最好的。ZF 算法的误码率最高,MMSE 算法的误码性能居中。干扰抵消算法是基于 ZF 与 MMSE 算法改进的,所以采用干扰抵消后算法比未干扰抵消算法的误码性能要好。MMSE-SIC 的算法比 ZF-SIC 算法的误码率要低。

### 3. T-BLAST

考虑到 D-BLAST 以及 V-BLAST 模式的优缺点,一种不同于 D-BLAST 与 V-BLAST 的空时编码结构被提出: T-BLAST。它的层在空间与时间上呈螺纹(Threaded)状分布,如图 3.15 所示。

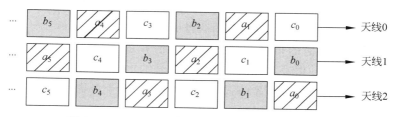

图 3.15　T-BLAST 中数据子流与天线的对应关系

原始数据流被多路分解为若干子流之后,每个子流被对应的天线发送出去,并且这种对应关系周期性改变,与 D-BLAST 系统不同的是,在发送的初始阶段并不是只有一根天线进行发送,而是所有天线均进行发送,使得单从一个发送时隙来看,它的空时分布很像 V-BLAST,只不过在不同的时隙中,子数据流与天线的对应关系呈周期性改变。T-BLAST 结构中这种对应关系不是周期性改变,而是随机改变。这样 T-BLAST 不仅可以使得所有子流共享空间信道,没有空时单元的浪费,并且可以使用 V-BLAST 检测算法进行检测。

分层空时码是最早提出的一种空时编码方式。其基本原理是将输入的信息比特流分解成多个比特流,独立地进行编码、调制、映射到多个发射天线上。在接收端,采用不同检测技术,将一起到达接收天线的信号进行分离,然后送到相应的解码器。分层空时码优点是速率变化比较灵活,速率随发送天线数线性增加,常与接近信道容量的二进制编码方式联合使用,如级联码,以提高编码性能。

## 3.2.3　MIMO 预编码技术

MIMO 系统可以成倍地提高系统容量,实现较高的频谱利用率,使其逐渐成为无线通信领域的研究热点之一。但由于其通信质量会受到多用户及多天线等引起的信道干扰(CoChannel Interference,CCI)的影响,需在发射机和接收机两端采用必要的信号处理技术。预编码技术是以 MIMO 系统和空时编码技术为基础,逐步发展起来的一项多天线技术。它的基本思想是,通过矩阵运算把经过调制的符号信息流和信道状态信息(Channel State Information,CSI)进行有机结合,变换成适合当前信道的数据流,然后通过天线发送出去。预编码技术在简化接收机结构、降低通信误码率、消除用户间干扰等方面有着巨大的应用价值。

预编码可以分为开环预编码和闭环预编码。发送端在无法获知信道状态信息时,开环 MIMO 传输技术可以被采用以进一步提高系统性能。开环预编码技术主要通过采用空时编码、空频编码或者是传输多个数据流来提高系统的性能。开环 MIMO 传输技术的优点是容易实现,并且不会带来额外的系统开销。闭环预编码的基本原理是在发射端利用得到的信道状态信息,设计预编码矩阵对发送信号进行预处理,降低数据流间的干扰。

预编码技术可以根据发送端将占用相同时域和频域资源的多条并行数据流发送给一个用户或多个用户,分为单用户 MIMO 预编码和多用户 MIMO 预编码;也可以根据其中是否引入了非线性运算,分为线性预编码和非线性预编码;线性预编码又可以进一步划分为基于码本的预编码技术和基于非码本的预编码技术。

单用户 MIMO 预编码的系统结构如图 3.16 所示,发送信号 $s$ 经过预编码器 $F$ 完成预编码,然后将预编码之后的信号 $x$ 通过天线发送出去,接收端对接收到的信号 $y$ 进行信号处理得到发送信号的检测值 $\bar{s}$。

图 3.16　单用户 MIMO 预编码系统示意图

从单用户 MIMO 预编码系统示意图中可以得到收发信号之间的关系为

$$y = HFs + n \tag{3.46}$$

其中,$H$ 为信道矩阵;$n$ 为噪声。预编码器的设计就是求解最优的预编码矩阵 $F$,不同的设计准则下,最优的预编码矩阵也不相同。下面首先介绍基于 SVD 分解的预编码,然后给出基于码本的预编码。

### 1. 基于 SVD 分解的预编码

假定 MIMO 系统中有 $N$ 个发射天线,$M$ 个接收天线,则信道矩阵 $H$ 为 $M \times N$ 信道矩阵,根据 SVD 理论,矩阵 $H$ 可以写成

$$H = UDV^{\mathrm{H}} \tag{3.47}$$

其中,$U$ 和 $V$ 分别是 $M \times M$ 和 $N \times N$ 的酉矩阵,且有 $UU^{\mathrm{H}} = I_M$ 和 $VV^{\mathrm{H}} = I_N$,其中,$I_M$ 和 $I_N$ 是 $M \times M$ 和 $N \times N$ 单位阵。$D$ 是 $M \times N$ 非负对角矩阵,且对角元素是矩阵 $HH^{\mathrm{H}}$ 的特征值的非负平方根。$HH^{\mathrm{H}}$ 的特征值(用 $\lambda$ 表示)定义为

$$HH^{\mathrm{H}}y = \lambda y, \quad y \neq 0 \tag{3.48}$$

其中,$y$ 是与 $\lambda$ 对应的 $M \times 1$ 维向量,称为特征向量。特征值的非负平方根也称为 $H$ 的奇异值,而且 $U$ 的列矢量是 $HH^{\mathrm{H}}$ 的特征向量,$V$ 的列向量是 $H^{\mathrm{H}}H$ 的特征向量。矩阵 $HH^{\mathrm{H}}$ 的非零特征值的数量等于矩阵 $H$ 的秩,用 $m$ 表示,其最大值为 $m = \min(M, N)$。则可以得到接收向量

$$y = UDV^{\mathrm{H}}Fs + n \tag{3.49}$$

引入几个变换 $\bar{s} = U^{\mathrm{H}}y, x = Fs, F = V, n' = U^{\mathrm{H}}n$,则发送信号 $s$ 的检测结果 $\bar{s}$ 可表示为

$$\bar{s} = \sum s + n' \tag{3.50}$$

对于 $M \times N$ 矩阵 $H$,秩的最大值 $m = \min(M, N)$,也就是说有 $m$ 个非零奇异值。

将 $\sqrt{\lambda_i}$ 代入式(3.50)可得

$$\bar{s}_i = \sqrt{\lambda_i} s_i + n'_i \quad (i = 1, 2, \cdots, m)$$

$$r'_i = n'_i \quad (i = m+1, m+2, \cdots, M) \tag{3.51}$$

通过式(3.51)可以看出等效的 MIMO 信道是由 $m$ 个去耦平行子信道组成的。为每个子信道分配矩阵 $\boldsymbol{H}$ 的奇异值,相当于信道的幅度增益。因此,信道功率增益等于矩阵 $\boldsymbol{H}\boldsymbol{H}^{\mathrm{H}}$ 的特征值。

图 3.17 给出了发射天线 $N$ 大于接收天线 $M$ 情况下的等效信道示意图。

因为子信道是去耦的,所以其容量可以直接相加。在等功率分配的情况下,运用香农容量公式可以估算出总的信道容量(用 $C$ 表示)为

$$C = W \sum_{i=1}^{m} \log_2 \left( 1 + \frac{P}{N\sigma^2} \right) \tag{3.52}$$

其中,$W$ 是每个子信道的带宽;$P$ 是所有发射天线的总功率。

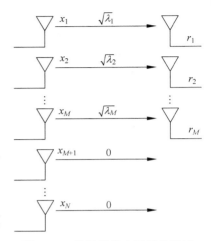

图 3.17　发射天线大于接收天线时的等效 MIMO 信道

### 2. 基于码本的预编码

与非码本的预编码方式不同的是,在基于码本的预编码方案中,预编码矩阵通常是由接收端计算得到的。基于码本的预编码就是接收端和发送端共享同一个已知的码本集合,码本集合中包含多个预编码矩阵,接收端根据信道估计的信道矩阵以某一性能目标在码本集合中选择使系统性能更优的预编码矩阵,再将其码本序号反馈给发送端,发送端根据序号选择预编码矩阵进行预编码。由此,反馈信息只需要码本序号,大大减小了反馈量,节约了带宽,方便了操作。

常用的码本主要有:格拉斯曼码本(Grassmanian Codebook)、基于 Householder 变换的码本和基于离散傅里叶变换(Discrete Fourier Transform,DFT)的码本。其中,格拉斯曼码本的主要思想是最大化码字间的最小距离,以期达到更均匀地量化整个信道空间,但这类方法以完全随机的信道为前提,没有充分考虑实际信道的分布。基于 Householder 变换的码本通过给定的码本向量和 Householder 变换得到预编码矩阵。而基于 DFT 码本的预编码矩阵是酉阵,备选矩阵数量大而且生成简单,码字正交性好,码本的算法和实现都比较简单,且能达到良好的性能。下面详细介绍基于 DFT 的预编码码本。

DFT 码本最初用于波束成形中,所有码本输入有相同的幅度,通过相位调整形成相应的波束,其生成的波束几乎在一个圆上均匀分布,且随着基站端天线数的增加,波束的半功率波束宽度(Half-Power Beam Width,HPBW)会变得更窄。基于 DFT 的码本的产生依据离散傅里叶变换,产生的各预编码矩阵中的向量两两正交,因此能够有效地抑制多用户 MIMO 系统中的用户间干扰。考虑 $\boldsymbol{W}$ 为包含一系列酉矩阵的码本,码本的大小为 $L$,即

$$\boldsymbol{W} = [\boldsymbol{w}_1, \boldsymbol{w}_2, \cdots, \boldsymbol{w}_L] \tag{3.53}$$

其中,$\boldsymbol{w}_i$ 为码本中第 $i$ 个酉预编码矩阵,由酉矩阵的性质可知

$$\boldsymbol{w}_i \boldsymbol{w}_i^{\mathrm{H}} = \boldsymbol{w}_i^{\mathrm{H}} \boldsymbol{w}_i = \boldsymbol{I}_M \tag{3.54}$$

酉码本所有的码字都是酉矩阵,而且由线性代数的子空间理论可知,对于 $n$ 维向量的酉码本,其最多只可能包含 $n$ 个正交向量,基于 DFT 的码本通过抽取 DFT 矩阵的前几

行组成一个新的矩阵,并在新的矩阵中抽取几个列向量构成所需的码字。$N$ 阶 DFT 矩阵为

$$\boldsymbol{B} = \frac{1}{\sqrt{N}} \begin{bmatrix} 1 & 1 & \cdots & 1 \\ 1 & W_{N,1} & \cdots & W_{N,N-1} \\ \vdots & \vdots & \ddots & \vdots \\ 1 & W_{N,1}^{N-1} & \cdots & W_{N,N-1}^{N-1} \end{bmatrix}_{N \times N} \quad (W_{N,k} = e^{j\frac{2k\pi}{N}}; \; k = 1,2,\cdots,N-1) \quad (3.55)$$

如果基站发射天线数目为 $M$,所采用的码本大小为 $L$,则码本中包含 $L$ 个 $M \times M$ 的酉矩阵。

DFT 码本的生成过程如下:

(1) 生成 $L \times M$ 阶的 DFT 矩阵。

(2) 抽取 DFT 矩阵的前 $M$ 行,此时的列向量集合为

$$C = [\boldsymbol{c}_1, \boldsymbol{c}_2, \cdots, \boldsymbol{c}_{ML}] \quad (3.56)$$

(3) 通过对列向量进行组合从而生成码本,其中第 $i$ 个酉矩阵可表示为

$$\boldsymbol{w}_i = \frac{1}{\sqrt{M}} [\boldsymbol{c}_i, \boldsymbol{c}_{i+L}, \cdots, \boldsymbol{c}_{i+(M-1)L}] \quad (3.57)$$

也可用公式表示 DFT 码本的构成过程。码本中的第 $i$ 个码字为

$$\boldsymbol{w}_i = [\boldsymbol{v}_i^1, \boldsymbol{v}_i^2, \cdots, \boldsymbol{v}_i^M] \quad (3.58)$$

其中,$\boldsymbol{v}_i^m$ 是 $\boldsymbol{w}_i$ 的第 $m$ 个列向量,则

$$\boldsymbol{v}_i^m = \frac{1}{\sqrt{M}} [u_i^1, u_i^{2,m}, \cdots, u_i^{M,m}]^T \quad (3.59)$$

$$u_i^{m,n} = \exp\left(\frac{2\pi(n-1)}{M}\left(m-1+\frac{i-1}{L}\right)\right) \quad (3.60)$$

例如,当取 $M=2, L=2$ 时,对应的码本空间大小为 2,该码本空间包含以下 2 个预编码矩阵

$$\frac{1}{\sqrt{2}} \begin{bmatrix} 1 & 1 \\ 1 & -1 \end{bmatrix}, \quad \frac{1}{\sqrt{2}} \begin{bmatrix} 1 & 1 \\ j & -j \end{bmatrix} \quad (3.61)$$

对于配置有两根发射天线的单用户 MIMO 系统,LTE 规定的线性预编码矩阵的码本就是基于以上码本得出的。

在一个预编码通信系统中,除了设计出码本之外,还要根据一些接收端的判决准则正确选取码本中的最优码字,这样才能真正地提高系统性能,减小误码率。一般的选择准则包括基于性能的选取方式和基于量化的选取方式。基于性能的选取方式即系统根据某种性能指标,遍历码本空间中的预编码矩阵,选择最优的预编码矩阵。常用的性能指标包括信干噪比、系统吞吐率、误码率、误块率等。而基于量化的选取方式即系统通过对信道矩阵的右奇异矩阵进行量化,遍历码本空间中的预编码矩阵,选择最匹配的预编码矩阵。该选择方式需要首先对信道矩阵进行 SVD 分解,再遍历码本空间,从中选取与该信道矩阵的右奇异矩阵误差最小的矩阵。

**3. 多用户 MIMO 预编码**

在多用户 MIMO 下行链路中,基站将发送多个用户的多个数据流,每一个用户在收到

自己的信号之外还接收到其他用户的干扰信号,如果发送端能够准确地获知干扰信号,通过在发端进行某种预编码处理,可使有干扰系统的信道容量与无干扰系统的信道容量相同。

对于下行链路的用户干扰消除情况,脏纸编码(Dirty Paper Coding,DPC)作为典型的非线性预编码算法,可以提供较高的信道容量,其基本思想是假设发射端预先确知信道间的干扰,那么发射时可以进行预编码来补偿干扰带来的影响。由于脏纸编码方法的编码和解码比较复杂,而且需要知道完整的信道信息,所以在实际中实现起来比较困难。常用的非线性预编码算法主要包括向量预编码(Vector Precoding,VP)和模代数预编码(Tomlinson-Harashima Precoding,THP)。两种预编码都在发送数据向量之前,非线性地叠加辅助向量,用以提高数据的传输特性。由于非线性预编码的计算复杂度很高,因此在实际应用中普遍采用更具实用价值且容易设计的线性预编码技术。常见的多用户线性预编码方法包括迫零(Zero Forcing,ZF)预编码和块对角化(Block Diagonalization,BD)预编码。

考虑多用户 MIMO 预编码系统的下行链路,如图 3.18 所示,基站有 $M$ 个天线用于发送经预编码处理的信号,系统中用户数为 $K$,用户 $k$ 有 $M_k$ 个接收天线。若所有用户接收到的信号向量为 $\boldsymbol{y}$,则 $\boldsymbol{y}$ 可表示为

$$\boldsymbol{y}=\begin{bmatrix}\boldsymbol{y}_1\\\boldsymbol{y}_2\\\vdots\\\boldsymbol{y}_K\end{bmatrix}=\begin{bmatrix}\boldsymbol{H}_1\\\boldsymbol{H}_2\\\vdots\\\boldsymbol{H}_K\end{bmatrix}\begin{bmatrix}\boldsymbol{F}_1&\boldsymbol{F}_2&\cdots&\boldsymbol{F}_K\end{bmatrix}\begin{bmatrix}\boldsymbol{s}_1\\\boldsymbol{s}_2\\\vdots\\\boldsymbol{s}_K\end{bmatrix}+\begin{bmatrix}\boldsymbol{n}_1\\\boldsymbol{n}_2\\\vdots\\\boldsymbol{n}_K\end{bmatrix} \tag{3.62}$$

其中,$\boldsymbol{H}_k$ 为第 $k$ 个用户与基站间的信道矩阵;$\boldsymbol{F}_k$ 为第 $k$ 个用户的预编码矩阵。

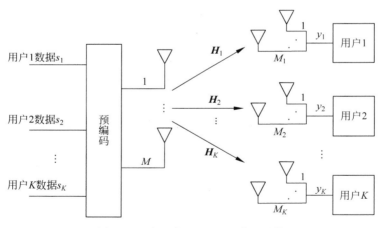

图 3.18　多用户 MIMO 预编码系统

MIMO 系统中最简单的预编码算法是迫零预编码算法,在迫零算法中,基站根据用户反馈的信道状态信息为用户计算预编码向量,使得传输给某个用户的信号对其他用户构成了零陷,在基站侧就进行数据流的分离,尽可能消除或降低多用户干扰。假设 $K$ 个用户所对应的下行多用户的空间信道矩阵为 $\boldsymbol{H}=\begin{bmatrix}\boldsymbol{H}_1^{\mathrm{T}}&\boldsymbol{H}_2^{\mathrm{T}}&\cdots&\boldsymbol{H}_K^{\mathrm{T}}\end{bmatrix}^{\mathrm{T}}$。那么在 ZF 准则下,将信道矩阵 $\boldsymbol{H}$ 的伪逆矩阵作为预编码矩阵,即有

$$\boldsymbol{F}=\boldsymbol{H}^{\mathrm{H}}(\boldsymbol{H}\boldsymbol{H}^{\mathrm{H}})^{-1} \tag{3.63}$$

使得 $\boldsymbol{FH}=\boldsymbol{I}$,即使得信道完全对角化。通过预编码矩阵的作用可以得到均衡后的等效信

道,从而能够在基站端将公共信道干扰全部消除。

块对角化(BD)预编码算法是多用户 MIMO 系统中普遍认可的一种有效的线性预编码方案。块对角化预编码基于迫零(ZF)思想,其基本思想是将等效全局信道矩阵转化为块对角化形式。经 BD 预编码后,系统每一个用户的有用信号都被映射到其他所有干扰用户的信道零空间内,从而完全消除多用户间的干扰。

定义矩阵 $\boldsymbol{H} = [\boldsymbol{H}_1^{\mathrm{T}} \quad \boldsymbol{H}_2^{\mathrm{T}} \quad \cdots \quad \boldsymbol{H}_K^{\mathrm{T}}]^{\mathrm{T}}$,$\boldsymbol{F} = [\boldsymbol{F}_1 \quad \boldsymbol{F}_2 \quad \cdots \quad \boldsymbol{F}_K]$,则 BD 预编码的基本思想是通过设计预编码矩阵 $\boldsymbol{F}$,使得 $\boldsymbol{HF}$ 分块对角化,即

$$\boldsymbol{HF} = \mathrm{diag}(\boldsymbol{H}_1\boldsymbol{F}_1 \quad \boldsymbol{H}_2\boldsymbol{F}_2 \quad \cdots \quad \boldsymbol{H}_K\boldsymbol{F}_K) \tag{3.64}$$

因此,BD 预编码的关键问题是为用户 $k(k=1,2,\cdots,K)$ 寻找恰当的预编码矩阵,使其满足

$$\boldsymbol{H}_i\boldsymbol{F}_k = 0, \quad i \neq k \tag{3.65}$$

对于用户 $k$,将其所有干扰用户的信道矩阵级联,形成级联矩阵 $\overline{\boldsymbol{H}}_k$ 为

$$\overline{\boldsymbol{H}}_k = [\boldsymbol{H}_1^{\mathrm{T}} \quad \cdots \quad \boldsymbol{H}_{k-1}^{\mathrm{T}} \quad \boldsymbol{H}_{k+1}^{\mathrm{T}} \quad \cdots \quad \boldsymbol{H}_K^{\mathrm{T}}] \tag{3.66}$$

对 $\overline{\boldsymbol{H}}_k$ 进行 SVD 分解,则有

$$\overline{\boldsymbol{H}}_k = \overline{\boldsymbol{U}}_k\overline{\boldsymbol{D}}_k[\overline{\boldsymbol{V}}_k^{(1)} \quad \overline{\boldsymbol{V}}_k^{(0)}]^{\mathrm{H}} \tag{3.67}$$

其中,$\overline{\boldsymbol{V}}_k^0$ 的 $(N - \mathrm{rank}(\overline{\boldsymbol{H}}_k))$ 个正交列向量是构成 $\overline{\boldsymbol{H}}_k$ 零空间的标准正交基,这里的 $\mathrm{rank}(\cdot)$ 表示矩阵的秩。于是有

$$\overline{\boldsymbol{H}}_k\overline{\boldsymbol{V}}_k^0 = 0 \tag{3.68}$$

因此,由 $\overline{\boldsymbol{V}}_k^0$ 的列向量所构造的用户 $k$ 的预编码矩阵必然满足迫零约束条件。

进一步定义用户 $k$ 的等效信道 $\boldsymbol{H}_{k,\mathrm{eff}} = \overline{\boldsymbol{H}}_k\overline{\boldsymbol{V}}_k^0$,并对其进行 SVD 分解可得

$$\boldsymbol{H}_{k,\mathrm{eff}} = \boldsymbol{U}_{k,\mathrm{eff}}\boldsymbol{D}_{k,\mathrm{eff}}\boldsymbol{V}_{k,\mathrm{eff}} \tag{3.69}$$

则用户的预编码矩阵表示为

$$\boldsymbol{F}_k = \overline{\boldsymbol{V}}_k^0\boldsymbol{V}_{k,\mathrm{eff}}\boldsymbol{P}_k^{1/2} \tag{3.70}$$

其中,$\boldsymbol{P}_k$ 为功率分配对角阵,相应用户 $k$ 的接收矩阵为 $\boldsymbol{U}_{k,\mathrm{eff}}$。

与 ZF 线性预编码方案相比,BD 方案在各个接收端配置有多根天线的情况下更有优势,因为块对角化 BD 方案并不是将接收端的每一根接收天线当作是独立的"用户"进行预编码操作,而是利用处于其他接收端信道矩阵 $\overline{\boldsymbol{H}}_k$ 零空间的预编码矩阵 $\boldsymbol{F}_k$ 处理发给各个接收端的信号向量,将一个多用户 MIMO 信道转化成多个并行的或正交的用户 MIMO 信道。因此,BD 预编码是一种适用于多用户 MIMO 系统的线性预编码方案。

预编码技术的应用形式灵活,具有广泛应用空间。当预编码应用于多天线分集系统时,可以帮助分集系统获得分集增益,从而提高系统的误码率性能;当预编码应用于多天线空间复用系统,预编码技术可以通过使各发射天线上的信号彼此正交来抑制不同天线间的相互干扰,从而使系统的容量性能和频谱利用率得到提高。预编码技术还可以用于多用户系统,使得不同用户间的发射信号彼此正交,从而使系统可以获得更多的用户分集增益,进一步提高系统的数据传输速率。此外,预编码技术还可以与其他多天线技术相结合,进一步改善多天线系统的性能,如空频分组预编码技术、循环延迟分集预编码技术、空时分组预编码技术等。

### 3.2.4 虚拟MIMO

在LTE上行系统中,还支持一种特殊的MIMO技术——虚拟MIMO。虚拟MIMO技术通过动态地将多个单天线发送的用户配成一对,以虚拟MIMO形式发送,如图3.19所示。

虚拟MIMO是一种多用户MIMO,属于SDMA系统。因此两个用户配对后,虚拟MIMO的信道容量取决于其信道向量构成的信道矩阵。在虚拟MIMO中,具有较好正交性的用户可以共享相同的时频资源,从而显著提高了系统的容量。

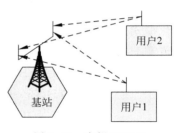

图3.19　虚拟MIMO

虚拟MIMO主要涉及用户配对、功率分配和分组调度等方面的技术。

**1. 用户配对**

虚拟MIMO系统中,如何利用多用户的空间分集,来最大化系统吞吐量或效用函数是调度的关键之一,这就要求选择合适的用户配对形成虚拟MIMO。下面介绍几种配对方法。

1）正交配对

选择信道正交性最大的两个用户进行配对。这种配对方法的优势在于计算复杂度比较低;缺点是只考虑了MIMO信道矩阵自身的正交性,却没有考虑配对用户各自的信噪比,即没有考虑干扰、网络规划不当或某些地区深度衰落造成的性能影响。

2）随机配对

进行配对的用户随机生成,配对方式简单,计算量小,复杂度低;但是无法合理利用信道矩阵正交特性,从而无法达到最大的信道容量。

3）基于路径损耗和慢衰落排序配对

将用户路径损耗与慢衰落值的和进行排序,配对用户为排序后相邻的用户。这种配对方法较简单,复杂度低,在用户移动缓慢、路径损耗和慢衰落缓慢的情况下,用户需要重新配对的频率也会降低,而且因为配对用户路径损耗与慢衰落值的和相近,从而降低了用户产生"远近"效应的可能性。缺点是进行配对的用户信道相关性可能比较大,导致配对用户之间的干扰比较大。

**2. 功率控制技术**

作为3GPP LTE系统上行关键技术之一,虚拟MIMO无线资源管理技术的研究正在逐步展开。在上行LTE系统功率控制技术中,由于小区内用户间相互正交,不存在用户间干扰,消除了像CDMA系统中"远近"效应的影响,因此无须采用快速功率控制,而是采用慢速功率控制来补偿路径损耗和阴影衰落,以削弱小区间的同频干扰。

**3. 分组调度**

调度是为用户分配合适的资源,系统根据用户设备的能力、待发送的数据量、信道质量信息(Channel Quality Indication,CQI)的反馈等因素对资源进行分配,并发送控制信令通知用户。虚拟MIMO分组调度算法在提高系统容量的同时,也带来了新的技术挑战。由于任意用户传输速率会受到与其配对传输的其他用户影响,在采用各种考虑到物理层传输效率的分组调度算法时,须遍历计算所有用户配对组合后的传输速率,并通过比较获得最优解。这是一个组合优化问题,求解复杂度较高。

经典的调度算法有最大载干比调度算法、轮询调度算法以及基于分数调度算法等。

(1)最大载干比调度算法:该算法的基本思想是根据基站相应接收信号的载干比预测值,对所有待服务移动设备排序,优先发送预测值高的。

(2)轮询调度算法(Round Robin,RR):该算法的主要思想是保证待调度用户的公平性,按照某种给定的顺序,所有待传的非空用户以轮询的方式接收服务,每次服务占用相等时间的无线通信资源。

(3)基于分数调度算法(Score-Based):该算法考虑了信道的分布情况和用户的速率,尽量将信道分配给最难达到当前速率的用户,即分配目前信道条件较好、获得当前衰落概率最小的用户。

虚拟MIMO技术可以提高系统吞吐量,但是实际配对策略以及如何有效地为配对用户分配资源会对系统吞吐量产生很大的影响,只有在性能和复杂度两者之间取得一个良好的折中,虚拟MIMO技术的优势才能充分发挥出来。

## 3.3 自适应编码调制

自适应调制编码(Adaptive Modulation Coding,AMC)的系统框图如图3.20所示。

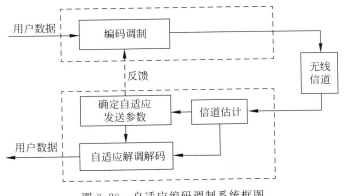

图3.20 自适应编码调制系统框图

在自适应编码调制系统中,收发信机根据用户瞬时信道质量状况和可用资源的情况选择最合适的链路调制和编码方式,从而最大限度地提高系统吞吐率。

矩形QAM信号星座是通过在两个相位正交的载波上施加两个脉冲振幅调制信号来产生的,具有容易产生和相对容易解调的优点,因此当前的无线通信系统常常选择矩形QAM星座作为其调制方式。

常见的矩形QAM星座包括4QAM、16QAM以及64QAM等,每符号分别对应的比特数为2、4和6等,如图3.21所示。

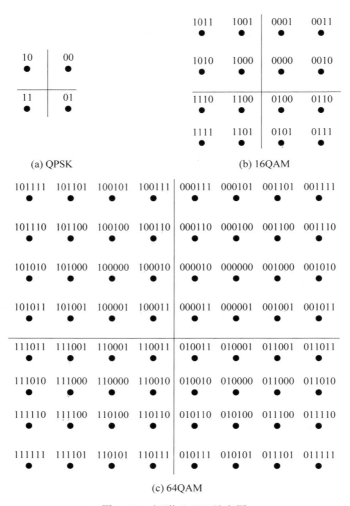

图 3.21　矩形 QAM 星座图

由于自适应调制系统是以接收端的瞬时信噪比为判断信道条件好坏的依据,因此需根据系统目标误比特率的要求将信道平均接收信噪比的范围划分为 $N$ 个互补相交的区域,每个区域对应一种传输模式,这样根据当前信道质量,即可进行传输模式之间的切换。在接收端选择最佳调制方式后,就可以反馈给发送端并重新配置解调译码器。

固定的信道编码方式在信道条件恶化时无法保证数据的可靠传输,在信道条件改善时又会产生冗余,造成频谱资源的浪费。自适应信道编码将信道的变化情况离散为有限状态(如有限状态马尔可夫信道模型),对每一种信道状态采用不同的信道编码方式,因此可以较好地兼顾传输可靠性和频谱效率。

对于给定的调制方案,可以根据无线链路条件选择编码速率。在信道质量较差的情况下使用较低的编码速率,提高无线传输的可靠性;传输在信道质量好时采用较高编码速率,提高无线传输效率。自适应编解码可以通过速率匹配凿孔 Turbo 码来实现。

Turbo 码编码器通常由分量编码器、交织器、删余处理和复接器组成。图 3.22 给出了由两个分量码编码器组成的 Turbo 码的编码框图。

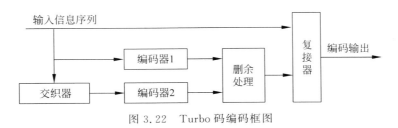

图 3.22　Turbo 码编码框图

图 3.22 中,输入信息序列在被送入第一个分量码编码器的同时,还被直接送至复接器,同时输入序列经过交织器后的交织序列被送入第二个分量码编码器,两个分量码编码器的输入序列仅仅是码元的输入顺序不同。两个分量编码器的输出经过删余处理后,与直接送入复接器的序列一起经过复接构成输出编码序列。通过下面的例子说明如何利用删余处理实现不同码率的编码。

输入信息序列和两个编码器的输出如图 3.23 所示。

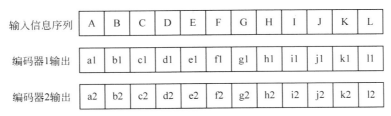

图 3.23　输入信息序列和两个编码器的输出

图 3.24 给出了一种 3/4 码率 Turbo 码的生成方法,其基本思路是一次读入三个信息位,然后交替地在两个编码器输出中选择校验位。这样,复接后的序列由每三个信息位和一个校验位排列组成,这样就能实现 3/4 的码率。

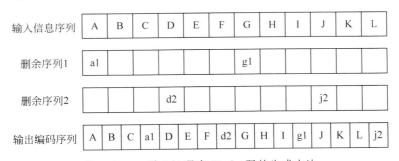

图 3.24　一种 3/4 码率 Turbo 码的生成方法

在实际应用中,不同的编码和调制方式组合成若干种调制编码方案(Modulation and Coding System,MCS)供无线通信系统根据信道情况进行选择。拥有高质量信道条件的用户,将被分配高阶调制编码方案(例如 64QAM,5/6 Turbo 码),这种调制编码方案的抗干扰性能和纠错能力较差,对信道质量的要求较高,但是能够赢得较高的数据速率,提高链路的平均数据吞吐量。相反,信道衰落严重或存在严重干扰的噪声的用户将被分配,具有较强纠错能力,抗噪声干扰性能较好的低阶调制编码方案(例如 QPSK,1/2 码率的 Turbo 码),以保证数据的可靠传输。

# 3.4　HARQ

无线链路质量波动可能导致传输出错,这类传输错误在一定程度上可通过自适应编码调制予以解决。然而,接收机噪声以及不期望的干扰波动带来的影响是无法完全消除的。由于接收机噪声所产生的错误具有随机性,因此在无线通信中,用于控制随机错误的混合自动重传请求(Hybrid Automatic Repeat reQuest,HARQ)技术就变得非常重要了。HARQ可以看作一种数据传输后控制瞬时无线链路质量波动影响的机制,为自适应编码调制技术提供补偿。

传统的自动重传请求(Automatic Repeat reQuest,ARQ)采用丢弃出错接收包并请求重传的方式。然而,尽管这些数据包不能被正确解码,但其中仍包含了信息,而这些信息会通过丢弃出错包而丢失。这一缺陷可以通过带有软合并的HARQ方式来进行弥补。

在带有软合并的HARQ中,出错接收包被存于缓冲器内存中并与之后的重传包进行合并,从而获得比其分组单独解码更为可靠的单一的合并数据包。对该合并信号进行纠错码的解码操作,如果解码失败则申请重传。

带有软合并的HARQ通常可分为跟踪合并(Chasing Combining,CC)与增量冗余(Incremental Redundancy,IR)两种方式。

跟踪合并方案每次重传的是原始传输的相同副本,每次重传后,接收机采用最大比合并准则对每次接收的信息与之前接收的对应信息的所有传输进行合并,并将合并信号发送到解码器。由于每次重传为原始传输的相同副本,跟踪合并的重传可以被视为附加重复编码。由于没有传输新冗余,因此跟踪合并除了在每次重传中增加累积接收信噪比外,不能提供任何额外的编码增益。跟踪合并的过程如图3.25所示。

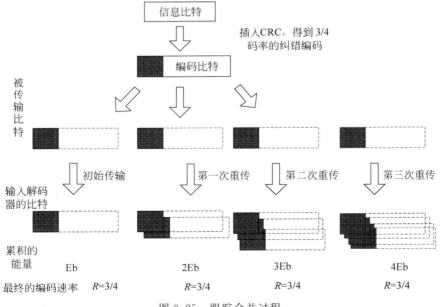

图3.25　跟踪合并过程

　　增量冗余(IR)方案中,每次重传并不需要带有与原始传输完全相同的内容。相反,将会产生多个编码比特的集合,每个都代表同一集合的信息比特,无论何时需要进行重传,通常采用与之前传输不同的编码比特集合。此外,每次重传并非必须包含与原始传输相同数目的编码比特,通常也可以在不同重传中采用不同调制方式。因此,增量冗余也可以被视为跟踪合并的扩展。通常,增量冗余基于低速率码并通过对编码器的输出进行打孔来实现不同的冗余版本。首次传输只发送有限编码比特,从而导致采用高速率码。重传中发送额外的编码比特。

　　增量冗余(IR)方案如图 3.26 所示,将 1/4 码率的基本码划分成 3 个冗余版本,首次传输只发送第一个冗余版本,从而得到 3/4 编码速率。一旦出现解码错误并请求重传时则发送额外的比特,即第二个冗余版本,得到 3/8 编码速率。如果还不能正确解码,则第二次重传将发送剩余的比特(第三个冗余版本),则经过三次接收合并后的编码速率为 1/4。在这种方案中,除累积信噪比外,增量冗余的每次重传还会带来编码增益。与跟踪合并相比,增量冗余方案在初始编码速率较高时会带来更大的增益。

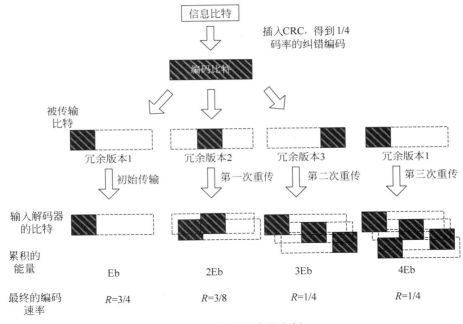

图 3.26　增量冗余的实例

　　采用增量冗余方案时,首次传输所用编码需要在其单独使用时以及与第二次传输编码合并时都能够提供良好性能,该要求在后续重传时也同样需要保持。由于不同冗余版本通常是通过对低速率母码进行凿孔来产生的,因此删余矩阵的设计需要满足:高速率编码也可作为任何低速率编码的一部分。

　　无论采用跟踪合并还是增量冗余,带有软合并的 HARQ 都将通过重传间接地降低误码率,因此被视为间接的链路自适应技术。

## 3.5　本章小结

本章在分析单载波调制与多载波调制系统组成的基础上,引出 OFDM 这一正交频分多载波调制技术。同时,本章进一步从数学模型出发,从理论上说明了 OFDM 的 IFFT 实现方法,此外还分析了 OFDM 系统的抗多径原理。此后,重点介绍了 OFDM 系统中的两大关键技术——信道估计技术以及同步技术,这两个关键技术对 OFDM 系统的性能至关重要。

其次,MIMO 通过在发射端和接收端配置多根天线,为提高频谱效率提供了巨大的潜力。因此本章详细阐述了 MIMO 技术的起源以及常见的 MIMO 技术。首先由无线移动通信的迅猛发展引出了 LTE 等系统采用 MIMO 的必要性;讲述了 MIMO 常用的分集技术和分集合并准则;重点阐述了 MIMO 空时编码技术中几种常用的空时码,给出了各种空时码的编码结构以及相应的检测或译码方法;此后,阐述了单用户和多用户预编码算法;最后,给出了近年来 MIMO 研究所涉及的技术。

移动通信系统常常采用链路自适应和资源调度技术来改善系统性能。本章在介绍信道状态信息的基础上,阐述了自适应信道编码技术、HARQ 技术,通过这些技术的应用降低由于信道衰落带来的性能影响,提高资源利用率。

# 第4章
## Chapter 4

# LTE技术规范

本章给出了 LTE 的工作频带和带宽分配；重点阐述了传输信道、逻辑信道、物理信道以及它们之间的映射关系；此外，还描述了 LTE 的帧结构和资源块，重点阐述了上下行物理信道和传输过程。在上行物理信道中，讲述了单载波频分多址，详细阐述了物理层上行共享信道（PUSCH）、上行控制信道（PUCCH）、上行参考信号（RS）的传输过程，以及 LTE 的上行链路自适应和资源调度技术。在下行物理信道中，讲述了物理下行共享信道（PDSCH）、物理广播信道（PBCH）、物理控制格式指示信道（PCFICH）以及物理下行控制信道（PDCCH）的传输过程，以及小区间的干扰抑制方法。最后简单介绍了演进的多媒体广播多播业务（eMBMS）。

## 4.1 工作频带及带宽

### 4.1.1 LTE 频带划分

3GPP 在 LTE 相关技术规范 TS36.101 和 TS36.104 Rel-8 中定义了 LTE 的工作频带，其中频分双工（FDD）有 15 个频带，时分双工（TDD）有 8 个频带。编号 1～14 的频带和编号 17 的频带用作 LTE 对称频带，对应 FDD 模式；编号 33～40 的频带用作 TDD 的非对称频带，对应 TDD 模式。这些频带划分如表 4.1 所示。此外，3GPP 在 TS36.101 和 TS 36.104 Rel-12 中，还将编号 18～32 的频带划分给 FDD 模式，将编号 41～44 的频带划分给 TDD，在表 4.1 中用斜体字给出。

表 4.1 3GPP 定义的 LTE 频带

| 频带编号 | 上行范围/MHz | 下行范围/MHz | 双工模式 |
|:---:|:---:|:---:|:---:|
| 1 | 1920～1980 | 2110～2170 | FDD |
| 2 | 1850～1910 | 1930～1990 | FDD |
| 3 | 1710～1785 | 1805～1880 | FDD |
| 4 | 1710～1755 | 2110～2155 | FDD |
| 5 | 824～849 | 869～894 | FDD |
| 6 | 830～840 | 875～885 | FDD |
| 7 | 2500～2570 | 2620～2690 | FDD |
| 8 | 880～915 | 925～960 | FDD |
| 9 | 1749.9～1784.9 | 1844.9～1879.9 | FDD |
| 10 | 1710～1770 | 2110～2170 | FDD |
| 11 | 1427.9～1452.9 | 1473.9～1500.9 | FDD |

| 频 带 编 号 | 上行范围/MHz | 下行范围/MHz | 双 工 模 式 |
|:---:|:---:|:---:|:---:|
| 12 | 698～716 | 728～746 | FDD |
| 13 | 777～787 | 746～756 | FDD |
| 14 | 788～798 | 758～768 | FDD |
| 15 | 保留 | 保留 | FDD |
| 16 | 保留 | 保留 | FDD |
| 17 | 704～716 | 734～746 | FDD |
| 18 | 815～830 | 860～875 | FDD |
| 19 | 830～845 | 875～890 | FDD |
| 20 | 832～862 | 791～821 | FDD |
| 21 | 1447.9～1462.9 | 1493.9～1510.9 | FDD |
| 22 | 3410～3490 | 3510～3590 | FDD |
| 23 | 2000～2020 | 2180～2200 | FDD |
| 24 | 1626.5～1660.5 | 1525～1559 | FDD |
| 25 | 1850～1915 | 1930～1995 | FDD |
| 26 | 814～849 | 859～894 | FDD |
| 27 | 807～824 | 852～869 | FDD |
| 28 | 703～748 | 758～803 | FDD |
| 29 | — | 717～728 | FDD* |
| 30 | 2305～2315 | 2350～2360 | FDD |
| 31 | 452.5～457.5 | 462.5～467.5 | FDD |
| 32 | — | 1452～1496 | FDD* |
| 33 | 1900～1920 | 1900～1920 | TDD |
| 34 | 2010～2025 | 2010～2025 | TDD |
| 35 | 1850～1910 | 1850～1910 | TDD |
| 36 | 1930～1990 | 1930～1990 | TDD |
| 37 | 1910～1930 | 1910～1930 | TDD |
| 38 | 2570～2620 | 2570～2620 | TDD |
| 39 | 1880～1920 | 1880～1920 | TDD |
| 40 | 2300～2400 | 2300～2400 | TDD |
| 41 | 2496～2690 | 2496～2690 | TDD |
| 42 | 3400～3600 | 3400～3600 | TDD |
| 43 | 3600～3800 | 3600～3800 | TDD |
| 44 | 703～803 | 703～803 | TDD |

表 4.1 中编号 29 和 32 仅在 LTE-Advanced 的载波聚合情况下使用。

此外,值得注意的是,在表 4.1 中,有些频带是部分或全部重合的,这是由于国际电信联盟(ITU)在划分频带时遇到的区域差别造成的。同时,重合的频带可用来保证全球漫游。

表 4.2 给出了我国 LTE 频带划分情况。

**表 4.2　我国 LTE 频带划分**

| 运 营 商 | TDD | | FDD | |
|:---:|:---:|:---:|:---:|:---:|
| | 频带/MHz | 带宽/MHz | 频带/MHz | 带宽/MHz |
| 中国移动 | 1880～1900 | 20 | | |
| | 2320～2370 | 50 | | |
| | 2575～2635 | 60 | | |

续表

| 运 营 商 | TDD | | FDD | |
|---|---|---|---|---|
| | 频带/MHz | 带宽/MHz | 频带/MHz | 带宽/MHz |
| 中国联通 | 2300~2320 | 20 | 1955~1980 | 25 |
| | 2555~2575 | 20 | 2145~2170 | 25 |
| 中国电信 | 2370~2390 | 20 | 1755~1785 | 30 |
| | 2635~2655 | 20 | 1850~1880 | 30 |

## 4.1.2 LTE 带宽分配

LTE 的空中接口以 OFDM 技术为基础,采用 15kHz 的子载波宽度,通过不同的子载波数目(72~1200)实现了可变的系统带宽(1.4~20MHz),同时,根据应用场景的不同(无线信道不同的时延扩展),LTE 支持两种不同长度循环前缀的系统配置:普通的循环前缀和扩展的循环前缀,它们的长度分别约为 $4.7\mu s$ 和 $16.7\mu s$。

LTE 的主要频谱结构是建立在含有 12 个子载波,总带宽是 $12 \times 15kHz = 180kHz$ 的资源块(资源块的详细介绍见第 4.2 节)上。LTE 支持 1.4MHz、3MHz、5MHz、10MHz、15MHz 和 20MHz 等几种带宽,对应的资源块数量分别为 6、15、25、50、75 和 100。

表 4.3 给出了 LTE Rel-8 中各频带所能支持的信道带宽的情况。

**表 4.3　LTE Rel-8 各频带所支持的信道带宽**

| 频　　带 | 1.4MHz | 3MHz | 5MHz | 10MHz | 15MHz | 20MHz |
|---|---|---|---|---|---|---|
| 1 | | | √ | √ | √ | √ |
| 2 | √ | √ | √ | √ | √* | √* |
| 3 | √ | √ | √ | √ | √* | √* |
| 4 | √ | √ | √ | √ | | √ |
| 5 | √ | √ | √ | √* | | |
| 6 | | | √ | √* | | |
| 7 | | | √ | √ | √# | √*# |
| 8 | √ | √ | √ | √ | | |
| 9 | | | √ | √ | √* | √* |
| 10 | | | √ | √ | √ | √ |
| 11 | | | √ | √* | | |
| 12 | √ | √ | √* | √* | | |
| 13 | | | √* | √* | | |
| 14 | | | √* | √* | | |
| 15 | | | | | | |
| 16 | | | | | | |
| 17 | | | √* | √* | | |
| 33 | | | √ | √ | √ | √ |
| 34 | | | √ | √ | √ | |
| 35 | √ | √ | √ | √ | | √ |
| 36 | √ | √ | √ | √ | | |
| 37 | | | √ | √ | √ | √ |
| 38 | | | √ | √ | √# | √# |
| 39 | | | √ | √ | √ | √ |
| 40 | | | √ | √ | √ | √ |

表4.3中,$\sqrt{\ }^{*}$表示用户指定接收机灵敏度的要求,$\sqrt{\ }^{\#}$表示在该带宽上,在FDD/TDD共存情况下的上行传输。

LTE下行链路传输带宽是10MHz时,子载波的间隔是15kHz,抽样频率为13.36MHz,而子载波占用的数量是601个,其中包含了直流子载波。LTE上行链路的这些配置与下行链路相同。此外,LTE上下行的其他特点是:10MHz带宽系统中采用15kHz频率间隔,采用1024点的FFT,系统包括666个数据子载波。1024子载波中的358个子载波已经超出10MHz带宽之外为不可用子载波。666个数据子载波中用于数据传输的子载波为601个,其余的65个子载波为保护带宽(33/32个子载波分别位于两侧)。

# 4.2　帧结构和资源块

在物理层规范中,除非特殊说明,各种域的时域大小表示为时间单位$T_s$的倍数,该时间单位定义为$T_s=1/(15000\times2048)$s。那么一个无线帧的长度可以表示为$T_f=307200\times T_s=10$ms。

## 4.2.1　帧结构

### 1. 帧结构类型1

帧结构类型1适用于全双工和半双工的FDD模式。如图4.1所示,每个无线帧长$T_f=307200\times T_s=10$ms,一个无线帧包括20个时隙,序号为0~19,每个时隙长$T_{slot}=15360\times T_s=0.5$ms。一个子帧定义为两个连续时隙,即子帧$i$包括时隙$2i$和$2i+1$。

图4.1　帧结构类型1

对FDD,在每10ms的间隔内,10个子帧可用于下行链路传输也可用于上行链路传输。上下行传输按频域隔离。半双工FDD操作中,用户不能同时发送和接收,而全双工FDD中没有这种限制。

在FDD上行帧结构中,每个上行PUSCH子帧中存在PUSCH信道和PUCCH信道以及2种参考信号:探测参考信号与解调参考信号。探测参考信号位于相隔时隙的符号0上(即每个子帧发送一次探测参考信号),用来作为频率选择性调度的参考;解调参考信号位于每个时隙的符号3上,用于上行PUSCH解调中的信道估计。上行链路帧长度为10ms,包含20个时隙。每个时隙发射信号包含$N_{symbol}^{UL}$个SC-FDMA符号,序号从0~$N_{symbol}^{UL}-1$,普通的循环前缀情况下,$N_{symbol}^{UL}$的取值为7。每个SC-FDMA符号承载多个复值调制符号$a_{u,l}$数据,即资源粒子$(u,l)$上的信息内容。其中$u$为SC-FDMA符号$l$的时间索引。

LTE还定义了传输时间间隔(Transmission Time Interval,TTI)。基本TTI周期是时隙周期的2倍,即1ms,包括14个OFDM符号。对于下行链路来说,几个子帧可以合并成一个更长的TTI,这样有可能降低高层协议开销(IP分组分段、RLC-MAC头等)。这种

TTI周期可以通过高层信令用半静态的方式动态调整,或是由基站以更为动态的方式控制,例如改进 HARQ 过程。

## 2. 帧结构类型 2

帧结构类型 2 适用于 TDD 模式。如图 4.2 所示,每个无线帧长 $T_f = 307200 \times T_s = 10\text{ms}$,由两个长为 $153600 \times T_s = 5\text{ms}$ 的半帧组成。每个半帧由 5 个长为 $30720 \times T_s = 1\text{ms}$ 的子帧组成。也可以说每个无线帧分为 8 个长度为 $30702 \times T_s = 1\text{ms}$ 的子帧以及 2 个包含 DwPTS(下行链路导频时隙)、GP(保护间隔)和 UpPTS(上行导频时隙)的特殊子帧。下行链路导频时隙、保护间隔和上行导频时隙的长度也为 $30720 \times T_s = 1\text{ms}$。子帧 1 和 6 都包含下行链路导频时隙、保护间隔和上行导频时隙,其他子帧则由 2 个时隙构成。

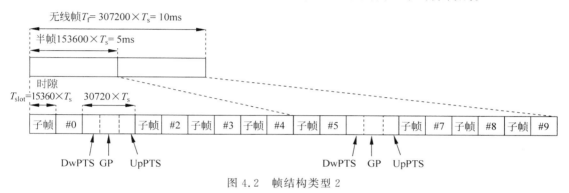

图 4.2　帧结构类型 2

支持的上下行配置见表 4.4,对一个无线帧中的每个子帧,"D"表示专用于下行传输的子帧,"U"表示专用于上行传输的子帧,"S"表示用于 DwPTS、GP 和 UpPTS 这三个域的特殊子帧,常规循环前缀和扩展循环前缀的进一步说明见表 4.7。

### 表 4.4　DwPTS/GP/UpPTS 的长度

| 特殊子帧配置 | 常规循环前缀,下行 | | | 常规循环前缀,上行 | | |
| --- | --- | --- | --- | --- | --- | --- |
| | DwPTS | UpPTS | | DwPTS | UpPTS | |
| | | 常规循环前缀,上行 | 扩展循环前缀,上行 | | 常规循环前缀,上行 | 扩展循环前缀,上行 |
| 0 | $6592 \times T_s$ | $2192 \times T_s$ | $2560 \times T_s$ | $7680 \times T_s$ | $2192 \times T_s$ | $2560 \times T_s$ |
| 1 | $19760 \times T_s$ | | | $20480 \times T_s$ | | |
| 2 | $21952 \times T_s$ | | | $23040 \times T_s$ | | |
| 3 | $24144 \times T_s$ | | | $25600 \times T_s$ | | |
| 4 | $26336 \times T_s$ | | | $7680 \times T_s$ | | |
| 5 | $6952 \times T_s$ | $4384 \times T_s$ | $5120 \times T_s$ | $20480 \times T_s$ | $4384 \times T_s$ | $5120 \times T_s$ |
| 6 | $19760 \times T_s$ | | | $23040 \times T_s$ | | |
| 7 | $21952 \times T_s$ | | | — | — | — |
| 8 | $24144 \times T_s$ | | | — | — | — |

DwPTS 和 UpPTS 的长度见表 4.5,DwPTS 和 UpPTS 的长度是可配置的,但是 DwPTS、GP 和 UpPTS 总的长度为 1ms,每个子帧 $i$ 由 2 个时隙 $2i$ 和 $2i+1$ 表示,每个时隙长为 $T_{\text{slot}} = 15360 \times T_s = 0.5\text{ms}$。

表 4.5    上下行子帧切换点设置

| 上行-下行<br>配置 | 下行-上行<br>转换点周期 | 子帧号 | | | | | | | | | |
|---|---|---|---|---|---|---|---|---|---|---|---|
| | | 0 | 1 | 2 | 3 | 4 | 5 | 6 | 7 | 8 | 9 |
| 0 | 5ms | D | S | U | U | U | D | S | U | U | U |
| 1 | 5ms | D | S | U | U | D | D | S | U | U | D |
| 2 | 5ms | D | S | U | D | D | D | S | U | D | D |
| 3 | 10ms | D | S | U | U | U | D | D | D | D | D |
| 4 | 10ms | D | S | U | U | D | D | D | D | D | D |
| 5 | 10ms | D | S | U | D | D | D | D | D | D | D |
| 6 | 5ms | D | S | U | U | U | D | S | U | U | D |

LTE TDD 支持 5ms 和 10ms 的上下行切换周期。如果下行到上行转换点周期为 5ms,特殊子帧在子帧 1 和子帧 6 的两个半帧中都存在;如果下行到上行转换点周期 10ms,特殊子帧只存在于第一个半帧中,子帧 6 只是一个普通的下行子帧。子帧 0 和子帧 5 以及下行链路导频时隙 DwPTS 总是用于下行传输。上行链路导频时隙 UpPTS 和紧跟于特殊子帧后的子帧专用于上行传输。

每帧对应的上下行链路子帧分配方式如下。

(1) 在 5ms 切换周期情况下,1DL(下行链路):3UL(上行链路);2DL:2UL;3DL:1UL。

(2) 在 10ms 切换周期情况下,6DL:3UL;7DL:2UL;3DL:5UL。

(3) 在 5ms 切换周期情况下,UpPTS、子帧 2 和子帧 7 预留为上行传输。

(4) 在 10ms 切换周期情况下,DwPTS 在两个半帧中都存在,但是 GP 以及 UpPTS 只在第一个半帧中存在,在第二个半帧中的 DwPTS 长度为 1ms。UpPTS 和子帧 2 预留为上行传输,子帧 5 到子帧 9 预留为下行传输。

特殊时隙 DwPTS 和 UpPTS 传输的具体内容如下所示。

(1) 下行链路导频时隙。类似于正常下行链路子帧,下行链路控制信令总是在 DwPTS 中,PDCCH 在 DwPTS 上占用 1～2 个 OFDM 符号。下行参考信号也总是在 DwPTS 中。下行数据可以在 DwPTS 内传送,DwPTS 中发射的用户数据和其他下行链路子帧无关。

(2) 上行链路导频时隙。当 UpPTS 长度为 2 个 OFDM 符号时,该 UpPTS 时隙用来作为短随机接入信号或者是探测参考信号。当 UpPTS 长度为 1 个 OFDM 符号时,该 UpPTS 时隙用来作为探测参考信号,支持下述 3 种探测参考信号(SRS)发射情况:用户设备在第一个符号上发射探测参考信号(UpPTS=1 或 2);用户设备在第二个符号上发射探测参考信号(UpPTS=2);两个符号都被一个用户设备用来发射探测参考信号(UpPTS=2)。在 UpPTS 时隙内不进行上行控制信令和数据的传输。根据系统配置可分别独立激活或者关闭短随机接入和探测参考信号。用户设备只能使用 UpPTS 来发射探测参考信号或 RACH 信号。随机接入需要 UpPTS 具备 2 个 OFDM 符号长度。当 UpPTS 时隙可以只分配一个 OFDM 符号时,只能传送参考信号。

3. 不同双工模式的区别

与 FDD(频分双工)相比,TDD(时分双工)具有许多优势:①对于日渐稀缺的频率能够进行灵活配置,因此能够使用 FDD 无法利用的零散频段;②拥有上下信道一致性,部分射频单元可以被发送端和接收端共同使用,从而有效降低设备成本;③能够较好地支持非对称服务,通过调整上下行时隙转换点,很好地提高了下行时隙比例等。不过与 FDD 相比,TDD 仍然存在一些不足之处:①TDD 通信系统收发信道同频,导致系统内与系统间会存在同频干扰,需要预留保护带,导致整体频谱利用率随之下降;②由于 TDD 发射时间较短,只有 FDD 的 1/2 左右,从而必须提高发射功率来实现发送数据的增大。

上下行时间配比是 TDD 显著区别于 FDD 的一个物理特点。FDD 依靠频率区分上下行,因此其单方向的资源在时间上是连续的;而时分双工依靠时间来区分上下行,所以其单方向的资源在资源上是不连续的,需要在上下行进行时间资源分配。上下行时间配比的范围可以从将大部分资源分配给下行的"9∶1"到上行占用资源较多的"2∶3",在实际使用时,网络可以根据业务量的特性灵活地选择配置。

LTE FDD 中用普通数据子帧传输上行探测导频,而在 TDD 系统中,上行探测导频可以在 UpPTS 上发送。另外,DwPTS 也可用于 PCFICH、PDCCH、PHICH、PDSCH 和 P-SCH 等传输。DwPTS 时隙中下行控制信道的最大长度为两个符号,且主同步信道固定位于 DwPTS 的第三个符号。

LTE TDD 与 LTE FDD 的比较如表 4.6 所示。

表 4.6  LTE FDD/TDD 的比较

| 相 同 点 | 不 同 点 |
|---|---|
| 高层信令,包括非接入层(NAS)和无线资源控制层(RRC)的信令 | TDD 采用同一频段分时进行上下行通信;FDD 上下行占用不同频段 |
| L2 用户面处理,包括 MAC、RLC 及 PDCP 等 | 采用的帧结构不同;FDD 上下行子帧相关联,TDD 上下行子帧数目是不同的;帧结构还会影响无线资源管理和调度的实现方式 |
| 物理层基本机制,如帧长、调制、多址、信道编码、功率控制和干扰控制等 | 物理层反馈过程不同,TDD 可以根据上行参考信号估计下行信道 |
| 时分双工与频分双工空中接口指标相同 | 下行同步方式不同,时分双工系统要求时间同步;频分双工在支持增强多播广播多媒体业务(eMBMS)时才需考虑 |

TDD 与 FDD 是 LTE 系统定义下的两种双工方式,其帧结构存在较大的差异。在 TDD 模式下,每个 10ms 无线帧被分为两个半帧,每个半帧长度是 5ms,由一个特殊子帧以及 4 个数据子帧构成,具体包括 UpPTS、GP 和 DwPTS 等 3 个特殊时隙。而在 FDD 模式下,无线帧由 10 个长度是 1ms 的无线子帧组成,每个子帧包含两个长度为 0.5ms 的时隙。

LTE TDD 下行链路和 FDD 系统一样,也包含相同的 6 种下行物理信道。TDD 与 FDD 下行链路的主要区别在于:

(1) SCH(同步信道):P-SCH 位于 DwPTS 的第三个 OFDM 符号处,S-SCH 位于子帧 0 的最后一个符号上,两者之间间隔 2 个符号长度;

(2) PRACH(物理随机接入信道):短 PRACH 信道位于 UpPTS 时隙内,长 PRACH 信道位于正常子帧中;

(3) 探测参考信号(SRS):UpPTS 根据其符合长度包含 1 或 2 个探测参考信号,探测参考信号也能在正常子帧中发射;

(4) 专用参考信号(DRS):对于 TDD 用户来说,必须具备专用参考信号。

### 4.2.2　资源块及其映射

**1. 下行链路的时隙结构**

每个时隙发送的信号由 $N_{RB}^{DL}N_{sc}^{RB}$ 个子载波和 $N_{symb}^{DL}$ 个 OFDM 符号的资源格组成。图 4.3 给出了时频资源格的构成。$N_{RB}^{DL}$ 的数目由该小区的下行传输带宽决定,应满足 $N_{RB}^{min,DL}\leqslant N_{RB}^{DL}\leqslant N_{RB}^{max,DL}$,其中,$N_{RB}^{min,DL}=6$,$N_{RB}^{max,DL}=100$,分别对应下行传输的最小和最大带宽。

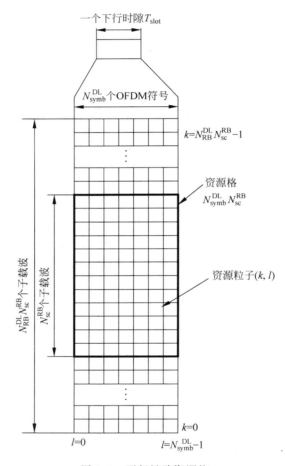

图 4.3　下行链路资源格

一个时隙中的 OFDM 符号个数取决于循环前缀长度和子载波间隔,具体的对应关系见表 4.7。

表 4.7　不同循环前缀对应的下行物理资源块参数

| 配　置 | | $N_{sc}^{RB}$ | $N_{symb}^{DL}$ |
|---|---|---|---|
| 普通循环前缀 | $\Delta f=15kHz$ | 12 | 7 |
| 扩展循环前缀 | $\Delta f=15kHz$ | | 6 |
| | $\Delta f=7.5kHz$ | 24 | 3 |

在多天线的传输情况下,每一个天线端口定义一个资源格。天线端口实际上可由单路物理天线端口和多路物理天线端口的组合来实现,并由相关的参考信号进行定义,即所支持的天线端口取决于小区的参考信号配置:

(1) 小区专用参考信号,与非移动广播单频网络发送有关,支持1、2或4天线配置,即需要分别实现序号 $p=0$,$p=\{0,1\}$ 和 $p=\{0,1,2,3\}$ 的情况。

(2) 多播广播单频网(MBSFN)参考信号与MBSFN发送相关,在天线端口 $p=4$ 发送。

(3) 仅支持帧结构类型2的用户指定参考信号,在天线端口 $p=5$ 发送。

天线端口 $p$ 上资源格中的最小单元称为资源粒子(Resource Element,RE),它在时域上为一个符号,在频域上为一个子载波,在一个时隙中由 $(k,l)$ 唯一标识,$k=0,\cdots,N_{RB}^{DL}\cdot N_{SC}^{RB}$,$l=0,\cdots,N_{symb}^{DL}$ 分别是频域和时域的索引,资源粒子 $(k,l)$ 对应一个复调制符号 $a_{k,l}$,天线端口 $p$ 的资源粒子 $(k,l)$ 的值用复数 $a_{k,l}^{(p)}$ 表示。在一个时隙中不用于发送信息的资源粒子的复数值 $a_{k,l}$ 需要置为0。

**2. 物理资源块和虚拟资源块**

资源块(Resource Block,RB)为空中接口物理资源分配单位,用于描述物理信道到资源粒子的映射。LTE定义了两种资源块:物理资源块(Physical RB,PRB)和虚拟资源块(Virtual RB,VRB)。

物理资源块是时域为 $N_{Symb}^{DL}$ 个连续的OFDM符号,频域为 $N_{SC}^{DL}$ 个连续的子载波,由 $N_{Symb}^{DL}\times N_{SC}^{DL}$ 个资源粒子组成。对于15kHz子载波间隔和普通循环前缀的情况,1个RB的大小为频域上连续的12子载波和时域上连续的7个OFDM符号,即频域宽度为180kHz,时域长度为0.5ms,相当于一个时隙。一个时隙中资源粒子 $(k,l)$ 在频域的物理资源块编号为 $n_{PRB}=\left\lfloor\dfrac{k}{N_{SC}^{RB}}\right\rfloor$。值得注意的是,基站是以1个传输时间间隔TTI即2个PRB作为调度的最小单位。下行物理资源块共包括168个资源粒子(RE),其中16个RE预留给参考信号使用,20个RE预留给PDCCH使用,132个RE可以被用来传输数据。

为了方便物理信道向空中接口时域物理信道的映射,在物理资源块之外还定义了虚拟资源块,虚拟资源块的大小与物理资源块相同,且虚拟资源块与物理资源块具有相同的数目,但虚拟资源块和物理资源块分别对应有各自的资源块序号。其中,物理资源块的序号按照频域的物理位置进行顺序编号,而虚拟资源块的序号是系统进行资源分配时所指示的逻辑序号,通过它与物理资源块之间的映射关系来进一步确定实际物理资源的位置,如图4.4所示。虚拟资源块主要定义了资源的分配方式,长度为1个子帧的虚拟资源块是物理资源分配信令的指示单元。

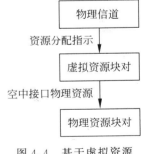

图4.4　基于虚拟资源块的资源分配

此外,协议规定了两种类型的虚拟资源块,分为集中式和分布式。对两种类型的虚拟资源块,一个子帧中的两个时隙上的成对虚拟资源块共同分配到一个独立虚拟资源块号:$n_{VRB}$。

集中式VRB直接映射到PRB上,即资源块按照VRB进行分配并映射到PRB上,对应PRB的序号等于VRB序号,一个子帧中两个时隙的VRB将映射到相同频域位置的两个

PRB上即占用若干相邻的PRB；而分布式VRB采用分布式的映射方式，即一个子帧中两个时隙的VRB将映射到不同频域位置的两个PRB上即占用若干分散的PRB，并且1个子帧内的2个时隙也有着不同的映射关系，即具有相同逻辑序号的分布式VRB对将映射到两个时隙不同的PRB上，通过这样的机制实现"分布式"的资源分配。

集中式的RB连续占用$N$个子载波，占用连续的频谱；分布式RB包含$N$个分散的等间距的子载波。主要是通过子载波映射来决定哪部分的频谱被用来发射数据，并在上端或下端插入恰当数量的零位。在每个DFT输出样本之间，有$L-1$个零值被插入。$L=1$的映射被称为集中式，也就是DFT输出数据流被映射到一段连续分布的子载波上，在这种方式下，系统可以通过频域调度获得多用户增益，但是在频率选择分集方面会有一定的缺陷。为了弥补集中式分配方式的缺陷，通常采用跳频的方式进行数据发送，即在某一时刻只占用一部分连续频谱，下一时刻再占用另一部分频谱。通过跳频发送方式有效地改善了频率选择性和干扰随机性；$L>1$的映射被称为分布式，这种方式相对于前者可获得额外的频率分集增益，但是同时会导致同步误差以及多普勒频移等问题。

**3. 下行物理信道资源块映射**

对于每一个用于下行物理信道发送的天线端口，复符号块$y^{(p)}(0),\cdots,y^{(p)}(M_s^{(p)}-1)$应该从$y^{(p)}(0)$开始以序列的形式映射到分配的虚拟资源块(VRB)，从子帧的第一个时隙开始，按$k$和$l$依次递增的顺序映射到天线端口$p$上没有保留用作其他目的的资源粒子$(k,l)$。同时还需要按照下列标准映射到资源粒子$(k,l)$：

（1）映射的物理资源块与分配的虚拟资源块相对应；

（2）映射的位置不用于PBCH、同步信号或参考信号的传输。

以FDD系统为例，由于主辅同步信号、导频信号、广播信息映射位置是固定的，控制格式指示信息的位置也基本是固定的，一般来说，先映射以上固定信息；再按照广播信息规定的混合自动请求重传(HARQ)指示信息位置，映射HARQ指示信息；然后在相应的控制符号内其他的RE上，映射控制信息；最后把业务信息映射到剩余的RE上。所涉及信道的物理资源映射如下：

（1）参考符号的物理资源映射；

（2）同步信号的物理资源映射；

（3）PBCH符号的物理资源映射；

（4）PCFICH符号的物理资源映射；

（5）PHICH符号的物理资源映射；

（6）PDCCH符号的物理资源映射；

（7）PDSCH(PMCH)符号的物理资源映射。

PDSCH、PDCCH、PBCH的映射都通过天线端口进行分层映射，分层映射的操作是一种在某个时刻实现符号子载波映射的中间步骤，把调制符号映射到给定天线上。

PDSCH按照上面通用资源粒子映射的方法映射到资源粒子，以下情况除外：

（1）如果不发送用户指定的参考信号，则PDSCH使用天线端口集合{0}、{0,1}或{0、1、2、4}进行发送；

（2）如果发送用户指定的参考信号，则PDSCH使用天线端口{5}进行发送。

PDCCH 映射方法是每一天线端口上发送复符号块,以 4 个为一组进行置换。复符号块循环偏移并生成序列。复符号块生成的序列从头开始依次映射到对应的物理控制信道的资源粒子。天线端口上未被保留的资源粒子 $(k,l)$ 的映射按照先 $k$ 后 $l$ 的顺序依次递增。在 PDCCH 仅适用天线端口 0 发送的情况下,映射假定参考信号可在天线端口 0 和天线端口 1 发送;其他情况下,假定参考信号可在 PDCCH 实际可用的天线端口发送。

PBCH 的映射是每一天线端口复符号块从 4 个连续的无线帧开始映射到物理资源块。不留作参考信号的发送资源粒子 $(k,l)$ 按照 $k$、$l$ 顺序,无线帧号逐一递增,对于第 2 类帧结构,只有无线帧的前半帧中的子帧 0 能够用于 PBCH 发送。

### 4. 上行时隙结构和物理资源映射

上行链路与下行链路类似,也采用资源格来描述其时频资源。资源格是由时域上连续的 $N_{symb}^{UL}$ 个 SC-FDMA 符号和频域上连续的 $N_{RB}^{UL} N_{sc}^{RB}$ 个子载波组成。$N_{RB}^{UL}$ 的值也是根据小区内上行链路的发送带宽配置来确定的,应满足 $6 \leqslant N_{RB}^{UL} \leqslant 110$。

时域中连续的 $N_{symb}^{UL}$ 个 SC-FDMA 符号和频域中连续的 $N_{sc}^{RB}$ 个子载波被定义为一个物理资源块,其相关的资源块参数设置也与循环前缀类型有关,具体在表 4.8 中给出。上行链路中的一个物理资源块由 $N_{symb}^{UL} N_{sc}^{RB}$ 个资源粒子组成,对应时域的 1 个时隙和频域的 180kHz。假定 TTI 是 1ms,基本上行链路资源粒子为:

(1) 频域资源:12 个子载波=180kHz;

(2) 符号:1ms×180kHz=14 个 OFDM 符号×12 个子载波=168 个调制符号。

与下行链路相反,由于基于 DFT 的预编码把 PARP 的影响扩展到了 $M$ 个调制符号上,具有较低的 PARP,所以没有定义不被使用的子载波。

表 4.8 上行链路物理资源块参数

| 配 置 | $N_{sc}^{RB}$ | $N_{symb}^{UL}$ | |
|---|---|---|---|
| | | 第一类帧结构 | 第二类帧结构 |
| 普通循环前缀 | 12 | 7 | 9 |
| 扩展循环前缀 | 12 | 6 | 8 |

下面将对上行物理信道的映射进行描述:

PUSCH 的物理资源映射是将复值符号块 $z(0),\cdots,z(M_{symb}-1)$ 乘以一个幅值因子 $\beta_{PUSCH}$,然后从 $z(0)$ 开始依次映射到分配给 PUSCH 的物理资源块上。将分配的物理资源块的资源粒子表示为 $(k,l)$,则映射从一个子帧的第一个时隙开始,按顺序先增加 $k$ 然后再增加 $l$。已用于传输参考信号的资源粒子不能再分配给 PUSCH 使用。

如果不能使上行跳频,则用于传输的资源块 $n_{PRB}=n_{VRB}$,其中,$n_{VRB}$ 是上行调度授权的资源。如果上行跳频被激活并且使用预定义的跳频模式,则在特定时隙中用于传输的物理资源块需要按照给定的规则给出。

PUCCH 的物理资源映射与 PUSCH 类似,是将复值符号块 $z(i)$ 与幅度因子 $\beta_{PUCCH}$ 相乘,从 $z(0)$ 开始映射到分配给 PUCCH 发送的资源粒子,$z(i)$ 不能映射到用于发送参考信号的资源粒子 $(k,l)$ 上。PUCCH 的映射应该是从一个子帧中的第一个时隙开始,因为要在时隙边界产生跳频,第一个子帧和第二个子帧的 $k$ 序号值应该不同。

# 4.3　上行传输过程

LTE 定义了三种物理信道：物理上行共享信道（PUSCH）、物理上行控制信道（PUCCH）和物理随机接入信道（PRACH）。PUSCH 用于上行链路共享数据传输；PUCCH 在上行链路的预留频带发送，用来承载上行链路发送所需的确认/非确认（ACK/NACK）消息、信道质量指示（CQI）消息及上行发送的调度请求；PRACH 主要用于随机接入网络的过程，本节重点讲述 PUSCH、PUCCH 以及上行参考信号。

## 4.3.1　上行信道编码

对于来自上层的各个传输信道的数据和物理层自身的控制信息，物理层将按照规定的格式进行一系列信道编码相关的处理，通常包括码字循环冗余校验码（Cyclic Redundancy Check，CRC）计算、码块分割、码块 CRC 计算、码块信道编码、码块交织、速率匹配、码块连接以及向物理层信道映射等过程，如图 4.5 所示。

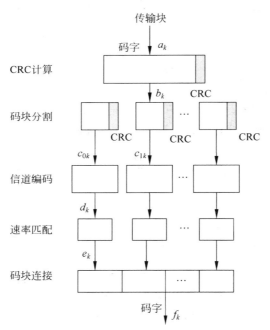

图 4.5　传输块物理层信道编码的过程

### 1. 循环冗余校验码计算

循环码作为线性分组码中最重要的子类，编码简单并且检错能力强。检错码是通过增加被传送数据的冗余量方式，将校验位同数据一起发送，接收端则通过校验和比较来判断数据是否无误来提高传输的可靠性。LTE 物理层提供了 4 种 CRC 的计算方法，分别用于不同信息的处理过程，其中包括 2 种长度为 24b 的 CRC 计算方法，1 种长度为 16b 的 CRC 计算方法和 1 种长度为 8b 的 CRC 计算方法。

长度为 24b 的 CRC 用于下行共享信道（DL-SCH）、寻呼信道（PCH）、多播信道（MCH）

和上行共享信道(UL-SCH)等传输信道信息的处理过程。定义了两种计算多项式,其中 A 公式用于整码字的 CRC 计算,B 公式用于分码块的 CRC 计算。

$$g_{CRC24A}(D) = [D^{24} + D^{23} + D^{18} + D^{17} + D^{14} + D^{11} + D^{10} +$$
$$D^7 + D^6 + D^5 + D^4 + D^3 + D + 1]$$
$$g_{CRC24B}(D) = [D^{24} + D^{23} + D^6 + D^5 + D + 1] \tag{4.1}$$

长度为 16 位的 CRC 用于广播信道(BCH)和下行控制信息(DCI)的处理过程,对应的计算多项式的定义为

$$g_{CRC16}(D) = [D^{16} + D^{12} + D^5 + 1] \tag{4.2}$$

长度为 8 位的 CRC 用于上行控制信息(UCI)在上行物理共享信道(PUSCH)中传输时可能需要的 CRC 操作,对应的计算多项式为

$$g_{CRC8}(D) = [D^8 + D^7 + D^4 + D^3 + D + 1] \tag{4.3}$$

CRC 计算示意如图 4.6 所示。

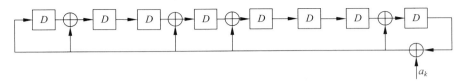

图 4.6　CRC 计算($g_{CRC8}$)

### 2. 码块分割

传输信道中的 1 个传输块对应于物理层的 1 个码字,码字是物理层进行信道编码等相关操作的单位。

当收到来自 MAC 层的 1 个传输块后,物理层将其对应为 1 个码字,首先对整个码字进行 CRC 的计算,得到添加 CRC 位后的码字数据流。考虑到信道编码(Turbo 码)的性能与处理时延等因素,标准中定义了最大的编码长度为 6144,即如果添加 CRC 位后的码字数据流的长度大于 6144,那么需要对码字进行分割,将一个码字分割为若干个码块,对每个码块再添加相应的 CRC 位(使用 24b 长度 CRC 的 B 多项式),然后以码块为单位进行信道编码,以满足信道编码最大长度的限制,如图 4.7 所示。

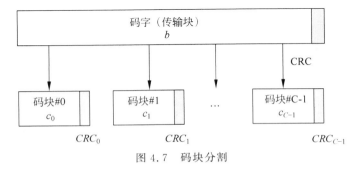

图 4.7　码块分割

LTE 物理层采用的 Turbo 编码的内交织器对数据的长度有一定的要求,标准中以列表的方式给出了所支持的数值,因此,在分块过程中可能需要进行一定的填充,保证每一个码块的长度符合内交织器的要求。

3. 信道编码

LTE 物理层支持的信道编码方法包括块编码、截尾卷积编码和 Turbo 编码。由于 Turbo 编码具有良好的译码性能,因此 LTE 中大部分传输信道的数据信息采用 Turbo 信道编码。由于卷积码译码复杂度较低以及其低码长时的性能情况,因此"截尾的卷积编码"被用作广播信道以及物理层上下行控制信息主要的信道编码方法。另外,采用了块编码作为一些长度较短的信息的信道编码方法,包括物理控制格式指示信道(Physical Control Format Indicator CHannel,PCFICH)、物理混合自动重传指示信道(Physical Hybrid ARQ Indicator CHannel,PHICH)和 PUCCH 中的物理层控制信息。

1) 截尾卷积编码

信道编码采用截尾卷积编码时,$D=K$。编码器的多项式长度为 7,码率限制为 1/3,其结构如图 4.8 所示。

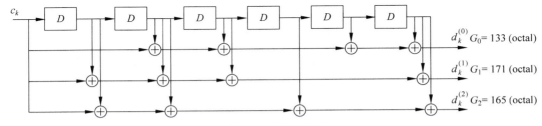

图 4.8　卷积编码

移位寄存器的初始值设置为比特流的最后 6 位信息位,目的是保证移位寄存器的初始状态和最终状态相同。假设输入编码器的数据 $c_k$ 的长度为 $K$,将移位寄存器的初始状态记作 $s_0,s_1,s_2,\cdots,s_5$,则 $s_i=c_{(K-1-i)}$。

2) Turbo 编码

LTE 物理层采用传统的由 2 个并行子编码器和 1 个内交织器组成的 Turbo 编码方法。与 WCDMA 中的 Turbo 码方案相比较,LTE 中的 Turbo 码方案采用了相同的子编码器结构,状态数目为 8,而对内交织器算法进行了改动,LTE 中采用了二次置换多项式(Quadratic Permutation Polynomial,QPP)交织器,主要目的是解决原有的交织器在分块译码的数据读取过程中可能出现冲突的问题,以更好地支持并行的译码器结构。

假设 Turbo 编码器的码率为 1/3,输入编码器的数据 $c_k$ 的长度为 $K$,编码输出 3 个分量码($d_k^{(0)}$、$d_k^{(1)}$、$d_k^{(2)}$),由于受到 Turbo 码总共 12 个尾位的影响,每个分量码的长度为 $D=K+4$。

LTE 物理层 Turbo 码采用基于 QPP 算法的内交织器,假设输入内交织器的比特流是 $c_0,c_1,\cdots,c_{K-1}$,经过交织后输出的比特流是 $c_0',c_1',\cdots,c_{K-1}'$,如图 4.9 所示,它们满足对应关系 $c_i'=c_{\Pi(i)}$,交织前后元素序号的对应关系满足二次多项式 $\Pi(i)=(f_1i+f_2i^2)\bmod K$,$i=0,1,\cdots,K-1$。

上行共享信道采用 Turbo 编码来保证传输的可靠性。Turbo 编码巧妙地结合了卷积码和随机交织器,在实现随机编码思想的同时,通过交织器实现了由短码构造长码的方法,并采用软输出迭代译码来逼近最大似然译码。可见 Turbo 编码充分利用了香农信道编码定理的基本条件,能够得到接近香农极限的性能。

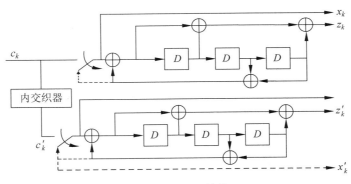

图 4.9 Turbo 编码

4. 速率匹配

在速率匹配的过程中,对上述信道编码后形成的比特流进行选取,形成不同的编码速率,以匹配于最终实际使用的物理资源。在这个过程中,以信道编码的每个码块为单位进行速率匹配的操作。下面以 Turbo 编码为例介绍速率匹配过程。

对 Turbo 编码后的数据进行速率匹配的过程,包括以每个码块为单位进行"3 个分量码的子块交织""形成循环缓冲区(Circular Buffer)"以及"按照冗余版本(Redundancy Version,RV)和位数选取本次发送的序列",如图 4.10 所示。在循环缓冲区形成的过程中,对于下行发送的情况,还需要根据终端接收缓存的大小,对实际使用的循环缓冲区的大小进行限制。

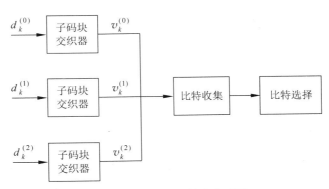

图 4.10 Turbo 码的速率匹配

1) 子块交织

在子块交织器中,采用块交织的方式对 Turbo 编码输出的 3 个分量分别进行交织。设定块交织器的列数为 32,然后根据交织长度 $D$ 确定块交织器的行数。

在子块交织的过程中,分量码序列逐行地写入块交织器中,在这个过程中,可能需要在序列的开始部分进行必要的填充,使得序列能够充满块交织器。完成序列的写入后,对块交织器以列为单位进行顺序转换,最后逐列地读取块交织器中的位信息,由此形成了交织后的序列(其中包括了填充位)。

对于第三分量码(即第二校验码)采用了与前两个分量码不同的交织公式,添加了 1 位的偏移量,这样可以避免在速率匹配的过程中对应于同一个信息位的两个校验位被同时打孔,起到保持编码信息的对偶互补性的作用。

2)形成循环缓冲区

Turbo 编码的 3 个分量码(包括 1 个系统码和 2 个校验码)各自经过子块交织后形成了 3 个数据流 $v_k^0$、$v_k^1$、$v_k^2$,将这 3 个数据流按照给定的规则进行连接,收集到一个循环缓冲器中,即形成循环缓冲区。收集的顺序为,最先插入的是系统位,随后是第一、第二校验位交叉插入。

3)选择发送序列

在每次数据发送过程中,根据本次混合自动重传请求(HARQ)传输中所对应的冗余版本和位数选取本次发送的序列。其中冗余版本的数值描述了位序列在循环缓冲区中的起始位置。

值得注意的是,为了获得更好的信道编码性能,在子块交织时添加了一定的偏移量,冗余版本为零的数据序列不包含所有 Turbo 系统分量码的信息位。确定起始位置之后,根据位数目从循环缓冲区中选取用于本次发送的序列。这个过程中将去掉进行子块交织时所加入的填充位。

5. 码块连接

在完成以码块为单位的信道编码和速率匹配的过程之后,将对 1 个字内所有的码块进行串行连接,形成码字(即传输块)所对应的传输序列,如图 4.11 所示。

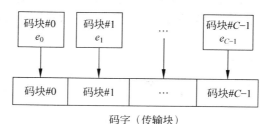

图 4.11　码块连接

## 4.3.2　PUSCH 传输过程

LTE 物理上行共享信道(PUSCH)的基带处理过程包括加扰、调制映射、层映射、预编码、资源映射,以及 SC-FDMA 信号产生等,具体流程如图 4.12 所示。

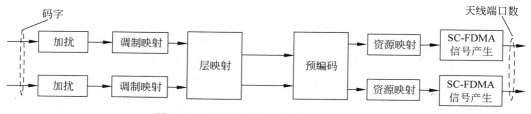

图 4.12　上行物理共享信道基带处理流程

1. 加扰

在一个子帧的物理上行共享信道(PUSCH)上传输数据块 $b(0),\cdots,b(M_{bit}-1)$,其中

$M_{bit}$ 为一个子帧中 PUSCH 上传输的数据数,在调制之前需要使用一个用户指定的扰码序列 $c(i)$ 进行加扰,生成加扰后的数据块 $\tilde{b}(0),\cdots,\tilde{b}(M_{bit}-1)$。

### 2. 调制

对于 PUSCH,可以使用 QPSK、16QAM 或 64QAM 调制方式将加扰位 $\tilde{b}(0),\cdots,\tilde{b}(M_{bit}-1)$ 调制成复值符号块 $d(0),\cdots,d(M_{symb}-1)$。

### 3. 层映射

每个码字的复值符号块 $d(0),\cdots,d(M_{symb}-1)$ 被映射到 $\boldsymbol{x}(i)=[x^{(0)}(i) \quad \cdots \quad x^{(v-1)}(i)]^{T}$,$i=0,1,\cdots,M_{symb}^{layer}-1$,$v$ 是层的数目,$M_{symb}^{layar}$ 是每层的调制符号数目。

层映射分单天线发射和空间复用两种方式下的层映射,不同的发射模式,其码流数、层数以及映射关系各有不同。

#### 1) 单天线发射

单天线发射时,码字个数为 1,映射层数为 1,层映射函数为 $x^{(0)}(i)=d^{(0)}(i)$,$M_{symb}^{layer}=M_{symb}^{(0)}$,即将输入直接输出。

#### 2) 空间复用

空间复用时,映射层数 $v$ 须满足 $v\leqslant P$,由上层调度器给出具体数目,$P$ 为基站侧天线端口数目,可为 2 或 4。在 Rel-8 中,最多允许 2 个码字,具体映射规则如表 4.9 所示,表中单码字映射到 2 层的情况只适用于天线端口数目为 4。

表 4.9 空间复用方式时的层映射

| 映射层数 $v$ | 码字数目 | 码字到层的映射 $i=0,1,\cdots,M_{symb}^{layer}-1$ | |
| --- | --- | --- | --- |
| 1 | 1 | $x^{(0)}(i)=d^{(0)}(i)$ | $M_{symb}^{layer}=M_{symb}^{(0)}$ |
| 2 | 2 | $x^{(0)}(i)=d^{(0)}(i)$<br>$x^{(1)}(i)=d^{(1)}(i)$ | $M_{symb}^{layer}=M_{symb}^{(0)}=M_{symb}^{(1)}$ |
| 2 | 1 | $x^{(0)}(i)=d^{(0)}(2i)$<br>$x^{(1)}(i)=d^{(0)}(2i+1)$ | $M_{symb}^{layer}=M_{symb}^{(0)}/2$ |
| 3 | 2 | $x^{(0)}(i)=d^{(0)}(i)$<br>$x^{(1)}(i)=d^{(1)}(2i)$<br>$x^{(2)}(i)=d^{(1)}(2i+1)$ | $M_{symb}^{layer}=M_{symb}^{(0)}=M_{symb}^{(1)}/2$ |
| 4 | 2 | $x^{(0)}(i)=d^{(0)}(2i)$<br>$x^{(1)}(i)=d^{(0)}(2i+1)$<br>$x^{(2)}(i)=d^{(1)}(2i)$<br>$x^{(3)}(i)=d^{(1)}(2i+1)$ | $M_{symb}^{layer}=M_{symb}^{(0)}/2=M_{symb}^{(1)}/2$ |

### 4. 预编码

预编码分为单天线发射预编码和空间复用预编码两种。设层映射模块的输出为 $\boldsymbol{x}(i)=[x^{(0)}(i) \quad \cdots \quad x^{(v-1)}(i)]^{T}$,映射的层数为 $v$,天线端口数为 $P$。预编码后的输出为 $\boldsymbol{y}(i)=[\cdots \quad y^{(p)}(i) \quad \cdots]^{T}$,$i=0,1,\cdots,M_{symb}^{ap}-1$,$p$ 为天线端口索引,$M_{symb}^{ap}=M_{symb}^{layer}$,上标 ap 表示天线端口,则不同的预编码过程如下。

1）单天线发射

单天线发射时，无须预编码，即：

$$y^{(p)}(i)=x^{(0)}(i) \quad (i=0,1,\cdots,M_{\text{symb}}^{\text{ap}}-1;\ M_{\text{symb}}^{\text{ap}}=M_{\text{symb}}^{\text{layer}}) \tag{4.4}$$

2）空间复用

空间复用时，与层映射相同，支持基站侧两天线或四天线配置，对应的天线端口数分别为：$p\in\{20,21\}$和$p\in\{40,41,42,43\}$。按以下模式进行预编码：

$$\begin{bmatrix} y^{(0)}(i) \\ \vdots \\ y^{(P-1)}(i) \end{bmatrix}=\boldsymbol{W}(i)\times\begin{bmatrix} x^{(0)}(i) \\ \vdots \\ x^{(v-1)}(i) \end{bmatrix} \tag{4.5}$$

式中：$\boldsymbol{W}(i)$是$P\times v$阶的预编码矩阵，$i=0,1,\cdots,M_{\text{symb}}^{\text{ap}}-1$，$M_{\text{symb}}^{\text{ap}}=M_{\text{symb}}^{\text{layer}}$。预编码矩阵$\boldsymbol{W}(i)$的值根据基站和用户码本配置进行选择。

当$P=2$（即基站侧配置两天线时），对应的天线端口数$p\in\{20,21\}$，预编码码本按表4.10进行设置。

**表 4.10　两天线配置时预编码码本**

| 码本索引 | 层数 $v$ | |
| --- | --- | --- |
| | 1 | 2 |
| 0 | $\frac{1}{\sqrt{2}}\begin{bmatrix}1\\1\end{bmatrix}$ | $\frac{1}{\sqrt{2}}\begin{bmatrix}1&0\\0&1\end{bmatrix}$ |
| 1 | $\frac{1}{\sqrt{2}}\begin{bmatrix}1\\-1\end{bmatrix}$ | $\frac{1}{2}\begin{bmatrix}1&1\\1&-1\end{bmatrix}$ |
| 2 | $\frac{1}{\sqrt{2}}\begin{bmatrix}1\\j\end{bmatrix}$ | $\frac{1}{2}\begin{bmatrix}1&1\\j&-j\end{bmatrix}$ |
| 3 | $\frac{1}{\sqrt{2}}\begin{bmatrix}1\\-j\end{bmatrix}$ | — |
| 4 | $\frac{1}{\sqrt{2}}\begin{bmatrix}1\\0\end{bmatrix}$ | |
| 5 | $\frac{1}{\sqrt{2}}\begin{bmatrix}0\\1\end{bmatrix}$ | |

当$P=4$（即基站侧配置四天线时），对应的天线端口数$p\in\{40,41,42,43\}$，层数$v$不同时，$\boldsymbol{W}(i)$的值也不同，下面的表4.11～表4.14分别对应$v=1,v=2,v=3$及$v=4$时的预编码码本。

**表 4.11　四天线配置时预编码码本（$v=1$）**

| 码本索引 | 层数 $v=1$ | | | | | | | |
| --- | --- | --- | --- | --- | --- | --- | --- | --- |
| 0～7 | $\frac{1}{2}\begin{bmatrix}1\\1\\1\\-1\end{bmatrix}$ | $\frac{1}{2}\begin{bmatrix}1\\1\\j\\j\end{bmatrix}$ | $\frac{1}{2}\begin{bmatrix}1\\1\\-1\\1\end{bmatrix}$ | $\frac{1}{2}\begin{bmatrix}1\\1\\-j\\-j\end{bmatrix}$ | $\frac{1}{2}\begin{bmatrix}1\\j\\1\\j\end{bmatrix}$ | $\frac{1}{2}\begin{bmatrix}1\\j\\j\\j\end{bmatrix}$ | $\frac{1}{2}\begin{bmatrix}1\\j\\-1\\-i\end{bmatrix}$ | $\frac{1}{2}\begin{bmatrix}1\\j\\-j\\-1\end{bmatrix}$ |

| 码本索引 | 层数 $v=1$ | | | | | | | |
|---|---|---|---|---|---|---|---|---|
| 8～15 | $\frac{1}{2}\begin{bmatrix}1\\-1\\1\\1\end{bmatrix}$ | $\frac{1}{2}\begin{bmatrix}1\\-1\\j\\-j\end{bmatrix}$ | $\frac{1}{2}\begin{bmatrix}1\\-1\\-1\\-1\end{bmatrix}$ | $\frac{1}{2}\begin{bmatrix}1\\-1\\-j\\j\end{bmatrix}$ | $\frac{1}{2}\begin{bmatrix}1\\-j\\1\\-j\end{bmatrix}$ | $\frac{1}{2}\begin{bmatrix}1\\-j\\j\\1\end{bmatrix}$ | $\frac{1}{2}\begin{bmatrix}1\\-j\\-1\\j\end{bmatrix}$ | $\frac{1}{2}\begin{bmatrix}1\\-j\\-j\\-1\end{bmatrix}$ |
| 16～23 | $\frac{1}{2}\begin{bmatrix}1\\0\\1\\0\end{bmatrix}$ | $\frac{1}{2}\begin{bmatrix}1\\0\\-1\\0\end{bmatrix}$ | $\frac{1}{2}\begin{bmatrix}1\\0\\j\\0\end{bmatrix}$ | $\frac{1}{2}\begin{bmatrix}1\\0\\-j\\0\end{bmatrix}$ | $\frac{1}{2}\begin{bmatrix}0\\1\\0\\1\end{bmatrix}$ | $\frac{1}{2}\begin{bmatrix}0\\1\\0\\-1\end{bmatrix}$ | $\frac{1}{2}\begin{bmatrix}0\\1\\0\\j\end{bmatrix}$ | $\frac{1}{2}\begin{bmatrix}0\\1\\0\\-j\end{bmatrix}$ |

**表 4.12　四天线配置时预编码码本($v=2$)**

| 码本索引 | 层数 $v=2$ | | | |
|---|---|---|---|---|
| 0～3 | $\frac{1}{2}\begin{bmatrix}1&0\\1&0\\0&1\\0&-j\end{bmatrix}$ | $\frac{1}{2}\begin{bmatrix}1&0\\1&0\\0&1\\0&j\end{bmatrix}$ | $\frac{1}{2}\begin{bmatrix}1&0\\-j&0\\0&1\\0&1\end{bmatrix}$ | $\frac{1}{2}\begin{bmatrix}1&0\\-j&0\\0&1\\0&-1\end{bmatrix}$ |
| 4～7 | $\frac{1}{2}\begin{bmatrix}1&0\\-1&0\\0&1\\0&-j\end{bmatrix}$ | $\frac{1}{2}\begin{bmatrix}1&0\\-1&0\\0&1\\0&j\end{bmatrix}$ | $\frac{1}{2}\begin{bmatrix}1&0\\j&0\\0&1\\0&1\end{bmatrix}$ | $\frac{1}{2}\begin{bmatrix}1&0\\j&0\\0&1\\0&-1\end{bmatrix}$ |
| 8～11 | $\frac{1}{2}\begin{bmatrix}1&0\\0&1\\1&0\\0&1\end{bmatrix}$ | $\frac{1}{2}\begin{bmatrix}1&0\\0&1\\1&0\\0&-1\end{bmatrix}$ | $\frac{1}{2}\begin{bmatrix}1&0\\0&1\\-1&0\\0&1\end{bmatrix}$ | $\frac{1}{2}\begin{bmatrix}1&0\\0&1\\-1&0\\0&-1\end{bmatrix}$ |
| 12～15 | $\frac{1}{2}\begin{bmatrix}1&0\\0&1\\0&1\\1&0\end{bmatrix}$ | $\frac{1}{2}\begin{bmatrix}1&0\\0&1\\0&-1\\1&0\end{bmatrix}$ | $\frac{1}{2}\begin{bmatrix}1&0\\0&1\\0&1\\-1&0\end{bmatrix}$ | $\frac{1}{2}\begin{bmatrix}1&0\\0&1\\0&-1\\-1&0\end{bmatrix}$ |

**表 4.13　四天线配置时预编码码本($v=3$)**

| 码本索引 | 层数 $v=3$ | | | |
|---|---|---|---|---|
| 0～3 | $\frac{1}{2}\begin{bmatrix}1&0&0\\1&0&0\\0&1&0\\0&0&1\end{bmatrix}$ | $\frac{1}{2}\begin{bmatrix}1&0&0\\-1&0&0\\0&1&0\\0&0&1\end{bmatrix}$ | $\frac{1}{2}\begin{bmatrix}1&0&0\\0&1&0\\1&0&0\\0&0&1\end{bmatrix}$ | $\frac{1}{2}\begin{bmatrix}1&0&0\\0&1&0\\-1&0&0\\0&0&1\end{bmatrix}$ |

续表

| 码本索引 | 层数 $v=3$ | | | |
|---|---|---|---|---|
| 4~7 | $\dfrac{1}{2}\begin{bmatrix}1&0&0\\0&1&0\\0&0&1\\1&0&0\end{bmatrix}$ | $\dfrac{1}{2}\begin{bmatrix}1&0&0\\0&1&0\\0&0&1\\-1&0&0\end{bmatrix}$ | $\dfrac{1}{2}\begin{bmatrix}0&1&0\\1&0&0\\1&0&0\\0&0&1\end{bmatrix}$ | $\dfrac{1}{2}\begin{bmatrix}0&1&0\\1&0&0\\-1&0&0\\0&0&1\end{bmatrix}$ |
| 8~11 | $\dfrac{1}{2}\begin{bmatrix}0&1&0\\1&0&0\\0&0&1\\1&0&0\end{bmatrix}$ | $\dfrac{1}{2}\begin{bmatrix}0&1&0\\1&0&0\\0&0&1\\-1&0&0\end{bmatrix}$ | $\dfrac{1}{2}\begin{bmatrix}0&1&0\\0&0&1\\1&0&0\\1&0&0\end{bmatrix}$ | $\dfrac{1}{2}\begin{bmatrix}0&1&0\\0&0&1\\1&0&0\\-1&0&0\end{bmatrix}$ |

**表 4.14　四天线配置时预编码码本（$v=4$）**

| 码 本 索 引 | 层数 $v=4$ |
|---|---|
| 0 | $\dfrac{1}{2}\begin{bmatrix}1&0&0&0\\0&1&0&0\\0&0&1&0\\0&0&0&1\end{bmatrix}$ |

**5. 物理资源映射**

为了满足发射功率 $P_{\text{PUSCH}}$ 的要求，复值调制符号块 $y(0),\cdots,y(M_{\text{symb}}-1)$ 首先需要乘以一个幅度缩放因子 $\beta_{\text{PUSCH}}$，然后从 $y(0)$ 序列开始依次映射到分配给物理上行共享信道（PUSCH）传输的资源块上。映射从一个子帧的第一个时隙开始，映射到分配的物理资源块的资源粒子 $(k,l)$ 上，优先考虑维度 $k$，然后再考虑维度 $l$，每个维度逐渐增加。用于传输物理上行共享信道（PUSCH）的资源粒子不能再用于传输参考信号，也不预留给探测参考信号（SRS）使用。

如果不能使用上行跳频，则用于传输的资源块 $n_{\text{PRB}}=n_{\text{VRB}}$，其中 $n_{\text{VRB}}$ 是上行调度授权的资源。如果上行跳频被激活并且使用预定义的跳频模式，则在时隙 $n_{\text{S}}$ 中用于传输的物理资源块需要按照给定的规则给出。

## 4.3.3　PUCCH 传输过程

**1. PUCCH 格式及传输方式**

物理上行控制信道（PUCCH）传输上行物理层控制信息，可能承载的控制信息包括"上行调度请求""对下行数据的确认/非确认（ACK/NACK）信息"和"信道状态信息（CSI）反馈"（包括信道质量信息（Channel Quality Indicator，CQI）、预编码向量信息（Pre-coding Matrix Indication，PMI）或者秩指示（Rank Indicator，RI））。对于同一个用户设备，PUCCH 永远不会和物理上行共享信道使用相同的时频资源传输。

PUCCH 在时频域上占用 1 个资源块对的物理资源，采用时隙跳频方式，在上行频带的两边进行传输，如图 4.13 所示，而上行频带的中间部分用于上行共享信道的传输。

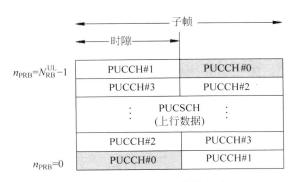

图 4.13 PUCCH 的传输方法

根据所承载的上行控制信息的不同,LTE 物理层支持不同的 PUCCH 格式,采用不同的调制方法,PUCCH 格式有 6 种,如表 4.15 所示。

表 4.15 PUCCH 格式

| PUCCH 格式 | 发送的上行控制信息 | 调 制 方 式 | 每帧的位数($M_{bit}$) |
| --- | --- | --- | --- |
| 1 | 调度请求 | N/A | N/A |
| 1a | ACK/NACK | BPSK | 1 |
| 1b | ACK/NACK | QPSK | 2 |
| 2 | CQI | QPSK | 20 |
| 2a | CQI+ACK/NACK | QPSK+BPSK | 21 |
| 2b | CQI+ACK/NACK | QPSK+QPSK | 22 |

所有 PUCCH 格式在每一个符号中都要使用一个循环移位序列,使用该序列产生不同 PUCCH 格式的循环移位值。循环移位序列随着符号数和时隙数的变化而改变。PUCCH 物理资源取决于两个参数 $N_{RB}^{(2)}$ 和 $N_{cs}^{(1)}$,$N_{RB}^{(2)}$ 表示每个时隙中预留给 PUCCH 格式 2/2a/2b 传输的资源块数,$N_{cs}^{(1)}$ 表示格式 2/2a/2b 与格式 1/1a/1b 混合传输时,格式 1/1a/1b 使用的循环移位数,$N_{cs}^{(1)}$ 范围是 $\{0,1,\cdots,7\}$。如果 $N_{cs}^{(1)}=0$,则表示没有资源块支持 PUCCH 格式 2/2a/2b 与格式 1/1a/1b 的混合传输。一个时隙中最多只有一个物理资源块支持 PUCCH 格式 1/1a/1b 和格式 2/2a/2b 混合传输。

根据不同格式 PUCCH 信道的特点,它们在频域是成对使用的,如图 4.14 所示。其中,PUCCH 2/2a/2b 承载的是信道状态 CSI 信息的反馈信息,在系统配置中,这一部分资源的数量是相对固定的,通过高层信令进行半静态的指示,$N_{RB}^{(2)}$ 指示了用于 PUCCH 2/2a/2b 传输的资源块对的数目。PUCCH 1/1a/1b 承载的是调度请求信息和对下行数据的确认符号(ACK)信息,资源数量是动态变化的,与小区中发送的下行数据的数量相关,因此将这一部分资源放置在稍靠近频率中心的位置,方便将系统剩余的频率资源用于上行共享信道(PUSCH)的传输。

在所占用的一个资源块对的时频域资源中,PUCCH 1/1a/1b 和 PUCCH 2/2a/2b 都采用码分的方式复用多个信道,因此当配置的 PUCCH 2/2a/2b 信道数量所占用的资源不是资源块对整数倍时,在 PUCCH 2/2a/2b 和 PUCCH 1/1a/1b 频域的交界处将出现它们在某一个资源块对内以码分的方式混合传输的情况。容易看出,该混合资源块对的位置

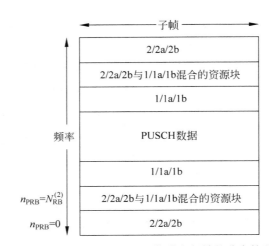

图.4.14　不同格式 PUCCH 信道在频域的分布情况

为 $N_{RB}^{(2)}$。

在 PUCCH 格式 1/1a/1b 和 PUCCH 格式 2/2a/2b 混合传输资源块对中,使用 Zadoff-Chu 序列的循环移位(Cyclic Shift,CS)进行区分。LTE 将 CS 分成两个区域: CS＝0～$N_{AN}$－1 用于 PUCCH 1/1a/1b; CS＝$N_{AN}$＋1～10 用于 PUCCH 2/2a/2b。CS＝$N_{AN}$ 和 11 用于两个区域之间的保护循环移位。

ACK 和调度请求信息在 PUCCH 上传输时,不进行信道编码。

CQI/PMI/RI 信息在 PUCCH 上进行传输时,使用 PUCCH 格式 2/2a/2b,可以承载 20 位的编码信息。在一次传输中,根据工作模式的不同,发送的 CQI/PMI/RI 信息有不同的内容和不同的位长度(信息位长度 $A \leqslant 11$),使用以 Reed-Muller 码为基础的$(20, A)$的块编码,形成 20 位的编码后的序列。基于 Reed-Muller 码的块编码具有译码简单的特点,例如可以通过快速 Hadamard 变换进行译码。除了 PUCCH 外,WCDMA 系统中 TFCI 信息的传输也使用了类似的基于 Reed-Muller 码$(32, 10)$块编码方案。

**2. 上行共享信息与控制信息在 PUSCH 上的传输**

上行共享传输信道(UL-SCH)映射在物理上行共享信道(PUSCH)上传输,如前所述,LTE 采用单载波作为上行多址方式,在物理层不支持同一终端对共享信道(PUSCH)和控制信道(PUCCH)的复用。因此,在物理层控制信息和上行数据信息需要同时传输的时候,采用在物理层 PUSCH 信道上复用 UL-SCH 数据信息和物理层控制信息的方式,如图 4.15 所示。

1) UL-SCH 的信道编码

对于上行传输共享信道(UL-SCH)的传输块,采用 Turbo 码的信道编码方式,根据调度信息中所指示的格式,按照前文所描述的 Turbo 编码的相关处理过程,形成物理层传输的位序列 $f_k$。

对于上行控制信息,当它们在 PUSCH 信道上复用传输时,对 CQI、RI 和 ACK 信息分别进行信道编码,通过给各个信息分配不同的调制符号数目,实现各个控制信息在物理层不同的编码率。

2) ACK/RI 信道的信道编码

当上行确认/秩指示(ACK/RI)信息复用在 PUSCH 信道上进行传输时,采用"块编码"

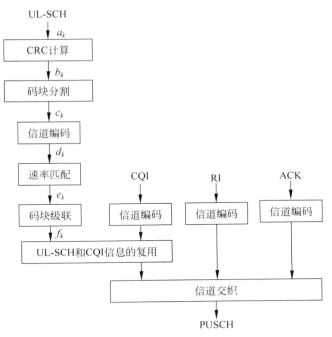

图 4.15   UL-SCH 的传输信道处理

的方式进行信道编码。在对信息进行信道编码的过程中,首先需要根据上层信令通知的格式,确定 ACK/RI 信息信道编码后的位数目;然后进行具体的信道编码操作,形成相应长度的位序列。

（1）确定 ACK/RI 信息信道编码后的位数目。对于 ACK/RI 信息的信道编码格式,由高层信令通过偏移量进行指示。该信息指示了以 UL-SCH 的编码率为基础,ACK/RI 信息信道编码率的偏移量,并由此确定需要的用于编码后信息传输的调制符号的数目。

（2）对 ACK/RI 信息进行信道编码,形成相应长度的位序列。LTE 物理层 RI 信息的长度为 1～2 位,对应于物理层支持的 MIMO 空间复用系数最大为 4。LTE 物理层 ACK 信息的长度为 1～4 位。其中,对于 FDD 或者 TDD ACK/NACK 捆绑的情况,ACK 信息的长度为 1～2 位,对应于物理层支持的码字数目最多为 2;而对于 TDD ACK/NACK 复用的情况,由于复用了多个下行子帧的反馈信息,此时 ACK 信息的长度为 1～4 位。

在信道编码过程中,根据 ACK/RI 信息位长度的不同,采用不同的信道编码方案。当信息位的长度为 1～2 位时,采用简单的块编码;当信息长度大于 2 位时(即 3～4 位),采用以 Reed-Muller 码为基础的块编码方案。

（1）当 ACK/RI 信息的长度为 1～2b 时,采用“简单的块编码”,然后以“块重复”的方式形成长度为 $Q_{ACK}$ 的序列。编码过程包括“块编码”和“调制星座点限制”的机制。

首先,进行“简单的块编码”的操作,对于 1b 的信息采用简单的重复编码,即 $[o_0] \rightarrow [o_0 o_0]$;对于 2 位的信息,采用简单的 (2,3) 块编码,即 $[o_0 o_1] \rightarrow [o_0 o_1 (o_0 + o_1) \bmod 2]$。然后,根据采用的调制方式 $O_m$,通过序列填充进行“调制映射的星座点限制”,确保 ACK/RI 信息发送时映射到星座图中具有最大欧氏距离的 4 个调制符号上。最后,对以上形成的序列进行重复,直到形成长度 $Q_{ACK}/Q_{RI}$ 的序列。

（2）当 ACK 信息的长度大于 2 位，即 3～4 位时，采用和短 CQI 信息（≤11 位）在 PUSCH 上传输时一样的信道编码方案，然后对块编码输出的长度为 32 的序列进行简单重复，形成传输序列。

值得注意的是，在 TDD ACK/NACK 捆绑的模式下，根据"捆绑"的下行数据子帧的数目选择相对应的扰码，对 ACK 编码后的数据流进行加扰。由此，指示了"捆绑的下行数据子帧数目"的相关信息，以方便基站对终端所接收数据的完整性进行判断。

3）CQI 信道的信道编码

当 CAI/PMI 信息复用在 PUSCH 信道上进行传输时，根据信息位长度的不同，采用"块编码"或者"卷积码"的信道编码方式，信道编码的过程与上面所描述的 ACK/RI 信息的相关过程类似，包括根据上层信令通知的格式，确定 CQI 信息在信道编码后的位数；然后进行具体信道编码的操作，形成相应长度的位序列。

（1）确定 CQI 信息信道编码后的位数目

对于 CQI 信息的信道编码格式，由高层信令通过偏移量进行指示。该信息指示了以 UL-SCH 的编码速率为基础，CQI 信息信道编码速率的偏移量，由此确定需要的用于编码后信息传输的调制符号的数目。

标准规定 CQI 信息与 UL-SCH 采用相同的调制方式 $Q_m = \{2,4,6\}$（对应 QPSK、16QAM 和 64QAM 调制），所以，可以得到 CQI 信息在信道编码后位数的方法与 ACK/RI 的方式相同。

（2）对 CQI 信息进行信道编码，形成相应长度的位序列

根据工作模式的不同，上报的 CQI 信息将包含不同的内容并有不同的信息位长度。根据 CQI 信息位长度的不同，物理层采用不同的信道编码方式。

对于长度 $O_{CQI} \leqslant 11$ 位的 CQI 信息，采用以 Reed-Muller 码为基础的 $(32, O_{CQI})$ 的块编码方案，其中 $O_{CQI}$ 为编码输入的位数目，编码输出的长度为 32b，标准中列表给出了所使用的 Reed-Muller 码。完成块编码后，对输出长度为 32b 的序列进行简单重复，形成长度为 $O_{CQI}$ 的传输序列。

对于长度 $O_{CQI} > 11b$ 的 CQI 信息，对 CQI 信息添加 $L = 8$ 位的 CRC，形成长度为 $O_{CQI} + L$ 的序列，然后采用卷积编码和相应的速率匹配过程，形成长度为 $O_{CQI}$ 的传输序列。

4）信道交织和复用

在这个过程中，将完成"UL-SCH""CQI 信息""RI 信息"和"ACK 信息"各自经过信道编码后形成的长度分别为 $G$、$O_{CQI}$、$O_{RI}$ 和 $Q_{ACK}$ 的位序列在 PUSCH 上的复用传输。

使用如图 4.16 所示的交织器结构，交织器的每列对应于 PUSCH 的 1 个 SC-FDMA 符号，在图中添加了导频符号作为位置参考。

首先放置秩指示（Rank Indication，RI）信息，在如图 4.16 所示的 4 个符号位置，以"从下往上、逐行放置"的方式，完成 $Q_{RI}/Q_m$ 个调制符号在 PUSCH 子帧中的放置。

然后，将 CQI 信息与 UL-SCH 信息进行连接，CQI 信息在前，UL-SCH 信息在后，以"从上往下、逐行放置"的方式，在剩余的位置上完成 $((O_{CQI} + G)/Q_m)$ 个调制符号在 PUSCH 子帧中的放置，如图 4.17 所示。

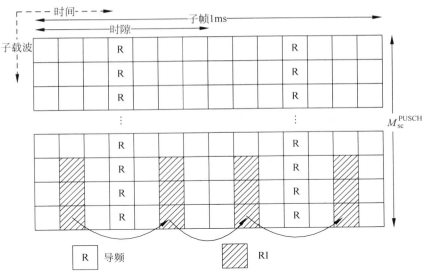

图 4.16 RI 信息在 PUSCH 上的复用

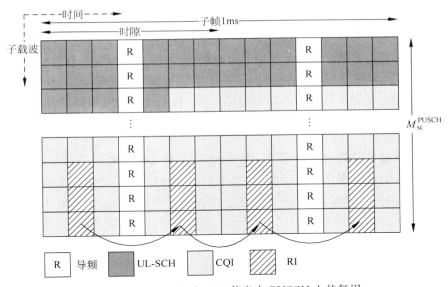

图 4.17 UL-SCH 和 CQI 信息在 PUSCH 上的复用

最后,进行 ACK 信息的放置,ACK 信息的调制符号将覆盖上一步骤中"CQI 信息与 UL-SCH"所占用的调制符号的一部分。以"从上往下、逐步放置"的方式,完成 $Q_{ACK}/Q_m$ 个调制符号在 PUSCH 子帧中的放置,最后形成如图 4.18 所示的结构。

以上形成的复用,每列对应于 1 个上行 SC-FDMA 符号。因为 SC-FDMA 符号内的信息是在时域输入的,所以上述图形中的"子载波"并不是真实的频域子载波,而是对应于输入到 DFT 的信号序列。

可以看到,在复用结构中相对比较重要的 ACK/RI 信息被映射在导频信号的周围,因此获得更好的传输性能。

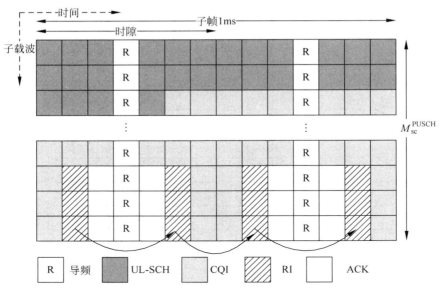

图 4.18　UL-SCH 和控制信息在 PUSCH 上的复用

## 4.3.4　上行参考信号

LTE 物理层定义了两种上行参考信号,包括解调参考信号和探测参考信号。

(1) 解调参考信号(DeModulation RS,DMRS)指的是终端在物理上行共享信道或者上行控制信道(PUSCH/PUCCH)中发送的参考信号,用于基站接收上行数据/控制信息时进行解调的参考信号。该信号与 PUSCH 或 PUCCH 传输有关。

(2) 探测参考信号(Sounding RS,SRS)指的是终端在上行发送的用于信道状态测量的参考信号,基站通过接收该信号测量上行信道的状态,相关的信息用于对上行数据传输的自适应调度。在 TDD 的情况下,由于同频段上下行信道的对称性,通过对上行 SRS 的测量还可以获得下行信道状态的信息,可用于辅助下行传输。该信号与 PUSCH 和 PUCCH 传输无关。

解调参考信号和探测参考信号使用相同的基序列集合。下面具体了解各种参考信号的生成过程。

### 1. 参考信号的生成

LTE 使用恒包络零自相关(Constant Amplitude Zero Auto-Correlation,CAZAC)特性的序列作为上行参考信号(DMRS/SRS)序列。对于长度大于或者等于 36(对应传输带宽大于等于 3RB)的参考信号序列,使用长度为质数的 Zadoff-Chu 序列生成基序列,以保证良好的自相关和互相关特性;对于长度为 12 或者 24(对应传输带宽为 1RB 或 2RB)的参考信号序列,由计算机生成并获得自相关/互相关特性。

LTE 标准中将上行参考信号的基序列分成 30 个组,根据序列长度的不同,每个参考信号包含 1 个或者 2 个基序列。即对于长度不大于 60 的参考信号,每个参考信号包含 1 个基序列;对于长度大于等于 72 的参考信号,每个包含 2 个基序列。

参考信号可以采用分布式或集中式的方式发送。在通常情况,可以在频域利用频分复用(FDM)的方式实现正交的上行链路参考信号。参考信号的正交性也可以在码域实现,即在连续子载波集上的几个参考信号是通过码分复用(CDM)实现的。CAZAC 具有最小互相关性。在码域复用参考信号可以使用单个 CAZAC 序列的不同相位偏移的方法来实现。在相邻小区,上行参考信号可以基于不同的 ZC 序列。

为了保证不同小区的用户上行参考信号之间的随机性,LTE 物理层设计了基序列跳频的机制,包括"基序列组的跳频"和"组内的序列跳频"两种可供选择的方式。

1) 基序列组的跳频

基序列组的跳频使得各个小区的用户的上行参考信号序列使用不同的基序列组。在某个时隙,小区用户上行参考信号使用的基序列组序号由"组跳频序号"和"组偏移序号"共同确定。

"组跳频序号"是小区对应的序列组跳频映射在某时隙上的基序列组号码。在高层信令指示进行序列组跳频时,小区某个时隙对应的基序列组号码由与小区 ID 相关的伪随机序列在与时隙序号相关的位置上的数值所确定。在不进行基序列组跳频时,组跳频序号为 0。

"组偏移序号"是在"组跳频序号"的基础上,小区内对 PUCCH 和 PUSCH 的基序列组的偏移量。控制信道序列采用的偏移量由小区 ID 确定,共享信道序列采用的偏移量在此基础上进行偏移,差值由高层信令指示。

2) 组内的基序列跳频

确定了基序列组的编号之后,还要确定基序列的组内编号。当采用基序列组跳频时,不进行基序列的组内跳频。在不进行基序列组跳频时,如果序列较长(大于等于 72),此时可以通过高层信令的指示选择进行序列的组内跳频,这样可以一定程度上增强序列间的随机性。

在组内序列跳频时,小区用户在某个时隙的上行参考信号由小区 ID 相关的基序列组和时隙序号相关的位置确定。

2. 解调参考信号

在设计终端发送上行信号时,需要重点考虑峰均功率比(Peak-to-Average Power Ratio,PAPR)和功率效率。从这个角度而言,上行参考信号需要和该终端的其他传输信号时分处理,确保低 PAPR,即两者在频域上不能复用。如在 PUSCH 上传输的解调参考信号(DMRS)在每个时隙的第 4 个(扩展 CP 下是第 3 个)OFDM 符号上发送,也就是说,一个上行子帧中共有两个 DMRS 符号。

在 PUSCH 和 PUCCH 上传输的 DMRS,其结构和传输原理是一样的。频域上的参考信号序列映射到 OFDM 调制器相应的连续输入端(即子载波上)进行调制。而这个 DMRS 序列的长度总与相应物理信道所使用的子载波数目相同,是 12 的倍数。LTE 频域资源分配总是以资源块(RB)为单位。而在 PUSCH 上的 DMRS 需要有不同的长度来匹配其带宽,而且不同长度下参考信号序列应尽可能多,以避免不合理的分配造成干扰。由 4.3.2 节可知,参考信号序列由基序列经过相应处理得到。

3. 探测参考信号

为了更好地进行调度,基站需要不同频段上的信道信息,所以探测参考信号无须附着在特定的物理信道上,否则它将无法全面覆盖所需要的频段。

探测参考信号可以进行周期性的传输,也可以根据调度授权信令中的相关信息进行非周期性的触发(LTE Rel-10引入)。周期的探测参考信号时间间隔从2个子帧(2ms)到16个子帧(160ms)不等。非周期的探测参考信号由高层信令配置传输参数。频分双工情况下,一个子帧内如果有探测参考信号,无论其是周期还是非周期的,它都在该子帧的最后一个符号上传输。为了避免小区内探测参考信号与不同用户设备的PUSCH发生冲突,该小区内任何一个用户都知道某一子帧是否有探测参考信号传输,不论该探测参考信号来自哪一个用户设备,即在传输探测参考信号的子帧中,该小区内所有用户设备都将空出探测参考信号所占用的符号。

在频域上,探测参考信号可以通过以下两种方式覆盖基站所关心的频段:一是发送一个宽带探测参考信号,一次性覆盖目标频段;二是发送多个窄带探测参考信号,通过跳频的方式联合覆盖目标频段。

宽带探测参考信号的优势是可以高效地完成探测,但小区内任何PUSCH都不能在探测参考信号占用的符号上传输,资源利用率较低。此外,在较差的信道条件下,比如严重的上行路损,这种传输方式会降低探测参考信号的接收功率谱密度,导致信道估计的精确度下降。此时,发送多次跳频的窄带探测参考信号的效果更好。

探测参考信号序列与解调参考信号使用的基序列相同。探测参考信号的发射原理也与解调参考信号大体一致。不相同的是,探测参考信号序列每隔一个子载波映射一个符号,其他位置填零,形成梳状频谱。探测参考信号的带宽可以随实际需求和小区带宽大小不同而改变,但规范定义其总是4个资源块的倍数。考虑到探测参考信号的梳状结构,也就是说探测参考信号序列长度就是24的倍数。而不同的用户设备可以在相同的时频资源上通过配置不同的用户编号同时发射探测参考信号,但必须保证探测参考信号频段相同。也可以在频域上映射到不同的间隔位置(即"梳齿"上)进行频分复用。

### 4.3.5　SC-FDMA生成

为了解决OFDMA功率峰均比的问题,上行链路发送的基本方案是单载波频分多址接入(SC-FDMA),使用循环前缀来保证上行链路用户间的正交性,并且能够在接收端支持有效的频域均衡。这种产生频域信号的方法有时也称为离散傅里叶变换扩展正交频分复用(Discrete Fourier Transform Spread Orthogonal Frequency Division Multiplex, DFT-SOFDM),如图4.19所示。这种方法与下行链路OFDMA方案具有高度的一致性,可以和OFDMA方案使用很多相同的参数,例如时钟频率等。

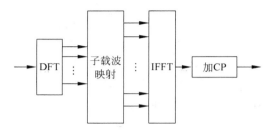

图4.19　SC-FDMA处理过程

在SC-FDMA方案中,子载波映射通过在高端或低端插入适当的0来决定使用哪一部分频谱来发送数据,具体实现方法:在每个DFT的输出,插入$L-1$个0样点。$L=1$时映射相当于集中式发送,即 DFT 的输出映射到连续子载波上发送。当 $L>1$ 时采用的是分布式发送,可以认为是一种在集中式发送的基础上获取额外频率分集的方案。虽然上行链路原来也计划使用分布式映射,但 LTE 标准已经决定仅使用集中式映射降低频率偏移带来的用户间干扰。频率分集可以通过 TTI 内和 TTI 间的跳频来实现。子载波映射及其频谱如图 4.20 所示。

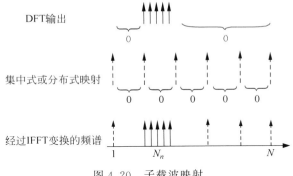

图 4.20　子载波映射

每个时隙的发送信号由 $N_{\text{symb}}^{\text{UL}}$ 个 SC-FDMA 符号描述,其序号从 0 到 $N_{\text{symb}}^{\text{UL}}-1$。每个 SC-FDMA 符号包含多个复调制符号 $a_{u,l}$,表示资源粒子 $(k,l)$ 的值,其中 $k$ 是 SC-FDMA 符号 $l$ 内的时间序号。

在一个时隙的 SC-FDMA 符号应该按照 $l$ 递增的顺序进行发送。在一个上行链路时隙的 SC-FDMA 符号 $l$ 中,时间连续信号 $s_l(t)$ 为

$$s_l(t) = \sum_{k=-\lfloor N_{\text{RB}}^{\text{UL}} N_{\text{SC}}^{\text{RB}}/2 \rfloor}^{\lceil N_{\text{RB}}^{\text{UL}} N_{\text{SC}}^{\text{RB}}/2 \rceil - 1} a_{k^{(-)},l} \cdot e^{j2\pi(k+1/2)\Delta f(t - N_{\text{cp},l} T_s)} \tag{4.6}$$

$0 \leq t \leq (N_{\text{CP},l} + N) \times T_s$,其中 $k^{(-)} = k + \lfloor N_{\text{RB}}^{\text{UL}} N_{\text{UL}}^{\text{RB}}/2 \rfloor$。变量 $N = 2048, \Delta f = 15\text{kHz}$。

表 4.16 列出了循环前缀长度 $N_{\text{CP},l}$ 的值,可以用于 2 种类型帧结构。注意一个时隙内的不同 SC-FDMA 符号可能具有不同的循环前缀长度。对于第 2 类帧结构,由于最后一部分用于保护间隔,SC-FDMA 符号不完全填充所有上行链路子帧。

表 4.16　SC-FDMA 参数

| 配　　置 | 循环前缀长度 $N_{\text{CP},l}$ | | 保护间隔(GI) |
|---|---|---|---|
| | 第 1 类帧结构 | 第 2 类帧结构 | |
| 常规循环前缀 | 160, $l=0$<br>144, $l=1,2,\cdots,6$ | 224, $l=0,2,\cdots,8$ | 288 |
| 扩展循环前缀 | 512, $l=0,1,\cdots,5$ | 512, $l=0,1,\cdots,7$ | 256 |

SC-FDMA 在子载波映射前增加了一个 DFT 模块,把调制数据符号转化到频域,即将单个子载波的信息扩展到分配给用户使用的全部子载波上,每个子载波都包含了全部符号的信息。SC-FDMA 与 OFDMA 的差别如图 4.21 所示。

对于 OFDMA,每个符号映射到不同子载波上,其发送的时域信号就会有很多信号的叠加,导致 PAPR 高。而对于 SC-FDMA,每个符号经过 DFT 扩展到各个子载波上,也就是说每个符号在各个子载波上都有信息承载,可以将这些子载波看作一个宽带载波,其时域符号

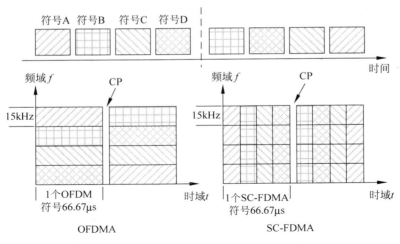

图4.21　OFDMA与SC-FDMA的区别

呈现单载波特性,所以具有低PAPR的特点。

## 4.3.6　上行调度与链路自适应

### 1. 上行调度判决依据

基站通过下行链路控制信令通知用户为其分配的资源和传输格式。在一个子帧中将哪些用户的传输进行复用的判决依据包括要求的服务类型(BER、最小和最大数据速率以及时延等)、服务质量参数和测量、重传次数、上行链路信道质量测量、用户能力、用户睡眠周期和测量间隔/周期、系统参数(例如带宽和干扰大小)等。

因为基站不知道移动终端的缓存状态,所以对下行链路不能使用这种用户缓存状态消息来实现调度,但是基站可以为基于竞争的接入分配一些时频资源。在这些时频资源内,用户可以在没有事先被调度的情况下传输数据。至少,随机接入和请求调度信令应该采用基于竞争的接入。

在非成对频谱的情况,可以通过集中式FDMA随机接入信道改进系统的容量。用户可以根据下行链路子帧测量的信道状态信息选择接入信道。

### 2. 自适应编码调制与功率控制

从广义上讲,上行链路自适应过程包括自适应发送带宽、发送功率控制、自适应调制和信道编码。对于一个用户来说,在一个TTI内的L2协议数据单元映射到共享数据信道上的所有资源块使用相同编码和调制方式。

因此,整个上行链路自适应方案如图4.22所示。

### 3. 上行链路HARQ

在3GPP最终确定支持用户和基站间的ARQ结构,核心网络服务网关不再实现ARQ功能。虽然仅使用HARQ协议的方法很

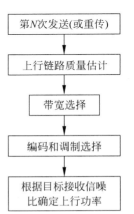

图4.22　上行链路自适应过程

有吸引力,但是这种方法存在一个缺点,即其鲁棒性受 HARQ 反馈机制限制。由于需要较低的端到端往返时间(Round Trip Time,RTT)来提高吞吐量,因此系统希望使用快速和频繁的 HARQ 反馈,来尽可能快地校正传输中的错误。LTE 采用与 HSPA 相同的方法:每次发送的同时发送一个 1 比特 ACK/NACK 信号,并且使用反馈消息定时来识别相应的数据发送,以实现在最小化反馈开销的同时尽可能快得获取反馈信息。但是这种 1 比特反馈机制对反馈错误是非常敏感的,特别是 NACK 接收错误(即在接收机把 NACK 错误地译成 ACK),会导致数据的丢失。如果要解决 HARQ 可靠性受反馈信息错误率限制的问题,其代价是要频繁发送反馈信息以提供足够可靠的 HARQ 信息。因此,LTE 采用了两级重传的方式,使用外层的 ARQ 对 HARQ 反馈错误导致的错误进行补偿。增加 ARQ 协议的好处是通过在异步状态下发送一个经过循环冗余校验(CRC)的序列号报告,提供更加可靠的反馈机制。

在两级重传方式中,接收状态报告的接收机可以通过 CRC 检测报告中的任何错误,且有很多种方法增强反馈的可靠性。第一种方法是对状态报告消息进行 Turbo 编码;第二种方法是对状态报告消息进行 HARQ;第三种方法是对状态消息报告进行累积。即使此次状态报告丢失,后续的状态报告中也能包含丢失信息。

在上行链路中,使用同步非自适应的 $N$ 通道($N$-process)停等式(Stop-and-Wait,SW) HARQ。同步非自适应 HARQ 的主要优点是降低控制信令开销,降低 HARQ 操作的复杂性,并为软合并控制信息提供可能性。需要指出的是,在同步 HARQ 的情况,每一次重传时的上行链路特征应该与第一次发送时的链路特征保持相同。

4. 时间提前量估计与上行链路定时

为了抵消不同用户间的传输时延,使不同用户上行信号到达基站的时间对齐,降低小区内干扰,用户从基站接收时间提前量(Timing Advance,TA)命令,调整上行 PUCCH、PUSC 和 SRS 的发射时间。此时,来自用户的上行链路无线帧比相应的下行链路无线帧 $i$ 发送提前 $N_{TA} \times T_s$ 秒。图 4.23 给出了考虑 TA 的上下行链路定时关系。

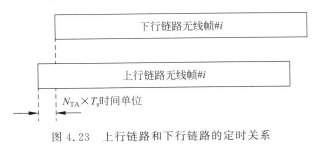

图 4.23　上行链路和下行链路的定时关系

### 4.3.7　随机接入过程

若终端要接入到 LTE 系统,必须首先进行小区搜索过程。小区搜索过程就是终端与小区取得时间和频率同步,并检测小区标识的过程。终端只有在确定时间和频率参数后,才能实现对下行链路信号的解调,并传输具有精确定时的上行链路信号。LTE 的小区搜索过程与 3G 系统的主要区别是它能够支持不同的系统带宽(1.4～20MHz)。

小区搜索通过若干下行信道实现,包括同步信道(SCH)、广播信道(BCH)和下行参考信号。随着功能的进一步划分,同步信道又可分成主同步信道(PSCH)和辅同步信道(SSCH),广播信道又分为主广播信道和动态广播信道。需要说明的是,这些信道除了主广播信道外,其他信道在标准中并不是完整意义的"信道"。主同步信道和辅同步信道仅存在于 L1,而不用来传送 L2/L3 控制信令,且只用于同步和小区搜索过程,因此也称为主同步信号(PSS)和辅同步信号(SSS)。PSCH 和 SSCH 用来获取帧同步信息和下行链路频率;BCH 承载小区/系统指定信息。实际上终端至少需要获得下面的系统信息:

(1) 小区的整个发送带宽;

(2) 小区 ID;

(3) 当 SCH 没有直接给出帧同步信息时(SCH 可以在每个无线帧发送一次或多次),终端需要得到无线帧的同步信息;

(4) 小区天线配置信息(发送天线数);

(5) BCH 带宽的信息(可以定义多个 BCH 发送带宽);

(6) 与 SCH 或 BCH 有关的子帧 CP 长度信息。

在 LTE 系统中,需要识别 3 个主要的同步:第一,符号同步,也就是符号定时捕获,通过它来确定正确的符号起始位置,例如设置 FFT 窗口位置;第二,载波频率同步,需要它来减少或消除频率误差的影响,其频率误差是由本地振荡器在发射端和接收端间的频率不匹配和终端移动导致的多普勒偏移造成的;第三,采样时钟同步。

**1. 小区搜索基本流程**

终端与 LTE 网络能够进行通信之前,首先需要寻找网络中的一个小区并获取同步。然后需要对小区系统信息进行接收和解码,以便可以在小区内进行通信和其他正常操作。一旦系统信息被正确解码,终端就可以通过随机接入过程接入小区。

终端不仅需要在开机时进行小区搜索,为了支持移动性,还需要不停地搜索相邻小区,取得同步并估计该小区信号的接收质量,从而决定是否需要执行切换(当终端处于连接模式)或小区重选(当终端处于空闲模式)。

LTE 的小区搜索过程可归纳为以下两种情况。

(1) 初始同步:凭借初始同步,终端检测 LTE 小区并对所有需要登记的信息进行解码。当终端接通或失去与服务区的连接时,需要进行初始同步。

(2) 新小区识别:当终端已经连接到 LTE 小区且正在检测新的相邻小区时,执行新小区识别。在此情况下,终端向服务小区上报新小区相关的测量,准备切换。这种小区识别是周期性重复的,直到服务小区质量重新满足要求,或终端移动到另一小区为止。

两种情况中,同步过程采用了两种专门设计的物理信号,在每个小区上进行广播,它们分别是主同步信号(Primary Synchronization Signal,PSS)和辅同步信号(Secondary Synchronization Signal,SSS)。这两种信号的检测不仅使时间和频率同步,而且提供终端物理层小区标识(ID)和循环前缀长度,通知终端该小区所使用的是频分双工(FDD)还是时分双工(TDD)。

终端在初始同步过程中除检测同步信号外,还对物理广播信道(PBCH)进行解码,从而得到关键系统信息。终端在新小区识别过程中不必对物理广播信道进行解码,它只是基于来自新检测小区的参考信号进行信道质量等级测量,并上报给服务小区。

小区搜索和同步过程如图 4.24 所示,该图显示了终端每个阶段所确定的信息,RSRP 表示参考信号接收功率(Reference Signal Received Power),RSRQ 是参考信号接收质量(Reference Signal Received Quality)。

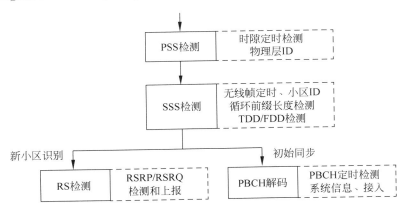

图 4.24 小区搜索过程每个阶段得到的信息

LTE 一共定义了 504 个不同的物理层小区标识($N_{\text{ID}}^{\text{cell}}$,取值范围 0~503),且每个小区标识对应一个特定的下行参考信号序列。所有物理层小区标识的集合被分成 168 个组($N_{\text{ID}}^{(1)}$,取值范围 0~167),每组包含 3 个小区标识($N_{\text{ID}}^{(2)}$,取值范围 0~2)。即有 $N_{\text{ID}}^{\text{cell}} = 3N_{\text{ID}}^{(1)} + N_{\text{ID}}^{(2)}$。

通过主同步信号,终端可以得到该小区的 5ms 定时并由此获知辅同步信号位置。此外,还可以获得小区标识组中的小区标识。然而终端还不能检测出小区组标识,只是把小区标识的可能数目从 504 降低到 168。一旦检测出主同步信号就可以获知辅同步信号的位置,从而使终端可以获得帧定时(给定 PSS 所发现的位置,存在两个不同可选项 FDD 和 TDD)以及小区组标识(168 个可选项)信息。

此外,对于终端来说,通过接收一个单独辅同步信号来实现无线帧定时和小区标识检测是可能的。原因在于,当终端在其他载波上搜索小区时,搜索窗口不会大到能够覆盖一个以上的辅同步信号。

为此,每个辅同步信号都可以携带 168 个不同的值以对应 168 个不同的小区组标识。此外,对一个子帧内的两个辅同步信号(SSS₁ 在子帧 0,SSS₂ 在子帧 5 中)一系列的有效值是不同的,这意味着终端可以通过一个单独辅同步信号的检测,确定接收到的是 $SSS_1$ 还是 $SSS_2$,从而可以确定帧定时。

一旦终端捕获到帧定时和物理层小区标识,就可以确定小区特定参考信号,并可以开始进行信道估计。之后,它可以对携带最基本系统信息的广播信道进行解码。如果是识别相邻小区,终端并不需要解码 PBCH,而只需要基于最新检测到的小区参考信号来测量下行信号质量水平,以决定是进行小区重选还是切换。此时终端会通过参考信号接收功率(RSRP)将这些测量结果上报给服务小区,决定是否进行切换。

如果是初始同步(此时终端还没有驻留或连接到一个 LTE 小区),在检测完同步信号之后,终端会解码 PBCH,以获取最重要的系统消息。

**2. 小区选择过程**

小区选择是移动终端选择合适的小区并向其发起注册的过程,终端进行小区选择与重选即确定驻留在哪一个小区的过程。小区(重)选择的过程中需要考虑每种使用无线接入技术(RAT)中每一个适用的频率、无线链路质量和小区状况等。

终端开机后,首先进行公用陆地移动通信网络(Public Land Mobile Network,PLMN)的选择。公用陆地移动通信网络是由政府或所批准的经营者,为公众提供陆地移动通信业务目的而建立和经营的网络。终端搜索载频信号,接收系统信息,并从系统信息里检索出PLMN标识。

在选择PLMN之后,会进行小区选择,它的目的是使终端在开机后可以尽快选择一个信道质量满足条件的小区进行驻留。当驻留在一个小区后,终端定期确认是否有一个更好的小区,即小区重选。

小区选择过程可分为两种情况:初始小区选择和基于存储信息的小区选择。

初始小区选择是终端没有关于载波的任何先验信息情况下的小区搜索,这时终端要在全频段进行扫描,通过其自身能力找到一个合适的小区。在每一个载波频率上,终端只需要搜索信号最强的小区,当满足小区选择准则(如下面要介绍的S准则)后,即可选择该小区进行驻留。

基于存储信息的小区选择过程是终端已经存储了载波的相关信息情况下的小区选择,由于终端存储的载波相关信息可能包含一些小区参数信息,这可以从以前接收到的测量控制信息或者先前检测到的小区得到。一旦发现一个合适的小区,终端就会选择这个小区。如果存储相关信息的小区都不合适,终端将发起初始小区选择过程。

接下来介绍小区选择准则以及小区驻留条件。

**1) 小区选择准则(S准则)**

小区选择过程中,终端需要对将要进行选择的小区进行测量,以便进行信道质量评估,判断其是否符合驻留的标准。终端能正常驻留到一个小区的一个基本条件是该小区可以提供满足S准则的服务水平,即只有在一个小区的测量结果满足如下S准则时,才有可能进行小区选择和重选目标小区。

小区选择遵循的S准则如下:

$$S_{rxlev} > 0, \quad 且 \ S_{qual} > 0 \tag{4.7}$$

其中:

$$S_{rxlev} = Q_{rxlevmeas} - (Q_{rxlevmin} + Q_{rxlevminoffset}) - P_{compensation} - Qoffset_{temp}$$
$$S_{qual} = Q_{qualmeas} - (Q_{qualmin} + Q_{qualminoffset}) - Qoffset_{temp}$$

式中各参数的含义见表4.17。

**表 4.17　小区选择参数含义**

| | |
|---|---|
| $S_{rxlev}$ | 小区选择信号电平强度值(dB) |
| $S_{qual}$ | 小区选择信号质量值(dB) |
| $Qoffset_{temp}$ | 临时应用到小区的补偿值(dB) |
| $Q_{rxlevmeas}$ | 小区实际测量计算所得的 RSRP(参考信号接收功率) |
| $Q_{qualmeas}$ | 小区实际测量计算所得的 RSRQ(参考信号接收质量) |

续表

| $Q_{rxlevmin}$ | 小区规定的 RSRP 最小接收强度需求 |
|---|---|
| $Q_{qualmin}$ | 小区规定的 RSRQ 最小接收强度需求 |
| $Q_{rxlevminoffset}$ | 终端驻留在 VPLMN(访问公用陆地移动网)上搜索高优先级 PLMN(公用陆地移动网)时对 $Q_{rxlevmin}$ 进行的偏移,可以防止重选振荡 |
| $Q_{qualminoffset}$ | 需要在 Squal 估计中考虑的已告知的 $Q_{qualmin}$ 的补偿值,作为对于更高优先级的 PLMN 的一个周期性搜索的结果 |
| $P_{compensation}$ | 补偿值,$\max(P_{EMAX}-P_{PowerClass},0)$(dB) |
| $P_{EMAX}$ | 终端在小区中允许的最大上行发送功率(dBm) |
| $P_{PowerClass}$ | 由终端能力决定的最大上行发送功率,即终端实际最大发送功率(dBm) |

参数 $S_{rxlev}$ 和 $S_{qual}$ 为小区选择准则评估值,表示测量小区的服务质量。因为 RSRP 表示参考信号功率值,对于信号功率指示 Srxlev,$Q_{rxlevmeas}-(Q_{rxlevmin}+Q_{rxlevminoffset})$ 表示下行接收信号质量,$P_{compensation}$ 表示上行发送信号质量,由此可知,$S_{rxlev}$ 是综合考虑了上下行信号功率强度而评估出的,可以表示小区可提供的服务质量的评估。RSRQ 作为综合考虑有用信号功率强度指示 RSRP 以及总接收功率(包括干扰和噪声影响)的信号质量度量值,可以提供比 RSRP 测量值更可靠的评估依据,所以 $S_{qual}$ 也表示小区服务水平。

2) 小区驻留条件

在 LTE 蜂窝通信系统中,当终端未驻留任何小区时(即开机或从网络覆盖区域外进入网络时),终端要在所有支持的载频和无线接入技术(RAT)中搜索信号最强的小区,并选择该小区进行驻留。小区驻留必须满足以下 4 个条件:

(1) 小区属于所选的陆上移动通信网(PLMN)或者非接入层(NAS)提供的其他允许的 PLMN;

(2) 所选驻留小区不属于被禁止的漫游跟踪区域;

(3) 所选驻留小区不阻止;

(4) 所选驻留小区满足 S 准则。

以上 4 个条件包含在 PLMN 鉴定列表中的 SIB1(SIB 是系统信息块)、跟踪区域号码、小区选择等参数中,终端通过这些参数判断最适合驻留的小区。仅当以上 4 个条件都满足时,被选中的小区才适合终端驻留。

终端物理层接收 SIB1,报告给无线资源控制层(RRC)。通过 RRC 的计算,终端获得 $S_{rxlev}$ 的值,并且判断 $S_{rxlev}$ 的值是否大于 0,然后判断小区是否阻塞,是否属于禁止跟踪区域,PLMN 是否与非接入层指定的 PLMN 相对应。如果相应的条件满足,终端才会驻留在该小区。

3) 小区重选

当终端驻留到合适小区,停留时间达到特定值后,就可以进行小区重选。该过程是指终端通过监测相邻小区和当前小区的信号质量以选择一个最好的小区提供服务信号。小区重选主要基于绝对优先级。可以通过系统消息获取重选优先级,也可以从其他接入技术继承。然后,终端测量达到测量准则的目标点,并根据一定的准则,对所有相关频率上的小区进行排序。最后,一旦重选小区,终端验证该小区的可接入性。

3. 同步信号时频结构

下行同步信号用于物理层小区搜索,实现用户终端对小区的识别和下行同步。LTE物理层的同步信号主要包括主同步信号和辅同步信号。

对于TDD和FDD而言,主同步信号和辅同步信号的结构是完全一样的,但在帧中时域位置不同。

(1)在FDD情况下,主同步信号在子帧0和5的第一个时隙的最后一个符号中发送;辅同步信号与主同步信号在同一子帧同一时隙发送,但辅同步信号位于倒数第二个符号中,比主同步信号提前1个符号;

(2)在TDD情况下,主同步信号在子帧1和6(即DwPTS内)的第3个符号内进行发送;而辅同步信号在子帧0和5的最后一个符号中发送,比主同步信号提前3个符号。

由于FDD和TDD情况下同步信号位置的不同,若接收端不知道所用的双工模式,可通过这些差异对其进行检测。

图4.25是FDD方式下主同步信号和辅同步信号时域结构,图4.26是TDD方式下主同步信号和辅同步信号时域结构;同步信号周期性进行传输,每个10ms无线帧传输两次。FDD小区内,主同步信号总是位于每个无线帧第1和第11个时隙的最后一个OFDM符号上,使得终端在不考虑循环前缀长度下获得时隙边界定时。辅同步信号直接位于主同步信号之前。

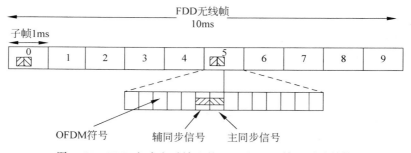

图4.25　FDD方式在时域上的PSS和SSS帧和时隙结构

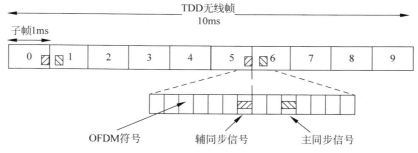

图4.26　TDD方式在时域上的PSS和SSS帧和时隙结构

假设信道相干持续时间远大于一个OFDM符号周期,这种设计可利用主同步信号和辅同步信号的相关性进行相干检测。TDD小区内,主同步信号位于每个无线帧第3个和第13个时隙上,从而辅同步信号比主同步信号提前3个符号。当信道相干时间远大于4个OFDM符号时间时,主同步信号和辅同步信号就可以进行相干检测。

　　辅同步信号的确切位置取决于小区所选择的循环前缀（CP）长度。在小区检测阶段，CP长度对于终端来说是未知的，可以在两个可能的位置通过盲检查找到辅同步信号。

　　在特定小区里，主同步信号在每个发送它的子帧里的位置是相同的，而每个无线帧里的两个辅同步信号对于每个无线帧会以指定的方式变化位置发送，这样使得终端可以识别10ms无线帧的边界位置。

　　终端开机时并不知道系统带宽的大小，但它知道自己支持的频带和带宽。为了使终端能够尽快检测到系统的频率和符号同步信息，无论系统带宽大小为哪种情况（1.4MHz、3MHz、5MHz、10MHz、15MHz、20MHz），同步信号的传输带宽相同，都位于中心的72个子载波上，占用中心的1.08MHz带宽。终端会在其支持的LTE频率的中心频点附近尝试接收主同步信号和辅同步信号。图4.27给出了简化的处理过程。

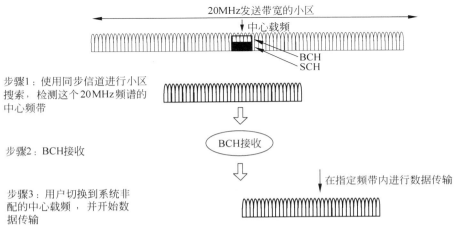

图4.27　小区搜索各步骤的频域位置

　　在频域上，主同步信号和辅同步信号到子载波上的映射如图4.28所示。主同步信号和辅同步信号在中心6个资源块内传输，同步信号的频域映射不随系统带宽（从6～110个资源块的变化范围）变化，这使得终端在没有任何带宽分配的先验信息情况下与网络同步。主同步信号和辅同步信号都由长度为62的序列组成，映射到带宽中心62个子载波上，这些子载波周围的直流载波未使用，这意味着每个同步序列末端的5个资源粒子未使用。这种结构使得终端检测主同步信号和辅同步信号可使用64点FFT，与使用中心6个资源块所有72个子载波相比，需要的采样速率更低。较短的同步序列也避免了在TDD系统中与上行链路参考信号相关性较高的可能性，该参考信号与辅同步信号是同类序列。

　　对在基站中使用的多天线技术，主同步信号和辅同步信号在任何特定的子帧总是从相同的天线端口传输，但在不同的子帧间从不同的天线端口传输，可得到天线时间切

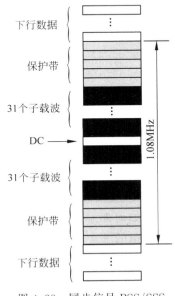

图4.28　同步信号PSS/SSS频域结构

换增益。

### 4. PBCH 传输过程

物理广播信道(PBCH)承载广播信道(BCH)包含的系统信息。BCH 包含的信息位于系统信息块(SIB)的主信息块(MIB)中,并且按照预先定义好的固定格式在整个小区覆盖范围内广播。

主信息块在物理广播信道上传输,包含了接入 LTE 系统所需的最基本信息,包括有限个频繁传输的基本参数,以便从小区获得其他信息。其中关于物理层的参数有下行系统带宽、发射天线数、物理混合重传指示信道(PHICH 配置)和系统帧序号(SFN)等。具体内容如表 4.18 所示。

表 4.18　BCH 包含的基本信息参数

| 基本信息参数 | 长度/位 |
|---|---|
| 下行系统带宽 | 4 |
| 发射天线数 | 1 或 2 或 4 |
| 系统帧序号(SFN)(有特别说明除外) | 10 |
| 物理混合重传指示信道(PHICH)持续时间 | 1 |
| 物理混合重传指示信道 PHICH 资源大小指示信息 | 2 |

物理广播信道采用 QPSK 调制,调制后数据被送入层映射模块,映射到不同的天线端口。

用于传输物理广播信道的天线端口数目可以取值为 $p \in \{1,2,4\}$,物理广播信道对应一个码字,相应的层数 $v$ 与实际用于物理信道传输的天线端口数目 $p$ 相等,即 $v=p$。

一个无线帧中只有子帧 0 中时隙 1 的前 4 个 OFDM 符号用于 PBCH 的传输,频域位置为传输带宽中间的 72 个子载波。每个天线端口对应的符号流 $y^{(p)}(0),\cdots,y^{(p)}(M_{\text{symb}}-1)$ 在连续的 4 个无线帧中传输,起始的无线帧满足 $n_{\text{f}} \bmod 4=0$,其中,$n_{\text{f}}$ 为核心系统帧号。以 $\mathbf{y}(0)=[y^{(0)}(0),y^{(1)}(0),\cdots,y^{(P-1)}(0)]^{\text{T}}$ 开始,映射到子帧#0 的时隙#1 中没有被参考符号占用的 RE($k,l$)中。映射的顺序是先频域子载波数 $k$,然后是时域 OFDM 符号 $l$,最后是无线帧数。频域索引 $k$ 和时域索引 $l$ 的取值为

$$\begin{cases} k = \dfrac{N_{\text{RB}}^{\text{DL}} N_{\text{sc}}^{\text{RB}}}{2} - 36 + k', & k'=0,1,\cdots,71 \\ l = 0,1,\cdots,3 \end{cases} \tag{4.8}$$

其中,$N_{\text{RB}}^{\text{DL}}$ 为系统带宽对应的资源块数;$N_{\text{sc}}^{\text{RB}}$ 为频域上资源块大小,以载波的形式表示。计算时需除去其中用来承载参考信号的资源粒子。

不同信道传输带宽下,对应的子载波映射位置如表 4.19 所示。映射操作时无论实际配置情况如何都需要假设天线端口 0~3 的小区参考信号都存在,这些没有被参考符号映射但却被保留的资源粒子将不承载任何物理信号符号。

表 4.19　不同带宽下对应的子载波映射位置

| 信道传输带宽/MHz | 1.4 | 3 | 5 | 10 | 15 | 20 |
|---|---|---|---|---|---|---|
| $N_{\text{RB}}^{\text{DL}}$ | 6 | 15 | 25 | 50 | 75 | 100 |

5．随机接入

图 4.29 给出了一种随机接入过程的例子：eNodeB 负责响应带有定时信息和资源分配信息的非同步随机接入前导，UE 收到响应后发送调度请求（可能需要一些额外的控制信令或数据）。

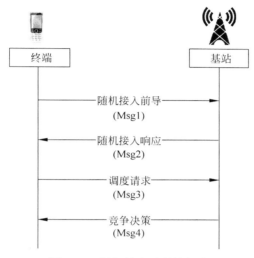

图 4.29 随机接入过程的概述

一旦接收到一个来自 UE 的随机接入前导（Msg1），网络判断 UE 是否需要一个定时提前（Timing Advance，TA）调整。如果需要，则向 UE 发送一个包含 TA 的指示信号，用于调整当前上行传输的定时。

UE 接收 Msg2，根据其中的 TA 指示对上行传输定时进行调整。

UE 使用共享数据信道或物理随机接入信道（为了与基于 LCR-TDD 的帧结构共存）在分配的时频资源上发送调度请求消息。

随机接入信道处理过程可以是同步和非同步的。在同步处理的情况，UE 上行链路是与 eNodeB 同步的，可以减少接入处理过程的时延。同步随机接入过程的最小带宽等于上行链路的带宽，但是也可以采用更宽的带宽。

在非同步情况，UE 可以在没有与 eNodeB 进行预先同步的情况下发送随机接入前导。非同步随机接入前导的最小使用带宽是 1.25MHz。对所有帧结构，随机接入突发在频域占用了对应于 $N_{\mathrm{BW}}^{\mathrm{RA}}=72$ 子载波的带宽。由高层来配置随机接入前导在频域中的位置。

当使用一个预留的子帧来实现随机接入时，前导序列占用 $T_{\mathrm{PRE}}=0.8\mathrm{ms}$，循环前缀占 $T_{\mathrm{CP}}=0.1\mathrm{ms}$，产生一个 $T_{\mathrm{GT}}=0.1\mathrm{ms}$ 的保护间隔。EUTRAN 允许高层信令控制使用哪一个子帧来发送随机接入前导。

物理层随机接入前导如图 4.30 所示，由长度为 $T_{\mathrm{CP}}$ 的循环前缀、长度为 $T_{\mathrm{PRE}}$ 的前导序列和长度为 $T_{\mathrm{GT}}$ 的保护时间（Guard Time，GT）组成，其中，前导序列部分可以看成是一个 OFDM 符号，由 Zadoff-Chu 序列经过 OFDM 调制得到。循环前缀的作用与常规 OFDM 符号的 CP 作用相同，都是为了确保接收端进行 FFT 变换后进行频域检测时减少干扰。在进行前导码传输时，由于还未建立上行同步，因此需要在随机接入前导码之后预留一定的保护时间用以避免对其他用户干扰。

图 4.30　随机接入前导格式

　　根据小区半径、链路预算等的不同，LTE 支持 5 种随机接入信号格式，不同的格式有不同的时间长度，如表 4.20 所示，其中 $T_s = 1/(15000 \times 2048)$ s。具体的使用过程中，由高层信令对小区所使用的随机接入信道配置进行指示。

表 4.20　物理随机接入信号格式

| 随机接入信号格式 | 分配的子帧数 | 序列长度 | $T_{CP}$ | $T_{SEQ}$ |
|---|---|---|---|---|
| 0 | 1 | 839 | $3168 \times T_s$ | $24576 \times T_s$ |
| 1 | 2 | 839 | $21024 \times T_s$ | $24576 \times T_s$ |
| 2 | 2 | 839 | $6240 \times T_s$ | $2 \times 24576 \times T_s$ |
| 3 | 3 | 839 | $21024 \times T_s$ | $2 \times 24576 \times T_s$ |
| 4（仅用于 TDD Type2） | UpPTS | 139 | $448 \times T_s$ | $4096 \times T_s$ |

　　图 4.31 中给出了时间保护间隔（GT）的应用示例。预留的 GT 长度取决于小区覆盖的半径，通常设置为信号传输小区半径两倍距离所需的时间长度。由于终端在发送前导序列时并不知道基站和终端之间的距离，因此时间间隔长度必须足以确保处于小区边缘的终端，在到达基站时不会对其后续信号接收造成干扰。

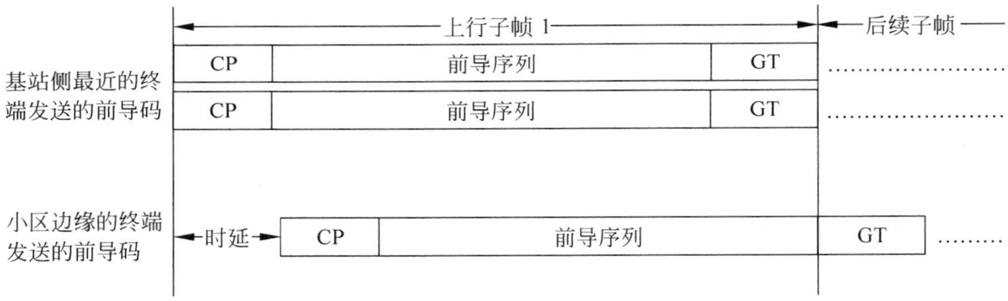

图 4.31　GT 的应用示例

　　当终端距离基站很近时，终端发送上行随机接入序列到达基站的时延可假设为 0，此时终端与基站完全上行同步，即使没有预留时间间隔，也不会对后续接收信号造成干扰。而对于位于小区边缘的终端，所发送的随机接入前导序列到达基站时，如果没有对信号发送预先做时间提前，则基站接收到的随机接入序列将会向后延迟，其中时延间隔部分延迟到其后面的子帧中，对后续信号进行干扰。

　　为了保证不同覆盖情况下随机接入检测的性能，同时也为了在小覆盖情况下节省随机接入信道开销，LTE 系统中给出了 5 种不同的随机接入前导码结构。每种结构在时域上的长度有所差别，不过其在频域上都是占用 6 个前导码（即 72 个子载波）。具体结构如图 4.32 所示。格式 0～3 是 TDD 系统和 FDD 系统所共有，而格式 4 为 TDD 系统所独有，该序列仅仅在特殊时隙 UpPTS(上行导频时隙)内发送,主要用于覆盖范围比较小的场景。

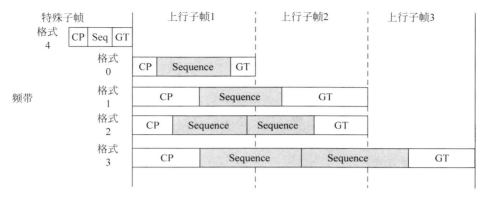

图 4.32　TD-LTE 系统中 5 种不同的前导码结构示意图

随机接入前导采用相关性为零的 Zadoff-Chu 序列,由一个或多个 Zadoff-Chu 根序列产生。网络往往给 UE 配置一组可以使用的前导序列。

# 4.4　下行传输过程

## 4.4.1　物理下行传输一般过程

LTE 的物理层传输信道包括物理下行共享信道(PDSCH)、物理广播信道(PBCH)、物理多播信道(PMCH)、物理控制格式指示信道(PCFICH)、物理下行控制信道(PDCCH)和物理 HARQ 指示信道(PHICH)。此外还包括下行参考信号和同步信号。

LTE 下行各信道的基带处理一般过程如图 4.33 所示,包括位级处理、调制、层映射、预编码以及针对各个物理天线端口的资源映射和 OFDM 信号生成的过程。

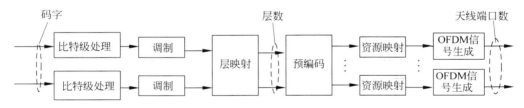

图 4.33　物理层数据处理过程

位级处理主要完成信道编码过程,增加位数据的冗余度,用来抵抗无线信道质量对位数据的影响。位级处理包括循环冗余校验、码块分割、信道编码、速率匹配、码块级联和加扰等过程。其处理方式与上行类似,可参考 4.3.1 节,这里不再赘述。下面主要介绍各信道调制、层映射、预编码以及针对各个物理天线端口的资源映射。

## 4.4.2　PDSCH 传输过程

### 1. 调制

数据调制将位数据映射为复数调制符号,增加位数据传输效率。物理下行共享信道(Physical Downlink Shared CHannel,PDSCH)可以采用 QPSK、16QAM 和 64QAM 调制。

**2. 层映射**

LTE 中每个独立的编码与调制器的输出对应一个码字,根据信道和业务状况,下行传输最多可以支持两个码字。码字数和层数不是一一对应的,码字数总是小于等于层数。最多只能控制两个码字的速率,但传输层数可以是 1、2、3、4,因此就定义了从码字到层的映射。层映射分为单天线发射、空间复用和发射分集 3 种方式下的层映射。每个发送码字的复值调制符号 $d^{(q)}(0),\cdots,d^{(q)}(M_{\mathrm{symb}}^{(q)}-1)$ 将被映射到各层 $\boldsymbol{x}(i)=[x^{(0)}(i)\quad\cdots\quad x^{(v-1)}(i)]$, $i=0,1,\cdots,M_{\mathrm{symb}}^{\mathrm{layer}}-1$,$v$ 表示映射层数,$M_{\mathrm{symb}}^{\mathrm{layer}}$ 表示每层的调制符号数。不同的发射模式,其码字数、层数以及映射关系各有不同,下面分别对其进行阐述。

**1) 单天线发射方式**

单天线发射时,数据只能被映射到一层上,单天线发射方式时的层映射如图 4.34 所示,码字个数为 1,映射层数为 1,层映射函数为:$x^{(0)}(i)=d^{(0)}(i)$,此时有 $M_{\mathrm{symb}}^{\mathrm{layer}}=M_{\mathrm{symb}}^{(0)}$,即将输入直接输出。

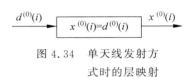

图 4.34　单天线发射方式时的层映射

**2) 空间复用方式**

空间复用时,最多允许两个码字,映射层数 $v$ 须满足 $v\leqslant P$,由上层调度器给出具体数目,$P$ 为基站侧天线端口数目,可为 2 或 4。映射层数和码字数目与映射之间的关系如表 4.21 所示,表中单码字映射到 2 层的情况只适用于天线端口数目为 4 时的映射。

表 4.21　空间复用方式时的层映射

| 映射层数 $v$ | 码字数目 | 码字到层的映射 $i=0,1,\cdots,M_{\mathrm{symb}}^{\mathrm{layer}}-1$ | |
| --- | --- | --- | --- |
| 1 | 1 | $x^{(0)}(i)=d^{(0)}(i)$ | $M_{\mathrm{symb}}^{\mathrm{layer}}=M_{\mathrm{symb}}^{(0)}$ |
| 2 | 2 | $x^{(0)}(i)=d^{(0)}(i)$<br>$x^{(1)}(i)=d^{(1)}(i)$ | $M_{\mathrm{symb}}^{\mathrm{layer}}=M_{\mathrm{symb}}^{(0)}=M_{\mathrm{symb}}^{(1)}$ |
| 2 | 1 | $x^{(0)}(i)=d^{(0)}(2i)$<br>$x^{(1)}(i)=d^{(0)}(2i+1)$ | $M_{\mathrm{symb}}^{\mathrm{layer}}=M_{\mathrm{symb}}^{(0)}/2$ |
| 3 | 2 | $x^{(0)}(i)=d^{(0)}(i)$<br>$x^{(1)}(i)=d^{(1)}(2i)$<br>$x^{(2)}(i)=d^{(1)}(2i+1)$ | $M_{\mathrm{symb}}^{\mathrm{layer}}=M_{\mathrm{symb}}^{(0)}=M_{\mathrm{symb}}^{(1)}/2$ |
| 4 | 2 | $x^{(0)}(i)=d^{(0)}(2i)$<br>$x^{(1)}(i)=d^{(0)}(2i+1)$<br>$x^{(2)}(i)=d^{(1)}(2i)$<br>$x^{(3)}(i)=d^{(1)}(2i+1)$ | $M_{\mathrm{symb}}^{\mathrm{layer}}=M_{\mathrm{symb}}^{(0)}/2=M_{\mathrm{symb}}^{(1)}/2$ |

表 4.21 对映射层数、码字数以及它们之间的映射关系做了详细的介绍。图 4.35 是空间复用时发送方式为 2:2 模式的层映射的具体实现。图 4.36 是空间复用时发送方式为 2:3 模式的层映射的实现,图 4.37 是空间复用的发送方式为 2:4 模式时层映射的具体实现。

**3) 发射分集方式**

发射分集时,调制符号按照表 4.22 的规则映射到层。只允许对一个码字进行分集,层映射层数 $v$ 只能为 2 或 4。发射分集方式时要求映射层数 $v$ 须和天线端口数目 $P$ 相等,故码字到天线端口的映射也就为 1 个码字映射到 2 个或 4 个天线端口。

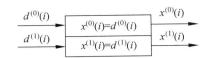

图 4.35　空间复用方式为 2∶2 模式的层映射

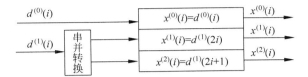

图 4.36　空间复用方式为 2∶3 模式的层映射

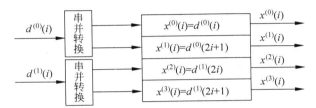

图 4.37　空间复用方式为 2∶4 模式的层映射

表 4.22　发射分集方式时的层映射

| 映射层数 $v$ | 码字到层的映射 $i=0,1,\cdots,M_{\mathrm{symb}}^{\mathrm{layer}}-1$ | |
| --- | --- | --- |
| 2 | $x^{(0)}(i)=d^{(0)}(2i)$<br>$x^{(1)}(i)=d^{(0)}(2i+1)$ | $M_{\mathrm{symb}}^{\mathrm{layer}}=M_{\mathrm{symb}}^{(0)}/2$ |
| 4 | $x^{(0)}(i)=d^{(0)}(4i)$<br>$x^{(1)}(i)=d^{(0)}(4i+1)$<br>$x^{(2)}(i)=d^{(0)}(4i+2)$<br>$x^{(3)}(i)=d^{(0)}(4i+3)$ | $M_{\mathrm{symb}}^{\mathrm{layer}}=M_{\mathrm{symb}}^{(0)}/4$ |

　　表 4.22 中已经得到发射分集方式时的层映射关系。图 4.38 给出了在发射分集方式下，1∶2 模式层映射的具体实现，最后得到 2 层的输出。图 4.39 是发射分集方式为 1∶4 模式下的层映射的实现，最后得到 4 层的输出。

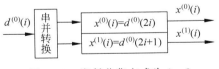

图 4.38　发射分集方式为 1∶2 模式的层映射

　　3. 预编码

　　预编码模块的输入称为层，每层代表一个在空间域或波束域独立传输的数据流。码字与层并不总是一一对应，码字的数量总是小于等于层的数量。预编码也分单天线发射、空间复用和发射分集 3 种方式下的预编码。设层映射模块的输出为 $\boldsymbol{x}(i)=[x^{(0)}(i)\ \cdots\ x^{(v-1)}(i)]^{\mathrm{T}}$，映射的层数为 $v$，天线端口数为 $P$，预编码后的输出为 $\boldsymbol{y}(i)=[\cdots\ y^{(p)}(i)\ \cdots]^{\mathrm{T}}$，$i=0,1,\cdots,M_{\mathrm{symb}}^{\mathrm{ap}}-1$，$p$ 为天线端口索引，$M_{\mathrm{symb}}^{\mathrm{ap}}=M_{\mathrm{symb}}^{\mathrm{layer}}$，上标 ap 表示天线端口，接下来将详细介绍这 3 种方式下的预编码。

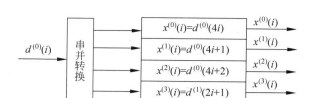

图 4.39　发射分集方式为 1∶4 模式的层映射

1）单天线发射方式

单天线发射时，无须预编码，即：

$$y^{(p)}(i) = x^{(0)}(i), \quad i = 0, 1, \cdots, M_{\text{symb}}^{\text{ap}} - 1 \tag{4.9}$$

$p \in \{0, 4, 5\}$，是用来发射的天线端口索引，$M_{\text{symb}}^{\text{ap}} = M_{\text{symb}}^{\text{layer}}$。

2）空间复用方式

与层映射相同，LTE 空间复用支持基站端两天线或四天线配置。空间复用的预编码仅与空间复用的层映射结合起来使用。空间复用支持 2 或者 4 天线端口，即可用的端口集合分别为 $p \in \{0, 1\}$ 或者 $p \in \{0, 1, 2, 3\}$。该方式分为无延迟循环延时分集（Cyclic Delay Diversity，CDD）的预编码模式和针对大延迟 CDD 的预编码模式。

无延迟 CDD 按以下模式进行预编码：

$$\begin{bmatrix} y^{(0)}(i) \\ \vdots \\ y^{(P-1)}(i) \end{bmatrix} = \boldsymbol{W}(i) \cdot \begin{bmatrix} x^{(0)}(i) \\ \vdots \\ x^{(v-1)}(i) \end{bmatrix} \tag{4.10}$$

其中，$\boldsymbol{W}(i)$ 是 $P \times v$ 阶的预编码矩阵，$i = 0, 1, \cdots, M_{\text{symb}}^{\text{ap}} - 1$，$M_{\text{symb}}^{\text{ap}} = M_{\text{symb}}^{\text{layer}}$。

大延迟 CDD 按以下模式进行预编码：

$$\begin{bmatrix} y^{(0)}(i) \\ \vdots \\ y^{(P-1)}(i) \end{bmatrix} = [\boldsymbol{W}(i) \cdot \boldsymbol{D}(i) \cdot \boldsymbol{U}] \cdot \begin{bmatrix} x^{(0)}(i) \\ \vdots \\ x^{(v-1)}(i) \end{bmatrix} \tag{4.11}$$

其中，$\boldsymbol{W}(i)$ 是 $P \times v$ 阶的预编码矩阵；$\boldsymbol{D}(i)$ 和 $\boldsymbol{U}$ 是支持大延迟 CDD 的矩阵，针对各种不同层映射，具体设置参见表 4.23。

表 4.23　大延迟 CDD

| 层数 $v$ | $\boldsymbol{U}$ | $\boldsymbol{D}(i)$ |
|---|---|---|
| 1 | $[1]$ | $[1]$ |
| 2 | $\dfrac{1}{\sqrt{2}} \begin{bmatrix} 1 & 1 \\ 1 & e^{-j2\pi/2} \end{bmatrix}$ | $\begin{bmatrix} 1 & 0 \\ 0 & e^{-j2\pi/2} \end{bmatrix}$ |
| 3 | $\dfrac{1}{\sqrt{3}} \begin{bmatrix} 1 & 1 & 1 \\ 1 & e^{-j2\pi/3} & e^{-j4\pi/3} \\ 1 & e^{-j4\pi/3} & e^{-j8\pi/3} \end{bmatrix}$ | $\begin{bmatrix} 1 & 0 & 0 \\ 0 & e^{-j2\pi/3} & 0 \\ 0 & 0 & e^{-j4\pi/3} \end{bmatrix}$ |
| 4 | $\dfrac{1}{2} \begin{bmatrix} 1 & 1 & 1 & 1 \\ 1 & e^{-j2\pi/4} & e^{-j4\pi/4} & e^{-j6\pi/4} \\ 1 & e^{-j4\pi/4} & e^{-j8\pi/4} & e^{-j12\pi/4} \\ 1 & e^{-j6\pi/4} & e^{-j12\pi/4} & e^{-j18\pi/4} \end{bmatrix}$ | $\begin{bmatrix} 1 & 0 & 0 & 0 \\ 0 & e^{-j2\pi/4} & 0 & 0 \\ 0 & 0 & e^{-j4\pi/4} & 0 \\ 0 & 0 & 0 & e^{-j6\pi/4} \end{bmatrix}$ |

预编码矩阵 $\boldsymbol{W}(i)$ 的值根据基站和用户码本配置进行选择。当 $P=2$（即基站侧两天线配置时），按表 4.24 进行设置。对闭环空间复用模式，当映射层为 2 时，不使用码本的索引 0。

表 4.24　两天线配置时预编码码本

| 码 本 索 引 | 层数 $\upsilon$ | |
| --- | --- | --- |
| | 1 | 2 |
| 0 | $\dfrac{1}{\sqrt{2}}\begin{bmatrix}1\\1\end{bmatrix}$ | $\dfrac{1}{\sqrt{2}}\begin{bmatrix}1&0\\0&1\end{bmatrix}$ |
| 1 | $\dfrac{1}{\sqrt{2}}\begin{bmatrix}1\\-1\end{bmatrix}$ | $\dfrac{1}{2}\begin{bmatrix}1&1\\1&-1\end{bmatrix}$ |
| 2 | $\dfrac{1}{\sqrt{2}}\begin{bmatrix}1\\j\end{bmatrix}$ | $\dfrac{1}{2}\begin{bmatrix}1&1\\j&-j\end{bmatrix}$ |
| 3 | $\dfrac{1}{\sqrt{2}}\begin{bmatrix}1\\-j\end{bmatrix}$ | — |

当 $P=4$（即基站侧四天线配置时），预编码矩阵 $\boldsymbol{W}(i)$ 由母矩阵 $\boldsymbol{W}_n$ 得到，$\boldsymbol{W}_n$ 则按下式生成：

$$\boldsymbol{W}_n=\boldsymbol{I}_4-2\boldsymbol{u}_n\boldsymbol{u}_n^{\mathrm{H}}/\boldsymbol{u}_n^{\mathrm{H}}\boldsymbol{u}_n \tag{4.12}$$

即通过对向量 $\boldsymbol{u}_n$ 作 Householder 变换，得到 Householder 矩阵 $\boldsymbol{W}_n$，$\boldsymbol{W}_n$ 的阶数为 $4\times4$。这里 $n$ 是码本索引，即可选的预编码母矩阵索引，参见表 4.25，上标是母矩阵 $\boldsymbol{W}_n$ 列索引的有序集合，表示选取母矩阵的第 1 列、第 2 列……顺序组合成新的矩阵，这个矩阵即为所需的预编码矩阵 $\boldsymbol{W}(i)$。

表 4.25　四天线配置时预编码码本

| 码字索引 | $\boldsymbol{u}_n$ | 层映射层数 $\upsilon$ | | | |
| --- | --- | --- | --- | --- | --- |
| | | 1 | 2 | 3 | 4 |
| 0 | $\boldsymbol{u}_0=\begin{bmatrix}1&-1&-1&-1\end{bmatrix}^{\mathrm{T}}$ | $W_0^{\{1\}}$ | $W_0^{\{14\}}/\sqrt{2}$ | $W_0^{\{124\}}/\sqrt{3}$ | $W_0^{\{1234\}}/2$ |
| 1 | $\boldsymbol{u}_1=\begin{bmatrix}1&-j&1&j\end{bmatrix}^{\mathrm{T}}$ | $W_1^{\{1\}}$ | $W_1^{\{12\}}/\sqrt{2}$ | $W_1^{\{123\}}/\sqrt{3}$ | $W_1^{\{1234\}}/2$ |
| 2 | $\boldsymbol{u}_2=\begin{bmatrix}1&1&-1&1\end{bmatrix}^{\mathrm{T}}$ | $W_2^{\{1\}}$ | $W_2^{\{12\}}/\sqrt{2}$ | $W_2^{\{123\}}/\sqrt{3}$ | $W_2^{\{3214\}}/2$ |
| 3 | $\boldsymbol{u}_3=\begin{bmatrix}1&j&1&-j\end{bmatrix}^{\mathrm{T}}$ | $W_3^{\{1\}}$ | $W_3^{\{12\}}/\sqrt{2}$ | $W_3^{\{123\}}/\sqrt{3}$ | $W_3^{\{3214\}}/2$ |
| 4 | $\boldsymbol{u}_4=\begin{bmatrix}1&(-1-j)/\sqrt{2}&-j&(1-j)/\sqrt{2}\end{bmatrix}^{\mathrm{T}}$ | $W_4^{\{1\}}$ | $W_4^{\{14\}}/\sqrt{2}$ | $W_4^{\{124\}}/\sqrt{3}$ | $W_4^{\{1234\}}/2$ |
| 5 | $\boldsymbol{u}_5=\begin{bmatrix}1&(1-j)/\sqrt{2}&j&(-1-j)/\sqrt{2}\end{bmatrix}^{\mathrm{T}}$ | $W_5^{\{1\}}$ | $W_5^{\{14\}}/\sqrt{2}$ | $W_5^{\{124\}}/\sqrt{3}$ | $W_5^{\{1234\}}/2$ |
| 6 | $\boldsymbol{u}_6=\begin{bmatrix}1&(1+j)/\sqrt{2}&-j&(-1+j)/\sqrt{2}\end{bmatrix}^{\mathrm{T}}$ | $W_6^{\{1\}}$ | $W_6^{\{13\}}/\sqrt{2}$ | $W_6^{\{134\}}/\sqrt{3}$ | $W_6^{\{1324\}}/2$ |
| 7 | $\boldsymbol{u}_7=\begin{bmatrix}1&(-1+j)/\sqrt{2}&j&(1+j)/\sqrt{2}\end{bmatrix}^{\mathrm{T}}$ | $W_7^{\{1\}}$ | $W_7^{\{13\}}/\sqrt{2}$ | $W_7^{\{134\}}/\sqrt{3}$ | $W_7^{\{1324\}}/2$ |
| 8 | $\boldsymbol{u}_8=\begin{bmatrix}1&-1&1&1\end{bmatrix}^{\mathrm{T}}$ | $W_8^{\{1\}}$ | $W_8^{\{12\}}/\sqrt{2}$ | $W_8^{\{124\}}/\sqrt{3}$ | $W_8^{\{1234\}}/2$ |
| 9 | $\boldsymbol{u}_9=\begin{bmatrix}1&-j&-1&-j\end{bmatrix}^{\mathrm{T}}$ | $W_9^{\{1\}}$ | $W_9^{\{14\}}/\sqrt{2}$ | $W_9^{\{134\}}/\sqrt{3}$ | $W_9^{\{1234\}}/2$ |
| 10 | $\boldsymbol{u}_{10}=\begin{bmatrix}1&1&1&-1\end{bmatrix}^{\mathrm{T}}$ | $W_{10}^{\{1\}}$ | $W_{10}^{\{12\}}/\sqrt{2}$ | $W_{10}^{\{123\}}/\sqrt{3}$ | $W_{10}^{\{1324\}}/2$ |
| 11 | $\boldsymbol{u}_{11}=\begin{bmatrix}1&j&-1&j\end{bmatrix}^{\mathrm{T}}$ | $W_{11}^{\{1\}}$ | $W_{11}^{\{13\}}/\sqrt{2}$ | $W_{11}^{\{134\}}/\sqrt{3}$ | $W_{11}^{\{1324\}}/2$ |
| 12 | $\boldsymbol{u}_{12}=\begin{bmatrix}1&-1&-1&1\end{bmatrix}^{\mathrm{T}}$ | $W_{12}^{\{1\}}$ | $W_{12}^{\{12\}}/\sqrt{2}$ | $W_{12}^{\{123\}}/\sqrt{3}$ | $W_{12}^{\{1234\}}/2$ |
| 13 | $\boldsymbol{u}_{13}=\begin{bmatrix}1&-1&1&-1\end{bmatrix}^{\mathrm{T}}$ | $W_{13}^{\{1\}}$ | $W_{13}^{\{13\}}/\sqrt{2}$ | $W_{13}^{\{123\}}/\sqrt{3}$ | $W_{13}^{\{1324\}}/2$ |
| 14 | $\boldsymbol{u}_{14}=\begin{bmatrix}1&1&-1&-1\end{bmatrix}^{\mathrm{T}}$ | $W_{14}^{\{1\}}$ | $W_{14}^{\{13\}}/\sqrt{2}$ | $W_{14}^{\{123\}}/\sqrt{3}$ | $W_{14}^{\{3214\}}/2$ |
| 15 | $\boldsymbol{u}_{15}=\begin{bmatrix}1&1&1&1\end{bmatrix}^{\mathrm{T}}$ | $W_{15}^{\{1\}}$ | $W_{15}^{\{12\}}/\sqrt{2}$ | $W_{15}^{\{123\}}/\sqrt{3}$ | $W_{15}^{\{1234\}}/2$ |

虽然码本计算的复杂度不是很高,但从长期性而言,每次实时计算码本仍不如一次预先计算或存储,更能节省系统资源。预编码时,只需提供映射层数 $v$ 和码本索引 $idxCodeBook$ 两个参数,从预先加载的码本表中直接取用即可。

3)发射分集方式

同前面所述发射分集方式时的层映射,LTE 支持基站端两天线或四天线配置的发射分集。因发射分集方式的层映射要求映射层数 $v$ 和天线端口数目 $P$ 相等,故预编码模块输入的层数也是 2 层或 4 层。现针对基站端不同天线数配置,对不同的预编码处理进行分别叙述。

当 $P=2$(即基站侧两天线配置时),预编码处理为:

$$\begin{bmatrix} y^{(0)}(2i) \\ y^{(1)}(2i) \\ y^{(0)}(2i+1) \\ y^{(1)}(2i+1) \end{bmatrix} = \frac{1}{\sqrt{2}} \begin{bmatrix} 1 & 0 & j & 0 \\ 0 & -1 & 0 & j \\ 0 & 1 & 0 & j \\ 1 & 0 & -j & 0 \end{bmatrix} \cdot \begin{bmatrix} \mathrm{Re}(x^{(0)}(i)) \\ \mathrm{Re}(x^{(1)}(i)) \\ \mathrm{Im}(x^{(0)}(i)) \\ \mathrm{Im}(x^{(1)}(i)) \end{bmatrix} \tag{4.13}$$

即

$$\begin{bmatrix} y^{(0)}(2i) & y^{(0)}(2i+1) \\ y^{(1)}(2i) & y^{(1)}(2i+1) \end{bmatrix} = \frac{1}{\sqrt{2}} \begin{bmatrix} x^{(0)}(i) & x^{(1)}(i) \\ -(x^{(1)}(i))^* & (x^{(0)}(i))^* \end{bmatrix} \tag{4.14}$$

则图 4.40 为 $P=2$(即两天线配置发射分集)的预编码实现过程。

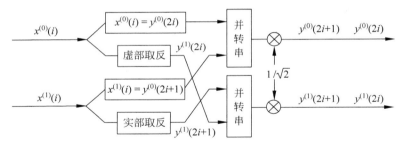

图 4.40   两天线配置发射分集方式时的预编码处理

当 $P=4$(即基站侧四天线配置时),预编码处理为:

$$\begin{bmatrix} y^{(0)}(4i) & y^{(0)}(4i+1) & y^{(0)}(4i+2) & y^{(0)}(4i+3) \\ y^{(1)}(4i) & y^{(1)}(4i+1) & y^{(1)}(4i+2) & y^{(1)}(4i+3) \\ y^{(2)}(4i) & y^{(2)}(4i+1) & y^{(2)}(4i+2) & y^{(2)}(4i+3) \\ y^{(3)}(4i) & y^{(3)}(4i+1) & y^{(3)}(4i+2) & y^{(3)}(4i+3) \end{bmatrix}$$

$$= \frac{1}{\sqrt{2}} \begin{bmatrix} x^{(0)}(i) & x^{(1)}(i) & 0 & 0 \\ 0 & 0 & x^{(2)}(i) & (x^{(3)}(i)) \\ -(x^{(1)}(i))^* & (x^{(0)}(i))^* & 0 & 0 \\ 0 & 0 & -(x^{(3)}(i))^* & (x^{(2)}(i))^* \end{bmatrix} \tag{4.15}$$

图 4.41 为 $P=4$ 时,也就是基站侧四天线配置时发射分集方式下的预编码实现过程,其原理与两天线配置发射分集的预编码实现过程的原理相同,只是增加了输入数据的层数。

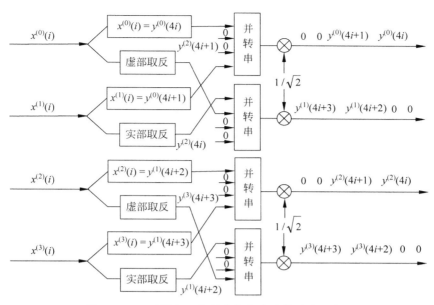

图 4.41 四天线配置发射分集方式时的预编码处理

## 4.4.3 PDCCH 传输过程

物理下行控制信道（Physical Downlink Control CHannel，PDCCH）承载调度以及其他控制信息。调度控制信息是指上下行传输信道所占用的频率资源位置和大小，采取的多天线发射方式，以及终端上行功率大小。终端通过这些资源位置信息，在准确的位置上获取下行物理下行共享信道（PDSCH）的参数，或者在对应资源上进行物理上行共享信道（PUSCH）的发射。一个物理控制信道在一个或者多个连续的控制信道元素（Control Channel Element，CCE）上进行传输，其中，一个控制信道元素对应于 9 个资源组（REG）。在一个子帧中可以传输多个 PDCCH。一个 PDCCH 包含 $n$ 个连续的控制信道元素，从第 $i$ 个控制信道元素开始，满足 $i \bmod n = 0$。

物理下行控制信道支持 4 种格式，表 4.26 给出了每种格式所包含的控制信道元素数（CCE）、物理下行控制信道位数和资源组数。

表 4.26 PDCCH 支持的格式

| PDCCH 格式 | CCE 数 | PDCCH 位数 | REG 数 |
| --- | --- | --- | --- |
| 0 | 1 | 72 | 9 |
| 1 | 2 | 144 | 18 |
| 2 | 4 | 288 | 36 |
| 3 | 8 | 576 | 72 |

此外，在 LTE 规范的 Rel-11 版本中，还定义了增强的物理下行控制信道（EPDCCH）以及相应的格式 4，本书对其不做介绍。

### 1. 下行控制信息(DCI)

物理下行控制信道上传输的内容被称为下行控制信息（Downlink Control Information,DCI）,针对不同调度需求定义了不同的 DCI 格式,不同的 DCI 格式对应着不同的下行控制信息位,表 4.27 中给出了每种格式的作用。对于传输功率控制（Transmission Power Control,TPC）命令,用户通过物理下行控制信道中的 TPC 命令来对用户的发射功率进行调整,进行闭环的功率控制。

表 4.27　DCI 的格式及其作用

| 下行控制信息(DCI)格式 | 功　　能 |
| --- | --- |
| 格式 0 | 用于物理上行共享信道调度,安排令的时序 |
| 格式 1 | 用于物理下行共享信道单码字调度,安排一个码字的时序 |
| 格式 1A | 用于紧凑物理下行共享信道(PDSCH)一个码字时序安排(可用于任何传输模式配置) |
| 格式 1C | 用于非常紧凑的下行共享信道(DL-SCH)传输(总采用 QPSK 调制方式) |
| 格式 2 | 用于空间复用模式配置的 PDSCH 时序安排 |
| 格式 3 | 用于传输 2 位功率调整的物理上行控制信道和物理上行共享信道的传输功率控制命令 |
| 格式 3A | 用于传输 1 位功率调整的物理上行控制信道和物理上行共享信道的传输功率控制命令 |

### 2. PDCCH 的有效载荷

每个子帧可以传输多个物理下行控制信道,各个物理下行控制信道所采用的下行控制信息格式由实际情况决定。物理下行控制信道的有效载荷的信息位序和长度由其下行控制信息格式决定。信息位的顺序也就是信息域复用顺序按照下行控制信息格式所列信息域的顺序,每一个信息域的第一位对应最高有效位。表 4.28 列出了 TDD 模式下物理下行控制信息的有效载荷,物理下行控制信道不同格式与条件下的长度最大不超过的有效载荷位数,实际长度由带宽和下行控制信息格式包含具体内容决定,格式 1A 的信息位长度若小于格式 0,则在其后以 0 进行扩展。

表 4.28　物理下行控制信息的有效载荷(TDD)

| 物理下行控制信息格式及其不同条件下 | | 有效载荷/位 |
| --- | --- | --- |
| 0 | | $\lceil\log_2(N_{RB}^{UL}(N_{RB}^{UL}+1)/2)\rceil+16$ |
| 1 | | $\lceil N_{RB}^{DL}/P\rceil+17$ |
| 1A | 当$\lceil\log_2(N_{RB}^{DL}(N_{RB}^{DL}+1)/2)\rceil+18\geqslant$ $\lceil\log_2(N_{RB}^{UL}(N_{RB}^{UL}+1)/2)\rceil+16$ 时 | $\lceil\log_2(N_{RB}^{DL}(N_{RB}^{DL}+1)/2)\rceil+18$ |
| | 当$\lceil\log_2(N_{RB}^{DL}(N_{RB}^{DL}+1)/2)\rceil+18<$ $\lceil\log_2(N_{RB}^{UL}(N_{RB}^{UL}+1)/2)\rceil+16$ 时 | $\lceil\log_2(N_{RB}^{UL}(N_{RB}^{UL}+1)/2)\rceil+16$ |

续表

| 物理下行控制信息格式及其不同条件下 | | 有效载荷/位 |
|---|---|---|
| 1C | | $\lceil \log_2(\lfloor N_{\mathrm{VRB,gap1}}^{\mathrm{DL}}/N_{\mathrm{RB}}^{\mathrm{step}}\rfloor \cdot (\lfloor N_{\mathrm{VRB,gap1}}^{\mathrm{DL}}/N_{\mathrm{RB}}^{\mathrm{step}}\rfloor+1)/2)\rceil+5$ |
| 2 | 2 天线闭环空间复用 | $\lceil N_{\mathrm{RB}}^{\mathrm{DL}}/P\rceil+18+3+1$ |
| | 2 天线开环空间复用 | $\lceil N_{\mathrm{RB}}^{\mathrm{DL}}/P\rceil+18+0+1$ |
| | 4 天线闭环空间复用 | $\lceil N_{\mathrm{RB}}^{\mathrm{DL}}/P\rceil+18+6+1$ |
| | 4 天线开环空间复用 | $\lceil N_{\mathrm{RB}}^{\mathrm{DL}}/P\rceil+18+2+1$ |
| 3 | | 2N |
| 3A | | M |

### 3. PDCCH 物理层过程

物理下行控制信道(PDCCH)采用 QPSK 调制方式。PDCCH 在与传输物理广播信道相同的天线端口上传输。物理下行控制信道对应一个码字,相应的层数 $v$ 与实际用于物理信道传输的天线端口数目 $P$ 相等,即 $v=P$。各种天线配置情况下的层映射和预编码可参考 PDSCH 的情况。

定义一个资源粒子对(Resource Element Quadruplet,REQ)表示没有被参考信号、物理控制格式指示信道(PCFICH)或者物理混合重传指示信道(PHICH)占用的 4 个相邻的资源粒子 RE$(k,l)$,这 4 个资源粒子(RE)具有相同的 OFDM 符号索引 $l$。映射过程要经过列交换、循环移位和资源粒子映射 3 个步骤。

#### 1) 列交换

首先以资源粒子对(REQ)为单位,令天线端口 $p$ 上的第 $i$ 个 REQ 对应的符号流表示为 $z^{(p)}(i)=\{y^{(p)}(4i),y^{(p)}(4i+1),y^{(p)}(4i+2),y^{(p)}(4i+3)\}$,则天线端口 $p$ 上的符号流 $y^{(p)}(0),\cdots,y^{(p)}(M_{\mathrm{symb}}-1)$ 可对应于符号流 $z^{(p)}(0),\cdots,z^{(p)}(M_{\mathrm{quad}}-1)$,其中,$M_{\mathrm{quad}}=M_{\mathrm{symb}}/4,z^{(p)}(0),\cdots,z^{(p)}(M_{\mathrm{quad}}-1)$。然后利用子块交织方式进行列交换,得到 $w^{(p)}(0)$,$\cdots,w^{(p)}(M_{\mathrm{quad}}-1)$。交织器的列重排模式如表 4.29 所示,表中给出了列数为 32 时其列间置换模式。

#### 表 4.29　交织器的列重排模式

| 列数 $C$ | 列间置换模式$\langle P(0),P(1),\cdots,P(C-1)\rangle$ |
|---|---|
| 32 | $\langle 1,17,9,25,5,21,13,29,3,19,11,27,7,23,15,31,0,16,8,24,4,20,12,28,2,$ $18,10,26,6,22,14,30\rangle$ |

#### 2) 循环移位

对符号流 $w^{(p)}(0),\cdots,w^{(p)}(M_{\mathrm{quad}}-1)$ 经过循环移位,得到 $\overline{w}^{(p)}(0),\cdots,\overline{w}^{(p)}(M_{\mathrm{quad}}-1)$。

$$\overline{w}^{(p)}(i)=w^{(p)}((i+N_{\mathrm{cell}}^{\mathrm{ID}})\bmod M_{\mathrm{quad}}) \tag{4.16}$$

#### 3) 资源粒子映射

物理下行控制信道(PDCCH)中 $\overline{w}^{(p)}(0),\cdots,\overline{w}^{(p)}(M_{\mathrm{quad}}-1)$ 的映射位置根据 4.2.2 节给出的资源块及其映射确定。

### 4.4.4　PCFICH 及 PHICH 传输过程

1. PCFICH

1) 控制格式指示(CFI)

物理控制格式指示信道(PCFICH)总是位于子帧的第一个 OFDM 符号上,用来指示一个子帧中 PDCCH 在子帧内占用符号个数,即 PDCCH 的时间跨度。PCFICH 的大小是 2 位,其承载的信息是控制格式指示(Control Format Indicator,CFI)。

当系统带宽 $N_{RB}^{DL}>10$ 时,PDCCH 的符号数目为 $1\sim3$ 个符号,由控制格式指示(CFI)给出;当系统带宽 $N_{RB}^{DL}\leqslant10$ 时,下行控制信息时间跨度为 $2\sim4$,由 CFI+1 给出,即 CFI= 1、2 或 3。

物理控制格式指示信道(PCFICH)包含两个位信息,对应 1、2、3 个控制区域的符号数,编码为 32 位码本。这些码本通过加扰后进行 QPSK 调制,获得 16 个复数符号,这 16 个符号被均匀分布在第一个 OFDM 符号的四组频率位置中。

2) PCFICH 的物理层处理

物理控制格式指示信道(PCFICH)采用 QPSK 调制,物理控制格式指示信道(PCFICH)与物理广播信道(PBCH)是在相同的天线端口上进行传输的。

各种天线配置下的层映射和预编码也可参考 PDSCH 的情况,需要说明的是: 多天线端口的情况下,PCFICH 只能采用发射分集传输模式,只传输一个码字。

预编码模块的输出 $\boldsymbol{y}(i)=\begin{bmatrix}y^{(0)}(i) & \cdots & y^{(P-1)}(i)\end{bmatrix}^{T}, i=0,\cdots,15$,以资源粒子组(REG)的形式被映射到一个下行子帧的第一个 OFDM 符号中,REG 在频域上是 4 个连续的没有被参考符号占用的资源粒子。第 $p$ 个天线端口的第 $i$ 组 REG 可以表示为 $z^{(p)}(i)=\langle y^{(p)}(4i),y^{(p)}(4i+1),y^{(p)}(4i+2),y^{(p)}(4i+3)\rangle$,每个天线端口上 REG 的映射都按照以序号 $i$ 从小到大的顺序。具体映射方式如下:

(1) $z^{(p)}(0)$ 被映射到频率资源起始为 $\bar{k}$ 的 REG 上;

(2) $z^{(p)}(1)$ 被映射到频率资源起始为 $\bar{k}+\lfloor N_{RB}^{DL}/2\rfloor\cdot N_{sc}^{RB}/2$ 的 REG 上;

(3) $z^{(p)}(2)$ 被映射到频率资源起始为 $\bar{k}+\lfloor 2N_{RB}^{DL}/2\rfloor\cdot N_{sc}^{RB}/2$ 的 REG 上;

(4) $z^{(p)}(3)$ 被映射到频率资源起始为 $\bar{k}+\lfloor 3N_{RB}^{DL}/2\rfloor\cdot N_{sc}^{RB}/2$ 的 REG 上。

其中,$\bar{k}=(N_{sc}^{RB}/2)\cdot(N_{ID}^{cell}\bmod 2N_{RB}^{DL})$。$N_{ID}^{cell}$ 表示物理层小区 ID,按照以下方式给出: 总共有 504 个物理层小区 ID,这些小区 ID 被分成 168 组,每组包含 3 个小区 ID,每组中的每个小区 ID 都是相互独立的,每个小区 ID 只能隶属于一个小区 ID 组。因此,一个物理层小区 ID 可以记作 $N_{ID}^{cell}=3N_{ID}^{(1)}+N_{ID}^{(2)}$,其中 $N_{ID}^{(1)}=0,1,\cdots,167$ 表示物理层小区 ID 组号,$N_{ID}^{(2)}= 0,1,2$ 表示每个小区 ID 组中的小区 ID 序号。

2. PHICH

1) HARQ 指示

LTE 中,物理 HARQ 指示信道(PHICH)承载的是 1 位 PUSCH 信道的 HARQ 的确认/非确认(ACK/HACK)应答信息,其承载的信息称为 HARQ 指示(HARQ Indicator,HI)。HI=1 表示 ACK,HI=0 表示 NACK。

多个 PHICH 信道可以映射在同一组资源粒子中,形成 PHICH 组,同一 PHICH 组中的各个 PHICH 由不同的正交序列区分。PHICH 资源用$(n_{PHICH}^{group}, n_{PHICH}^{seq})$表示,$n_{PHICH}^{group}$是 PHICH 组数,$n_{PHICH}^{seq}$是组内的正交序列的索引号。

2)PHICH 传输过程

PHICH 采用 BPSK 调制。调制符号$d(0),\cdots,d(M_{symb}-1)$在进行层映射和预编码之前,首先要分配资源粒子组大小,然后得到符号块$d^{(0)}(0),\cdots,d^{(0)}(c \cdot M_{symb}-1)$。对于常规循环前缀,$c=1$,$d^{(0)}(i)=d(i)$;对于扩展循环前缀,$c=2$,有

$$\begin{bmatrix} d^{(0)}(4i) & d^{(0)}(4i+1) & d^{(0)}(4i+2) & d^{(0)}(4i+3) \end{bmatrix}^T$$
$$= \begin{cases} \begin{bmatrix} d(2i) & d(2i+1) & 0 & 0 \end{bmatrix}^T & (n_{PHICH}^{group} \bmod 2 = 0) \\ \begin{bmatrix} 0 & 0 & d(2i) & d(2i+1) \end{bmatrix}^T & (n_{PHICH}^{group} \bmod 2 = 1) \end{cases}$$

其中,$i=0,\cdots,(M_{symb}/2)-1$。然后,符号块$d^{(0)}(0),\cdots,d^{(0)}(c \cdot M_{symb}-1)$被映射到层,通过预编码,得到序列$\bar{y}^{(p)}(0),\cdots,\bar{y}^{(p)}(M_{symb}^{(0)}-1)$。最后$\bar{y}^{(p)}(0),\cdots,\bar{y}^{(p)}(M_{symb}^{(0)}-1)$映射到资源粒子上,得到从天线端口 $p$ 发送的符号$z^{(p)}(i)=\langle \tilde{y}^{(p)}(4i), \tilde{y}^{(p)}(4i+1), \tilde{y}^{(p)}(4i+2), \tilde{y}^{(p)}(4i+3) \rangle$,$i=0,1,2$。

### 4.4.5 下行参考信号

下行链路参考信号的目的是对下行链路信道质量进行测量,实现终端相干解调或检测所需的下行链路信道估计以及小区搜索和初始化信息获取等功能。

LTE 在 Rel-8 中定义了 3 种参考信号:小区指定参考信号(Cell-specific Reference Signal,CRS)、MBSFN 参考信号、用于 PDSCH 解调的用户指定参考信号(UE-Specific Reference Signal)。在 LTE 后续版本中,还陆续增加了用于定位参考信号、CSI 参考信号和 EPDCCH 的解调参考信号。本节仅介绍 Rel-8 中涉及的用户指定参考信号、MBSFN 参考信号和小区指定参考信号。

1. 用户指定参考信号

在时域和频域要设计导频或参考符号,这些导频符号在时间和频率上有一定间隔,使得能够正确地进行信道插值。当信道条件允许(时间弥散不大的情况)时,分别在常规循环前缀和扩展循环前缀每个时隙的第 5 和第 4 个 OFDM 符号处每隔 6 个子载波插入主参考符号。参考符号的排列图案是长方形的。如果信道条件较差(如时间弥散较大的情况),还需要插入辅参考符号,这两组参考符号可以按对角的方式排列,这样就能够获得接收端用于信道估计的最佳时频参考符号插入图案(图 4.42)。连续子帧间参考信号的频域位置可以变化。

对于高阶 MIMO 的多天线发送,尤其是波束成形情况下,给定波束应该使用专门的导频符号。此外,还要考虑用户指定导频符号。

2. MBSFN 参考信号

在支持非多播广播单频网(MBSFN)发送的小区中,所有下行链路子帧发送应该使用小区指定参考信号。当子帧用于 MBSFN 发送时,只在前 2 个 OFDM 符号发送使用小区指定参考信号。MBSEN 的描述见 4.5 节。

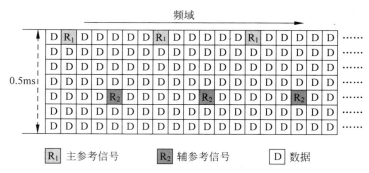

R₁ 主参考信号　　R₂ 辅参考信号　　D 数据

图 4.42　下行链路参考信号结构(常规循环前缀)

### 3. 小区指定参考信号

小区指定参考信号通过天线端口(0~3)中的一个或多个发送。每个下行链路天线端口都要发送一个小区指定参考信号。

小区指定参考信号序列 $r_{m,n}$ 由 2 维正交序列符号 $r_{m,n}^{\mathrm{OS}}$ 与 2 维伪随机序列符号 $r_{m,n}^{\mathrm{PRS}}$ 的乘积构成: $r_{m,n}=r_{m,n}^{\mathrm{OS}}\times r_{m,n}^{\mathrm{PRS}}$。2 维序列 $r_{m,n}$ 是一个复数序列,定义为 $r_{m,n}^{\mathrm{OS}}=[s_{m,n}]$, $n=0$, $1,m=0,1,\cdots,N_r$,其中 $N_r$ 表示参考信号占据第几个 OFDM 符号,$[s_{m,n}]$ 是矩阵 $\boldsymbol{S}_i$ 的第 $m$ 行第 $n$ 列的元素,定义为

$$\boldsymbol{S}_i^{\mathrm{T}}=\underbrace{[\bar{S}_i^{\mathrm{T}}\quad \bar{S}_i^{\mathrm{T}}\quad \cdots\quad \bar{S}_i^{\mathrm{T}}]}_{\left\lceil\frac{N_r}{3}\right\rceil 次重复},\quad i=0,1,2 \tag{4.17}$$

式中

$$\bar{\boldsymbol{S}}_0=\begin{bmatrix}1 & 1\\1 & 1\\1 & 1\end{bmatrix},\quad \bar{\boldsymbol{S}}_1=\begin{bmatrix}1 & e^{j4\pi/3}\\e^{j2\pi/3} & 1\\e^{j4\pi/3} & e^{j2\pi/3}\end{bmatrix},\quad \bar{\boldsymbol{S}}_2=\begin{bmatrix}1 & e^{j2\pi/3}\\e^{j4\pi/3} & 1\\e^{j2\pi/3} & e^{j4\pi/3}\end{bmatrix} \tag{4.18}$$

分别对应正交序列 0、1 和 2。

LTE 规范中有 $N_{\mathrm{os}}=3$ 个不同 2 维正交序列,$N_{\mathrm{PRS}}=170$ 个不同的 2 维伪随机序列。每个小区能够识别一个正交序列和伪随机序列的唯一组合,这样可以有 $N_{\mathrm{os}}\times N_{\mathrm{PRS}}=510$ 个小区唯一识别码。

小区指定参考信号仅是为 $\Delta f=15\mathrm{kHz}$ 情况下定义的。

## 4.4.6　OFDM 信号产生

一个时隙中的 OFDM 符号应该按照索引号 $l$ 递增的顺序发送。一个下行链路时隙中,OFDM 符号 $l$ 在天线端口 $p$ 发送的时间连续信号 $s_l^{(p)}(t)$ 定义为

$$s_l^{(p)}(t)=\sum_{k=-\left\lfloor N_{\mathrm{RB}}^{\mathrm{DL}}N_{\mathrm{SC}}^{\mathrm{RB}}/2\right\rfloor}^{-1}a_{k(-),l}^{(p)}\cdot e^{j2\pi k\Delta f(t-N_{\mathrm{CP},l}T_s)}+\sum_{k=1}^{\left\lceil N_{\mathrm{RB}}^{\mathrm{DL}}N_{\mathrm{SC}}^{\mathrm{RB}}/2\right\rceil}a_{k(+),l}^{(p)}\cdot e^{j2\pi k\Delta f(t-N_{\mathrm{CP},l}T_s)} \tag{4.19}$$

$0\leqslant t<(N_{\mathrm{CP},l}+N)\times T_s$,其中,$k(-)=k+\left\lfloor N_{\mathrm{RB}}^{\mathrm{DL}}N_{\mathrm{SC}}^{\mathrm{RB}}/2\right\rfloor$,$k(+)=k+\left\lceil N_{\mathrm{RB}}^{\mathrm{DL}}N_{\mathrm{SC}}^{\mathrm{RB}}/2\right\rceil-1$,$N_{\mathrm{CP},l}$ 是循环前缀长度,而 $N$ 表示 OFDM 时域数据长度。子载波间隔 $\Delta f=15\mathrm{kHz}$ 时,$N=2048$;子载波间隔 $\Delta f=7.5\mathrm{kHz}$ 时,$N=4096$。

表 4.30 列出了用于两种帧结构的 $N_{CP,l}$ 的可能取值。值得注意的是：在一个时隙内，不同 OFDM 符号可能具有不同的循环前缀长度。对于第 2 类帧结构，OFDM 符号没有完全填满所有时隙，最后一部分保留下来没有被使用。

表 4.30 OFDM 参数

| 配　　置 | | 循环前缀长度 $N_{CP,l}$ | | 保护间隔(GI) |
| --- | --- | --- | --- | --- |
| | | 第 1 类帧结构 | 第 2 类帧结构 | |
| 常规循环前缀 | $\Delta f = 15\text{kHz}$ | $160, l=0$<br>$144, l=1,2,\cdots,6$ | 时隙 0，$l=8$ 时为 512，其他为 224 | 时隙 0 为 0，其他为 288 |
| 扩展循环前缀 | $\Delta f = 15\text{kHz}$ | $512, l=0,1,\cdots,5$ | 时隙 0，$l=7$ 时为 768，其他为 512 | 时隙 0 为 0，其他为 256 |
| | $\Delta f = 7.5\text{kHz}$ | $1024, l=0,1,2$ | 时隙 0，$l=3$ 时为 1280，其他为 1024 | |

## 4.4.7　下行资源调度及链路自适应

### 1. 下行链路物理层测量

用户必须用信道质量指示(Channel Quality Indicator，CQI)向基站报告一个资源块或一组资源块的信道质量。CQI 是在 25 或 50 的倍数个子载波带宽上测量的，它是影响时频调度选择、链路自适应、干扰管理以及下行链路物理信道的功率控制的关键参数。

### 2. 下行 HARQ

在 LTE 的下行链路 HARQ 使用 N 通道停等式(SW)协议。下行混合 ARQ(HARQ)采用基于增量冗余(Incremental Redundancy，IR)的方法，这种 HARQ 方法每次重传的信息基本上是不一致的。例如：在对分组进行 Turbo 编码时，每次重传使用不同速率匹配。在每次重传中，校验码的位数相对于系统码是不同的。显然，这种解决方案要求用户设备有很大的存储空间。在实际中，不同重传间每一次发送的不同编码可以"实时"完成，也可以同时进行编码并且保存在缓存中。

HARQ 可以分为同步和异步两类。理论上同步 HARQ 在每一时刻可以有任意个进程。异步 HARQ 已经支持了在每一时刻上任意个进程。异步 HARQ 可以根据空中接口条件提供灵活的调度重传机制。

同步 HARQ 指的是对于某个 HARQ 进程来说其重传时刻是固定的。由于可以从子帧号中推导出信道号，因此不需要额外的 HARQ 信道号的信令。按照发送的属性，例如：资源块(RB)分配、调制和发送块的大小以及重传周期等，HARQ 方案可以进一步分为自适应和非自适应 HARQ。LTE 规范中描述了每一种情况的控制信道需求。

采用同步 HARQ 发送时，系统必须按照预先定义好的重传分组格式和时刻进行发送。与异步操作相比较，同步 HARQ 能够降低控制信令开销(不需要 HARQ 信道号)，且可以通过不同重传间的软合并来增强译码性能。

与第一次发送相比，自适应意味着发送机可以在每一次重传时改变其中一些或所有的发送属性(例如由于无线信道条件改变)。因此，有关控制信息需要与重传信息一起发送。

可以改变调制方案、资源块分配和发送周期等属性。

总的来说,LTE下行链路ARQ主要包括以下几点:

(1) HARQ处理发送错误,使用1位同步反馈信息;

(2) HARQ重传单元是一个透明的传输块,包含来自多个无线承载(MAC复用)的数据;

(3) ARQ处理HARQ错误,即ARQ重传HARQ处理失败的数据;

(4) ARQ重传单元是一个RLC的PDU;

(5) RLC按照调度器的判决来实现分段(segment)或串联(concatenation),一个RLC PDU可以包含整个业务数据单元(Service Data Unit,SDU)的一个分段,也可以包含几个SDU的数据(串联);

(6) 在没有MAC复用的情况,在HARQ和ARQ间重传单元是一一映射的;

(7) RLC实现到高层的按需传输。

在下行链路,假定LTE使用基于增量冗余(IR)的自适应、异步HARQ方案。基站的调度器根据用户的CQI报告选择发送时间和发送属性,来发送新数据或进行重传。

3. 下行分组调度

基站调度器(对于单播发送)在给定时间内动态地控制分配的时频资源。下行链路信令通知用户已经分配了什么样的资源和相应的发送格式。调度器可以动态选择最佳的复用策略,例如集中式或分布式分配。显然,调度与链路自适应和HARQ紧密相关。在给定子帧内采用哪一种发送复用方式的依据主要包括:最小和最大数据速率、移动用户间可以共享的可用功率、业务的BER目标需求、业务的时延需求、服务质量参数和测量、缓存在基站中准备调度的净荷、重传、来自用户的CQI报告、用户睡眠周期和测量间隔/周期、系统参数,例如带宽和干扰大小等。此外,还应该考虑如何降低控制信令开销,例如预先配置调度时刻以及对会话业务进行分组。由于信令的限制,在同一传输时间间隔(TTI)内只能调度给定的移动用户数(例如8个)。

图4.43显示了基站中与分组调度有关的不同实体间的相互作用,其目的是在较短的往返路径时延内根据信道条件实现快速调度。数据发送的基本可用时频资源是物理资源块(PRB),由固定数目的相邻OFDM子载波组成,表示频域的最小调度单位。整个调度过程的控制实体是分组调度器,它可以与链路自适应(LA)模块进行协商获得某个用户数据速率的估计。链路自适应可以利用用户的频率选择CQI反馈和此前发送的ACK/NACK,来保证第一次发送的数据速率估计能够满足一定的误块率(BLock Error Rate,BLER)目标需求。在链路自适应存在不确定性时,链路自适应处理中的偏移计算模块可以进一步稳定误块率性能。偏移计算模块在以子帧为间隔的CQI报告中提供基于用户的自适应偏移,以便降低偏移CQI错误对链路自适应性能的影响。调度器的主要目标是在一定的负载条件下,在时间和频域上使用调度策略来优化小区吞吐量。HARQ管理器为接下来的HARQ重传提供缓存状态信息和发送格式。

在各种不同的调度策略中,有两种策略经常使用,即公平分配方案和比例分配方案。

(1) 公平分配方案:在每一个移动终端(在下行链路或上行链路)分配相同数目的可用PRB。仅当小区中用户的数目改变(切换)时,每个用户分配的PRB数目才会发生改变。

(2) 比例分配方案:用户带宽根据信道条件来自适应改变,同时尽可能地通过功率控

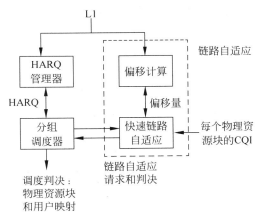

图 4.43　分组调度框架

制来匹配所需信噪比。

值得注意的是,频域干扰系统在很大程度上取决于网络中每个小区使用频谱的方式。采用类似 FDMA/TDMA 系统(就像 GSM)频率规划可以有效提高吞吐量,包括在部分频率复用下有效的分组调度,在业务量不是很大的情况下,整个系统并不使用所有频谱,从而降低小区边缘干扰。

### 4.4.8　限制小区间干扰的方法

为了能够最好地利用可用频谱,往往需要采用复杂的频率规划方法。通常希望频率规划是能够在各小区使用全部频谱,即复用因子设置为1。但是在这种情况下,OFDM 系统的小区边缘用户会受到严重的邻小区干扰,因此需要抑制这些干扰。抑制小区间干扰的方法有 3 种,它们之间并不相互排斥。

(1) 小区间干扰随机化:包括小区指定的加扰(在信道编码和交织后使用(伪)随机加扰)、小区指定的交织(也称为交织多址接入(IDMA))和不同类型的跳频方法。

IDMA 的原理是在邻小区间使用不同交织图案,于是用户可以通过小区指定交织器来区分不同小区。IDMA 与传统"单用户(基站)"采用加扰白化小区间干扰方案的效果相同。

图 4.44 描述了在下行链路使用 IDMA 的情况,其中基站 1 和基站 2 分别为用户 1 和用户 2 提供服务,同时为它们分配了相同的时频资源(块)。假定基站 1 为用户 1 交织信号使用交织图案 1,而基站 2 为用户 2 交织信号使用交织图案 2(与图案 1 不同),用户 1(用户 2)可以通过不同的交织器来识别两个基站的信号。

(2) 小区间干扰抵消:根本目的是在用户上得到比处理增益更能提高性能的干扰抑制。例如,用户可以通过使用多天线进行干扰抑制,也可以采用基于检测的干扰抵消或小区间干扰抑制方法,也可以采用 IDMA 来实现小区间干扰抵消。

假定用户能够对来自基站 1 和基站 2 的信息进行迭代译码,可以采用迭代译码技术抵消干扰。考虑两小区的情况,在第一次迭代中,在小区 1 实现单用户译码。假定在译码后,帧中的某个信息比特相对来说不够可靠(对数似然比(LLR)小)。于是,信息比特被重新编码。这样,不可靠的信息比特变换到 N 个不可靠编码比特。在经过小区 1 的重交织后,N 个不可靠的编码比特经过加扰并分布到不同的位置。于是通过从接收信号中减去小区 1

的信号就可以得到小区 2 的信号。在干扰抵消后,小区 1 的 $N$ 个不可靠编码比特影响小区 2 某个数据帧的相应比特,但是接下来小区 2 信号要发送到小区 2 的解交织器。如果两个小区使用相同交织图案,$N$ 个不可靠的信息将重新组合到一起。但是如果使用 IDMA,小区 2 与小区 1 使用不同的交织器,因此帧中的 $N$ 个不可靠比特将扰乱并分布到其他位置,在第二次迭代时能够得到对前面 $N$ 个不可靠比特较好的估计。

（3）小区间干扰协调或避免:在用户与基站间测量（CQI、路径损耗和平均干扰等）,以及在不同网络节点间（基站间）交换测量的基础上,可以达到更好的下行链路分配,从而实现干扰避免。例如可以采用如图 4.45 所示的软频率复用。该方案的边缘用户采用复用因子为 1/3 的主带宽频率,达到较高发送功率和较高的 SNR,剩余的频谱和功率分给中心用户。

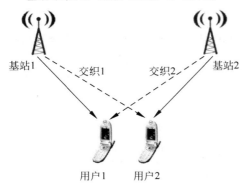

图 4.44　使用 IDMA 来抑制小区间干扰

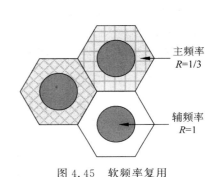

图 4.45　软频率复用

# 4.5　eMBMS

### 1. eMBMS 架构

随着移动通信技术的发展,将会出现更加丰富的多媒体消息、视频点播、音乐下载和移动电视等大流量、高速率的数据业务。为了满足上述业务需求,3GPP 组织提出多媒体组播与广播业务（Multimedia Broadcast Multicast Services,MBMS）。MBMS 是 3GPP 在其 Rel-6 规范中定义的功能,能够向一个小区内所有用户（广播）或特定用户组中的用户（多播）发送相同信息,是手机电视业务的技术基础。

3GPP 在 TS 36.300 Rel-8 中定义了演进的多媒体广播多播业务（evolved Multimedia Broadcast Multicast Services,eMBMS）的基本特征,并未完成整体的标准化。直到 LTE Rel-9 标准才真正支持 eMBMS 技术,不仅详细定义了 eMBMS 涉及的每个实体,而且还定义了接口间的消息交互过程。

图 4.46 所示给出了 LTE Rel-9 中给出的 eMBMS

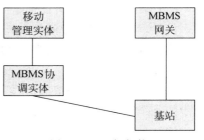

图 4.46　逻辑架构

的逻辑架构。

3GPP 定义了一个控制平面实体,称为 MBMS 协调实体(MBMS Coordination Entity, MCE),确保在给定 MBSFN 区域内所有基站间分配相同的资源块。MCE 的任务是正确配置基站上的 RLC/MAC 层,从而实现 MBSFN 过程。

### 2. 多播广播单频网

SFN 的概念最早是由 3GPP R7 提出的,每一个多播小区采用自己的工作频段和扰码,这意味着即使多个小区广播相同的内容,它们的信号会由于使用了不同的扰码而相互干扰。在 SFN 网络的 UTRAN 中,多个小区使用的是相同的扰码和工作频段,此时 HSDPA 终端可以合并多个类似多径效应的信号,得到至少 3dB 的网络容量增益。但是,为了使每一个信号都落入终端的接收窗内(即不超过会产生干扰的 CP 长度),基站需要有精确的同步机制,例如基于 GPS 系统的同步机制。

在 LTE 中,eMBMS 传输可以在单个小区或多个小区实现。在多个小区的情况中,小区和数据内容是同步的,这样在终端可以对来自多个基站的功率进行软合并。这个叠加的信号在终端看起来就像多径,称为单频网络(Single Frequency Network,SFN)。LTE 可以配置成 SFN 来传输 MBMS 业务,称为多播广播单频网(Multimedia Broadcast Single Frequency Network,MBSFN)。MBSFN 是为了支持移动电视之类业务的 LTE 接入而设计的,有望成为手持数字电视广播(Digital Video Broadcasting-Handheld,DVB-H)的有力竞争者。

在 MBSFN 中,一组同步基站传输时使用相同的资源块。用于 MBSFN 的循环前缀要比通常情况稍长,使得用户能够合并来自距离很远的不同基站的信号,当然这样多少会影响 SFN 优势的发挥。MBSFN 在 0.5ms 内有 6 个符号,非 SFN 在 0.5ms 内则是 7 个符号。

对于 MBSFN 过程,3GPP 在 eMBMS 网关和基站间定义了 SYNC 协议,确保在空中接口传输相同的内容。如图 4.47 所示,广播服务器是 eMBMS 业务的源,eMBMS 网关负责向 MBSFN 区域不同的基站发布业务。从 eMBMS 网关到不同基站的业务分配可以使用"IP 多播"。

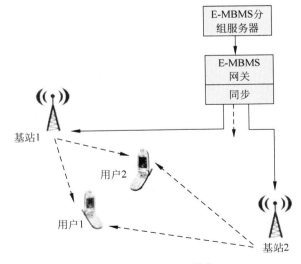

图 4.47 MBSFN 概念

eMBMS的分组发送如图4.47所示。

LTE定义了两个逻辑信道，分别是多播控制信道（Multicast Control CHannel，MCCH）和多播业务信道（Multicast Traffic CHannel，MTCH）。MBMS数据由eMBMS业务信道（MTCH）承载，MTCH是一种逻辑信道，MTCH逻辑信道映射到MCH传输信道或下行链路共享信道（DL-SCH）。当映射到MCH信道时，相应的物理信道是PMCH。

3. eMBMS物理层传输

在承载eMBMS SFN数据子帧时，要使用一种专门的参考信号。当几个小区同时使用参考信号时，所有小区用于eMBMS接收的参考信号是相同的。这是由于信号合并和传输调度机制要求各小区使用相同的参考信号，以便在最大时延扩展小于循环前缀时接收分组。

eMBMS的数据传输可以使用与单播共享相同的子载波，也可以使用eMBMS业务"专用"子载波。例如，对于移动电视来说，eMBMS数据在专门的子载波上发送，不承载广播或与eMBMS相关信息外的其他任何数据。eMBMS也可以采用与单播复用的传输方案，例如FDM或TDM（在TDM的情况，eMBMS与单播业务的传输不共享相同的子帧）。在eMBMS传输使用专门的子载波来处理时，要求在不同业务间仅有TDM复用，且仅考虑扩展循环前缀。

eMBMS传输采用的物理层编码和调制方案与单播传输时相同，这是一种基本的发送模式。当使用eMBMS时，用户无法像单播情况一样反馈包括CQI在内的各种信令。在多码字空间复用情况，由于缺少信道质量反馈，因此不能实现每一个码字的调制和编码的动态自适应等技术。但是，不同码字可以在半静态情况下使用不同调制编码和功率控制，来实现用户接收端的干扰抵消。

由于用户的基本配置是2天线，因此广播码字数限制为2。eMBMS中，应该进一步考虑把用户限制为单码字接收。具有多于两个发送天线的基站的eMBMS信号应该对用户来说是透明的。

# 4.6　本章小结

本章给出了LTE的工作频带和带宽分配，阐述了传输信道、逻辑信道、物理信道以及它们之间的映射关系，描述了LTE的帧结构和资源块，给出了LTE的双工模式。在此基础上，重点阐述了LTE上行物理层传输和下行物理层传输。

在LTE上行物理层传输过程中，首先介绍了上行物理信道基本概念；然后分别介绍了物理上行共享信道和物理上行控制信道的相关概念以及传输过程；重点阐述了上行参考信号的生成，包括解调参考信号和探测参考信号，以及上行多址技术的方案；最后还讨论了传输信道的编码与复用。

在LTE系统物理层下行传输过程中，描述了物理下行共享信道、物理广播信道、物理控制格式指示信道以及物理下行控制信道的传输过程，阐述不同信道的时频资源映射、调制方式和MIMO预编码方式等，还给出了下行资源调度和链路自适应技术以及小区间的干扰抑制方法。最后阐述了演进的多媒体广播多播业务逻辑架构及物理传输。

# C 第 5 章
## hapter 5

# LTE-A技术增强

      LTE-Advanced 简称 LTE-A,是 LTE 技术的后续演进。2008 年 6 月,3GPP 完成了 LTE-A 的技术需求报告,提出了 LTE-A 的最小需求:下行峰值速率 1Gb/s,上行峰值速率 500Mb/s,上下行峰值频谱利用率分别达到 15Mb/s/Hz 和 30Mb/s/Hz。为了实现这一需求,LTE-A 引入了载波聚合、多点协作(Coordinated Multi-Point,CoMP)和中继(Relay)等新技术,提升小区频谱效率和小区边缘频谱效率。本章分别对这 3 种技术展开深入的探讨,并描述了相应的应用方式。

## 5.1 LTE 中的载波聚合技术

      载波聚合技术将多个载波分量聚合成一个整体来发送或者接收信号。将载波聚合引入 LTE-A 主要是因为该技术能够很好地将不连续的频谱资源聚合到一起,更加有效地利用频谱资源。载波聚合技术能够很好地满足 LTE 的后向兼容问题。本节主要介绍载波聚合技术的应用场景、实现方式、控制信道设计以及波特载波聚合的随机接入过程等内容,以便读者对 LTE-A 中的载波聚合技术有一个整体的了解。

### 5.1.1 载波聚合技术的引入

      宽带移动通信的目标就是要达到铜线和光纤组成的有线网的通信能力,但是这受制于无线通信资源。在早期的移动通信系统中人们主要是利用时间和频谱资源,后来随着 MIMO 技术的出现,空间资源的利用使通信资源利用率又提升了一个台阶。但是随着 MIMO 天线数的增加,处理复杂度和终端体积也会上升,加上 OFDM 的高频谱利用率,LTE 的频谱利用性能已经接近给定带宽下的理论极限。要实现无线通信中更高的传输速率,无非就是提高频谱资源利用率和增加可用资源两个方案,在前者受限于瓶颈的条件下,只能通过第二种方式解决。针对这一背景,2007 年世界无线电大会已经为今后的移动通信业务预留了一些新频谱,以确保 LTE 之后的系统在全球有更多的可用频谱,包括 3.4GHz、3.6GHz 等。

      LTE 虽然频谱资源丰富,但是候选频段分布比较复杂,包括了 400MHz、800MHz、2.5GHz 甚至更高频的多个零散频段,各个频段之间相互间隔较大,并且频谱特性不大相同,如低频段普遍带宽窄但是覆盖范围大,而高频段则相反。为了满足 IMT-Advanced 100MHz 带宽的要求,LTE-A 中引入了载波聚合技术,用来把多个连续或者非连续的频谱资源整合到一起,实现宽带无线业务。

在 LTE-A 中,引入载波聚合的主要目的是为了解决未来通信系统宽带的需求。载波聚合的引入能够合并分散的频谱块,使得高效率的宽带移动通信系统的实现变为可能,因此载波聚合是 LTE-A 的最重要技术之一。

## 5.1.2　载波聚合的分类

### 1. 对称载波聚合和非对称载波聚合

由于 LTE-A 系统对上行和下行的传输速率和带宽需求不同,因此 LTE-A 载波聚合除了对称的聚合方式,还支持上下行非对称的聚合方式,即上下行聚合的载波数目可以不同。对称载波聚合和非对称载波聚合的方式如图 5.1 所示,非对称载波聚合允许上行和下行聚合的成员载波(Component Carrier,CC)数不一致,这样可以让系统的资源利用率更高。

(a) 对称载波聚合　　　　　　　　　　(b) 非对称载波聚合

图 5.1　对称载波聚合和非对称载波聚合

但是,非对称聚合会引起上下行成员载波之间对应关系混淆的问题。因为 LTE-A 中有很多传输过程需要上下行相互反馈,比如上行接入需要在下行发送接入响应。此外,数据传输在传输之前需要调度信息,传输之后需要混合自动重传(Hybrid Automatic Repeat Request,HARQ)反馈,这些都需要上行和下行成员载波之间的对应关系。解决这个问题需要从 LTE-A 协议本身 L1/L2 的控制协议设计入手。

另外,这种因为非对称聚合引起的上下行混淆主要是在 FDD 模式中。和 FDD 模式不一样的是,TDD 通过上下行时隙配置,本身就可以实现非对称传输,其上下行的关系是通过时间来对应的。

### 2. 连续载波聚合和非连续载波聚合

LTE-A 载波聚合中聚合的各个成员载波沿用 LTE 中载波的设计,其最大带宽不超过 20MHz,共 110 个资源块(Resource Block,RB),这是由 LTE 终端的后向兼容所决定的,并且规定可以将 2～5 个 LTE 成员载波聚合在一起,实现最大 100MHz 的传输带宽。可用于聚合的载波带宽大小分别为 3MHz、5MHz、10MHz、15MHz、20MHz。与终端维持无线资源控制层连接的载波,称为主载波;除主载波之外的载波,称为辅载波。基于载波聚合技术的移动通信系统亦可称为载波聚合系统。

根据聚合的成员载波在无线资源中的连续性及所在频带是否相同,可将载波聚合分为 3 种聚合场景:同一频带内的连续载波聚合、同一频带内的非连续载波聚合和不同频带内的载波聚合。

1) 同一频带内的连续载波聚合

在这种聚合方式中,所有成员载波在同一频带中,且成员载波之间没有间隔,如图 5.2 所示。

图 5.2 同一频带内连续载波聚合

该聚合方式直接简单,而且聚合不需要额外的射频链路,极大降低了聚合成本。但前提是能够找到足够的连续频谱资源进行聚合。

2) 同一频带内不连续的载波聚合

在这种方式下,所有成员载波在同一频带内,但至少有两个成员载波之间存在间隔,如图 5.3 所示。

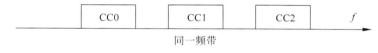

图 5.3 同一频带内非连续载波聚合

在实际的频谱规划中,有些运营商在一个频带内拥有非连续的频谱资源,需要采用这种聚合方式。3GPP 在 LTE Rel-11 中提出了几个典型的带内非连续的聚合方式。

3) 不同频带内的载波聚合

这种方式的聚合的成员载波不在一个频带内,如图 5.4 所示。

图 5.4 不同频带内载波聚合

这种载波聚合方式要求用户侧具有多条射频收发链路,因此增加了终端的设计复杂度。另外,该聚合方式最大的问题是射频端的互调干扰。

根据现在的频谱规划,4GHz 的频谱资源是比较稀少的,其频谱里面有些带宽还不到 100MHz,很难为一个移动通信网络提供连续的 100MHz 的带宽,因此非连续载波聚合在实际环境中显得更具有普遍的适用性。但是不可避免的是,在非连续载波聚合下需要多个射频链路才能发送和接收完整带宽的信号。

除了给硬件实现带来困难以外,非连续载波聚合还会对一些链路和系统级算法带来影响,比如为了适应非连续宽带传输,资源管理调度需要考虑更多的问题,包括发射功率控制、自适应编码调制等,以适应间隔较大的成员载波在衰落特性上的差异。比如对于载波聚合下的基站(eNodeB),如果固定每个成员载波的发射功率,那么由于衰落特性的不同,每个成员载波的覆盖性和用户的信道质量信息(Channel Quality Information,CQI)是不同的,低频段(比如 700MHz)比高频段(比如 2.6GHz、4GHz 以上)有更好的覆盖范围,能支持更高效率的编码调制,而且受到多普勒频移的影响也较小,另外从小区间考虑,每个成员载波的小区间干扰(Inter-carrier Interference,ICI)也是不同的。

### 5.1.3　载波聚合实现方式

在 LTE-Advanced 系统中,每个子载波对应一个独立的数据流,根据数据流被分配到不同成员载波上的位置,载波聚合的方式分为 MAC 层聚合和物理层聚合。

1. MAC 层聚合

如图 5.5 所示,MAC 层的载波聚合是指系统中成员载波的数据流在 MAC 层进行聚合。在这种方案中,给每个成员载波分配一个独立的传输块,并采用独立的链路自适应技术,可以给它配置独自的传输参数,例如传送等级、传输功率、编码方案、码率等。另外,分配给每个成员载波单独的混合自动重传(HARQ)进程和物理层,可以单独对每个成员载波的传输块进行反馈。

2. 物理层聚合

各成员载波上的数据流聚合在物理层完成,多个成员载波可以使用统一的物理过程,例如所有载波需要统一的调制编码、混合自动重传(HARQ)和相对应的应答/非应答(ACK/NAK)反馈、链路自适应技术、调度技术等。物理层聚合方式中,每个载波的物理层结构需要重新设计,这样可能会影响数据流到 MAC 层的时间,如图 5.6 所示。

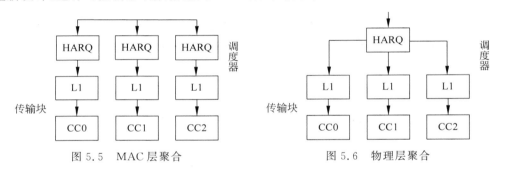

图 5.5　MAC 层聚合　　　　　　　图 5.6　物理层聚合

两种聚合方式各有优点和缺点。图 5.5 所示的 MAC 层聚合在链路自适应和 HARQ 方面体现出了很好的性能,并且考虑了与 LTE 系统的后向兼容性,但是频谱效率和调度增益都没有得到很好的提升,MAC 层聚合可以看作是相同链路的聚合并且每个载波的开销相同,总的开销是单个载波开销的 N 倍(N 是成员载波的数目),总开销在聚合前后并没有变化。图 5.6 所示的物理层聚合中额外频率的分集增益被边缘化了,编码增益只在很少的一些场景中才能体现其重要性,但 HARQ 重传是在所有的载波上进行的,减少了传输块个数和 HARQ 过程,对 MAC 层来说,大大减小了系统的开销。

从目前 LTE-Advanced 的发展进程和标准化来看,MAC 层聚合似乎更加合理,因为它允许各成员载波拥有独立的链路自适应技术,这对于系统大带宽要求来说是非常重要的;而且它可以充分利用现有的系统结构,更加容易实现 LTE 系统向 LTE-Advanced 系统的平滑演进。

### 5.1.4　控制信道设计

控制信道的设计是载波聚合系统中需要着重考虑的方面之一,在设计中需要考虑实现的复杂度和与 LTE 系统的前后向兼容性等因素,设计的优劣可能直接影响载波聚合技术在

LTE-Advanced 系统中的应用。结合多家公司已经提出的设计模式,控制信道的设计方案包括独立控制信道设计和联合控制信道设计。

1. 独立控制信道设计

每个载波上都有独立的控制信道与该载波上的数据信道相关联,且该载波上的数据信道对应的控制信道只在该载波上,信道中控制信息采用独立编码方式,只能控制对应载波上的数据流的传输,如图 5.7 所示。

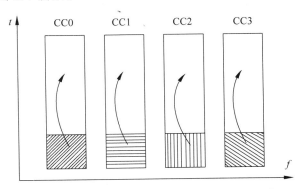

图 5.7 控制信道设计方案 1(独立控制信道设计)

2. 联合控制信道设计

控制信道横跨聚合后的全部频带,对所有载波的控制信息进行统一的联合编码,联合编码后的信息分布在所有的载波上传输,如图 5.8 所示。

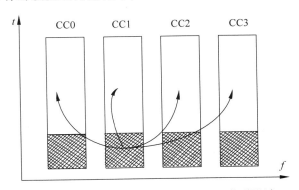

图 5.8 控制信道设计方案 2(联合控制信道设计)

比较两种设计方案,各有优缺点。独立控制信道和相应的数据传输在同一个载波上,每个控制信道上传输该载波上数据业务的控制信息,这种设计方案可以很好地兼容现有的设计方案,能够重复利用 LTE 的控制信道格式,对原有系统设计影响较小,在充分利用现有资源的同时还有良好的后向兼容性,并且控制开销与被控制的载波带宽成比例,节省一些不必要的开销;联合控制信道横跨整个聚合后的载波,其优点是系统信令开销小,但用户需要监控整个带宽上的控制信息,并解析整个系统子带上的控制信息,确定其分配信息,这给用户带来了更大的开销和功率消耗,并且不利于系统的后向兼容。

目前业界倾向于选择独立控制信道方案,但最终确定需要综合考虑实现复杂度、功率消耗、后向兼容性、资源优化等方面。

## 5.1.5　载波聚合的聚合方式

在 LTE-Advanced 系统中,为了把两个或者多个成员载波聚合成一个较大的带宽以便支持较高的传输速率,需要采用载波聚合技术。载波聚合技术就是把两个或者更多的成员载波聚合成更宽的频带,以支持高速数据传输。载波聚合技术的聚合方式可以分为直接宽带聚合和多载波聚合两种方式。直接宽带聚合是指通过较大的 IFFT 变换把数据调制在聚合的载波上发射出去,只需要一个射频(Radio Frequency,RF)链路。对于不连续的频带资源,在 IFFT 变换中补零构成一个连续的频谱,如图 5.9 所示。

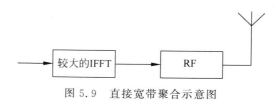

图 5.9　直接宽带聚合示意图

多载波聚合方式是指每个用于聚合的成员载波分别进行信道编码和调制,在射频端进行聚合后发送出去,需要多个 IFFT 变换和射频链,如图 5.10 所示。

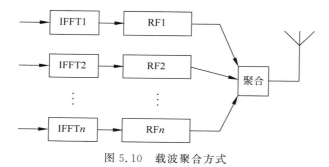

图 5.10　载波聚合方式

## 5.1.6　载波聚合中的随机接入过程

本书 4.3.7 节已经阐述了 LTE 随机接入过程,下面给出支持载波聚合的随机接入过程。

(1) UE 通过小区搜索过程找到一个聚合的下行载波,侦听该载波并将其命名为临时下行载波,如图 5.11 所示。

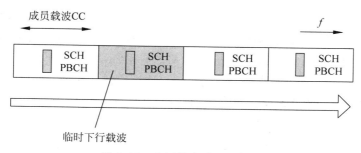

图 5.11　小区搜索过程示意图

（2）用户从临时下行载波上获取物理广播信道（Physical Broadcast CHannel，PBCH）参数，进而从 PBCH 中获取系统消息，包括临时下行载波的带宽和发射天线个数等。

（3）基站在下行成员载波上发送物理随机接入信道（Physical Random Access CHannel，PRACH）参数，侦听临时下行载波的 UE 会接收到相对应 PRACH 参数。

（4）UE 会根据接收到的 PRACH 参数，在对应的 PRACH 上发送随机接入前导。

（5）这时基站在下行载波上发送随机接入响应（Random Access Reply，RAR），其中包括上行授权。

（6）UE 通过临时上行成员载波发送消息 Msg3，告知基站包括 UE 容量等信息。

（7）基站 UE 发送消息 Msg4，配置新的上下行载波对。

（8）UE 将使用的上下行载波移至上述载波对上，并发送报告告知基站。

（9）接入过程完成，发送或接收数据可以在新的更宽的载波上进行。

上述过程主要包括两个阶段，第一阶段操作在临时载波对上进行，如过程（1）至过程（8），第二阶段操作在新分配的载波对上进行，如过程（9）。

非对称载波聚合是聚合的上下行载波数目不相等的情形，这样上下行载波的一一对应的关系就不存在了。比如上行 2 载波，下行 4 载波，就会出现一个上行载波对应两个下行载波的情况，虽然这种非对称结构有利于更好地支持上下行不对称业务，但却给随机接入造成了一定的麻烦，基站将不能准确确定 UE 所侦听的下行载波是哪一个载波段，如图 5.12 所示。

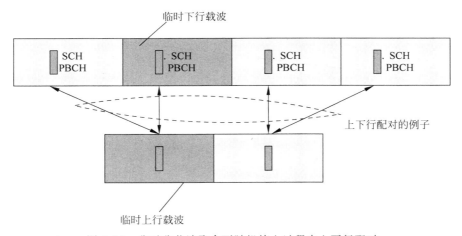

图 5.12 非对称载波聚合下随机接入过程中上下行配对

当基站接收到用户上行发送的随机接入前导时，可以判断出 UE 当前所处的临时上行载波，但由于该临时上行载波不止与一个下行载波配对，基站没有足够的信息来判断 UE 当前所侦听的下行载波。这对接入过程将产生严重的影响，这是非对称载波聚合下随机接入过程面临的一大问题。

根据前述随机接入的一般过程，可以采用以下方案有效解决上述问题：

（1）通过小区搜索过程，用户找到一个聚合的下行载波，作为临时下行载波，并且用户从临时下行载波上获取 PBCH 参数，进而通过接收系统广播信息获取系统消息。

（2）基站在不同的下行成员载波上发送不同的物理随机接入信道（PRACH）参数，这里PRACH 参数分别与相应的下行成员载波对应，是区别不同下行载波的标志。

（3）用户接收到相对应 PRACH 参数后，根据接收到的相对应 PRACH 参数，在所侦听的临时下行载波上的 PRACH 发送随机接入前导。

（4）基站接收用户发送的随机接入前导并检测其 PRACH 参数，通过查询 PRACH 参数与下行载波的对应关系，即可判断出 UE 所侦听的临时下行载波是哪个，然后基站在该下行成员载波上发送随机接入响应（RAR），包括上行授权。

（5）UE 通过临时上行成员载波发送消息 Msg3，告知基站包括用户容量等信息；基站根据 Msg3 中用户容量等信息，配置新的上下行载波对，并向用户发送消息 Msg4，用户收到消息后，将使用的临时上下行载波移至新配置的载波对上，并发送报告给基站。

（6）接入过程完成。

上述过程如图 5.13 所示。

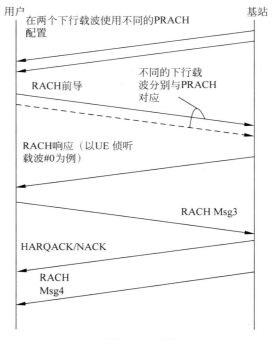

图 5.13　基站判断用户侦听下行载波的方案

上述过程中，下行成员载波分别对应不同的物理随机接入信道（PRACH）参数，使基站可以在接收到随机接入前导时根据 PRACH 参数准确判断 UE 侦听的下行成员载波。从RAR 之后，基站只需要在一个下行载波上发送信息，不需要在所有的下行载波上重复发送，节省了开销。但该方案有其自身缺点：上行时频资源开销很大，需在临时上行载波上为其对应的各下行成员载波分别开辟 PRACH 信道，尤其在不对称程度高的配置情形下，如上下行载波配置为 1∶5 时，开销更大。针对这个缺点，可以从以下几个方面提出解决方案。

方案一：为了克服上行资源浪费的缺点，基站不再发送不同的 PRACH 参数，而是使用不同的上行授权，上行授权的差异性可以从两方面体现：频分多址（FDM）和时分多址（TDM）。在每个下行载波上分配不同的 Msg3 上行授权，当基站接收到 Msg3 时，就能确定

UE 所侦听的下行载波了。

方案二：通过修改 Msg3 的格式，增加用于指示 UE 所侦听的临时下行载波的数据位。这样，在上下行配对 1∶2 情形下，要增加一位数据位，而 1∶4 情形要增加 2 位数据位，1∶5 情形下需要增加 3 位。

方案三：使用不同的小区无线网络临时标识（C-RNTI）对应不同的下行成员载波，Msg3 中扰码是不同的，基站通过正确解码出 Msg3 来判别 UE 所使用的下行载波。

这 3 种方案又分别有自身的不足，如方案一中 Msg3 上行资源会有所浪费，方案二需要改动 LTE Rel-8 中关于 Msg3 的协议，方案三有临时 C-RNTI 浪费的情况。表 5.1 详细列出了此 3 种方案的优缺点。

表 5.1　3 种方案的优缺点比较

| 优　缺　点 | 方　案　一 | 方　案　二 | 方　案　三 |
|---|---|---|---|
| Msg3 中有上行资源浪费？ | 是 | 否 | 否 |
| 临时 C-RNTI 的浪费？ | 否 | 否 | 是 |
| 需要改动 LTE Rel-8 中的协议？ | 否 | 是 | 否 |
| Msg4 以及以后消息有下行资源浪费？ | 否 | 否 | 否 |

在实际应用中，应结合各方案的优缺点，合理选择一种方案作为最终方案。

## 5.1.7　载波聚合中的资源管理

LTE-Advanced 载波聚合的无线资源管理主要包括以下几个模块，如图 5.14 所示。其中 L3 的成员载波选择和 L2 的分组调度是无线资源管理中的两个主要模块。当用户完成随机接入过程后，基站会根据每个成员载波的信道质量和业务负载量给用户选择合适的成员载波。成员载波的选择步骤结束之后，在每一个成员载波上会单独执行分组调度和混合自动重传请求（HARQ）进程。

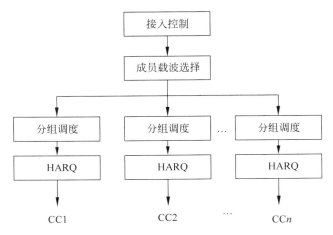

图 5.14　LTE-Advanced 系统在载波聚合下的无线资源管理

LTE-Advanced 载波聚合的无线资源管理中，成员载波的选择是一个必要的过程。这是因为当一个用户长期选择质量差的成员载波时，会造成某一个信道质量较好的载波上的业务拥挤,这样不仅不能对系统带来可观的吞吐量,而且还会造成系统资源浪费。通过成员载波选择这一步骤可以消除对于某些用户不适合的载波,还可以避免两个相邻小区间的干扰,进而提高系统容量。因此,一个合适的成员载波选择策略可以有效地提高载波聚合的效率。

当 LTE 系统在进行资源调度时需要满足数据吞吐量、系统公平性、QoS 保证、无线链路的易变性、信道利用率和时延等一系列指标要求。其中,吞吐量、公平性和时延是资源调度中最为重要的 3 个条件。在目前移动通信系统中,经典的调度算法有轮询算法(Round Robin,RR)、最大载干比算法(Maximum Carrier to Interference,Max C/I)、比例公平算法(Proportional Fairness,PF)等。从吞吐量角度考虑,最优的调度算法是 Max C/I 调度算法,而最差的是 RR 调度算法。但用户间最具有公平性的是轮询调度算法,而 Max C/I 具有较差的公平性。PF 调度算法则是两种调度算法之间的折中算法,它既考虑用户之间的公平性又兼顾了系统吞吐量。因此,比例公平算法是目前最常用的动态调度算法。由于这 3 种调度算法都没有考虑时延的因素,这些算法只能应用于那些对时延不敏感的非实时业务。

载波聚合技术可以把多个成员载波聚合为一个较大的带宽,而且还可以让用户在多个成员载波上进行分组调度。在移动通信系统中一个优良的调度算法不仅可以减少系统的传输时延,还可以大大提高系统吞吐量。在 LTE-Advanced 系统的载波聚合场景中常用的分组调度结构主要有独立载波调度和联合载波调度。

### 1. 独立载波调度

独立载波调度过程包括了一级调度和二级调度。其中一级调度器把用户的分组数据包分配到各个成员载波中。而每个独立的成员载波上都有一个独立的调度器,即二级调度器。在各个成员载波上的资源分配都是独立进行的。每个调度器根据用户的优先级进行资源的分配。

独立载波调度器结构如图 5.15 所示。

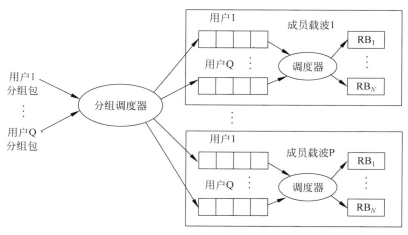

图 5.15　独立载波调度结构

独立载波调度中第一级调度器的主要功能是将不同的传输频带分配给终端到基站的分组数据包。该调度器按照一定的调度算法把接收到的业务数据包分配给二级调度器。调度依据是不同载波上用户的数据队列长度。

独立载波调度中第二级调度器主要用来把不同用户需要传输的数据映射到资源块（RB）上。分配资源块的主要原则是将数据根据用户瞬时信道条件和队列长度等情况进行分配。

独立载波调度方式与传统单载波调度方式一致,在每个成员载波上独立进行资源调度,却无法获知其他几个成员载波上的资源调度情况。式(5.1)表示独立载波调度的资源分配算法:

$$j = \mathrm{argmax} \left\{ \frac{R_{n,m}(i,k)}{T_{n,m}(i-1)} \right\} \tag{5.1}$$

其中: $j$ 表示通过上述调度准则被选出来的用户; $R_{n,m}(i,k)$ 表示用户 $n$ 在第 $i$ 时刻,在第 $m$ 个成员载波的第 $k$ 个 RB 上可得到的瞬时吞吐量增益; $T_{n,m}(i-1)$ 是用户 $n$ 在第 $i$ 个调度时刻之前在该成员载波 $m$ 上实现的系统吞吐量均值。每完成一次调度之后,用户的吞吐量均值需要按照以下表达式及时更新:

$$T_{n,m}(i) = \left(1 - \frac{1}{T_c}\right) T_{n,m}(i-1) + \frac{1}{T_c} \begin{cases} \sum_{k \in \phi_m} R_{n,m}(i,k), & n = j \\ 0, & n \neq j \end{cases} \tag{5.2}$$

其中, $\phi_m$ 表示在第 $m$ 个成员载波中的所有资源块(RB)的集合; $T_c$ 是滑动窗的宽度。独立载波调度器可以在每个成员载波上保证所有激活用户的公平性。

2. 联合载波调度

与上述独立载波调度不同的是,联合载波调度中的所有子载波的资源由一个共同的调度器来完成资源块(RB)的分配。这个统一的调度器把进入到系统中的所有用户数据直接分配给 $m \times k$ 个不同的子载波上。具体示意图如图 5.16 所示。

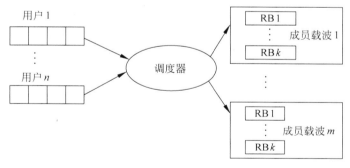

图 5.16 联合调度器结构图

联合载波调度中的调度器将接收到的所有数据包根据用户数据包的信道条件以及用户队列长度等情况映射到资源块上。联合载波调度器以提高整个系统吞吐量性能以及频谱利用率为目标,对独立载波调度器进行了改进。联合载波调度为了保持与 LTE 系统的后向兼容性,在每个成员载波上使用的分组调度算法并未进行太大的改动。与独立载波调度相比,联合载波调度更多考虑了用户在过去调度时间内在所有成员载波上获得到的吞吐量。联合载波调度中的平均吞吐量值需要所有成员载波资源分配完后才能进行更新。平均吞吐量的更新矩阵可由式(5.3)表示:

$$\tau_n(i) = \left(1 - \frac{1}{T_c}\right)T_n(i-1) + \frac{1}{T_c}\begin{cases} \sum\limits_{m \in \varphi}\sum\limits_{k \in \phi_m} R_{n,m}(i,k), & n = j \\ 0, & n \neq j \end{cases} \tag{5.3}$$

当进行联合载波调度时需要跨载波分配资源,这可能会给基站带来过重的调度负载量。由于该调度方式需要每个成员载波的调度器之间进行信息的交换,会使调度过程变得复杂。当用户选择低质量成员载波进行资源调度时,实际上不仅不能给系统带来可观的增益,而且还会造成频谱资源的浪费。通过消除那些对某个用户不适合的成员载波,可以大大减少调度负载,还可以提高频谱利用率。因此,成员载波的选择是在LTE-Advanced系统中提高载波聚合效率的一个有效方法。

## 5.2　LTE-A 中的中继技术

为了满足LTE-Advanced的高容量需求,系统必须工作在很宽的频段内,即系统只能在较高的频段处工作,然而穿透损耗和路径损耗在高频段处都非常大,所以实现大范围覆盖的难度也就更大。在这样的背景下,拥有提高系统容量、增加覆盖范围、提升小区边缘用户通信质量、降低成本等诸多优势的中继技术成为了人们广泛关注的焦点,作为LTE-Advanced的关键候选技术之一,中继技术为解决系统覆盖、提升系统吞吐量等问题提供了很好的解决方案。

中继技术通过在现有基站站点的基础上增加中继站的方案来实现增加站点及提高天线密度的目的,新增加的中继站点和固有基站站点通过无线信道进行连接。中继站与传统的直放站在工作方式及作用方面均不相同。传统的直放站在接收到基站发射的无线信号后,直接对其进行转发,仅仅起到了放大器的作用,然而这种放大器还必须在一些特定的情况下才能发挥作用,同时该放大器只能在提升系统覆盖方面起到改善的作用,对提高系统容量并没有贡献。另外,在终端和固有基站之间部署直放站,实质上并不能缩短基站和终端的距离,也就无法对资源分配及信号的传输格式进行优化,无法使系统的传输效率得到提升。此外,如果使用直放站后,不能对干扰进行很好的控制,那么由于干扰的增加,将无法达到提升系统覆盖的效果;相反,还使整个系统的传输性能恶化。而使用中继技术时,在数据传输的过程中,发送端首先将数据传送至中继站,再由中继站转发至目的节点。通过中继技术来缩短用户和天线间的距离,从而达到改善链路质量的目的,这样便可有效提升系统的数据传输速率和频谱效率。同时,若在小区原有覆盖范围部署中继站,还可以达到提升系统容量的目的。

中继技术虽然在理论上可以提升系统性能,但它带来的潜在问题也是显而易见的。中继技术在为网络插入一个新节点的同时,也带来了新的干扰源,使得系统的干扰结构更加复杂化。为了在中继站和基站之间进行有效的时频资源分配,需要通过资源调度或者帧结构设计才能实现。另外,引入功能全面的中继站后,与其相关的控制信道、公共信道、物理过程等也需要进行重新设计。

### 5.2.1　中继的原理及特点

与LTE系统相比,LTE-Advanced系统对小区边缘用户性能和平均吞吐量都提出了较高的要求,基于此,中继技术作为一种有效且成本较低的解决方案被引入,它可以和分布式天线技术一同被视为提升系统覆盖的里程碑技术。

传统蜂窝网络中,基站与用户之间的通信是靠无线信道直接连接的,即采用"单跳"的传输模式,如图 5.17(a)所示,信号经发送端发出之后,直接通过无线链路传输至接收端。而中继技术则是通过在基站和移动用户之间增加一个或者多个中继节点来实现信号的传输,即实现了无线信号的"多跳"传输。信号在通过发送端发出之后,需经过中继节点的处理后才会转发至接收端,该处理操作可以是简单的信号放大,也可以是经过解码后的转发,具体视场景及中继的工作方式而定。如图 5.17(b)为两跳中继系统,原有蜂窝小区引入了两个中继站,用户 1 和用户 2 分别由中继节点 1 和中继节点 2 进行服务,可以看出,通过引入中继节点,原有的基站到用户的无线链路被分割成了两跳链路,即基站到中继和中继到用户。这种将一条较差质量的无线链路替换为两条较好质量链路的方式,可以有效地提升小区吞吐量及覆盖半径。中继的部署必然会引入新的无线链路,如图 5.17(b)所示,基站和中继之间的链路被称为回程链路,基站与直传用户之间的链路称为直传链路,中继与中继所服务用户之间的链路称为接入链路。与此同时,直接由基站服务的用户称为宏小区用户(Macro-User Equipment,M-UE),由中继进行服务的用户称为中继小区内用户(Relay-User Equipment,R-UE)。

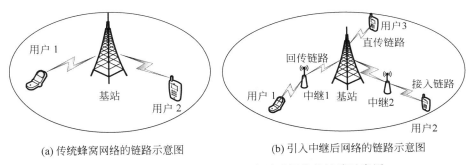

(a) 传统蜂窝网络的链路示意图      (b) 引入中继后网络的链路示意图

图 5.17 传统蜂窝网络与引入中继后网络的链路示意图

引入中继技术主要目的是提升系统容量和扩大系统覆盖范围,除此之外,中继技术还具有布网灵活快速、避免盲点覆盖、实现无缝隙通信、提供临时覆盖等诸多特点及优势。图 5.18 给出了中继技术的各种可能应用场景,包括城市热点、盲区覆盖、室内热点区域、临时或应急通信以及群移动环境。

## 5.2.2 中继分类

### 1. 根据协议栈的分类

目前 LTE-Advanced 系统中考虑的中继技术有 3 种方案,即 L0/L1 中继、L2 中继和 L3 中继。L0 中继指中继节点收到信号后直接放大转发,其构造非常简单,甚至可以没有物理层。L1 中继有物理层,将接收到的信号通过物理层转发,这里物理层的主要作用相当于频域滤波器,滤出有用信息再放大转发。L2 中继的协议栈包括物理层协议、MAC 层协议以及无线链路控制协议,无线链路控制协议位于 MAC 层之上,为用户和控制数据提供分段和重传业务。L2 中继具有任务调度和混合自动重传(HARQ)功能。L3 中继接收和发送 IP 包数据,因此,L3 中继具有基站的所有功能,可以通过 X2 接口直接和基站通信。

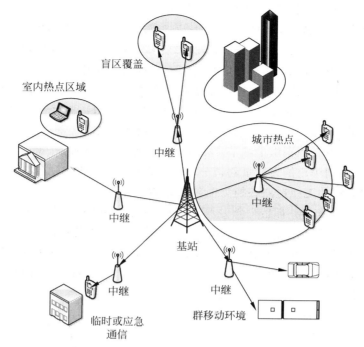

图 5.18　中继的应用场景

2. 根据是否存在小区 ID 分类

根据是否存在独立小区识别号(ID)可分为第Ⅰ类中继和第Ⅱ类中继。这两种中继方式最显著的区别是第Ⅰ类中继具有独立的小区识别号,第Ⅱ类中继没有独立的小区识别号。

第Ⅰ类中继属于 L3 或者 L2 中继,是一种非透明中继,用户在基站和中继站之间必然发生切换,类似于普通的基站间的切换操作。第Ⅰ类中继发送自己的同步信道、参考信号以及其他反馈信息,支持小区间的协作,如软切换和多点协作技术,其主要用于扩大小区的覆盖面积,具备全基站功能,建设成本较高。在第Ⅰ类中继方式中,基站与中继节点之间的链路称为回程链路,也就是前面介绍的中继链路。

第Ⅱ类中继 T 属于 L2 中继,是透明中继,用户在基站和中继站之间不一定发生切换,类似于小区内的切换或者透明切换操作。可以实现宏分集,基站可以和中继同时发送相同的信号给用户,其主要作用是扩大小区的覆盖范围,只有部分基站功能,不需要自己生成信令,建站成本较低。

3. 根据链路的频带不同分类

在 LTE-A 系统中根据基站-中继节点间链路的频带来分,可分为带内中继(in-band)和带外中继(out-band),如图 5.19 所示。

### 5.2.3　3GPP 中继系统框架

支持中继节点的 LTE(Evolved Universal Terrestrial Radio Access Network,演进型通用陆地无线接入网)网络系统框架如图 5.20 所示。

中继节点通过 X2、S1 接口和 U$n$ 空中接口连接到服务于该中继节点的基站,该基站称

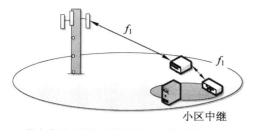
带内中继:基站-中继链路与中继-用户
链路的频带相同

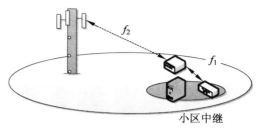
带外中继:基站-中继链路与中继-用户
链路的频带不同

图 5.19　带内中继和带外中继

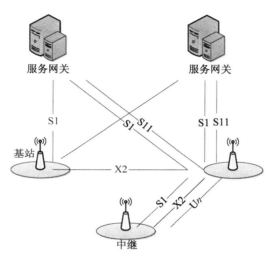

图 5.20　支持中继节点的 LTE 网络系统框架

为宿主基站,在中继节点和其他网络节点之间提供 S1 和 X2 代理功能,包括为中继节点传递用户终端专用的 S1 和 X2 接口的信令信息,以及 GPRS 隧道协议(GPRS Tunnel Protocol,GTP)数据包等信息,因此,对于中继来说,宿主基站是它的移动性管理实体(Mobility Management Entity,MME)和演进型节点 B(evolved NodeB,eNodeB),也是它的服务网关(Serving Gateway,S-GW)。

### 1. 回程链路资源分配

中继的引入,使得 LTE-Advanced 系统变得更加复杂,如果回程链路和接入链路同时收发数据,则会导致两个链路之间的干扰。为了避免相互之间的干扰,3GPP 决定采用时分复用(TDM)的模式避免干扰。简单说来就是中继采用半双工的工作模式。在下行方向,对一个特定时刻,中继要么只能接收来自基站的数据,要么只能给用户终端发送数据;在上行方向,中继要么只能给基站发数据,要么只能接收来自用户终端的数据,如图 5.21 所示,图中用户 2 为基站服务下的用户终端,用户 1 为中继服务下的用户终端。

经过讨论后发现,当基站占用下行频率资源给中继节点发送数据时,属于中继控制下的用户无法获得来自中继的 PDCCH,使得该用户无法正常工作。经过长期讨论,3GPP 最终决定利用多播广播单频网(Multimedia Broadcast Single Frequency Network,MBSFN)子帧来做回程传输。

图 5.21　中继的资源分配方法

MBSFN 子帧用作单频多播广播的子帧时,对于任何 LTE Rel-8 中的用户来说,无论是否接收多播广播,都可以通过复用在 MBSFN 子帧中的 PDCCH 接收下行控制信号。因此可以将某个子帧配置成 MBSFN 子帧(只是将此帧伪装成 MBSFN 子帧,不发送真实的多播广播),用户可以利用 MBSFN 子帧的 PDCCH(占用最前面的 2~3 个 OFDM 符号)接收自己的控制信号,中继利用 MBSFN 子帧剩下的部分完成中继到基站的上行回程链路的传输,这样较为合理地满足了基站对用户终端和对中继的通信要求。图 5.22 给出了用 MBSFN 做回程链路传输的原理示意图。

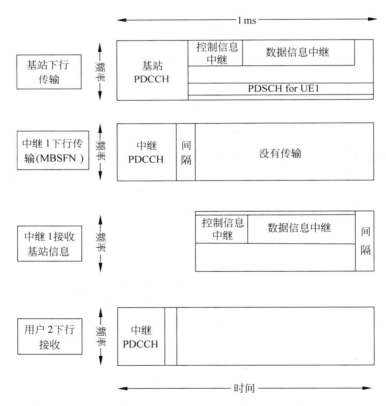

图 5.22　利用 MBSFN 子帧做回程链路子帧

当利用多播广播单频网(Multimedia Broadcast Single Frequency Network,MBSFN)子帧做回程链路传输时,基站服务的用户(Macro-UE)和中继服务的用户(R-UE)被指定为

MBSFN 子帧,因此,Macro-UE 和 R-UE 将会在前 3 个符号处分别接收来自基站和中继的 PDCCH。而基站的下行数据将利用后面剩余的符号传递给中继。这样一来就避免了中继服务的用户收不到中继发来的 PDCCH 的问题,其中的间隔(gap)为中继的收发转换时间。

2. 回程链路与接入链路资源的分配

根据上面的讨论可以看出,由于中继端回程链路和接入链路的资源是以 TDM 的方式复用的,也就是说,中继端的资源一部分被用作回程链路,一部分被用作接入链路。所以对于时分双工(Time Division Duplex,TDD)系统来说,显然会使某些 TDD 子帧资源紧张。在 TDD 的帧结构配置中,由于第 0 号子帧和第 5 号子帧必须用作同步信道和广播信道的传播,而第 1 号和第 6 号子帧需要做寻呼,且第 0,1,5,6 号子帧是不能被配置为 MBSFN 子帧的,因此可以用作回程链路的子帧更加紧张。最终,3GPP 决定只有上下行子帧第 1、2、3、4、6 号可以被用作回程传输(其他的一些配置比如第 0 号子帧由于下行子帧过少,因此不能找出多余的子帧用作基站和中继站的回程传输)。表 5.2 给出了 3GPP 最终决定的用作回程传输的子帧表,其中 D 表示下行,U 表示上行。

表 5.2　支持基站和中继站传输的子帧

| 回程子帧的配置 | 上下行子帧 | 上行下行子帧数量比 | 子帧序号 | | | | | | | | | |
|---|---|---|---|---|---|---|---|---|---|---|---|---|
| | | | 0 | 1 | 2 | 3 | 4 | 5 | 6 | 7 | 8 | 9 |
| 0 | | 1:1 | | | | | D | | | | U | |
| 1 | | | | | | U | | | | | | D |
| 2 | 1 | 2:1 | | | | | D | | | | U | D |
| 3 | | | | | | U | D | | | | | D |
| 4 | | 2:2 | | | | U | D | | | | U | D |
| 5 | | 1:1 | | | | U | | | | | D | |
| 6 | 2 | | | | | | D | | | | U | |
| 7 | | 2:1 | | | | U | D | | | | D | |
| 8 | | | | | | | D | | | | U | D |
| 9 | 3 | 3:1 | | | | U | D | | | | D | D |
| 10 | 4 | 1:1 | | | | U | | | | | | D |
| 11 | 6 | 1:1 | | | | | U | | | | | D |

## 5.2.4　中继双工方式

由于中继站(RS)既要与基站(BS)双工通信,又要与用户(UE)双工通信。如果简单采用全双工方式将会产生自身干扰,因此,在 LTE-A 系统中中继主要采用如下几种双工方式。中继可能的双工方式分别有时分双工方式(Time Division Duplex,TDD)、频分双工方式(Frequency Division Duplex,FDD)和载波分双工(Subcarrier Division Duplex,SDD)3 种。LTE 系统目前可以支持时分双工和频分双工两种双工方式,当系统的双工方式不同时,中继站双工方式如果也不同就会有不同的特点,下面分别进行详细说明。

1. 系统采用时分双工方式

1) 中继站采用频分双工方式

如图 5.23 所示,RS→BS 链路与 UE→RS 链路的数据在同一上行时隙进行传输,两条

链路频分复用；同样的,BS→RS 链路与 RS→UE 链路的数据在同一个下行时隙进行传输,
两条链路也采用频分复用。

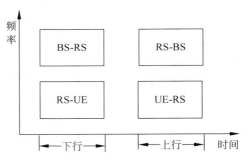

图 5.23　TDD-FDD 双工方式示意图

2) 中继站采用时分双工方式

如图 5.24 所示,在 TDD-TDD 双工方式下,RS→BS 链路与 UE→RS 链路这两条链路
的数据可以在同一个上行时隙进行传输,两条链路时分复用;同样地,BS→RS 链路与 RS→
UE 链路这两条链路上的数据也可以放在同一个下行时隙进行传输,两条链路之间也是时
分复用。

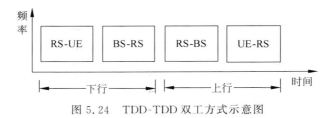

图 5.24　TDD-TDD 双工方式示意图

3) 中继站采用载波分双工方式

如图 5.25 所示,在这种系统采用 TDD、中继站采用载波工双工(SDD)的双工方式下,
中继站接收基站和用户的数据或者向基站和用户发送数据的工作可以同时在不同的载波上
实现。BS→RS 链路与 RS→BS 链路、UE→RS 与 RS→UE 这 4 条链路采用时分复用的方
式,每条链路分别占用不同的时隙。而 RS 的两条链路在同一时隙上的收发数据状态可以相同。

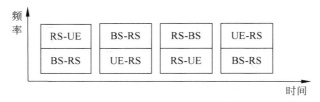

图 5.25　TDD-SDD 双工方式示意图

在系统采用时分双工方式的情况下,中继节点采用 SDD 的双工方式存在以下几个
缺点:

(1) TDD-SDD 双工方式下,由于 BS→RS 与 UE→BS 两条链路可在同一频带上传输,
BS-RS 链路传输的数据可能被其他小区的基站接收,从而产生共道干扰。

（2）在 TDD-SDD 双工方式下，Macro-UE 的一些子帧的传输质量可能不好，因此性能会受到影响。

（3）在考虑分配接入链路回程链路之间的子载波资源时，需要协调不同小区的两跳链路之间的频率。如果相邻小区的 RS→UE 链路和 RS→BS 链路之间的频率分配不正确，则可能会引起额外的干扰，如图 5.26 所示。

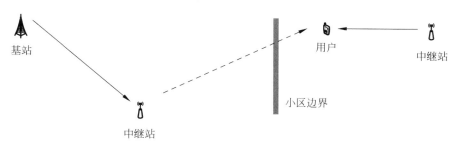

图 5.26　频率分配不当引起的相邻小区间的干扰

（4）在 TDD-SDD 双工方式下，系统可能存在远近效应的问题。一方面，当中继节点同时接收基站和用户传输过来的数据时，由于采用了不同的接收功率，因此中继节点的性能会有所下降，如图 5.27 所示；另一方面，假设不同小区的用户相距很近，那么用户 A 如果正在进行上行数据传输那么可能会对相邻小区中正在进行下行数据传输的用户 B 产生干扰，如图 5.28 所示。

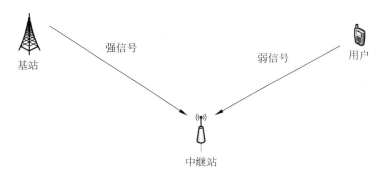

图 5.27　中继站从基站和用户接收的信号强弱不同

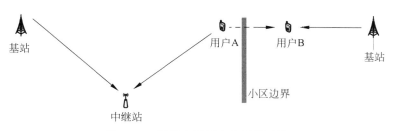

图 5.28　相邻小区用户之间的干扰

（5）由于 UE→BS 链路与 BS-RS 链路采用时分复用的方式共享资源，同样的，BS→UE 链路需要与 RS→BS 链路也采用时分复用的方式共享资源，从而宏小区上行和下行的系统总容量会有所降低。

**2. 系统采用分双工方式**

**1）中继站频分双工方式**

如图 5.29 所示，在 FDD-FDD 双工的方式下，不同的链路在频率上进行区分。其中，RS→BS 和 UE→RS 在上行频带上进行数据传输，这两条链路在上行频带内依靠频率区分，同样的，BS→RS 和 RS→UE 在下行频带上进行数据传输，这两条链路则在下行频带内依靠频率来区分。在这种双工方式下，这 4 条链路在时间上可以同时处于工作状态。与 FDD-TDD 的双工方式相比，FDD-FDD 的双工方式的往返时延会更短并且其资源分配方式变得更加灵活，但它的主要缺点就在于频带之间需要增加额外的保护带间隔。

**2）中继站时分双工方式**

如图 5.30 所示，在 FDD-TDD 双工方式的情况下，BS→RS 链路与 RS→UE 链路在同一个下行频段上进行数据传输，而这两条链路之间采用时分复用的方式；RS→BS 链路与 UE→RS 链路在同一个上行频段上进行数据传输并且两条链路之间采用时分复用的方式。这种方式不会对传统的 LTE 用户（Rel-8 用户）产生任何影响，可以很好地保持后向兼容性。

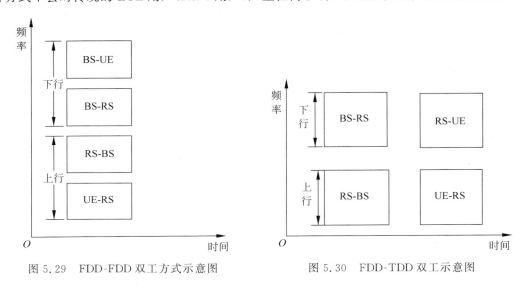

图 5.29　FDD-FDD 双工方式示意图　　　图 5.30　FDD-TDD 双工示意图

另外，采用 FDD-TDD 的双工方式还有以下两个优点：

（1）由于 RS→BS 链路在 FDD 系统中采用了不同的上下行频带，所以系统的频带利用率比较高；

（2）由于基站在下行频带上发送数据而在上行频带上接收数据，只有中继站存在收发转换损耗，而基站处没有发/收转换损耗。

# 5.3　LTE-A 中的多点协作技术

## 5.3.1　多点协作基本概念

多点协作（Coordinated Multiple Point，CoMP）是 LTE-Advanced 系统扩大网络边缘覆盖、保证边缘用户服务质量的重要技术之一。在进行多点协作时，各传输节点之间共享必要的数据信息及信道状态信息,从而实现多个传输节点共同协作为用户服务。

多点协作技术分为上行和下行两部分。上行多点协作技术主要是多点的协作接收问题,其实质是多基站信号的联合接收问题,对现有的物理层标准改变较小。下行则是协作多点传输问题,突破传统的单点传输,采用多小区协作为一个或多个用户传输数据的方式,通过不同小区间的基站共享必要的信息,使多个基站通过协作联合为用户传输数据信息,将从前小区间的干扰转变为协作后用户的有用信息,或者通过基站间协调调度将小区间干扰减小,提高接收信干噪比,从而可以有效地提高系统的频谱效率。

### 5.3.2 多点协作分类

从不同的角度出发,多点协作系统的分类有所不同,根据干扰处理的角度出发可以分为协作调度/波束成形和联合处理两种方式。

#### 1. 协作调度/波束成形

在协作调度/波束成形中,用户的数据信息只从服务基站发射,但是调度策略和波束成形均由多小区协作共同完成。通过基站端进行合理的空域调整,降低小区间的干扰,以保证用户的链路质量,多小区协作调度/波束成形如图 5.31 所示。协作调度/波束成形从降低小区间干扰角度出发,提高用户的服务质量。

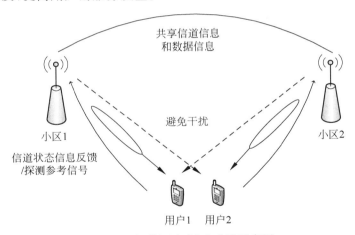

图 5.31 协作调度/波束成形示意图

对于一个特定的用户,在一个时频资源块上,接收的数据只能来自其协作集合中的一个传输点。通过协作集合中各个传输节点的协作,对用户资源进行调度或者对用户进行波束成形,以尽可能地避免不同小区用户在使用时频资源上的冲突和减小相邻小区间的干扰,以达到改善小区用户性能、提高系统吞吐量的目的。图 5.31 中用户 1 和用户 2 的服务小区分别为小区 1 和小区 2,当两个用户距离比较近时,两个用户接收到的信号就可能发生强烈的相互间干扰,当应用协作调度/波束成形技术时,两个小区可以协调调度分配给用户 1 和用户 2 的时间/频率资源,用户 1 和用户 2 使用不同的时频资源,避开干扰,或者在分配相同的时间/频率资源后,对两个用户进行波束成形处理,小区 1 在对用户 1 波束成形时,在用户 2 方向产生零陷,降低对用户 2 的干扰,同理小区 2 对用户 2 进行波束成形,减小对用户 1 的干扰。

在该方式下,协作集合中的多个传输节点间需要共享信道信息,以便协作集合能够根据信道信息情况对用户进行协作调度或波束成形。由于用户接收的数据信息仅来自于其服务小区,因此该方式不需要共享用户的数据信息。

2. 联合处理

联合处理将原来相邻小区的同频干扰信号转化为用户的有用信号。在进行 CoMP 联合处理操作时,用户数据和信道状态信息在各传输节点之间共享,各传输节点按照某种准则向用户传输数据信息,3 小区联合处理如图 5.32 所示。

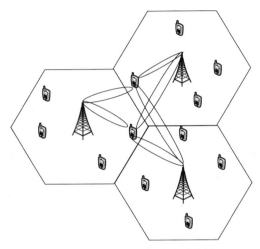

图 5.32　3 小区联合处理示意图

根据同一时刻为用户传输数据小区数,又分为下列两种方式。

(1) 联合传输技术。当协作集合中的多个小区在同一时刻为用户传输相同数据信息时,被称为联合传输,即多个传输点同时发送信息到同一个用户。在联合传输方式下可以将其非服务小区的干扰信号转换为用户的有用信号,从而降低小区间干扰,最终提高用户服务质量。

(2) 动态小区选择。用户终端并不同时接收多个基站传送的物理下行共享信道(PDSCH)信息,而是同一时刻仅接收一个基站发送的 PDSCH 信息,此时被称为动态小区选择。在某个时间段内由哪一个基站为用户服务可以根据信道质量的好坏动态调整。

联合处理与协作调度/波束成形的不同之处在于,可能会有多个传输节点同时为用户传输数据。如图 5.33 所示,小区 1 和小区 2 同时向用户 1 发送数据,来自多个协作小区的信号叠加,提高了有用信号的功率。同时来自小区 2 的干扰转换为有用信号,减小了干扰,用户接收端的信噪比得到提高。此外,不同小区的天线间距比较大,远大于波长,因此联合处理还可能获得分集增益。

多点协作系统根据协作范围的不同可分为站内(Intra-eNB)协作方式和站间(Inter-eNB)协作方式。当多点协作发生在一个站点内时被称为站内协作,此时由于没有回传容量限制,因此可以进行大量的信息交互。对于站内协作方式,参与协作的小区都属于同一个基站(eNB),基站拥有全部协作小区的信息,因而实现协作多点传输比较简单。当参与协作的小区来自不同的基站时被称为站间协作,此时对回传时延容量有更高要求。另一方

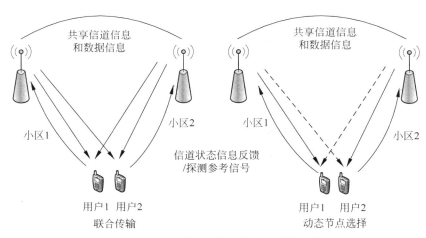

图 5.33 联合处理/动态节点选择示意图

面,站间协作多点传输的性能也受当前回传时延容量的限制。对于站间协作多点传输,要求基站间进行必要的信息交互才能保证协作多点传输顺利完成。由于不同基站是通过 X2 接口进行信息交互的,站间协作多点传输的引入必然会对 Rel-8 的 X2 接口产生很大的影响。

## 5.3.3 多点协作传输方案

多点协作共有 3 种传输方案,其中协作调度/波束成形情况下的传输方案为协调预编码方案,联合传输情况下根据参与协作用户数不同分为两种传输方案,分别为单用户多点协作和多用户多点协作。

### 1. 协调预编码方案

在传统 LTE 系统中,用户不考虑其他小区造成的干扰的情况,因而不进行预编码矩阵的协调,在反馈预编码矩阵过程中只反馈最适合自己的最优预编码矩阵,所以可能导致不同小区中使用相同时频资源的用户之间干扰较大。LTE-A 系统以降低用户间的干扰为目的,运用了协调预编码的方案,协调预编码方案如图 5.34 所示。此时,每个用户反馈的预编码矩阵除最适合自己的矩阵之外,还包括另外一组推荐给其他协作小区使用的矩阵。在通信过程中,所有协作小区共同拥有全部用户反馈的预编码矩阵集合,并且最终通过适当的规则确定每个用户的最佳预编码矩阵,大大减小协作小区对用户所造成的同频干扰,从而提高系统性能。

### 2. 单用户多点协作传输方案

如果在下行传输过程中采用单用户多点协作传输方案,则参加协作的基站在同一时刻同一时频资源块只为同一个用户发送相同的数据信息,如图 5.35 所示。在此过程中所传输的数据信息经过了不同的信道,因此可以很好地获得分集增益,从而提高协作用户的接收信干噪比。

在单用户多点协作方案中,系统中多个小区同时服务于单一用户,导致小区平均频谱效率下降。另一方面,处于小区边缘的用户受到邻小区干扰较严重,单用户多点协作传输方案

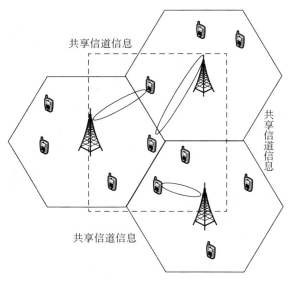

图 5.34　协调预编码方案示意图

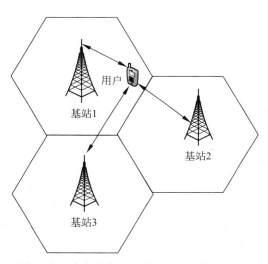

图 5.35　多点协作系统单用户联合传输方案

对于此类用户效果较为显著。所以可以将小区内的用户划分为两类：小区中心用户和小区边缘用户。我们只对小区边缘用户采用协作传输的方式,而对于中心用户仅由其对应的服务小区为其传输数据信息,从而可以有效地提高系统的资源利用率；另外,协作集合之间无须共享中心用户的信道状态信息和数据信息,从而可以降低交互的信息量。

### 3. 多用户多点协作联合传输方案

如果在下行传输过程中采用多用户多点协作联合传输方案,则参加协作的基站在一个时频资源块上同时为多个用户终端服务,但是由于用户与每个基站间的信道不同,所以协作基站的预编码矩阵不同,下行多用户多点协作联合传输方案如图 5.36 所示。

多用户多点协作传输方案中,多个协作用户之间存在干扰,我们可以利用预编码处理方法来抑制多用户间的干扰。经典的多用户 MIMO 预编码方法有迫零预编码(ZF)和块对角化预编码(BD)算法等,以提升系统性能。多用户多点协作通过簇内多用户之间干扰的消除,可以获得比多用户多点协作联合传输方案更好的系统性能提升。虽然通过预编码处理能够降低多用户之间的干扰,但由于参与协作的基站必须精确地获得每个用户到所有协作基站的短时信道信息,这就对用户的反馈机制有很高的要求,而且协作簇内有过大的信息量交互,也使得系统的复杂性有了很大程度的增加。在多用户多点协作中,为了降低系统复杂度,提高频谱利用率,同样可以采用与单用户多点协作联合传输类似的方案,将所有小区的用户分为小区中心用户和小区边缘用户两类,只对小区边缘用户采用上述传输方案。

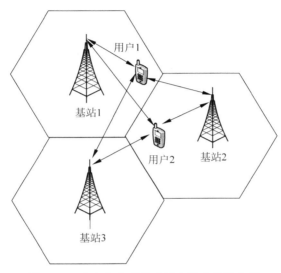

图 5.36 多点协作系统多用户联合传输方案

# 5.4 本章小结

本章主要介绍了 LTE-A 系统中的增强技术,主要包括 LTE-A 中的载波聚合技术、LTE-A 中的中继技术以及 LTE-A 中的多点协作技术。针对 LTE-A 中的载波聚合技术,首先分析了载波聚合技术引入的背景,介绍了载波聚合的分类,包括对称和非对称载波聚合、连续和非连续载波聚合,在此基础上给出了载波聚合的实现方式以及聚合方式,最后介绍了载波聚合中的控制信道设计、随机接入过程以及资源管理等内容。针对 LTE-A 中的中继技术,首先介绍了中继的原理、特点以及中继的分类,不同的分类标准产生不同的中继方式,最后给出了中继系统框架,包括中继中回传链路的资源分配方式。针对 LTE-A 中的多点协作技术,首先回顾了多点协作技术的标准化进程,给出了多点协作的概念以及分类,最后详细讲解了多点协作的传输方案,包括协作调度/波束成形情况下的协调预编码方案,联合传输情况下的单用户多点协作和多用户多点协作传输方案。通过本章的内容,读者可以对 LTE-A 系统中的几种增强技术有一个总体的了解。

# 第6章
## Chapter 6

# 5G移动通信网络架构

5G 移动通信系统是面向 2020 年之后的新一代移动通信系统,虽然 3GPP 已制定了 5G NR 的 NSA 和 SA 标准,但是 5G 的系统架构及关键技术仍在不断发展和演进中。本章介绍 5G 应用场景,给出了基于 SDN/NFV 的 5G 网络架构。结合当前 3GPP 的 5G 网络架构标准化进展,阐述了 NSA 和 SA 网络架构及各选项,最后简单介绍网络切片及其在 5G 中的应用。

## 6.1 5G 应用场景及技术指标

### 6.1.1 5G 应用场景

第五代(5G)移动通信系统是面向 2020 年移动通信需求而发展起来的新一代移动通信系统。移动互联网和物联网作为未来移动通信发展的两大主要驱动力,为第五代(5G)移动通信系统提供了广阔的应用前景。

5G 移动通信系统的设计目标是为多种不同类型的业务提供满意的服务。综合未来移动互联网和物联网各类场景和业务需求特征,5G 典型的业务通常可分为三大类:增强型移动宽带(enhanced Mobile Broadband,eMBB)业务、面向垂直行业的大规模机器类通信(massive Machine Type Communication,mMTC)业务和超可靠低时延(ultra Reliable & Low Latency Communication,uRLLC)业务。不同的业务对于系统架构需求、移动通信网络空口能力存在一定的差异,这些差异主要体现在时延、空口传输以及回传能力等方面。

(1) eMBB 业务:主要包括大带宽和低时延类业务,如交互式视频或者虚拟/增强现实(Virtual Reality/Augmented Reality,VR/AR)类业务,相对于 3G/4G 时代的典型业务而言,eMbBB 业务对于用户体验带宽、时延等方面的需求都有明显的提升。

(2) mMTC 业务:该类型业务是 5G 新拓展的场景,重点解决传统移动通信无法很好地支持物联网及垂直行业应用的问题,这类业务具有小数据包、低功耗、海量连接等特点。mMTC 终端分布范围广、数量众多,不仅要求网络具备支持超千亿连接的能力,满足 $10^5/\text{km}^2$ 连接数密度指标要求,而且还要保证终端的超低功耗和超低成本。因此,5G 移动通信系统需要设计合理的网络结构,在支持巨大数目 mMTC 终端设备的同时,降低网络部署成本。

(3) uRLLC 业务对时延和可靠性都提出严苛的要求。这类业务最低要求支持小于 1ms 的空口时延,并在一些场景中达到很高的传输可靠性。传统的蜂窝网络设计无法满足这些特殊场景通信的可靠性需求,因此为了满足此类业务的可靠性和实时性需求,5G移动通信系统的网络和空口设计都面临着极大的挑战。

5G移动通信系统已经成为国内外移动通信领域的研究热点,世界各国就其发展愿景、应用需求、候选频段、关键技术指标等进行了广泛的研究。2013年初欧盟在第7框架计划启动了面向5G研发的构建2020年信息社会的移动无线通信关键技术(mobile and wireless communications enablers for the 2020 information society,METIS)项目,由包括我国华为公司等在内的29个参加方共同承担。我国也成立了5G技术论坛和IMT-2020(5G)推进组,对5G展开了全面深入的探讨。

3GPP作为国际移动通信行业的主要标准组织者,在3GPP Rel-14阶段启动5G NR标准的研究。3GPP于2017年12月批准了5G非独立组网(NSA)标准,并于2018年6月批准了5G独立组网(SA)标准,3GPP Rel-15正式落地。Rel-15旨在支持eMBB、uRLLC以及mMTC,以满足物联网(Internet of Things,IoT)业务的需求,同时还支持28GHz毫米波频谱和多天线技术。Rel-16预计在2019年12月完成,它将为联网汽车、智能工厂、企业和私人网络以及公共安全提供新的标准,以满足更多不同行业的需求。

## 6.1.2 基于服务的网络架构

2017年,3GPP正式确认5G核心网采用中国移动牵头并联合26家公司提出的基于服务的网络架构(Service-Based Architecture,SBA)作为统一基础架构。也就是说,与前几代移动通信系统相比,3GPP的5G系统架构是基于服务的,这意味着系统架构中的网元被定义为一些由服务组成的网络功能。这些功能通过统一框架的接口为任何许可的其他网络功能提供服务。这种设计有助于网络快速升级、提升资源利用率、加速新能力的引入、便于网内和网外的能力开放,使得5G系统从架构上全面云化,利于快速扩缩容。

基于服务的SBA网络架构如图6.1所示,包括网络切片选择(Network Slice Selection Function,NSSF)、能力开放功能(Network Exposure Function,NEF)、网络仓库功能(Repository Function,NRFNF)、策略控制功能(Policy Control Function,PCF)、统一数据管理(Unified Data Management,UDM)、应用功能(Application Function,AF)、认证服务器功能(Authentication Server Function,AUSF)、接入和移动性管理功能(Access and Mobility Function,AMF)、会话管理功能(Session Management Function,SMF)、用户面功能(User Plane Function,UPF)和数据网络(Data Network,DN)。

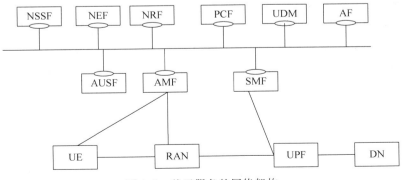

图6.1 基于服务的网络架构

5G的这种统一核心网络架构能够为不同类型的接入网提供服务,使得用户可以在3GPP接入和非3GPP接入之间实现无缝切换。通过采用分离的认证功能与统一的认证框架,允许根据不同的使用场景(如不同的网络切片)的需要来定制用户认证。为了支持网络架构的统一性和灵活性,5G将会使用网络功能虚拟化(Network Function Virtualization,NFV)和软件定义网络(Software Defined Network,SDN)。

　　5G系统架构和前几代移动通信系统相比,一个显著的区别就是网络切片。虽然4G网络在一定程度上通过"专有核心网"的特性支持网络切片,但5G网络切片是一个更强大的概念。5G网络必须从动态角度解决网络切片问题,可以通过编排器实时调配、管理和优化网络切片,以满足eMBB、mMTC和uRLLC等业务需求。

　　基于服务的网络架构和网络切片标志着5G网络真正走向开放化、服务化、软件化方向,有利于实现5G与垂直行业融合发展。

### 6.1.3　关键性能指标

　　根据3GPP有关标准的规定,5G主要包括以下关键性能指标(KPI):

　　**峰值速率**:下行链路20Gb/s,上行链路10Gb/s。

　　**峰值频谱**:下行链路30b/s/Hz,上行链路15b/s/Hz。

　　**带宽**:指系统的最大带宽总和,可以由单个或多个射频载波组成,目前3GPP还未给出该KPI的目标值,最终可能会根据IMT-2020要求给出,也可能随着RAN1/RAN4的更为深入的研究和设计结果得出。

　　**控制面时延**:目标为10ms。对于卫星通信链路,GEO的控制面应小于600ms,MEO的控制面时延应小于180ms,LEO的控制面时延应小于50ms。

　　**用户面时延**:对于uRLLC业务,用户面时延UL不大于0.5ms,DL不大于0.5ms。对于eMBB,用户面时延的目标UL应不大于4ms,DL不大于4ms。当卫星链路通信时,GEO的用户面RTT目标为600ms,MEO的目标为180ms,LEO的目标为50ms。

　　**切换中断时间**:目标应为0ms,该KPI既适用于频率内切换,也适用于内部NR切换。对于比较偏远的地区,可以放宽对切换中断时间的要求,为用户使用率低的地区提供最低限度的服务:可以不考虑无线接入技术间的切换功能。如果有助于降低基础设施和设备的成本,还可以简化同一种无线接入技术内的切换功能。最低限度的要求是要保证基本空闲模式的切换。

　　**系统间切换**:指的是支持在IMT-2020系统和其他系统之间的移动性的能力。

　　**可靠性**:可以通过在一定时延内成功传输特定字节数据的概率来评估。uRLLC业务的可靠性要求是在用户面时延是1ms的前提下传输32字节时的丢包率小于$10^{-5}$。

　　**可移动性**:是指可以达到预期的QoS时的最大用户速度(以km/h为单位)。5G的移动性目标为500km/h。

　　**连接密度**:是指实现单位面积(每平方千米)达到目标QoS的设备总数。其中,目标QoS是在给定的分组到达速率和分组大小的前提下,确保系统丢包率小于1%。丢包率=中断的分组数/生成的分组数。如果该分组在设定的时间内没有被目的地接收器成功接收,则该分组处于中断状态。在城市环境中,连接密度的目标应该是1 000 000台/km²。

　　此外,5G的KPI还包括覆盖、天线的耦合损耗和电池的寿命等指标。

### 6.1.4　5G的频谱规划

以中、美、日、韩、欧为代表的多个国家和地区分别发布了 3.5GHz、4.9GHz 附近的中频段以及 26GHz、28GHz 附近的高频段的 5G 频谱规划，抢占 5G 发展先机。我国在 2017 年 11 月确定将 3.3～3.6GHz 和 4.8～5GHz 频段作为 5G 频段。

3.5GHz 已经成为大多数运营商首选的 5G 建网频段，未来可以应用于全球网络漫游的 5G 移动通信系统频段。5G 移动通信系统的建设需要同时兼顾容量和覆盖性能，3.5GHz 频段借助大规模多输入多输出（Massive MIMO）等新型无线传输技术，覆盖范围接近 1800MHz，运营商可以复用现有站点来建设 5G 移动通信网络。高频段具有更宽的连续频段，频谱资源丰富，但实现大范围的网络覆盖仍存在挑战。

不同应用场景在不同频段下也有不同的技术需求，具体描述如下。

eMBB 主要的应用是大流量的移动宽带业务，除了在 6GHz 以下频段进行技术开发外，eMBB 也考虑开发 6GHz 以上的频谱资源和相关技术。目前 eMBB 主要使用的仍然是 6GHz 以下的频谱，大多采用以宏小区为主的传统网络模式，此外还需要采用微小区（Small Cell）来提升速度。

uRLLC 主要采用 6GHz 以下的频段，主要应用是无人车，其特点是反应必须很快才能有效避免意外事故的发生。uRLLC 另一重要应用场景是在智能工厂。这种场景中，大量的机器都内置有传感器，常见的处理过程是传感器采集的数据经过后端网络传到前台，前台再将指令发送回机器，现有的 3G/4G 网络传输将出现很明显的延迟，可能引发事故，因此，5G 的 uRLLC 业务对此提出了更高的要求，将网络等待时间的目标压低到 1ms 以下。

mMTC 也将主要发展 6GHz 以下的频段，主要是应用在大规模物联网上，目前常见的是 NB-IoT。以往普遍的 WiFi、ZigBee、蓝牙等属于家庭用的小范围技术，回传网络（Backhaul）主要都是靠 LTE，近期随着大范围覆盖的 NB-IoT、LoRa 等技术标准的出炉网络，可使物联网的发展有更为广阔的前景。

## 6.2　SDN 和 NFV

5G 移动通信系统采用以用户为中心的多层异构网络架构，通过宏站和微站的结合，容纳多种接入技术，提升小区边缘协同处理效率，提高无线接入和回传资源利用率，从而提高复杂场景下的整体性能。5G 移动通信系统支持多接入和多连接、分布式和集中式、自回传和自组织的复杂网络拓扑，并且具备无线资源智能化管控和共享能力，支持基站的即插即用。

相对于 3G/4G 移动通信系统，5G 移动通信系统需要更快地响应市场变化。通过灵活的网络功能部署来促使功能更好地分拆，从而满足服务要求、用户密度变化以及无线传播条件，既要确保网络功能之间通信的灵活性，又要通过接口标准化来满足多厂商互操作的需要，二者的平衡是系统设计的根本。

在前面已经提到，3GPP 正式确认 5G 核心网采用基于服务的网络架构（Service-Based architecture，SBA）作为统一基础架构来应对 5G 的市场需求。5G 将通过基础设施平台和网络架构两个方面进行技术创新和协同发展。基础设施平台方面，通过 NFV 和 SDN 虚拟化技术,解决现有基础设施成本高、资源配置不灵活、业务上线周期长的问题。网络架构方面,基于控制转发分离和控制功能重构,简化结构,提高接入性能。

## 6.2.1　采用 SDN 和 NFV 技术的原因

由于 5G 移动通信系统必须满足多种业务的不同需求,且一些需求之间是相互矛盾的。为了实现未来网络的灵活性,5G 移动通信系统,特别是核心网,势必会使用诸如网络功能虚拟化和软件定义的网络等赋能工具,因此 5G 移动通信系统需要重新考虑基于 NFV 和 SDN技术的网络架构设计。

SDN 技术是一种将网络设备的控制平面与转发平面分离,并将控制平面集中实现的软件可编程的新型网络体系架构。在传统网络中,控制平面功能是分布式地运行在各个网络节点(如集线器、交换机、路由器等)中的,因此如果要部署一个新的网络功能,就必须将所有网络设备进行升级,这极大地限制了网络的演进和升级。SDN 采取了集中式的控制平面和分布式的转发平面,两个平面相互分离,控制平面利用"控制-转发"通信接口对转发平面上的网络设备进行集中控制,并向上提供灵活的可编程能力,全面解决核心网中的控制面和用户面耦合问题。

NFV 技术是一种将网络功能整合到行业标准的服务器、交换机和存储硬件上,并且提供优化的虚拟化数据平面,可通过服务器上运行的软件取代传统物理网络设备的技术。通过使用 NFV 可以减少甚至移除现有网络中部署的中间件,能够让单一的物理平台运行不同的应用程序,用户可以通过多种形式使用网络功能,从而促进软件网络环境中网络功能和服务的创新,NFV 适用于任何数据平面和控制平面功能、固定网络或移动网络,也适合需要实现可伸缩性的自动化管理和配置。

综上所述,SDN 和 NFV 在 5G 中的作用可以概括为:SDN 技术是针对 EPC 控制平面与用户平面耦合问题提出的解决方案,将用户平面和控制平面解耦,从而使得部署用户平面功能变得更灵活,可以将用户平面功能部署在离用户无线接入网更近的地方,从而提高用户服务质量体验,例如降低时延。NFV 技术是针对 EPC 软件与硬件严重耦合问题提出的解决方案,这使得运营商可以在通用的服务器、交换机和存储设备上部署网络功能,极大地降低时间和成本。

在 5G 移动通信系统中,NFV 和 SDN 技术将起到重要赋能的作用,实现网络灵活性、延展性和面向服务的管理。考虑经济的原因,网络不可能按照峰值需求来建设,灵活性是指按需可用、量身定制的功能实现。延展性是指支持相互矛盾的业务需求的能力,例如通过引入适合的接入过程和传输方式,支持 eMBB 业务、mMTC 业务和 uRLLC 业务。面向服务的管理将通过基于线程的控制面,以及基于 NFV 和 SDN 的联合框架的用户面来实现。

## 6.2.2　SDN 技术及其在 5G 的应用

为了解决传统网络架构控制和转发一体的封闭式架构而造成难以进行网络技术创新的问题,2007 年美国斯坦福大学提出了 SDN 的概念,其基本思想是:将路由器/交换机中的路由决策等控制功能从设备中独立出来,统一由集中的控制器来进行控制,从而实现控制和转发的分离。

SDN 有 3 个核心理念:控制和转发分离,集中化的网络控制(集中控制)和开放的编程接口(Application Program Interface,API)。SDN 的典型架构分为应用层、控制层和数据转发层(转发层)3 个层面。应用层包括各种不同的业务和应用,以及对应用的编排和资源管理;控制层负责数据平面资源的处理,维护网络状态、网络拓扑等;数据转发层处理和转发基于流表的数据以及收集设备状态。基于 SDN 的 5G 网络架构如图 6.2 所示。

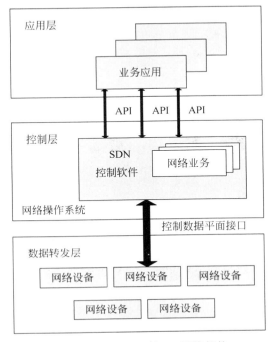

图 6.2 基于 SDN 的 5G 网络架构

在 SDN 中,基站资源的虚拟化成为当前最热门的内容,通过将时域、频域、码域、空域和功率域等资源抽象成虚拟无线网络资源,进行虚拟无线网络资源切片管理,形成基站的虚拟化,依据虚拟运营/业务/用户定制化需求,实现虚拟无线资源灵活分配与控制(隔离与共享),虚拟化的基站将会完全消除传统通信基站的边界效应,从而提升终端用户在小区边界处的业务体验,如图 6.3 所示。

传统的蜂窝移动通信架构是一种以基站为中心的网络覆盖的结构,在小区中心位置通信效果较好,而在用户移动到边缘位置的过程中,无线链路的性能会急剧下降。采用虚拟化技术后,终端接入小区将由网络来为用户产生合适的虚拟基站,并由网络来调度基站为用户提供无线接入服务,形成以终端用户为中心的网络覆盖,这样传统蜂窝移动通信网络的基站边界效应将会不复存在。

在当前的 LTE 移动分组网络中,尽管部分控制功能独立出来了,但是网络没有中心式的控制器,使得无线业务的优化并没有形成一个统一的控制,因此需要复杂的控制协议来完成对无线资源的配置管理。5G 核心网的演进与 SDN 的一脉相承,通过将分组网的功能重构,进一步进行控制和承载分离,将网关的控制功能进一步集中化,可以简化网关转发平面的设计,使支持不同接入技术的异构网络的无线资源管理、网络协同优化、业务创新变得更为方便,便于网络功能组合的全局灵活调度,进而实现网络功能及资源管理和调度的最优化。

大量的虚拟基站组成虚拟化的无线网络,不同的运营商可以通过中心控制器实现对同

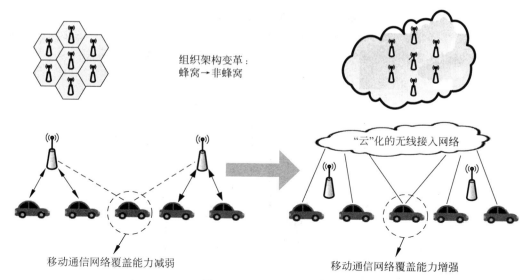

组织架构变革:
蜂窝→非蜂窝

"云"化的无线接入网络

移动通信网络覆盖能力减弱　　　　　　　　移动通信网络覆盖能力增强

图 6.3　5G 基站虚拟化理念

一网络设备的控制,支持基础设施共享,从而降低成本、提高效益。目前基站虚拟化还面临资源分片和信道隔离、监控与状态报告和切换等技术的挑战,未来 5G 网络必须要解决这些技术难题。

### 6.2.3　NFV 编排和功能分拆

2012 年 10 月,欧洲电信标准化协会(European Telecommunications Standard Institute,ETSI)成立了 NFV 行业规范工作组(Industry Specification Group,ISG),致力于推动 NFV,ETSI NFV ISG 关注的主要问题包括网络功能分类、NFV 架构、性能、可移植性/可复制性、编排和管理、安全、接口等。

ETSI 提出的通用 NFV 网络架构如图 6.4 所示,包括虚拟化资源架构层、虚拟化网络功能(Virtual Network Function,VNF)层、运营支撑系统/业务支撑系统(Operation Support System/Business Support System,OSS/BSS)及协同层、NFV 管理和编排功能(NFV M&O)层。其中 NFV 管理和编排是整个 NFV 的核心,当前 NFV 的解决方案多采用云计算和虚拟化技术,将传统的网元软件部署到虚拟机上,实现对硬件资源更高效的利用,目前核心网的虚拟化是 NFV 的关注点。

由于 NFV 需要大量的虚拟化资源,因此需要高度的软件管理,业界称之为编排。NFV 中管理和编排(Management & Orchestration,MANO)是业务部署的核心,它基于以实现软硬件解耦的网络功能虚拟化技术,实现了资源的充分共享和网络功能的按需编排,可进一步提升网络的可编程性、灵活性和可扩展性。采用 MANO 后给业务编排、虚拟资源需求计算、申请以及网络能力部署带来极大便利,缩短了业务上线的时间。

NFV MANO 有 3 个主要功能块:NFV 编排器、VNF 管理器和虚拟设施管理器(Virtualized Infrastructure Manager,VIM),这些模块在整个网络需要时负责部署、连接功能和服务。NFV 编排器由服务编排和资源编排构成,可以控制新的网络服务并将 VNF 集

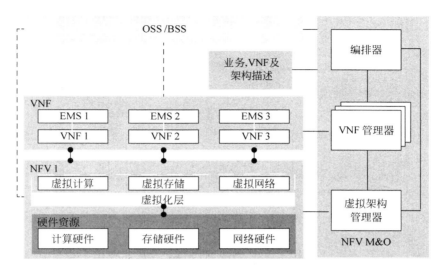

图 6.4  ETSI 的通用 NFV 网络架构

成到虚拟架构中,NFV 编排器还能验证并授权 NFV 基础设施(NFV Infrastructure,NFVI)的资源请求。VNF 管理器能够管理 VNF 的生命周期。VIM 能够控制并管理 NFV 基础设施,包括计算、存储和网络等资源。为了使 NFV MANO 行之有效,它必须与现有系统中API 集成,以便跨多个网络域使用多厂商技术。

网络架构设计的首要目标是将技术元素集成为完整系统,并且使它们可以合理地协同操作。目前,如何获得关于系统架构的共识变得十分重要,即如何使多厂商设计的技术元素能够相互通信,并实现有关功能。在现有的标准化工作中,这种共识通过逻辑架构的技术规范来实现,包括逻辑网络单元(Network Elements,NE)、接口和相关的协议。标准化的接口在协议的辅助下,实现 NE 之间的通信,协议包括过程、信息格式、触发和逻辑网络单元的行为。例如:LTE 的 NE 包括 eNB 和 UE,eNB 之间的链接通过 X2 接口连接,UE 和 eNB 之间的链接通过 Uu 空口连接,由于 4G 系统采用了扁平化架构,因此 eNB 通过 S1 接口直接连接到核心网。

每个 NE 包括一组网络功能(Network Function,NF)并基于一组输入数据来完成操作。NF 生成一组输出数据,这些数据用于与其他的网络单元的通信。每个网络功能映射到网络单元并把网络功能分配到网络单元中的过程可以由功能架构来描述,如图 6.5 所示。在实际网络中,网络功能需要分置在逻辑和功能架构的不同位置上,例如,信道测量只能在终端或者基站的空口直接进行,而基于信道测量的资源分配则可以在基站完成。

网络功能对不同接口的时延和带宽提出要求,这意味着在一个具体的部署中,需要对如何组织网络单元结构具有通盘考虑。物理架构描述了网络单元或者网络功能在网络拓扑结构中的位置,它的设计对网络性能和网络成本有重大影响。一些网络功能出于经济原因倾向于集中放置,以便运算资源的统计复用。而另外一些网络功能由于接口的要求(诸如时延和带宽的要求少),需要运行于接近空口的位置,这就需要分布式部署。这两种情况性能和成本都有所不同。

对于传统方式,在每个特定的部署中,将 NF 分配到 NE 以及将 NE 分配到物理节点的方式都是定制的。由于最终用户差异化的需求、服务和用例要求,5G 系统架构支持更为灵

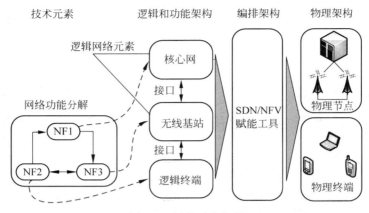

图 6.5　网络功能架构

活的部署方式。5G 系统通过采用新型的 NFV 和 SDN 等赋能技术来提升网络灵活性。准确地说，SDN/NFV 已经应用于 4G 网络，但主要是核心网功能。而 5G 的网络架构从开始就会考虑采用 SDN/NFV 技术，更加聚焦于网络功能，而不是网络单元。

目前，标准化组织已对网络单元 NE、协议和接口的技术规范进行了约定，但是在具体的实现过程中，网络和终端设备厂商仍然有相当的自由度。第一个自由度是如何将网络单元映射到物理网络，例如网络厂商可以采用对分开部署在多个物理节点网络单元进行集中化管理的架构。第二个自由度是各厂商采用的硬件和软件平台的自由度，厂商可以自己定义面向网络单元的平台。第三个自由度是厂商如何实现不同网络功能的决策逻辑（Decision Logic），例如 eNB 具有如何使用信息进行资源分配的自由。

SDN 和 NFV 技术使新的网络架构成为可能，允许以新的方式部署移动网络。除了空口外，近来 5G 还重点研究了基于 NF 定义和功能之间接口的逻辑架构，从而能够根据传输网络的能力和制约因素灵活优化地布置 NF，并通过仅采用必要的 NF 来避免冗余，此外 NF 还可以通过特殊实现方式进行优化。

这种基于 SDN 和 NFV 的新型网络架构实现了多厂商互操作的问题，运营商能够根据功能使用的情况，灵活地定义和配置自己的接口。由于运营商需要管理大量的接口，这种方式潜在的挑战是系统的复杂性，因此 5G 的架构还需要平衡复杂性和灵活性，设计采用软件接口而不是节点之间协议的解决方案，因此提出了"功能分拆"的设计理念。在逻辑架构设计时，"功能分拆"允许将网络功能映射到协议层，同时将该协议层分配到不同的网络单元中。

在 5G 网络中有不同的功能分拆方式，主要是由下面的两个因素决定的。

（1）把网络功能按照相对于无线帧需要同步和不需要同步加以区分。基于这一原则，接口可以分为严格时间限制和松散时间限制。

（2）回传（Backhaul）以及或许用于 5G 的前传技术，这些技术给接口带来时延和带宽的限制。

5G 的特点是可以将网络功能灵活地布置于网络拓扑结构的任意位置。图 6.6 显示了4 种不同的无线接入点和集中处理器之间的功能分拆的选择方案。

图 6.6 中的分界线的位置标明了不同网络层位于中心位置（分界线之上）还是位于本地

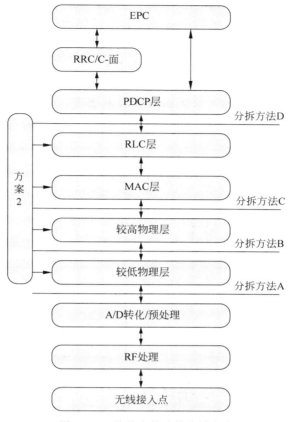

图 6.6　4 种基本的功能分拆方式

位置(分界线之下)。

(1) 分拆方式 A：较低物理层分拆。类似于现有的基于 CPRI/ORI 接口的功能分拆。此方法可最高集中化增益,但需要付出昂贵的前传的代价。

(2) 分拆方式 B：较高物理层分拆。类似于前一种分拆方式,但仅对基于用户的网络功能进行集中化管理,小区指定的功能实施远程管理。例如,前向纠错(FEC)编码/解码采用集中管理,这种分拆的处理能力和前传要求随着用户数、占用资源和数据速率改变。因此,在前传链路可能获得集合(MUX)增益,而集中增益略有损失。

(3) 分拆方式 C：MAC 层集中化。时延敏感集中化处理不是必需的,而且集中化增益较小。这就意味着调度和链路自适应(LA)必须区别为时延敏感部分(本地操作)和非时延敏感部分(集中操作)。

(4) 分拆方式 D：分组数据融合协议(PDCP)集中化。类似于现有的 3GPP LTE 的双连接机制。不需要和空中接口帧同步的功能通常是集中化和虚拟化中要求最少的。这些功能通常位于 PDCP 和 RRC 协议层。前面提到位于低层的功能必须和空中接口帧同步,例如,分拆方式 A 和 B 中的部分功能。这对他们之间的接口提出很高的要求,使集中化和虚拟化极具挑战。

## 6.2.4　5G 网络的部署

逻辑架构使我们可以制定接口和协议的技术规范,功能架构描述了如何将网络功能集成为完整系统。将功能分拆到物理架构中,对于实际的部署十分重要。网络功能映射物理节点需要优化全网成本和性能。在这个意义上,5G需要和以前的几代技术采用相同的架构。但是,由于5G将引入NFV和SDN的概念,这需要我们重新考虑制定协议栈的方法。例如,可以在网络功能之间而不是网络单元之间定义接口,功能之间的接口不必是协议,而是软件接口。

　　SDN和NFV的思路主要是由核心网灵活性的需求推动的。但是,二者也被引申到RAN领域。图6.7展示了5G逻辑、功能、物理和协作架构的关系。

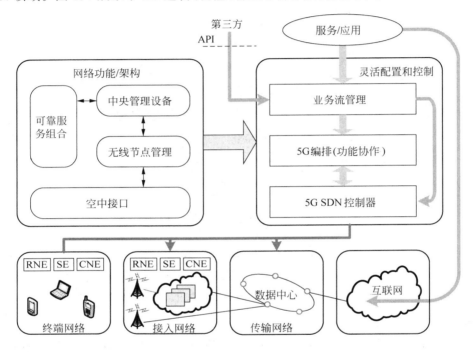

图 6.7　5G逻辑、功能、物理和协作架构的关系

　　网络功能在网络功能池中编译,实现数据处理和控制功能,使其可集中管理接口信息、功能分类(同步和非同步)、分布选择,以及输入和输出的关系。RAN相关的功能可以分配到各个模块。中央管理设备负责主要的网络功能,主要部署在一些中央物理节点(数据中心),典型的例子是运行环境和频谱管理。无线节点管理向多个被选择的不同物理站址的无线节点(D-RAN或者Cloud-RAN)提供管理。空中接口提供的功能直接和无线基站和终端的空中接口相关。可靠服务组合是集成到业务流管理之中的中央控制面,也作为和其他构成模块的接口,使用这个功能用来评估超可靠链路的可用性,或者决定开通超可靠链接服务给需要超可靠或者极低时延的业务。由于新的5G业务需求,可靠业务获得重视。事实上,业务构成也可以是任何新的业务。

　　灵活配置和控制模块的任务,是根据业务和运营商的需要,来实现功能有效集成。将数据和控制的逻辑拓扑单元映射到物理单元和物理节点,同时配置网络功能和数据流。因此,业务流管理的第一步是分析客户定制业务的要求,并得到网络传输该业务数据流的需求。来自第三方的业务需求(例如最小时延和带宽),可以包含在专有的API内。这些需求被发送给 5G 编排器和 5G SDN 控制器。5G 编排器负责建立或者实体化虚拟网络功能(VNF)、NF 或者物理网络中的逻辑单元。无线网络单元(RNE)和核心网络单元(CNE)是逻辑节点,作为虚拟网络功能的宿主,或者硬件(非虚拟)平台。逻辑交换单元(SE)被分配给硬件交换机。为了充分满足一些同步网络功能需要的性能,RNE 将包括物理网络中的软件和硬件组合,特别是在小基站和终端内。因此,在无线接入网络中部署 VNF 的灵活性十分有限。

由于大多网络功能的工作不需要和无线帧同步,因此对于空中接口的时钟要求并不严格,CNE 允许更多的自由度来实现网络功能虚拟化。

5G SDN 控制器和 5G 编排器可以按照业务和运营商的需求,灵活地配置网元,进而通过物理节点(用户面)建立数据流,并执行控制面功能,包括调度和切换功能。从高层级来看,物理网络包括传输网络、接入网络和终端网络。传输网络通过高性能链接技术实现数据中心之间连接。传输网络站址(数据中心)容纳了处理大数据流的物理单元。RNE 可能需要集中部署,实现集中化基带处理(Cloud-RAN)。无线接入方面,4G 基站站址(有时称为D-RAN)与 Cloud-RAN 宿主站址共存,并通过前传与天线连接。换句话说,灵活的网络功能布置,可以使传统的核心网络功能部署在更接近无线接口的位置。例如本地分流的需求将会导致 RNE、SE 和 CNE 在无线接入站点共存。SDN 概念允许创建定制化的虚拟网络,用于分享资源池(网络切片)。虚拟网络可以用于实现多样化的业务,实现优化网络资源分配的目的,例如 mMTC 和 eMBB。该技术也便于运营商分享网络资源。

受到某些制约,5G 架构将允许终端网络,即终端作为网络基础设施的一部分,帮助其他终端接入网络,例如通过 D2D 通信,即使在这样的终端网络,RNE 也与 SE 和 CNE 共存。图 6.8 给出了将网络功能分配到逻辑节点的例子。

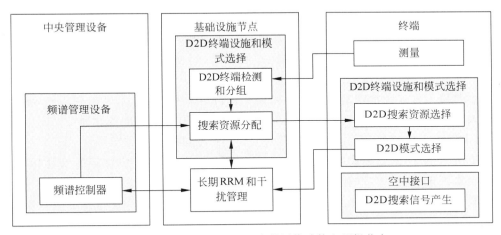

图 6.8 点对点通信(D2D)中的网络功能和逻辑节点

D2D 网络功能在三个不同的逻辑节点实现互操作,包括终端、基础设施节点和中心管理设备。赋能终端搜索的功能安排在终端和基础设施节点。终端搜索功能基于终端在无线资源上的测量,通过空中接口在这些资源上发送 D2D 搜索信号。基础设施节点基于网络能力信息、业务需求和终端测量报告进行资源分配,网络能力包括不同选项,例如由 D2D 通信和蜂窝基础设施分享频率(underlay D2D),或者 D2D 通信和蜂窝基础设施分割频谱

(overlay D2D)。基础设施节点上的搜索资源分配根据负载状况和终端密度进行。终端需要发起基础设施或者 D2D 模式的选择,在资源分配过程中,长期的无线资源和干扰管理决定如何分配 D2D 资源。多运营商 D2D 可以采用专有的频谱资源实现带外 D2D 通信。在这种情况下,中央管理设备需要集中运行的频谱控制器。在物理网络中,中心管理设备将会被部署在传输网络的数据中心。其中逻辑基础设施位于接入网络,例如 Cloud-RAN 或者 D-RAN 的位置。由于所有上述网络功能可以与无线帧异步工作,基础设施节点功能提供了集中化的可能,这也意味着不是所有位于接入网络的 RNE 需要具备 D2D 检测和模式选择功能。

### 6.2.5　LTE 与 5G 新空口的协作

将新的空中接口(简称空口)和原有系统集成,一直是移动网络引入新一代技术过程中的重要组成部分。在 4G 阶段,这一工作的主要目标是实现全网无缝的移动管理。实现平滑引入新一代技术新业务的同时,保证原有业务的平稳运行,例如,在 LTE 引入初期通过电路域回落(Circuit Switched FallBack,CSFB)CSFB 实现语音业务回落。在不同的 3GPP 系统之间,一般是通过集成不同系统核心网节点之间的接口来实现,例如,S11 接口(在 MME 和业务网关之间)、S4 接口(在业务网关和 SGSN 之间)。

向 5G 演进的过程中,新空口和 LTE 紧密集成从第一时间起就是 5G RAN 架构必不可少的组成部分。这里的紧密集成是指在具体的接入协议之上,引入多接入共享的机制。

这里紧密集成的要求来自于 5G(高达 10Gb/s)的速率要求。速率和低时延要求一起推动了在较高的 6GHz 之上的频段设计新空口。在这些频段,传播特性更具有挑战性,覆盖呈点状覆盖。

与 5G 研究活动同步进行的是,3GPP 不断地增加 LTE 的功能,当 5G 推向市场的时候,LTE 具有的能力已经可以满足很多 5G 要求,例如和 MTC 及 MBB 相关的要求。由于,LTE 已广泛地部署,并运行在传播特性良好的频段,这使得 LTE 和新空口的集成更具吸引力。

在多种接入方式的紧密集成方案中 GSM、UTRAN 和 WLAN 共有的基于 RRM 的架构被引入到基于业务的接入选择。Ambient Networks 项目对不同的紧密集成架构进行了讨论,提出了一个依赖多个无线资源管理的架构和一般链接分层方案。

近年来,更多的紧密集成的架构得到验证,同时考虑了 LTE 协议架构以及 5G 新空口的重要因素。至少在 LTE 的 PDCP 和 RRC 层应该和新空口共享,来支持 5G 需求。这导致协议架构更倾向于 LTE Rel-12 中支持双连接的架构。各种不同的选择如图 6.9 所示。

1. 公用核心网

这种情况下,每个无线接入技术拥有各自的 RAN 协议栈,而共享核心网。新的 5G 网络功能可以用于 LTE,也可以用于新空口。这样可以潜在地减少硬切换的时延,并实现更加无缝的移动性。但是,潜在的多 RAT 协作的功能或许无法实现。

2. 公共媒体接入层

LTE 公共媒体接入层(MAC)以逻辑信道的形式向 RLC 层提供服务,它将逻辑信道映射到传输信道。主要功能是:上行和下行调度、调度信息报告、Hybrid-ARQ 反馈和重传、

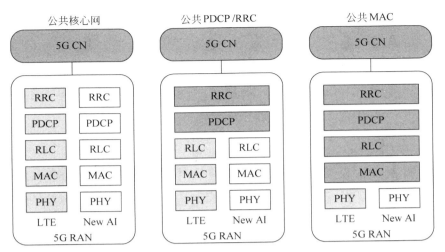

图 6.9　LTE 和新空口协作的架构

合成/分拆载波聚合时来自多个载波的数据。原则上,在 MAC 层对 LTE 和新空口的集成可以带来协作增益,实现跨空口、跨载波调度。

实现公共 MAC 层的挑战来自于 LTE 和新空口时域和频域结构的不同。在公共 MAC 层和下方的包括 LTE 和新空口的物理层需要高级别的同步。而且,对于不同的基于 OFDM 的发送方式也需要合适的参数配置。高级别同步的实现程度同样会制约共址 RAT 的 MAC 层可以实现的集成程度。

### 3. 公共 PDCP/无线资源控制(RRC)

LTE 的 PDCP 层同时用于控制面和用户面。主要的控制面功能包括加密/解密和完整性保护。对于用户面,主要功能是加密/解密、报头压缩/解压、按序交付、重复检测和重传。与 PHY、MAC 和 RLC 层的功能相比,PDCP 功能对于下层的同步没有严格的要求。因此对于 LTE 和新空口特定的 PHY、MAC 和 RLC 层的功能设计,应该不会对公共的 PDCP 层带来影响。而且,这样的集成也可以在共址和非共址的场景使用,使其更具有面向未来的一般性特征。

RRC 层在 LTE 中负责控制面功能。包括接入层和非接入层的系统信息广播、寻呼、连接处理、临时 ID 分配、配置较低层协议、QoS 管理、接入网安全管理、移动性管理、测量报告和配置 RRC 功能不需要较低层的同步,从而有可能对多个空口采用公共的控制面实现协作增益。正如公共 PDCP 层,支持共址和非共址部署。

得益于前面章节建议的公共 PDPC/RRC 协议架构的紧密集成,网络可以实现不同的 RAT 协作功能,一些不同的选项如图 6.10 所示。

(1) 控制面分集,LTE 和新空口的公共控制面允许具有双射频终端,在单个控制点拥有对两个空口专有信令的连接。在 LTE Rel-12 中,为了提升移动的鲁棒性,开发了一个类似的双连接概念。在这个功能中,不需要明确的信令来变换连接,接收机需要具备接收任意连接上任意信息的能力,包括在两个空口上的相同信息。这或许是这一功能的主要优点,即在传播困难的场景中,满足某些重要的超可靠通信需求。另外,公共控制面功能也是赋能用户面集成的功能。

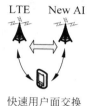

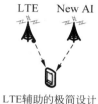

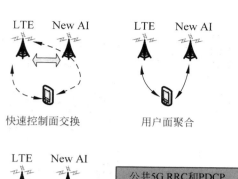

图 6.10    不同的多 RAT 协作功能

（2）快速控制面交换。这个基于公共控制面的功能,使得终端能够通过任一空口连接到一个控制点,并且不需要密集的连接信令,就可以快速从一个链接变换到另一个链接（无须核心网信令、上下文传输等）。其可靠性不如采用控制面分集高,因此进一步提高可靠性还需要其他信令的支持。

（3）用户面聚合。用户面聚合的一个变化形式叫作流聚合,它允许在多个空口聚合单一数据流。另一个变化形式叫作流路由,这个功能是指一个给定的用户数据流被映射到单一空口。这样来自同一个 UE 的每一个流可以被映射到不同的空口。这个功能的优点是提升速率,形成资源池和支持无缝移动性。当空口的时延和速率不同时,流聚合的变化形式可能带来的好处十分有限。

（4）快速用户面交换。这里不同于用户面聚合,终端的用户面在任一时间仅使用一个空口,但是提供了多个空口之间快速变换机制。这就要求具有一个稳健的控制面。快速用户面切换提供了资源池、无缝移动,并提升可靠性。

（5）LTE 辅助的极简设计。这个功能依赖于公共控制面,基本的想法是利用 LTE 来发送所有的控制信息,这样可以简化 5G 设计。为了达到后向兼容的目的,例如系统信息、发送给处于休眠模式的终端的信息可以通过 LTE 发送,这样做主要的好处是减少了 5G 总体网络能源消耗和"休眠"干扰。尽管发送的能量仅仅是从一个发射机转移到另一个发射机,但是发射机的电路处于关闭状态可以节省大量的能源。

# 6.3    网络架构标准进展及选项

## 6.3.1    NSA 与 SA

在国际电信标准组织 3GPP RAN 第 78 次全体会议上,历经 26 个月的 5G NR（New Radio）标准化工作迎来了新突破。会议上,5G NR 首发版本被正式宣布冻结。作为 5G 首个标准落地,其将为 2019 年大规模试验和商业部署的 5G 网络奠定好基础。

此次发布的 5G NR 版本是 3GPP Rel-15 标准规范中的一部分,首版 5G NR 标准的完成是实现 5G 全面发展的一个重要里程碑,它将极大地提高 3GPP 系统能力,并为垂直行业发展创造更多机会,为建立全球统一标准的 5G 生态系统打下基础。

5G 标准第一版有两种方案,分为非独立组网(Non-Stand Alone,NSA)和独立组网(Stand Alone,SA)。其中,非独立组网作为过渡方案,可利用原有 4G 基站和 4G 核心网进行升级改造来运作,其以提升热点区域的带宽为主要目标,投入较小。而独立组网则能实现所有 5G 的新特性,有利于发挥 5G 的全部能力,是业界公认的 5G 目标方案,不过投入也会比较大。

根据 3GPP 的推进时间表,5G 独立组网(SA)标准于 2018 年 6 月实现功能性部分的冻结,并于第三季度完成整体标准的冻结,届时 5G 全球标准的第一版本也将正式确立。

基于 NSA 架构的 5G 载波仅承载用户数据,其控制信令仍通过 4G 网络传输,其部署可被视为在现有 4G 网络上增加新型载波进行扩容。运营商可根据业务需求确定升级站点和区域,不一定需要完整的连片覆盖。同时,由于 5G 载波与 4G 系统紧密结合,5G 载波与 4G 载波间的业务连续性有较强保证。在 5G 网络覆盖尚不完善的情况下,NSA 架构有利于保证用户的良好体验。

可见,NSA 架构的 5G 系统可以有效满足运营商在现有经营模式下的发展需求,而且网络升级所需投资门槛低,技术挑战可控,有利于运营商以较低风险,快速推出基于 5G 的移动宽带业务。但是全球移动通信市场多年来增长乏力的事实已经表明,运营商必须致力于开辟新的市场空间和收入来源,才能保障自身的长期可持续发展。而在这一点上,NSA 架构就显得力不从心了。

由于重用现有 4G 系统的核心网与控制面,NSA 架构将无法充分发挥 5G 系统低时延的技术特点,也无法通过网络切片实现对多样化业务需求的灵活支持。由于 4G 核心网已经承载了大量 4G 现网用户,也难以在短期内进行全面的虚拟化改造。而网络切片、全面虚拟化以及对多样业务的灵活支持都是运营商阵营对 5G 系统的热切期盼之处。可以说,只有基于独立组网架构的 5G 系统才能真正实现 5G 的技术承诺,并为移动通信产业界创造出新的发展机会。

总之,NSA 和 SA 不但是 5G 启动阶段的两种架构选项,也反映了稳妥谨慎和积极进取这两种不同的 5G 启动思路。在不同思路指引下,运营商可在 NSA 和 SA 架构之间有所侧重,形成不同的 5G 启动路径。同时也必须看到,NSA 仅是从 4G 向 5G 的过渡选项,而 SA 架构才是 5G 发展的真正目标。虽然 NSA 架构在启动阶段的风险较小,但后续向 SA 架构的过渡仍需大量工作,也存在相当的不确定因素。而且,基于 NSA 架构的 5G 接入网实际上是自现有 4G 系统的直接升级,将影响运营商选择供应商的灵活度,可导致供应商锁定的现象,这将不利于运营商进行有效的成本管理。

可见,NSA 和 SA 架构各有优势及风险,运营商需要根据自身的市场定位、竞争态势和投资能力,以及产业成熟程度等因素,决定自身的选择策略。NSA 和 SA 架构的部署也并不互相排斥,运营商完全可以根据业务发展规划,针对不同应用场景,同时部署 NSA 与 SA 架构。

无论是选择 NSA、SA 还是二者组合,运营商都应利用 5G 规模部署前的短暂窗口,加快网络虚拟化、软件定义网络等技术的实践步伐,为 5G 核心网的部署积累经验、分散风险。同时,通信业界也必须认识到,5G 新业务模式的建立绝非朝夕之功,随着移动通信向垂直行业的不断渗透,通信行业也需调整心态,适应垂直行业的发展节奏,做好持久战的准备。为此,通信业界需要不断优化成本结构、提高运营效率,并提升合作共赢意识。只有通过与垂直行业的深度合作,通信行业才可能勾画出可行的5G新业务模式,从而充分发挥5G SA架构的优势;也只有通过通信行业内不同利益主体之间多维度多层次的协作,通信行业才能真正提高投资效率、分担风险,实现长期可持续发展。

### 6.3.2 网络架构及选项

3GPP从2017年3月后正式展开了针对5G空口(NR,New Radio)技术以及网络架构的标准化工作。根据前面几章的介绍,我们知道移动通信系统主要包含两部分:无线接入网(Radio Access Network,RAN)和核心网(Core Network)。在LTE系统中,基站和核心网分别叫作eNB(Evolved Node B)和EPC(Evolved Packet Core)。在5G系统中,基于5G新空口的基站叫作gNB,基于LTE的基站叫作NG-eNB,无线接入网被称为NG-RAN(5G接入网),核心网被称为5GC(5th Generation Core),此外5G系统中还包括负责控制面接入和移动管理的AMF(Access and Mobility Management Function)以及执行路由和转发功能的UPF(User Plane Function),如图6.11所示。

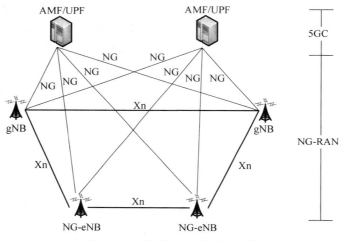

图6.11 NG-RAN无线网络架构

从整体上看,5G网络架构看似与4G很类似,但是不管是核心网还是无线接入网,其内部架构都发生了颠覆性的改变。

5G核心网采用基于SBA的网络架构。SBA架构是一个基于云的架构,不仅对4G核心网网元NFV虚拟化,网络功能要进行模块化,实现从驻留云到充分利用云的跨越,实现未来以软件化、模块化的方式灵活地、快速地组装和部署业务应用。在5G核心网中,AMF负责终端接入权限和切换;UPF负责分组路由和转发、数据包检查、上行链路和下行链路中的传输及分组标记,下行数据包缓冲和下行数据通知触发等功能。

对于无线接入网而言,由于目前LTE网络已广泛部署,运营商部署5G网络时可以逐步部署,这样才能避免短期内的高投入,也能有效地降低部署风险。因此5G的NG-RAN包括了基于长期演进(LTE)的NG-eNB和基于5G新空口的gNB两种类型基站。

NG-eNB和gNB两种类型的基站在覆盖、容量、时延和新业务支持等方面都存在较大的差异。

(1) 连接到 5G 核心网的基于 LTE 的基站(NG-eNB):该类型基站是在现有的 4G 网络上进行升级以支持 5G 的相关特性,因此通常可以认为 NG-eNB 网络支持多数的业务的连续覆盖。由于该类型基站的物理结构(如天线、帧结构等)仍然采用 4G 空口,因此其无法支持超低时延、超高速率的业务,无法满足 5G 定义的全部关键性能指标(KPI)的要求。这种类型的基站对于前传和回传网络的需求基本可以认为与当前的 4G 无线网络相同。

(2) 基于 5G 新空口的下一代节点(gNB):理论上可以满足 5G 定义的所有关键绩效指标(KPI)需求及支持所有 5G 典型业务,相比于 NG-eNB,gNB 可以支持更高的空口速率,因此这种类型的基站对于前传和回传的带宽和时延都提出了更高的需求。

因此,针对 3GPP 新业务的需求以及现网实际情况,在未来的 5G 部署时,需要充分考虑两种基站的能力特点,来选择业务的支撑方案。

在 5G NR 标准中,gNB 包括了类似于 LTE 系统中 eNB 的一体化基站以及集中单元/分布单元(CU/DU)分离两种形态,即当前 5G 标准支持 CU/DU 合设和分离的两种部署方案。图 6.12 给出了 5G 网络中不同类型的无线网元之间的架构和相关接口,其中 CPRI 是通用公共无线电接口,AAU 是有源天线单元。

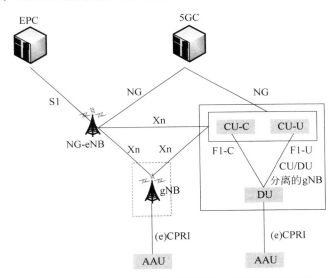

图 6.12　5G 网络中不同类型的无线网元之间的架构和相关接口

在合设方案中,一个基站上实现了全部的协议栈功能。这个架构可以适用于密集城区和室内热点场景。对于 CU/DU 分离架构,5G 协议栈中的上层功能位于 CU 中,而底层协议栈位于 DU 中。3GPP 的标准研究过程中引入 CU/DU 分离的目的主要有如下几个方面:硬件实现灵活,可节省成本;CU 和 DU 分离的架构下可以实现性能和负荷管理的协调、实时性能优化,并易于实现 SDN/NFV 功能;功能分割可配置能够满足不同应用场景的需求,如传输时延的多变性。

在实际部署中采用合设和分离部署主要取决于网络部署场景、业务类型以及传输网性能等因素。此外 5G 网络高速、低时延的特点也对传输网提出了挑战。

(1) 前传接口带宽需求:考虑到毫米波将支持 1GHz 系统带宽以及 256 通道天线。根据现有射频拉远单元/远端射频模块的功能划分,前传接口带宽要求随着载波频率带宽以及天线通道数量成线性增长的关系。即便在考虑使用 64 通道、20MHz 带宽,仍需要近 64Gb/s 的前传接口带宽。

(2) 传输时延:考虑到当前协议要求用户 UE 侧与系统侧的混合自动重传请求交互时间是固定的,若将 CU/DU 功能划分点仍放在 HARQ 过程中,对 CU 芯片处理时延和传输设备时延的挑战依然很大;若 CU/DU 功能切分点放置于 HARQ 以外,对 CU 芯片处理时延和传输设备时延的要求有所放宽,但会有过多功能前置于远端位置,将会影响多载波的协作化性能。

为了便于传输控制面配置信息、用户信令以及用户面数据等信息,标准在 CU 和 DU 之间新定义了一个新接口 F1。在 CU 内部控制面和用户面在部署时也可以分离,以满足不同类型业务对于时延和集中管理的差异。标准中定义 CU 控制面(CU-CP)和 CU 用户面(CU-UP)之间的接口为 E1。一个逻辑 DU 可以支撑多个物理小区,但是逻辑上只能属于一个 CU,为了可扩展性考虑能分别为 CU-CP 和 CU-UP 提供多个传输点。

5G NR 标准中一共有以下 7 种选项供网络部署时选择。

**1. 传统 LTE 架构**

5G 的部署以 LTE 目前的部署方式为基础,如图 6.13 所示。这种网络架构由 LTE 的核心网 EPC 和基站 eNB 组成。

**2. 纯 5G 网络**

这种选项是一种 SA 架构,也是 5G 网络部署的最终目标之一,由 gNB 和 NGC 组成,如图 6.14 所示。

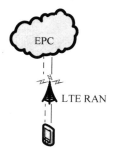

图 6.13　以 LTE 网络架构为基础的方式　　图 6.14　纯 5G 的方式

这种网络架构的特点是 gNB 连接到 5G 的核心网,在与现有的 4G 网络混合部署时,选项 1(传统 LTE)+选项 2 形成了两张独立的网络,为了保持业务连续性,现网 LTE 和分组核心网(EPC)需要升级去支持跨核心网的移动性。

如果想在 LTE 系统(选项 1)的基础上演进到选项 2,需要完全替代 LTE 系统的基站和核心网,同时还得保证覆盖和移动性管理等,部署耗资巨大,很难一步完成。

**3. EPC+eNB、gNB(以 eNB 为主)**

选项 3 的基本思想是保持 LTE 系统核心网不动,先进行无线接入网演进,即 eNB 和 gNB 都连接至 EPC。先进行无线接入网的演进可以有效降低初期的部署成本。

选项 3 进一步包含了 3 种子选项,分别称为选项 3、选项 3a 和选项 3x。

选项 3 如图 6.15(a) 所示,在这种模式中,所有的控制面信令都经由 eNB 转发,且 eNB 将数据分流给 gNB。用户面承载锚点位于 LTE 侧,采用类似于双链接 3C 方案,该方案通常也被称为主小区组(MCG)分离承载,其中该承载的分组数据汇聚协议(PDCP)采用 NR PDCP 协议,以保证在承载转换过程中终端侧无须进行 PDCP 版本的变化。

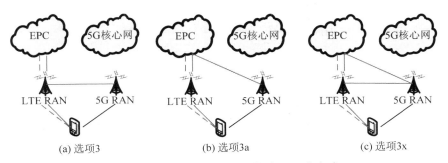

图 6.15　eNB 和 gNB 都连接到 EPC 的方式

选项 3a 如图 6.15(b) 所示,在这种模式中,所有的控制面信令也都经由 eNB 转发,但 EPC 将数据分流至 gNB。用户面承载通过 gNB 进行发送,采用类似于双链接 1A 方案,该方案也被称为辅小区组(SCG)承载。

选项 3x 如图 6.15(b) 所示,此时所有的控制面信令都经由 eNB 转发,gNB 可将数据分流至 eNB。对于选项 3x 的方案,用户面承载的锚点位于 gNB,该方案也被称为 SCG 分离承载。此场景以 eNB 为主基站,所有的控制面信令都经由 eNB 转发。LTE eNB 与 NR gNB 采用双链接的形式为用户提供高数据速率服务。此方案可以部署在热点区域,增加系统吞吐量。

这种方案具有如下特点:①LTE 基站作为控制面的锚点接入到 EPC 网络中,NR 不需要支持 S1-C 接口和协议;②对于选项 3,NR 作为 LTE 的一个“新载波”类型接入;③选项 3a/3x 方案 NR 需要支持 S1 接口。

选项 3 是一种非独立组网架构,也被称为 E-UTRA-NR 双连接(EN-DC)方案。其在 Rel-15 中引入的原因主要有两个:一是减少 NR 和 LTE 之间的 Xn 接口的前传流量(基站间传输带宽需要满足 LTE 的峰值流量需求,而 MCG 分离承载中基站间传输带宽需要支持 5G 的峰值需求);二是考虑到 5G 高频段(如毫米波)上信号存在不稳定的现象,在 NR 传输中一旦出现中断,可以利用 LTE 的覆盖的连续性和稳定性保证用户速率的快速恢复。该方案已经在 2017 年 11 月美国召开的会议中完成标准的冻结。

4. NGC+eNB,gNB(以 gNB 为主)

选项 4 同时引入了 NGC 和 gNB。但是 gNB 没有直接替代 eNB,而是采取“兼容并举”的方式部署。在此场景中,核心网采用 5G 的 NGC,eNB 和 gNB 都连接至 NGC。

类似地,选项 4 也包含两种模式:选项 4 和选项 4a。

选项 4 如图 6.16(a) 所示,所有的控制面信令都经由 gNB 转发,gNB 将数据分流给 eNB。

选项 4a 如图 6.16(b) 所示,所有的控制面信令都经由 gNB 转发,NGC 将数据分流

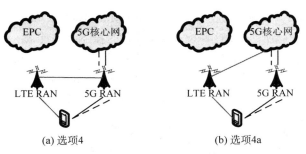

图 6.16　引入 NGC 和 gNB 的方式

至 eNB。

与选项 3 不同,此场景以 gNB 为主基站。LTE eNB 与 NR gNB 采用双链接的形式为用户提供高数据速率服务。LTE 网络可以保证广覆盖,而 5G 系统能部署在热点区域提高系统吞吐量。

该架构的特点是 NR gNB 作为锚点接入到 5G 核心网中。LTE 作为 NR gNB 的一个特殊的载波类型接入,其中对于选项 4a 方案,LTE 需要支持 NG-U 接口。选项 4/4a 采用了 NR 作为锚点,因此通常应用在 NR 已经连续覆盖的场景中。在当前的 3GPP Rel-15 的标准研究过程中,选项 4/4a 被列为较低的优先级。

5. NGC+eNB

选项 5 是 LTE 系统的 eNB 连接至 5G 的核心网 NGC 的模式。可以理解为首先部署了 5G 的核心网 NGC,并在 NGC 中实现了 LTE EPC 的功能,之后再逐步部署 5G 无线接入网,如图 6.17 所示。

在选项 5 中,NG-eNB 独立连接到 5G 的核心网,本架构可以认为是选项 7 的一个子状态,无论是网络还是终端若要支持选项 7 系列必须要支持选项 5。具体的架构特点为:①NG-eNB 基站连接到无线接入核心网,5G 终端通过 NG-eNB 连接到 5G 核心网;②NG-eNB 同时连接到 4G 的 EPC,传统 4G 终端通过 NG-eNB 连接到 4G 核心网;选项 5 需要升级现网 LTE 以支持其连接到 5G 核心网,基站协议栈改动相对选项 2 较多。

6. EPC+gNB

选项 6 是 5G gNB 连接至 4G 核心网 EPC 的模式。可以理解为先部署了 5G 的无线接入网,但暂时采用了 4G 核心网 EPC,如图 6.18 所示。此场景会限制 5G 系统的部分功能,如网络切片等。

图 6.17　在 NGC 中实现 LTE EPC 功能的方式　　　　图 6.18　gNB 连接到 LTE EPC 的方式

7. NGC＋eNB(主),gNB

同时部署了 5G RAN 和 NGC,但选项 7 以 LTE eNB 为主基站。所有的控制面信令都经由 eNB 转发,LTE eNB 与 NR gNB 采用双链接的形式为用户提供高数据速率服务。此场景包含 3 种模式:选项 7、选项 7a 和选项 7x。

选项 7 如图 6.19(a)所示,所有的控制面信令都经由 eNB 转发,eNB 将数据分流给 gNB。

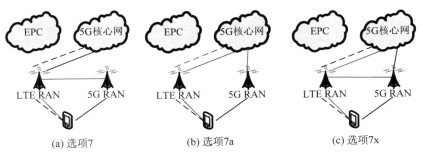

图 6.19　gNB 连接到 LTE EPC 的方式

选项 7a 如图 6.19(b)所示,所有的控制面信令都经由 eNB 转发,NGC 将数据分流至 gNB。

选项 7x 如图 6.19(c)所示,所有的控制面信令都经由 eNB 转发,gNB 可将数据分流至 eNB。

选项 7/7a/7x 方案与选项 3/3a/3x 类似,都是一种非独立组网的方案,都采用 LTE 作为锚点进行控制面和用户面传输。在标准中被称为 NGEN-DC 方案。与选项 3 系列的主要差异在于 LTE 需要连接到 5G 核心网,且 LTE 需要升级支持 NG-eNB,包括协议栈上需要支持新的服务质量协议层服务发现应用规范、支持 NR 的 PDCP 协议、NG/Xn 协议等。

### 6.3.3　5G 架构演进方案

目前运营商的 LTE 网络部署较为广泛,要想从 LTE 系统升级至 5G 系统并保证良好的覆盖和移动性切换等非常困难。为了加快 5G 网络的部署,同时降低 5G 网络初期的部署成本,各个运营商需要根据自身网络的特点,制定相应的演进计划。

演进计划都是从选项 1(LTE/EPC)开始,终极目标是 5G 的全覆盖(选项 2)。各个运营商的演进计划各有不同,现以中国移动向 3GPP 提交的提案中的方案为例介绍。

方案 1:LTE/EPC→选项 2＋选项 5→选项 4/4a→选项 2;

方案 2:LTE/EPC→选项 2＋选项 5→选项 2;

方案 3:LTE/EPC→选项 3/3a/3x→选项 4/4a→选项 2;

方案 4:LTE/EPC→选项 7/7a→选项 2;

方案 5:LTE/EPC→选项 3/3a/3x→选项 1＋选项 2＋选项 7/7a→选项 2＋选项 5。

总之,5G 网络架构演进的基本思路是以 LTE/EPC 为基础,逐步引入 5GRAN 和 5G NGC。部署初期以双链接为主,LTE 用于保证覆盖和切换,热点地区架构 5G 基站,提高系统的容量和吞吐率。最后再逐步演进,进入全面 5G 时代。

当然方案的评估是相当复杂的,运营商需要权衡各种利弊,才能最终抉择最合适的方案。

# 6.4　网络切片

　　网络切片本质上就是将物理网络根据不同的策略划分为多个虚拟网络,每一个虚拟网络根据不同的服务需求,比如时延、带宽、安全性和可靠性等来划分,以灵活应对不同的网络应用场景。网络切片不只是应用于5G,传统网络也需要网络切片支持业务。

　　3GPP对网络切片的研究可以追溯到3GPP的R13/R14,在LTE网络中就已经引入了静态切片。但是5G中的网络切片与LTE中的网络切片有很大的区别,2017年12月R15 Stage3发布的标准中还没有网络切片的完整定义,但是业界已经公认5G网络必须从动态切片角度解决网络切片问题,可以通过编排器实时调配、管理和优化网络切片,以满足大规模物联网、超可靠通信和eMBB等不同场景的需求。

　　网络切片要从端到端进行考虑,切片从设备接入到无线到核心网,到整个运营商业务,切片和切片之间是物理之间隔离,每个切片之间要满足它的QoS,满足计费和策略,同时要共享硬件资源和传输资源,所以说,网络切片可以实现更低的网络时延、更快的网络上线和更好的用户体验。

　　从运营商的角度更注重商业模式,目前网络切片引入了一个新的业务模式,就是B2B、B2C。我们现在可以把基于用户定制的网络切片或者基于虚拟运营商定制的切片租赁给不同的政企客户或者终端客户,这样就可以根据切片的弹性拉通垂直行业,实现我们新的商业模式。

　　在3GPP TR22.891中给出了网络切片的需求:运营商要能够创建和管理满足不同场景所需的网络切片;网络切片能够并行运行不同的网络切片,例如阻止一个切片中的数据通信对其他切片服务产生负面影响;3GPP系统就别在单个网络切片上满足特定安全需求的功能;3GPP系统应具有在网络切片之间提供隔离的能力,从而将潜在的网络攻击限制在单个的网络切片上;3GPP系统在不影响该切片或其他切片服务的前提下,支持切片的容量弹性等。

　　图6.20给出了针对5G典型应用场景的网络切片示意图。图6.20根据不同的服务需求将物理网络切分成多个虚拟网络,包括智能手机切片网络、自动驾驶切片网络、大规模物联网切片网络等。

　　图6.20中,网络切片是一个端到端的复杂功能,但是从架构上可以描述为"横纵交叉"的矩阵式结构。"横"表示不同业务类型的切片,"纵"表示不同网络位置的切片。

　　为了实现网络切片,NFV是先决条件。网络采用NFV和SDN后,才能更容易执行切片。目前网络切片核心技术包括切片共享、切片切换、切片管理等。从运营商角度来说,到底要有什么样的切片、支持什么样的业务都是还要继续深入研究的挑战性问题。这些挑战具体如下:

　　(1) 接入网和用户侧的挑战,某些终端设备(比如汽车)需要同时接入多个切片网络,另外还涉及鉴权、用户识别等问题。

　　(2) 接入网切片如何与核心网切片配对,以及接入网切片如何选择核心网切片。

　　用户侧、接入网和核心网的切片配对如图6.21所示。

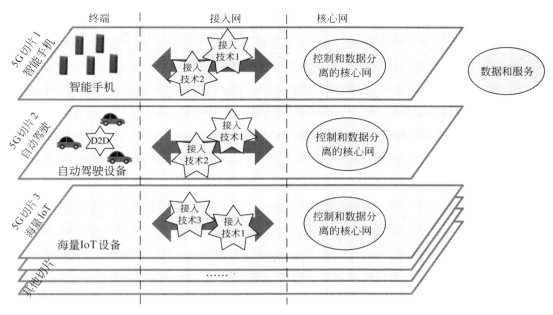

图 6.20 网络切片示意图

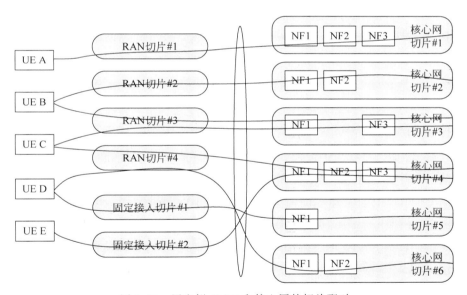

图 6.21 用户侧、RAN 和核心网的切片配对

此外,编排和自动化切片是网路切片的关键,网络切片的编排利用网络功能虚拟化基础设施(NFVI)里的资源性能 VNF 功能。编排和自动化具体包括:

(1)具备快速创新服务的能力;

(2)具备应用模板驱动切片创建环境的能力;

(3)具备切片参数多样化的能力以满足不同商业用例需求;

(4)具备自动化切片部署的能力;

(5)具备弹性伸缩能力和还原能力;

（6）通过服务质量监控,具备动态优化切片性能的能力。

总之,网络架构的多元化是5G网络的重要组成部分,5G网络切片技术是实现这一多元化架构的不可或缺的方法。随着虚拟化和网络能力开放等技术的不断发展,网络切片的价值和意义正在逐渐显现。

从3GPP协议角度来看,网络切片在很大程度上依赖于各个厂商的具体实现,因此没有给出对RRC控制和RRM管理做出详细的标准化规定。但是,还是可以从目前完成度比较高的3GPP技术规范了解网络切片的主要思路。

# 6.5　本章小结

5G无线网络为了满足不同业务以及运营商的部署需求,引入了NSA和SA两种4G和5G网络部署方案,以及CU/DU分离的基站架构。本章介绍当前5G无线网络的标准进展,并结合现有架构分析了5G无线网络架构部署方案,特别针对传输网的需求进行了分析。分析结果表明:5G无线网络对于传输网的带宽和时延都提出了严苛的要求,后续在部署过程中需要根据业务需求和网络发展需要合理规划传输网络以保证5G用户的体验。

# 第7章
## Chapter 7

# 5G物理层技术规范

本章给出 5G 的物理层技术规范,首先对 5G 新空口(New Radio,NR)物理层规范进行了简要描述。随后基于帧结构和资源块,通过与 LTE 的对照,阐述 5G NR 的数据处理过程,包括序列数据的映射、随机序列的生成、OFDM 符号生成以及变频等。最后,重点阐述 LDPC 码和极化码及其在 5G 物理信道上的应用。

## 7.1 5G NR 物理层规范概述

3GPP 组织在 TS38.200 系列规范对 5G NR 系统的物理层进行了描述,主要包括如下所述的 7 个规范。

TS38.201 是概述性文档,对物理层做了基本概述,给出了 5G NR 协议的总体架构,描述了物理层与媒体控制接入层(Medium Access Control,MAC)、无线资源控制层(Radio Resource Control,RRC)的关系,如图 7.1 所示,椭圆表示接入服务点,不同层之间的连线表示此两层之间存在无线接口。

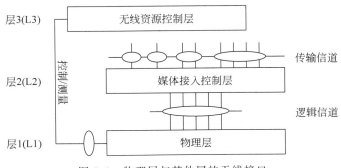

图 7.1 物理层与其他层的无线接口

TS38.202 描述 NR 物理层提供的服务,规定了物理层的服务和功能、用户终端的物理层模型、物理层信道和探测参考信号(Sounding Reference Signal,SRS)的并行传输、物理层提供的测量。

TS38.211 确定 NR 物理层信道的特性、物理层信号的产生和调制,规定了上行和下行物理信道的定义、帧结构和物理资源、调制映射、正交频分复用(Orthogonal Frequency Division Multiplexing,OFDM)符号映射、加扰、调制、上变频、层映射和预编码、上行和下行物理共享信道、上行和下行参考信号、物理随机接入信道、主同步信号及辅同步信号。

TS38.212描述了对NR数据信道和控制信道的数据处理,规定了信道编码方案、速率匹配、上行数据信道和L1(物理层)/L2(MAC层)控制信道的编码、下行数据信道和L1/L2控制信道的编码。

TS38.213确定了控制物理层过程的特性,规定了同步过程、上行功率控制、随机接入过程、用来报告控制信息的用户终端过程、用来接收控制信息的用户终端过程。

TS 38.214确定了数据物理层过程的特性,规定了功率控制、物理下行共享信道相关过程、物理上行共享信道相关过程。

TS38.215确定了5G NR物理层测量的特性,规定了对用户/下一代无线接入网络(user/Next Generation Radio Access Networks,LTE/NG-RAN)的控制测量、对NR能力的测量。

# 7.2 帧结构和物理资源

## 7.2.1 参数集

与LTE相比,3GPP定义的5G NR具有更为灵活的帧结构。由于5G要支持更多的应用场景,例如超高可靠性(URLLC)需要比LTE更短的帧结构。为了支持灵活的帧结构,5G NR中定义了帧结构的参数集(Numerology),包括一套参数,例如子载波间隔、符号长度和CP等,该参数集在3GPP TR38.802中进行了定义。

5G NR支持多种子载波间隔($\Delta f$),这些子载波间隔由基本子载波间隔通过整数 $\mu$ 扩展而成,如表7.1所示。

表 7.1　发送参数集

| $\mu$ | $\Delta f = 2^{\mu} \times 15 (\text{kHz})$ | 循 环 前 缀 |
|---|---|---|
| 0 | 15 | 普通CP |
| 1 | 30 | 普通CP |
| 2 | 60 | 普通CP,扩展CP |
| 3 | 120 | 普通CP |
| 4 | 240 | 普通CP |

5G NR的帧和子帧长度与LTE一致,子帧长固定为1ms,帧长度为10ms。不管CP开销如何,采用15kHz及以上的子载波间隔的参数集,在每1ms的符号边界处对齐,子载波间隔变大,时隙长度变小。

## 7.2.2 帧结构

### 1. 帧和子帧

下行和上行传输被组织成持续时间为 $T_f = (\Delta f_{max} N_f / 100) T_c = 10 \text{ms}$ 的帧,每个帧由10个持续时间分别为 $T_{sf} = (\Delta f_{max} N_f / 1000) T_c = 1 \text{ms}$ 的子帧组成。对于子载波间隔参数为 $\mu$ 的情况,每个子帧中连续的OFDM符号数量为 $N_{symb}^{subframe, \mu} = N_{symb}^{slot} N_{slot}^{subframe, \mu}$,$N_{symb}^{slot}$ 是每个时隙的OFDM数,$N_{slot}^{subframe, \mu}$ 是每个子帧的时隙数。

对于 TDD 模式,每个帧被分成两个同样大小的半帧,每个半帧具有由子帧 0~4 组成的半帧 0 和由子帧 5~9 组成的半帧 1。

类似于 LTE,5G NR 也通过调整 UE 时间提前量使用户数据到达基站时间对齐。

UE 的上行帧 $i$ 应该在对应的下行帧开始传输之前的 $T_{\mathrm{TA}} = (N_{\mathrm{TA}} + N_{\mathrm{TA,offset}})T_c$ 时刻出发,如图 7.2 所示,上行链路中有一组帧,下行链路中有一组帧。其中 $N_{\mathrm{TA,offset}}$ 在 3GPP 的 TS38.133 中给出。

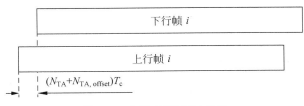

图 7.2  上行-下行定时关系

**2. 时隙**

子载波间隔配置为 $\mu$ 时,时隙在一个子帧内以升序被编号为 $n_s^{\mu} \in \{0, \cdots, N_{\mathrm{slot}}^{\mathrm{subframe},\mu} - 1\}$,并在一个帧内部以升序被编号为 $n_{\mathrm{s,f}}^{\mu} \in \{0, \cdots, N_{\mathrm{slot}}^{\mathrm{frame},\mu} - 1\}$。一个时隙内有 $N_{\mathrm{symb}}^{\mathrm{slot}}$ 个连续的 OFDM 符号,而 $N_{\mathrm{symb}}^{\mathrm{slot}}$ 由不同的循环前缀决定。

表 7.2 和表 7.3 分别给出了普通循环前缀和扩展循环前缀情况下每个时隙的 OFDM 符号数 $N_{\mathrm{symb}}^{\mathrm{slot}}$、每个帧的时隙数 $N_{\mathrm{slot}}^{\mathrm{frame},\mu}$ 以及每个子帧的时隙数 $N_{\mathrm{slot}}^{\mathrm{subframe},\mu}$。

表 7.2  普通循环前缀每个时隙的 OFDM 符号数以及每个帧/子帧的时隙数

| $\mu$ | $N_{\mathrm{symb}}^{\mathrm{slot}}$ | $N_{\mathrm{slot}}^{\mathrm{frame},\mu}$ | $N_{\mathrm{slot}}^{\mathrm{subframe},\mu}$ |
|---|---|---|---|
| 0 | 14 | 10 | 1 |
| 1 | 14 | 20 | 2 |
| 2 | 14 | 40 | 4 |
| 3 | 14 | 80 | 8 |
| 4 | 14 | 160 | 16 |

表 7.3  扩展循环前缀的每个时隙的 OFDM 符号数、每帧时隙和每个子帧的时隙数

| $\mu$ | $N_{\mathrm{symb}}^{\mathrm{slot}}$ | $N_{\mathrm{slot}}^{\mathrm{frame},\mu}$ | $N_{\mathrm{slot}}^{\mathrm{subframe},\mu}$ |
|---|---|---|---|
| 2 | 12 | 40 | 4 |

## 7.2.3  物理资源

**1. 天线端口**

定义天线端口的目的是能够根据天线端口上传输某个符号的信道推断出同一天线端口上传输另一个符号的信道。

如果能够根据一个天线端口上传输符号的信道参数特性推断出另一个天线端口上符号传输的信道的特性,则两个天线端口被称为准共址的。参数包括延迟扩展、多普勒扩展、多

普勒频移、平均增益、平均延迟和空间阶数等。

**2. 资源格**

在 5G NR 规范中,每个资源格具有 $N_{\text{grid},x}^{\text{size},\mu} N_{\text{sc}}^{\text{RB}}$ 个子载波和 $N_{\text{symb}}^{\text{subframe},\mu}$ 个 OFDM 符号。下标 $x$ 可以是 DL 或 UL,分别表示下行链路和上行链路。在不会发生混淆时,下标 $x$ 也可以省略。每个天线端口 $p$、每个子载波间隔配置 $\mu$ 及每个传输方向(下行或者上行)有一个资源格。

**3. 资源元素**

在天线端口 $p$ 上子载波间隔 $\mu$ 的资源格中的每个元素被称为资源元素,并且被唯一标识为 $(k,l)_{p,\mu}$,其中 $k$ 是频域中的索引,$l$ 是指相对于某个参考点的时域中的码元位置。资源元素 $(k,l)_{p,\mu}$ 对应于复数值 $a_{k,l}^{(p,\mu)}$。在没有指定特别的天线端口和子载波间隔时,索引 $p$ 和 $\mu$ 可以省略,即资源元素表示为 $a_{k,l}^{(p)}$ 或 $a_{k,l}$。

**4. 资源块**

资源块定义为频域中 $N_{\text{sc}}^{\text{RB}} = 12$ 个连续的子载波。5G NR 规范中还给出了参考点 A、公共资源块、物理资源块和虚拟资源块的定义。

参考点 A 是各种资源块的公共参考点,对所有子载波配置 $\mu$ 是相同的,在频域上的编号从 0 开始。参考点 A 还需从高层获取主小区上/下行链路的 PRB 公共索引、辅小区上/下行链路的 PRB 专用索引以及辅助上行链路的 PRB 索引等参数。

公共资源块在子载波间隔配置 $\mu$ 的频域中从 0 开始向上编号。子载波间隔配置 $\mu$ 的公共资源块 0 的子载波 0 与"参考点 A"一致。子载波间隔配置 $\mu$ 在频域中公共资源块编号与资源元素 $(k,l)$ 的关系为

$$n_{\text{CRB}}^{\mu} = \left\lfloor \frac{k}{N_{\text{sc}}^{\text{RB}}} \right\rfloor$$

其中,$k$ 相对于子载波间隔配置 $\mu$ 的资源网格的子载波 0 来定义。

物理资源块在特定带宽组(BandWidth Part,BWP)内定义,编号为 $0 \sim N_{\text{BWP},i}^{\text{size}} - 1$,其中 $i$ 是带宽组编号。在带宽组 $i$ 中,物理资源块 $n_{\text{PRB}}$ 和公共资源块 $n_{\text{CRB}}$ 的关系为

$$n_{\text{CRB}} = n_{\text{PRB}} + N_{\text{BWP},i}^{\text{start}}$$

其中,$N_{\text{BWP},i}^{\text{start}}$ 是带宽组相对于公共资源块 0 开始的公共资源块。

虚拟资源块是编号为 $0 \sim N_{\text{BWP},i}^{\text{size}} - 1$ 的带宽组,其中 $i$ 是带宽组编号。

**5. BWP**

BWP 是 5G 引入的新概念,是对应特定载波和特定参数集的一组连续公共资源块。BWP 支持工作带块小于系统带宽的 UE,通过不同带宽大小的 BWP 之间的转换降低 UE 功耗,并根据业务需求优化无线资源。

UE 可以在上行链路中配置多达 4 个 BWP。如果一个 UE 配置了一个辅助上行链路,UE 还可以在辅助上行链路配置多达 4 个 BWP,其中在给定时间单个辅助上行链路激活一个 BWP 的。UE 不应在激活 BWP 之外传输 PUSCH 或 PUCCH。在多个小区中的 BWP 可以被聚合,除了主小区之外,最多可以支持 15 个辅小区。

# 7.3 整体架构和信号生成

5G NR 各信道传输整体过程与 LTE 类似,图 7.3 给出了以上行链路为例的 5G 物理层传输过程。

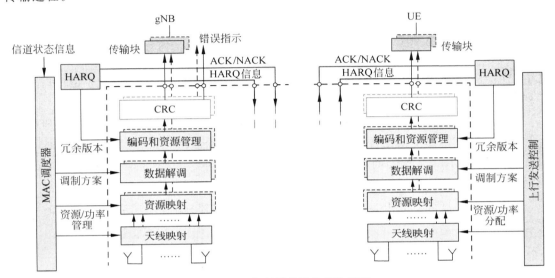

图 7.3 5G 物理层传输的整体过程

## 7.3.1 调制映射

调制映射使用二进制数字 0 或 1 作为输入,并生成复值调制符号的星座图作为输出。

与 LTE 相比,5G NR 增加了 256 阶高阶调制,在 256QAM 调制情况下,8 位 $b(i)$, $b(i+1)$,$b(i+2)$,$b(i+3)$,$b(i+4)$,$b(i+5)$,$b(i+6)$,$b(i+7)$,根据式(7.1)被映射到复值调制符号 $x$。

$$x = \frac{1}{\sqrt{170}} \{(1-2b(i))[8-(1-2b(i+2))[4-(1-2b(i+4))[2-(1-2b(i+6))]]] +$$
$$j(1-2b(i+1))[8-(1-2b(i+3))[4-(1-2b(i+5))[2-(1-2b(i+7))]]]\}$$

$$(7.1)$$

## 7.3.2 序列生成

与 LTE 一样,5G NR 同样用到了伪随机(PN)序列和 ZC 序列。伪随机序列主要用于加扰,ZC 序列用于前导序列、信道估计等。下面分别介绍 5G NR 中的伪随机序列和 ZC 序列的生成。

1. 伪随机序列生成

伪随机序列由长度为 31 的 Gold 序列定义。长度为 $M_{PN}$ 的输出序列 $c(n)$ 由式(7.2)定义,

$$c(n) = (x_1(n+N_C) + x_2(n+N_C)) \bmod 2 \qquad (7.2)$$

其中，$x_1(n+31)=(x_1(n+3)+x_1(n))\bmod 2$，$x_2(n+31)=(x_2(n+3)+x_2(n+2)+x_2(n+1)+x_2(n))\bmod 2$，$N_C=1600$ 并且第一个 $m$ 序列应该被初始化为 $x_1(0)=1$，$x_1(n)=0,n=1,2,\cdots,30$。第二个 $m$ 序列的初始化记为 $c_{\mathrm{init}}=\sum\limits_{i=0}^{30}x_2(i)\cdot 2^i$，其值取决于序列的应用。

　　**2. 低峰均功率比(ZC)序列生成**

　　序列 $r_{u,v}^{(\alpha,\delta)}(n)$ 由基序列 $\bar{r}_{u,v}(n)$ 根据循环移位 $\alpha$ 来定义：

$$r_{u,v}^{(\alpha,\delta)}(n)=\mathrm{e}^{\mathrm{j}\alpha n}\bar{r}_{u,v}(n)，\quad 0\leqslant n<M_{\mathrm{ZC}}-1 \tag{7.3}$$

其中，$M_{\mathrm{ZC}}=mN_{\mathrm{sc}}^{\mathrm{RB}}/2^{\delta}$，是序列长度，并且 $1\leqslant m\leqslant N_{\mathrm{RB}}^{\max,\mathrm{UL}}$。通过不同的 $\alpha$ 和 $\delta$ 值，可以从基序列定义多个序列。

　　基序列 $\bar{r}_{u,v}(n)$ 被分成组，其中 $u\in\{0,1,\cdots,29\}$ 是组编号，$v$ 是组内基序列编号。$1/2\leqslant m/2^{\delta}\leqslant 5$ 时，每个组包含长度为 $M_{\mathrm{ZC}}=mN_{\mathrm{sc}}^{\mathrm{RB}}$ 的一个基序列($v=0$)，$m/2^{\delta}\geqslant 6$ 时，每组包含两长度为 $M_{\mathrm{ZC}}=mN_{\mathrm{sc}}^{\mathrm{RB}}$ 的基序列($v=0,1$)。基序列 $\bar{r}_{u,v}(0),\cdots,\bar{r}_{u,v}(M_{\mathrm{ZC}}-1)$ 的定义取决于序列长度 $M_{\mathrm{ZC}}$。

　　当基序列长度大于等于 36 位(即 $M_{\mathrm{ZC}}\geqslant 3N_{\mathrm{sc}}^{\mathrm{RB}}$)时，基序列 $\bar{r}_{u,v}(0),\cdots,\bar{r}_{u,v}(M_{\mathrm{ZC}}-1)$ 由式(7.4)给出

$$\bar{r}_{u,v}(n)=x_q(n\bmod N_{\mathrm{ZC}})$$
$$x_q(m)=\mathrm{e}^{-\mathrm{j}\frac{\pi qm(m+1)}{N_{\mathrm{ZC}}}} \tag{7.4}$$

其中

$$q=\lfloor\bar{q}+1/2\rfloor+v(-1)^{\lfloor 2\bar{q}\rfloor}$$
$$\bar{q}=N_{\mathrm{ZC}}(u+1)/31$$

长度 $N_{\mathrm{ZC}}$ 由最大的素数给出，使得 $N_{\mathrm{ZC}}<M_{\mathrm{ZC}}$。

　　当基序列长度少于 36 位(即 $M_{\mathrm{ZC}}\in\{6,12,18,24\}$)，基序列由式(7.5)给出：

$$\bar{r}_{u,v}(n)=\mathrm{e}^{\mathrm{j}\varphi(n)\pi/4}，\quad 0\leqslant n\leqslant M_{\mathrm{ZC}}-1 \tag{7.5}$$

其中，$\phi(n)$ 的值由 TR38.211 的表 5.2.2.2-1～表 5.2.2.2-4 给出。

　　对于 $M_{\mathrm{ZC}}=30$，基序列 $\bar{r}_{u,v}(0),\cdots,\bar{r}_{u,v}(M_{\mathrm{ZC}}-1)$ 由式(7.6)给出

$$\bar{r}_{u,v}(n)=\mathrm{e}^{-\mathrm{j}\frac{\pi(u+1)(n+1)(n+2)}{31}}，\quad 0\leqslant n\leqslant M_{\mathrm{ZC}}-1 \tag{7.6}$$

## 7.3.3　OFDM 基带信号生成

　　除了 PRACH 外，天线端口 $p$ 上的 OFDM 符号 $l$ 可定义为

$$s_l^{(p,\mu)}(t)=\sum_{k=0}^{N_{\mathrm{grid}}^{\mathrm{size},\mu}N_{\mathrm{sc}}^{\mathrm{RB}}-1}a_{k,l}^{(p,\mu)}\mathrm{e}^{\mathrm{j}2\pi(k+k_0^{\mu}-N_{\mathrm{grid}}^{\mathrm{size},\mu}N_{\mathrm{sc}}^{\mathrm{RB}}/2)\Delta f(t-N_{\mathrm{CP},l}^{\mu}T_{\mathrm{c}})} \tag{7.7}$$

其中，$0\leqslant t<(N_u^{\mu}+N_{\mathrm{CP},l}^{\mu})T_{\mathrm{c}}$，$\Delta f$ 的取值见表 7.1，$k_0^{\mu}$ 的值从高层参数 $k_0$ 获得并使得子载波间隔配置 $\mu$ 的公共资源块中编号最低的子载波与其他子载波间隔配置少于 $\mu$ 的公共资源块中编号最低的子载波相一致。

在子帧中,子载波配置 $\mu$ 的 OFDM 符号 $l$ 的起始位置为

$$t_{\text{start},l}^{\mu} = \begin{cases} 0, & l = 0 \\ t_{\text{start},l-1}^{\mu} + (N_u^{\mu} + N_{\text{CP},l-1}^{\mu})T_c, & \text{其他} \end{cases} \tag{7.8}$$

其中

$$N_u^{\mu} = 2048\kappa \cdot 2^{-\mu}$$

$$N_{\text{CP},l}^{\mu} = \begin{cases} 512\kappa \cdot 2^{-\mu}, & \text{扩展 CP} \\ 144\kappa \cdot 2^{-\mu} + 16\kappa, & \text{普通 CP}, l = 0 \text{ 或 } l = 7 \cdot 2^{\mu} \\ 144\kappa \cdot 2^{-\mu}, & \text{普通 CP}, l \neq 0 \text{ 或 } l \neq 7 \cdot 2^{\mu} \end{cases}$$

对于 PARCH,在天线端口 $p$ 上的时间连续信号 $s_l^{(p,\mu)}(t)$ 定义为

$$s_l^{(p,\mu)}(t) = \sum_{k=0}^{L_{\text{RA}}-1} a_k^{(p,\text{RA})} e^{j2\pi(k+Kk_0+\overline{k})\Delta f_{\text{RA}}(t-N_{\text{CP},l}^{\text{RA}}T_c)}$$

$$K = \Delta f / \Delta f_{\text{RA}} \tag{7.9}$$

其中: $0 \leqslant t < (N_u + N_{\text{CP},l}^{\text{RA}})T_c$,并且 $\overline{k}$ 由 3GPP TS38.211 中的条款 6.3.3 给出。

### 7.3.4　调制和上变频

对于天线端口 $p$ 和子载波间隔配置 $\mu$,复值 OFDM 基带信号调制和上变频到载波频率 $f_0$ 为

$$\text{Re}\{s_l^{(p,\mu)}(t) e^{j2\pi f_0 t}\} \tag{7.10}$$

## 7.4　信道编码及在 5G 中的应用

### 7.4.1　不同信道编码方式

传输信道的编码方案如表 7.4 所示,控制信息的编码方案如表 7.5 所示。

表 7.4　传输信道的编码方案

| 传 输 信 道 | 编 码 方 案 |
|:---:|:---:|
| UL-SCH | LDPC |
| UL-SCH | |
| PCH | |
| BCH | 极化码 |

表 7.5　控制信息的编码方案

| 控 制 信 息 | 编 码 方 案 |
|:---:|:---:|
| DCI | 极化码 |
| | 块码 |
| UCI | 极化码 |

### 7.4.2　LDPC 码及其应用

#### 1. LDPC 概述

低密度奇偶校验码（Low Density Parity Check Codes，LDPC）是一种线性分组码。1962 年，Gallager 首次提出了基于稀疏校验矩阵的 LDPC 码。1981 年，Tanner 将 LDPC 码的校验矩阵用双向二分图表示，更直观地分析 LDPC 码的校验矩阵特性和编码译码等特性，为置信传播译码算法提供了工具并打下了坚实的基础。1993 年及以后，Mackay、Neal 等提出并构造出非规则 LDPC 码，并验证了非规则 LDPC 码比规则 LDPC 码和 Turbo 码性能更为优异，甚至其性能可以趋近香农极限，使 LDPC 码重新回到了人们的视野并引起了充分重视。

LDPC 校验矩阵很稀疏，具有很强的纠错能力和检错能力。与 Turbo 码相比，LDPC 码可以并行译码，降低了译码时延，具有较低的译码计算量和复杂度，具有很大的灵活性和较低的地板效应。长码时使用 LDPC 码性能更为优异，可以满足大数据量传输的要求。3GPP 的 RAN1 ♯87 会议上确定 LDPC 码成为 5G 新空口三大场景之一——eMBB 场景的数据信道上行和下行的信道编码方案。

目前 LDPC 码作为 eMBB 场景数据信道的信道编码方案，信道编码的流程与 LTE 数据信道的信道编码流程类似，不仅包括编码译码模块，而且包括其他模块。

在下行链路方向，发送端从 MAC 层接收到下行数据信息，将数据传输块进行下列操作：

（1）为了在接收端对接收到的数据块进行错误侦测，对传输块添加循环冗余校验（Cyclical Redundancy Checks CRC）码；

（2）由于信道编码的长度有限，而且研究发现，对于 LDPC 码来说，超过一定长度的码字带来的增益效果不大（标准规定 LDPC 码的码长最大为 8448），因此需要对已经添加了 CRC 的传输块进行码块分割，并对码块分割后得到的码块再次添加 CRC；

（3）对每个码块进行 LDPC 信道编码；

（4）由于信道编码得到码率可能与需要的码率不匹配，所以需要利用打孔、重复等方法进行速率匹配；

（5）进行码块级联；

（6）在经过加扰、调制后产生复数调制符号，并映射到传输层，在每一层上进行能匹配天线端口传输的预编码，处理之后再映射到物理资源。

经过这一系列操作，将 MAC 层的数据信息映射到相应的物理信道，接收端进行与此对应的操作并佐以控制信令来获得数据信息。

#### 2. LDPC 原理

LDPC 码可以用 $(n,k)$ 表示，$k$ 表示信息序列包含的信息码元个数，$n$ 表示经过信道编码后 $k$ 个信息码元加上按照一定规则产生 $r$ 个校验码元（冗余码元，$r=n-k$）后的输出码字长度，其中信息码元与校验码元之间的关系是线性的，可以用一个方程组来表述。LDPC

码的特殊之处在于其校验矩阵是稀疏的,这种特性使得存储 LDPC 码校验矩阵时只需存储其校验矩阵 1 的位置和相关参数,降低了开销,便于实际使用。基于这种特殊性,LDPC 码可以用 $m \times n$ 维的稀疏校验矩阵 $\boldsymbol{H}$ 来表征,$\boldsymbol{H}$ 的列表示编码之后的码字,$n$ 即是码字长度;$\boldsymbol{H}$ 的行表示校验方程,也就是校验码元,用来限制码字,$m$ 即是校验序列的长度。式(7.11)是维数为 $5 \times 10$ 的校验矩阵 $\boldsymbol{H}$ 和其对应的校验方程,$\boldsymbol{c} = \{c_1, c_2, \cdots, c_{10}\} \in C$,表示编码后的码字,$\boldsymbol{H}\boldsymbol{c}^{\mathrm{T}} = \boldsymbol{0}$。

$$\boldsymbol{H} = \begin{bmatrix} 1 & 0 & 1 & 0 & 0 & 0 & 1 & 0 & 1 & 0 \\ 0 & 1 & 0 & 1 & 0 & 1 & 0 & 0 & 1 & 0 \\ 1 & 0 & 0 & 1 & 1 & 0 & 0 & 1 & 0 & 0 \\ 0 & 1 & 0 & 0 & 1 & 0 & 1 & 0 & 0 & 1 \\ 0 & 0 & 1 & 0 & 0 & 1 & 0 & 1 & 0 & 1 \end{bmatrix} \rightarrow \begin{cases} c_1 + c_3 + c_7 + c_9 = 0 \\ c_2 + c_4 + c_6 + c_9 = 0 \\ c_1 + c_4 + c_5 + c_8 = 0 \\ c_2 + c_5 + c_7 + c_{10} = 0 \\ c_3 + c_6 + c_8 + c_{10} = 0 \end{cases} \quad (7.11)$$

LDPC 码可以用双向二分图来表示,双向二分图又称为 Tanner 图。Tanner 图是校验矩阵的图形表示,由于 LDPC 码可以用校验矩阵表示,所以 Tanner 图也可以表征 LDPC 码。

图 7.4 是式(7.11)校验矩阵 $\boldsymbol{H}$ 的 Tanner 图,表示了变量节点和校验节点之间的关系。$\boldsymbol{p} = \{p_1, p_2, \cdots, p_5\}$ 为校验节点,对应 $\boldsymbol{H}$ 的行;$\boldsymbol{c} = \{c_1, c_2, \cdots, c_{10}\}$ 为变量节点,对应 $\boldsymbol{H}$ 的列,$c_i$ 和 $p_j$ 之间相连的边表示 $\boldsymbol{H}$ 中值为 1 的元素,即第 $j$ 行第 $i$ 列元素 $h_{ji} = 1$。

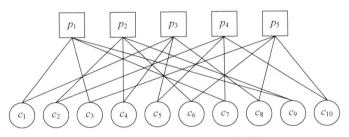

图 7.4 校验矩阵的 Tanner 图表示

在图 7.4 中,从 $c_i$ 和 $p_j$ 出发的边数定义为该变量节点 $c_i$ 或校验节点 $p_j$ 的度,从集合 $c$ 中所有元素出发的总边数等于从集合 $p$ 中所有元素出发的总边数,都等于校验矩阵 $\boldsymbol{H}$ 中元素为 1 的个数。从任一 $c_i$ 和 $p_j$ 开始,如果沿着边并且每条边只可以经过一次,可以返回 $c_i$ 或 $p_j$,那么就会形成一个闭合路径,这叫作一个循环,循环中所经过的边数目叫作循环长度,其中最短的循环长度叫作围长。在译码过程中,由于存在循环,在经过一定迭代次数译码后,消息又回到原节点,造成相关信息的叠加,降低传递消息的可靠性,从而影响译码的收敛速度和准确性,因此围长和循环数目对性能有很大影响。特别是围长很小的短环,因为这样的循环会导致在很少的迭代次数内消息又传递到原节点,可能会产生错误传播,导致译码速度很慢甚至不收敛,因此在构造校验矩阵时要注意去除短环且要保证围长尽量的大。

在校验矩阵中,变量节点的度数等于其对应列非零元素的数目,也叫作列重;校验节点的度数等于其对应行非零元素的数目,也叫作行重。如果变量节点的度数都相等,并且校验节点的度数相等,那么这样的码字叫作规则码,可以用 $(n, w_r, w_c)$ 表示,其中,$n$ 代表码长,$w_r$ 代表行重,$w_c$ 代表列重。式(7.1)就是一个规则码,可以用(10,4,2)表示。否则就是非规则码,即各个变量节点的度数或各个校验节点的度数不是相等的。假设变量节点最大度数为 $d_v$,变量节点可以由度分布 $\{r_1, r_2, \cdots, r_{d_v}\}$ 表示,$r_i$ 表示从度数是 $i$ 的变量节点出发的边数除以总边得到的结果,且 $\sum\limits_{i=1}^{d_v} r_i = 1$;校验节点度数最大为 $d_c$,校验节点可以由度分布 $\{\rho_1, \rho_2, \cdots, \rho_{d_c}\}$ 表示,$\rho_i$ 表示从度数为 $i$ 的校验节点出发的边数除以总边数得到的结果,且 $\sum\limits_{j=1}^{d_c} \rho_j = 1$。变量节点和校验节点的度分布可分别表示为式(7.12)和式(7.13):

$$r(x) = \sum_{i=1}^{d_v} r_i x^{i-1} \tag{7.12}$$

$$\rho(x) = \sum_{j=1}^{d_c} \rho_j x^{j-1} \tag{7.13}$$

在进行译码时,对于规则码来说,两种节点每次迭代中接收的消息个数分别相同,所以各个变量节点译码的收敛趋势比较统一。而对于非规则码来说,变量节点的度数或校验节点的度数并不相同,在进行译码时,变量节点度数越大,从校验节点处得到的消息就越多,就越有利于自身节点完成快速地、正确地译码,这些变量节点首先进入收敛阶段,从而就又可以利用这些已收敛的变量节点通过校验节点帮助度数较低的变量节点进行译码,这样就形成了一个良性的循环、一种波浪效应,加快了整体的译码收敛速度。在这个意义上说,非规则码比规则码的译码性能更佳,灵活性更强,因此在很多标准例如 802.16e、802.11n 中使用的 LDPC 码都是非规则 LDPC 码。

3. LDPC 码校验矩阵构造方法

由 LDPC 原理介绍可知,LDPC 码可以由校验矩阵唯一表征,编码算法和译码算法的本质也是根据校验矩阵进行的,校验矩阵在很大程度上可以影响码字性能和编码译码复杂度,因此需要精心设计校验矩阵。LDPC 码校验矩阵的构造方法是研究的重点之一,目的是得到可以运用低复杂度编译码算法而且满足码长、节点度数分布、围长、环等参数要求的校验矩阵,以得到性能优异的码字。LDPC 码校验矩阵的构造方法可以分为两大类:一大类是随机化构造方法;另一大类是结构化构造方法。

随机化构造校验矩阵规定节点度数分布等参数,然后通过计算机搜索出满足设置条件的校验矩阵,这样得到的校验矩阵具有随机性,在长码时具有良好的误码率性能。但是,一方面,随机化构造的校验矩阵结构过于随机,不具有固定的结构,不能使用针对具有特定结构的校验矩阵的简化编码算法,这使得编码时复杂度很高,并且需要大量的空间来存储整个校验矩阵,不利于硬件实现;另一方面随着码长的增大,为避免短环的出现,构造过程也变得复杂。常见的随机化构造校验矩阵方法有 Gallager 构造方法、Mackay 构造方法、Davey 构造方法、Luby 构造方法、渐进增边(Progressive Edge Growth,PEG)构造方法。

与随机化构造方法相比,结构化构造方法用经典的代数和几何理论构造校验矩阵,得到的校验矩阵具有确定的结构,通常还具有循环或准循环特性。一方面,结构化构造方法得到的校验矩阵结构是确定的,从构造原理上可以消除短环,根据具体的结构使用相应的编码方法,能够降低编码复杂度,实现线性编码;另一方面,具有高度结构化特征的校验矩阵易于存储,硬件实现也相对容易。

### 4. LDPC 码编码算法

常见的线性分组码使用生成矩阵进行编码,根据线性分组码的性质,校验矩阵 $\boldsymbol{H}$ 和生成矩阵 $\boldsymbol{G}$ 满足 $\boldsymbol{GH}^{\mathrm{T}}=0$,首先通过高斯消去将 $\boldsymbol{H}$ 变换为 $\boldsymbol{H}=[\boldsymbol{P}|\boldsymbol{I}]$,能得到 $\boldsymbol{G}=[\boldsymbol{I}|\boldsymbol{P}^{\mathrm{T}}]$,然后进行编码。对于 LDPC 码,由于变换 $\boldsymbol{H}$ 的操作,$\boldsymbol{G}$ 是包含元素 1 很稠密的矩阵,在编码过程中,乘法运算的数目会与码长的平方成正比,在码长很大的情况下几乎是不能承受的。此外,如果使用生成矩阵进行编码,那么就要对其进行存储,由于不是稀疏矩阵,会消耗大量的存储资源,不适合在实际工程中使用。需要寻找其他解决方案。

由于校验矩阵可以唯一地表示 LDPC 码,且是稀疏矩阵,编码后的码字与校验矩阵也有相应的约束关系,因此可以利用稀疏的校验矩阵直接进行编码。常见的利用校验矩阵进行编码的编码算法有基于三角分解的编码算法、基于近似下三角矩阵的编码算法等。

### 5. 5G NR 中的 LDPC 应用

#### 1) 5G NR 的 LDPC 应用概述

5G NR 采用准循环 LDPC(Quasi-Cycle LDPC,QC-LDPC)可以灵活地得到不同码长、不同码率的码字。QC-LDPC 的校验矩阵是由准循环构造方法得到的,通过精心地设计和优化校验矩阵结构,可以使用低复杂度的编码算法,具有优异的译码性能和硬件实现上的优越性。

准循环构造方法基于几何代数理论构造校验矩阵,主要参数包括基本矩阵 $\boldsymbol{H}_b$ 和扩展因子 $z$。构造的校验矩阵 $\boldsymbol{H}$ 由很多某一维数的单位矩阵或单位矩阵的循环移位矩阵和全零矩阵组成,也可以说是由单位矩阵根据基本矩阵 $\boldsymbol{H}_b$ 和扩展因子 $z$ 扩展组合而成的。构造的校验矩阵 $\boldsymbol{H}$ 可表示为

$$\boldsymbol{H}=\begin{bmatrix} \boldsymbol{P}^{h_{00}^b} & \boldsymbol{P}^{h_{01}^b} & \boldsymbol{P}^{h_{02}^b} & \cdots & \boldsymbol{P}^{h_{0n_b-1}^b} \\ \boldsymbol{P}^{h_{10}^b} & \boldsymbol{P}^{h_{11}^b} & \boldsymbol{P}^{h_{12}^b} & \cdots & \boldsymbol{P}^{h_{1n_b-1}^b} \\ \vdots & \vdots & \vdots & & \vdots \\ \boldsymbol{P}^{h_{(m_b-1)0}^b} & \boldsymbol{P}^{h_{(m_b-1)1}^b} & \boldsymbol{P}^{h_{(m_b-1)2}^b} & \cdots & \boldsymbol{P}^{h_{(m_b-1)(n_b-1)}^b} \end{bmatrix}=\boldsymbol{P}^{\boldsymbol{H}_b} \tag{7.14}$$

其中,$\boldsymbol{P}$ 表示单位矩阵或单位矩阵的循环移位矩阵,维数为 $z\times z$,假设 $\boldsymbol{P}$ 是单位矩阵,那么 $\boldsymbol{P}^1$ 表示将 $\boldsymbol{P}$ 向右循环一位得到的矩阵,如式(7.15);$\boldsymbol{H}_b$ 叫作基本矩阵,表示循环移位的位数,维数为 $m_b\times n_b$。

构造的校验矩阵 $\boldsymbol{H}$ 的维数为 $(m_b\times z)(n_b\times z)$。其中,如果 $h_{ij}^b=-1$,定义 $\boldsymbol{P}^{h_{ij}^b}$ 为全零矩阵;如果 $h_{ij}^b=0$,定义 $\boldsymbol{P}^{h_{ij}^b}$ 为单位矩阵;对于其他 $h_{ij}^b$,定义 $\boldsymbol{P}^{h_{ij}^b}$ 为单位矩阵循环右移 $h_{ij}^b$ 位得到的矩阵

$$\boldsymbol{P} = \begin{bmatrix} 1 & 0 & \cdots & 0 & 0 \\ 0 & 1 & \cdots & 0 & 0 \\ \vdots & \vdots & & \vdots & \vdots \\ 0 & 0 & \cdots & 1 & 0 \\ 0 & 0 & \cdots & 0 & 1 \end{bmatrix}, \quad \boldsymbol{P}^1 = \begin{bmatrix} 0 & 1 & 0 & \cdots & 0 \\ 0 & 0 & 1 & \cdots & 0 \\ \vdots & \vdots & \vdots & & \vdots \\ 0 & 0 & 0 & \cdots & 1 \\ 1 & 0 & 0 & \cdots & 0 \end{bmatrix} \quad (7.15)$$

可以通过调整扩展因子 $z$ 的大小得到不同码长、固定码率的 LDPC 码字,还能调节变量节点和校验节点度数的密集程度。

与随机化构造的 LDPC 码相比,QC-LDPC 可以使用特别的编码方法实现线性编码,大大降低编码复杂度,具有更优异的纠错性能。在存储 QC-LDPG 码的校验矩阵时,只需要存储维数很低的基本矩阵 $H_b$ 非零元素的位置及扩展因子 $z$ 等相关参数,大大地降低存储空间,非常有利于硬件实现。此外,QC-LDPC 还可以采用分层译码,减少译码时延。

3GPP RAN1 的 AH NR ♯2 会议确定了 eMBB 场景下使用的 LDPC 码校验矩阵。该次会议最终确定了两组基本矩阵 BG1 和 BG2,BG1 基本矩阵组的维数是 $46 \times 68$,BG2 基本矩阵组的维数是 $42 \times 52$,BG1 和 BG2 分别包含 8 个基本矩阵,在选定 BG1 和 BG2 的基础上,可以根据初次传输的码长和码率选择相应的基本矩阵。

由前面的介绍可知,通过准循环构造法构造的校验矩阵,需要使用扩展因子 $z$ 和基本矩阵 $H_b$ 表征。

对于扩展因子,制定标准时将扩展因子表示成 $z = a \times 2^j$,在 3GPP ♯88bis 会议上确定了扩展因子 $z$ 的取值,如表 7.6 所示。BG1 和 BG2 包含的子矩阵是根据 $a$ 的值进行区分的,BG1 扩展因子最大值为 384,BG2 扩展因子最大值为 384,因此 BG1 支持的最大信息位序列长度是 $384 \times (68-46) = 8448$,BG2 支持的最大信息位序列长度是 $384 \times (52-42) = 3840$。

表 7.6　扩展因子 $z$ 的取值

| $z$ | | $a$ | | | | | | |
| --- | --- | --- | --- | --- | --- | --- | --- | --- |
| | | 2 | 3 | 5 | 7 | 9 | 11 | 13 | 15 |
| $j$ | 0 | 2 | 3 | 5 | 7 | 9 | 11 | 13 | 15 |
| | 1 | 4 | 6 | 10 | 14 | 18 | 22 | 26 | 30 |
| | 2 | 8 | 12 | 20 | 28 | 36 | 44 | 52 | 60 |
| | 3 | 16 | 24 | 40 | 56 | 72 | 88 | 104 | 120 |
| | 4 | 32 | 48 | 80 | 112 | 144 | 176 | 208 | 240 |
| | 5 | 64 | 96 | 160 | 224 | 288 | 352 | | |
| | 6 | 128 | 192 | 320 | | | | | |
| | 7 | 256 | 384 | | | | | | |

对于基本矩阵,BG1 和 BG2 的结构类似,只是维数不同,图 7.5 是 BG1 基本矩阵的结构,图 7.6 是 BG2 基本矩阵的结构,其中深色位置表示元素为 1,浅色位置表示元素为 0。元素为 1 的位置表示该位置值为大于等于 0 的整数,代表单位矩阵或单位矩阵的循环右移矩阵;元素为 0 的位置表示该位置值为 $-1$,代表全零矩阵。

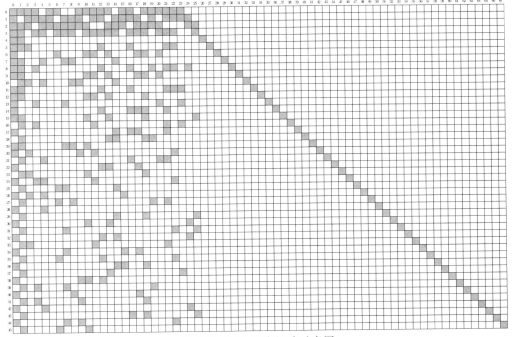

图 7.5　BG1 基本矩阵示意图

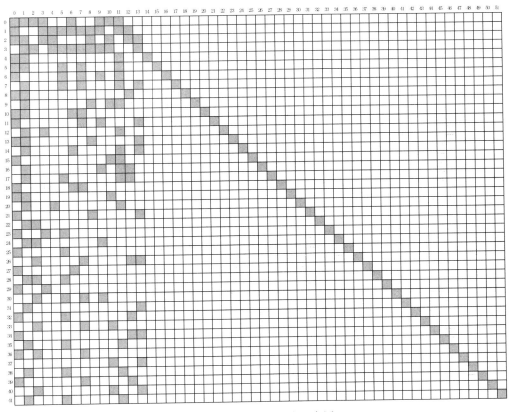

图 7.6　BG2 基本矩阵示意图

每个子矩阵都是稀疏矩阵,BG1 和 BG2 涉及具体的参数值如表 7.7 所示。

表 7.7　两个基本矩阵的相关参数值

| 参 数 名 称 | BG1 | BG2 |
|---|---|---|
| $n_b$ | 68 | 52 |
| $m_b$ | 46 | 42 |
| $n_{bc}$ | 26 | 14 |
| $m_{bc}$ | 4 | 4 |
| $k_{bc} = n_{bc} - m_{bc}$ | 22 | 10 |
| $\Delta m = m_b - m_{bc}$ | 42 | 38 |

BG1 和 BG2 分别适合不同的码长、码率的码字,BG1 适合长码、高码率的 LDPC 码,BG2 适合短码、低码率的 LDPC 码,任何一组基本矩阵不能保证在所有码长、码率范围内始终保持良好稳定的性能,这也是使用两组基本矩阵的理由。

根据初次传输的码长和码率要求,首先选定 BG1 或 BG2,然后根据码长确定扩展因子的大小,最终确定一个基本矩阵。由于基本矩阵中的非零元素可能会大于扩展因子 $z$,因此需要根据扩展因子 $z$ 对选定的基本矩阵 $\boldsymbol{H}_b$ 进行修正,假设修正之后的基本矩阵为 $\boldsymbol{H}_{bm}$,$\boldsymbol{H}_{bm}$ 元素 $h_{ij}^{bm}$ 计算如式(7.16),其中 $h_{ij}^b$ 为 $\boldsymbol{H}_b$ 元素:

$$h_{ij}^{bm} = \begin{cases} -1, & h_{ij}^b = -1 \\ \mathrm{mod}(h_{ij}^b, z), & h_{ij}^b \neq -1 \end{cases} \tag{7.16}$$

2) 相应的编码方法

确定扩展因子 $z$ 和基本矩阵 $\boldsymbol{H}_b$ 之后,首先使用扩展因子 $z$ 对基本矩阵 $\boldsymbol{H}_b$ 进行修正,得到 $\boldsymbol{H}_{bm}$,然后进行系统码编码。

假设 $\boldsymbol{S} = (s_1, s_2, \cdots, s_{k-1})$ 表示长度为 $k$ 的信息位序列,$\boldsymbol{P} = (p_1, p_2, \cdots, p_{m-1})$ 表示长度为 $m$ 的校验位序列,码字长度为 $n = m + k$,基本矩阵 $\boldsymbol{H}_{bm}$ 的维数为 $m_b \times n_b$,基本矩阵 $\boldsymbol{H}_{bm}$ 的核心矩阵为 $\boldsymbol{H}_{bc}$,维数为 $m_{bc} \times n_{bc}$,$\Delta m = m_b - m_{bc}$。

将信息位序列和校验位序列分别按照每 $z$ 个位为一组,分为 $k_b = (n_b - m_b)$ 组和 $m_b$ 组,得到 $s = [s(0), s(1), \cdots, s(k_b - 1)]$,其中 $s(i) = (s_{iz}, s_{iz+1}, \cdots, s_{(i+1)z-1})^{\mathrm{T}}$ 是列矢量,$\boldsymbol{p} = [p(0), p(1), \cdots, p(m_b - 1)]$,其中 $\boldsymbol{p}(i) = (p_{iz}, p_{iz+1}, \cdots, p_{(i+1)z-1})^{\mathrm{T}}$ 也是列矢量,将校验矩阵分成两部分 $\boldsymbol{P} = [\boldsymbol{P}_1 \quad \boldsymbol{P}_2]$,其中 $\boldsymbol{P}_1 = [\boldsymbol{p}(0)^{\mathrm{T}}, \boldsymbol{p}(1)^{\mathrm{T}}, \cdots, \boldsymbol{p}(m_{bc} - 1)^{\mathrm{T}}]$,$\boldsymbol{P}_2 = [\boldsymbol{p}(m_{bc})^{\mathrm{T}}, \boldsymbol{p}(m_{bc} + 1)^{\mathrm{T}}, \cdots, \boldsymbol{p}(m_b - 1)^{\mathrm{T}}]$,那么系统码码字为 $\boldsymbol{c} = [\boldsymbol{S} \quad \boldsymbol{P}_1 \quad \boldsymbol{P}_2]$。

校验矩阵为 $\boldsymbol{H}_{bm}$,利用 $\boldsymbol{H}\boldsymbol{c}^{\mathrm{T}} = 0$,得到式(7.17)。编码算法分为两大部分进行,首先利用核心矩阵 $\boldsymbol{H}_{bc}$ 准双对角的特殊结构,迭代计算出 $\boldsymbol{P}_1$;然后根据 $\boldsymbol{P}_1$ 和剩余部分包含的单对角特殊结构计算出 $\boldsymbol{P}_2$,这样计算出所有校验位。由于 $\boldsymbol{H}_C$ 为全零矩阵,展开式(7.17)得到式(7.18)和式(7.19)。

$$\boldsymbol{H}\boldsymbol{c}^{\mathrm{T}} = \begin{bmatrix} \boldsymbol{H}_A & \boldsymbol{H}_B & \boldsymbol{H}_C \\ \boldsymbol{H}_D & \boldsymbol{H}_E & \boldsymbol{H}_F \end{bmatrix} \begin{bmatrix} \boldsymbol{S}^{\mathrm{T}} \\ \boldsymbol{P}_1^{\mathrm{T}} \\ \boldsymbol{P}_2^{\mathrm{T}} \end{bmatrix} \tag{7.17}$$

$$\boldsymbol{H}_A \boldsymbol{S}^{\mathrm{T}} + \boldsymbol{H}_B \boldsymbol{P}_1^{\mathrm{T}} = 0 \tag{7.18}$$

$$\boldsymbol{H}_{\mathrm{D}}\boldsymbol{S}^{\mathrm{T}} + \boldsymbol{H}_{\mathrm{E}}\boldsymbol{P}_1^{\mathrm{T}} + \boldsymbol{H}_{\mathrm{F}}\boldsymbol{P}_2^{\mathrm{T}} = 0 \tag{7.19}$$

在求解 $\boldsymbol{P}_1$ 时,可以利用准双对角结构先求出 $p(0)$,再迭代计算得到 $p(1)$ 到 $p(m_b-1)$,由此得到 $\boldsymbol{P}_1$。

接下来利用式(7.19)求解 $\boldsymbol{P}_2$。

该编码算法直接利用基本矩阵完成,没有改变基本矩阵稀疏的特性,因此编码复杂度与码长成线性关系,在硬件上以扩展因子大小为单位进行,对硬件实现很友好。

### 7.4.3 极化码及其应用

极化码(Polar Code)也是一种线性分组码,由土耳其毕尔肯(Bilkent)大学的 Erdal Arikan 教授提出,他从理论上第一次严格证明了在二进制输入对称离散无记忆信道下,极化码可以"达到"香农容量,并且有着低的编码和译码复杂度。

近年来,随着极化码实际构造方法和列表连续消去译码算法(list successive cancellation decoding)等技术的提出,极化码的整体性能在某些应用场景中取得了和当前最先进的信道编码技术 Turbo 码和低密度奇偶校验码(LDPC 码)相同或更优的性能。由于极化码复杂度比较低,性能相对比较高,2016 年 11 月,3GPP RAN1 ♯87 会议确定极化码作为 5G 系统 eMBB 场景的控制信道编码方案,直接奠定了极化码在 5G 系统中的重要地位。

#### 1. 信道极化理论

对于任意一个二进制离散无记忆(Binary-Discrete Memoryless Channel,B-DMC)信道 $W$,如果重复使用 $N$ 次,得到 $N$ 个信道 $W$,它们不仅具有相同的信道特性,且之间是相互独立的,在经过合并运算得到信道 $W_N$ 后,再将其转换为一组 $N$ 个相互关联的 $W_N^{(i)}$,$1<i<N$,其中定义极化信道 $W_N^{(i)}: \chi \rightarrow y \times \chi^{i-1}$,运算 $\times$ 表示笛卡儿积。当 $N$ 足够大时,就会出现一部分极化信道 $W_N^{(i)}$ 的信道容量趋于 0,一部分 $W_N^{(i)}$ 的信道容量趋于 1,其中容量为"1"的信道被称为"好信道"(无噪信道),容量为"0"的信道被称为"坏信道"(全噪信道)。极化码编码构造的关键在于这些好信道的选择,然后在"好信道"上传送信息位,而剩余的"坏信道"则被用来传送对应的冻结位(冻结位在发送端和接收端都是已知的,一般为 0),这种两极分化的现象就是信道极化现象。极化现象随码块长度的增加而表现得越来越明显,容量趋于"1"和容量趋于"0"的信道越来越多。

上述信道极化现象主要是信道合并与信道拆分这两个关键步骤操作之后的结果,如图 7.7 所示。

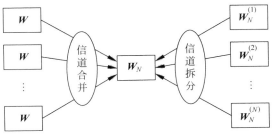

图 7.7 信道合并与拆分

1) 信道合并

信道合并的原理就是通过一定的递归规律,将 $N$ 个相互独立的 B-DMC 信道 $\boldsymbol{W}$ 合并起来,然后生成 $\boldsymbol{W}_N:\boldsymbol{\chi}^N\to\boldsymbol{y}^N$,其中 $N=2^n$,$n\geqslant0$,而在合并的过程中,信道的容量保持不变。合成以后的信道是 $\boldsymbol{W}_N:\boldsymbol{\chi}^N\to\boldsymbol{y}^N$,它的信道转移概率是 $\boldsymbol{W}_N(\boldsymbol{y}_1^N\mid\boldsymbol{x}_1^N)=\boldsymbol{W}_N(\boldsymbol{y}_1^N\mid\boldsymbol{u}_1^N\boldsymbol{G}_N)$。其中,$\boldsymbol{G}_N$ 表示极化码的生成矩阵,$\boldsymbol{u}_1^N$ 表示输入向量,向量 $\boldsymbol{x}_1^N=\boldsymbol{u}_1^N\boldsymbol{G}_N$。

从第 0 级($n=0$)开始递归过程,在这一级中只包含一个 $\boldsymbol{W}$,定义 $\boldsymbol{W}_1\overset{\triangle}{=}\Delta\boldsymbol{W}$。第 1 级($n=1$)的递归是结合两个相互独立的信道 $\boldsymbol{W}_1$,得到结合后的信道 $\boldsymbol{W}_2:\boldsymbol{\chi}^2\to\boldsymbol{y}^2$,如图 7.8 所示。

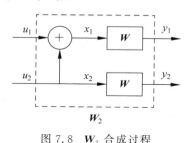

图 7.8　$\boldsymbol{W}_2$ 合成过程

在图 7.8 中,根据相应的映射关系可以推出

$$\boldsymbol{x}_1^2=\boldsymbol{u}_1^2\boldsymbol{G}_2,\text{即}[x_1,x_2]=[u_1,u_2]\begin{bmatrix}1&0\\1&1\end{bmatrix}$$

信道的转移概率为

$$\boldsymbol{W}_2(y_1,y_2\mid x_1,x_2)=\boldsymbol{W}(y_1\mid u_1\oplus u_2)\boldsymbol{W}(y_2\mid u_2)\tag{7.20}$$

递归的下一级如图 7.9 所示,信道由两个相互独立的信道 $\boldsymbol{W}_2$ 结合而成,$\boldsymbol{W}_4:\boldsymbol{\chi}^4\to\boldsymbol{y}^4$ 的转移概率为

$$\boldsymbol{W}_4(\boldsymbol{y}_1^4\mid\boldsymbol{u}_1^4)=\boldsymbol{W}_2(\boldsymbol{y}_1^2\mid u_1\oplus u_2,u_3\oplus u_4)\boldsymbol{W}_2(\boldsymbol{y}_3^4\mid u_2,u_4)\tag{7.21}$$

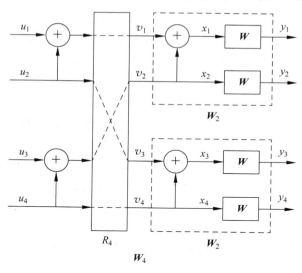

图 7.9　$\boldsymbol{W}_4$ 的合成过程

在图 7.9 中,$\boldsymbol{R}_4$ 表示的是置换操作,其作用是对位索引值进行重新排列,使得 $\boldsymbol{u}_1^4\to\boldsymbol{x}_1^4$ 的映射可以写成 $\boldsymbol{x}_1^4=\boldsymbol{u}_1^4\boldsymbol{G}_4$,其中 $\boldsymbol{G}_4=\begin{bmatrix}1&0&0&0\\1&0&1&0\\1&1&0&0\\1&1&1&1\end{bmatrix}$。因此在 $\boldsymbol{W}_4$ 和这些 $\boldsymbol{W}^4$ 之间的转移概率的关系是 $\boldsymbol{W}_4(\boldsymbol{y}_1^4\mid\boldsymbol{u}_1^4)=\boldsymbol{W}^4(\boldsymbol{y}_1^4\mid\boldsymbol{u}_1^4\boldsymbol{G}_4)$。

因此,递归的一般规律如图 7.10 所示,其中信道 $\boldsymbol{W}_N$ 由两个相互独立的信道 $\boldsymbol{W}_{N/2}$ 结合而成。信道 $\boldsymbol{W}_N$ 的输入向量由 $\boldsymbol{u}_1^N$ 首先变为 $S_1^N$，变换公式为 $S_{2i-1}=u_{2i-1}\bigoplus u_{2i}$ 和 $S_{2i-1}=u_{2i}$。图 7.10 中，$\boldsymbol{R}_N$ 是置换操作，作用是使输入的 $S_1^N$ 变为 $\boldsymbol{v}_1^N=(s_1,s_3,\cdots,s_{N-1},s_2,s_4,\cdots,s_N)$，之后 $\boldsymbol{v}_1^N$ 作为两个独立信道的 $\boldsymbol{W}_{N/2}$ 的输入。

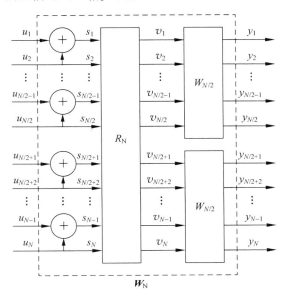

图 7.10 两个相互独立的信道 $\boldsymbol{W}_{N/2}$ 合成信道 $\boldsymbol{W}_N$ 的过程

通过观察可以发现，映射 $\boldsymbol{u}_1^N\rightarrow\boldsymbol{x}_1^N$ 在模 2 域是线性的，所以，合成以后的信道 $\boldsymbol{W}_N$ 的输入到原始信道 $\boldsymbol{W}^N$ 的输入映射信息也是线性的，可以用 $\boldsymbol{G}_N$ 表示，所以令 $\boldsymbol{x}_1^N=\boldsymbol{u}_1^N\boldsymbol{G}_N$。信道 $\boldsymbol{W}_N$ 和 $\boldsymbol{W}^N$ 的转移概率关系表示为

$$\boldsymbol{W}_N(\boldsymbol{y}_1^N\mid\boldsymbol{u}_1^N)=\boldsymbol{W}^N(\boldsymbol{y}_1^N\mid\boldsymbol{u}_1^N\boldsymbol{G}_N)\tag{7.22}$$

2）信道拆分

极化码的信道拆分与信道合并是相反的过程，拆分是将合成好的信道 $\boldsymbol{W}_N$ 重新分裂成一组相同的 $N$ 个二进制输入信道时 $W_N^{(i)}:\boldsymbol{\chi}\rightarrow\boldsymbol{\gamma}^N\times\boldsymbol{\chi}^{i-1}$，$1\leqslant i\leqslant N$，用转移概率表示为

$$\boldsymbol{W}_N^{(i)}(\boldsymbol{y}_1^N,\boldsymbol{u}_1^{i-1}\mid u_i)\overset{\Delta}{=}\sum_{u_{i+1}^N\in\chi^{N-1}}\frac{1}{2^{N-1}}\boldsymbol{W}_N(\boldsymbol{y}_1^N\mid\boldsymbol{u}_1^N)\tag{7.23}$$

其中，$\boldsymbol{u}_1^{i-1}$ 表示输入，$(\boldsymbol{y}_1^N,\boldsymbol{u}_1^{i-1})$ 表示 $\boldsymbol{W}_N^{(i)}$ 的输出。

根据式（7.20），对于任意的 B-DMC 信道，当 $N=2$ 时，$(\boldsymbol{W},\boldsymbol{W})\rightarrow(\boldsymbol{W}_2^{(1)},\boldsymbol{W}_2^{(2)})$，有

$$\boldsymbol{W}_2^{(1)}(\boldsymbol{y}_1^2,u_i)\overset{\Delta}{=}\sum_{u^2}\frac{1}{2}\boldsymbol{W}_2(\boldsymbol{y}_1^2,\boldsymbol{u}_1^N)=\sum_{u^2}\boldsymbol{W}(y_1\mid u_1\bigoplus u_2)(y_2\mid u_1^N)\tag{7.24}$$

$$\boldsymbol{W}_2^{(2)}(\boldsymbol{y}_1^2,u_1\mid u_2)\overset{\Delta}{=}\boldsymbol{W}_2(\boldsymbol{y}_1^2,\boldsymbol{u}_1^2)=\frac{1}{2}\boldsymbol{W}(y_1\mid u_1\bigoplus u_2)(y_2\mid u_2)\tag{7.25}$$

图 7.11 描述了信道 $\boldsymbol{W}_8$ 的拆分过程。

从图 7.11 可以看出，信道分裂和信道合并一样，都是按照递归的方式进行的，当 $N=8$ 时，相互独立的两个信道不断从下一级的信道中分裂出来，直到最后拆分产生两个相互独立的信道 $\boldsymbol{W}$。最终完成了 $N=8$ 的拆分过程，即相互独立的 8 个信道 $\boldsymbol{W}$ 从信道 $\boldsymbol{W}_8$ 分裂出来。

一般的，归纳为 $(\boldsymbol{W}_N^{(i)},\boldsymbol{W}_N^{(i)})\rightarrow(\boldsymbol{W}_{2N}^{(2i-1)},\boldsymbol{W}_{2N}^{(2i)})$，对于任意的 $n\geqslant0,N\geqslant2^n,1\leqslant i\leqslant N$，

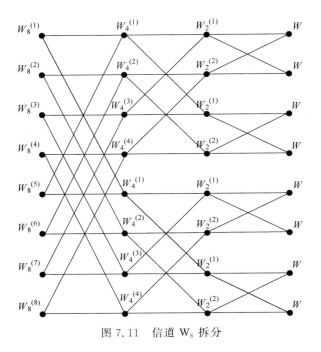

图 7.11　信道 $W_8$ 拆分

$$W_{2N}^{(2i-1)}(y_1^{2N},u_1^{2i-1} \mid u_{2i-1}) = \sum_{u_{2i}} \frac{1}{2} W_N^{(i)}(y_1^N,u_{1,o}^{2i-2} \oplus u_{1,e}^{2i-2} \mid u_{2i-1} \oplus u_{2i}) \cdot W_N^{(i)}(y_{N+1}^{2N},u_{1,e}^{2i-2} \mid u_{2i})$$

$$(7.26)$$

$$W_{2N}^{(2i)}(y_1^{2N},u_1^{2i-1} \mid u_{2i}) = \frac{1}{2} W_N^{(i)}(y_1^N,u_{1,o}^{2i-2} \oplus u_{1,e}^{2i-2} \mid u_{2i-1} \oplus u_{2i}) \cdot W_N^{(i)}(y_{N+1}^{2N},u_{1,e}^{2i-2} \mid u_{2i})$$

$$(7.27)$$

**2. 极化码编译码方案**

极化码编码方案是建立在信道极化现象上的。极化码和 LDPC 码都属于线性分组码,其编码实现方法是通过生成矩阵和信息位来实现的。生成矩阵和信息位的选择是极化码编码方案中重要的两个部分。

下面主要介绍生成矩阵是如何生成的、信息位是如何进行选择的,以及极化码是如何进行构造的。

**1) 生成矩阵**

对于极化码的编码而言,给定任一个二进制输入 $u_1^N = (u_1,u_2,\cdots,u_N)$,即可得到其输出码字 $x_1^N = u_1^N G_N$。对于任意的 $n \geqslant 0$,有 $N=2^n$,定义 $I_k$ 为 $k$ 维单位矩阵,其中 $k \geqslant 2$。对于任意的 $N \geqslant 2$,都有

$$G_N = (I_{N/2} \otimes F)R_N(I_2 \otimes G_{N/2}) \tag{7.28}$$

其中,$G_1 = I_1$,$\otimes$ 表示 Kronecker 积,$F$ 可以表示为

$$F = \begin{bmatrix} 1 & 0 \\ 1 & 1 \end{bmatrix} \tag{7.29}$$

式(7.28)可以进一步写成

$$G_N = B_N F^{\otimes n} \tag{7.30}$$

$\boldsymbol{B}_N = \boldsymbol{R}_N(\boldsymbol{I}_2 \otimes \boldsymbol{B}_{N/2})$，$\boldsymbol{B}_N$ 的作用是进行位翻转，$\boldsymbol{R}_N$ 的作用是对反转后的位索引值进行排列。例如给定一个 $N=8$ 的位索引向量 $\boldsymbol{v}_1^N = (1,2,3,4,5,6,7,8)$，经过位翻转运算后得到新的索引向量 $\boldsymbol{V}_1^N = (1,5,3,7,2,6,4,8)$，其位翻转操作运算示意图如图 7.12 所示。

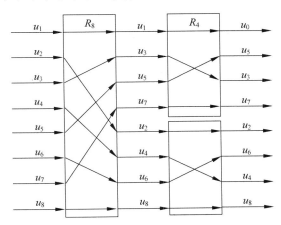

图 7.12　$N=8$ 位翻转操作运算示意图

在图 7.12 中，输入向量 $\boldsymbol{u}_1^8$ 表示为 $\boldsymbol{u}_1^8 = (u_1, u_2, u_3, u_4, u_5, u_6, u_7, u_8)$，因为 $\boldsymbol{u}_1^8 \boldsymbol{B}_8 = \boldsymbol{u}_1^8 \boldsymbol{R}_8 (\boldsymbol{I}_2 \otimes \boldsymbol{B}_8)$，位翻转首先是对输入向量 $\boldsymbol{u}_1^8$ 进行 $\boldsymbol{u}_1^8 \boldsymbol{R}_8$ 变换，则 $\boldsymbol{u}_1^8 \boldsymbol{R}_8 = (u_1, u_3, u_5, u_7, u_2, u_4, u_6, u_8)$，然后将 $\boldsymbol{u}_1^8 \boldsymbol{R}_8$ 分成两个向量 $\boldsymbol{a}_1^4 = (u_1, u_3, u_5, u_7)$ 和向量 $\boldsymbol{b}_1^4 = (u_2, u_4, u_6, u_8)$。最后对 $(\boldsymbol{a}_1^4, \boldsymbol{b}_1^4)$ 进行 $(\boldsymbol{I}_2 \otimes \boldsymbol{B}_4)$ 运算操作，最终结果为 $\boldsymbol{a}_1^4 \boldsymbol{B}_4 = (u_1, u_5, u_3, u_7)$ 和 $\boldsymbol{B}_1^4 \boldsymbol{B}_4 = (u_2, u_6, u_4, u_8)$。可以得到 $\boldsymbol{u}_1^8$ 经过位翻转以后变为 $(u_1, u_5, u_3, u_7, u_2, u_6, u_4, u_8)$。

进行编码运算时，可以先不进行位翻转操作计算，将位翻转操作放在译码的时候进行，这样做不仅可以降低编译码计算的复杂度，同时又可以得到排好序的译码结果。

2）极化码构造

极化码是基于信道极化现象构造的，因为极化码也是线性分组码的一种，所以它的编码形式和其他线性分组码类似，由输入的信息向量和生成矩阵相乘得到。极化码编码长度 $N$ 以 2 的幂次方来定义，即 $N = 2^n$，对于给定的编码长度 $N$，极化码按照式（7.31）进行编码

$$\boldsymbol{x}_1^N = \boldsymbol{u}_1^N \boldsymbol{G}_N \tag{7.31}$$

可以将其改写为

$$\boldsymbol{x}_1^N = u_A \boldsymbol{G}_N(A) \oplus u_{A^C} \boldsymbol{G}_N(A^C) \tag{7.32}$$

其中，$\boldsymbol{G}_N(A)$ 表示 $\boldsymbol{G}_N$ 的子矩阵符号，在 $\boldsymbol{G}_N$ 中，索引值为 $A$ 的行组成了 $\boldsymbol{G}_N(A)$，$\boldsymbol{G}_N(A^C)$ 表示 $\boldsymbol{G}_N$ 中除了 $\boldsymbol{G}_N(A)$ 以外所表示的矩阵。若确定了 $A$ 和 $u_{A^C}$，而把 $u_A$ 看作一个自由的变量，那么可以得到从源码 $u_A$ 到 $\boldsymbol{x}_1^N$ 的映射。

为了更加具体地说明极化码编码过程，在此给定一个参数向量 $(8, 4, \{1,3,5,6\}, (1,0,1,0))$，则其对应的编码码字为

$$\boldsymbol{x}_1^8 = \boldsymbol{u}_1^8 \boldsymbol{G}_4 = (u_2, u_4, u_7, u_8) \begin{bmatrix} 1 & 1 & 0 & 0 & 0 & 0 & 0 & 0 \\ 1 & 1 & 1 & 1 & 0 & 0 & 0 & 0 \\ 1 & 0 & 1 & 0 & 1 & 0 & 1 & 0 \\ 1 & 1 & 1 & 1 & 1 & 1 & 1 & 1 \end{bmatrix} +$$

$$(u_1, u_3, u_5, u_6)\begin{bmatrix} 1 & 0 & 0 & 0 & 0 & 0 & 0 & 0 \\ 1 & 0 & 1 & 0 & 0 & 0 & 0 & 0 \\ 1 & 0 & 0 & 0 & 1 & 0 & 0 & 0 \\ 1 & 1 & 0 & 0 & 1 & 1 & 0 & 0 \end{bmatrix} \tag{7.33}$$

在上面给定的参数向量中,编码长度参数向量 $N=8$,冻结位的索引集合为 $\{1,3,5,6\}$,因此可以得出信息位的索引值集合为 $\{2,4,7,8\}$。这里假定已经完成了索引值集合选择,在实际研究中,挑选发送信息位所需的索引值集合的过程就是极化码的构造方法。给定源码块 $(u_2, u_4, u_7, u_8)=(1,1,0,1)$,可以计算得到最终的编码码字为 $x_1^8=(1,1,0,0,1,1,1,1)$。上述的编码过程如图 7.13 所示。

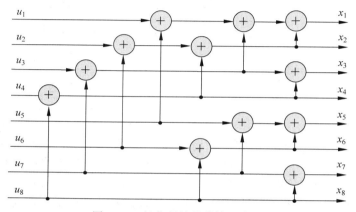

图 7.13　极化码编码结构示意图

3) 信息位选择

极化码编译码算法的一个关键步骤就是如何合理选择信息位和冻结位,使其性能达到最优。根据前面的描述,选择容量大的信道传输信息位的信息,选择信道容量小的传输冻结位的信息,冻结位的信息对于发端和收端来说都是已知的,一般默认规定为"0"。

目前,对于极化码信息位的选择的主要方法有 Monte-Carlo 法、BEC 法和密度进化(density evolution)法等。

4) 译码

极化码编码复杂度低主要是因为采取了递归变换的生成矩阵 $\boldsymbol{G}_N$ 进行编码,而极化码译码之所以相对译码复杂度低也是因为译码过程同样是一个递归过程。主要译码算法有串行抵消(Successive Cancellation,SC)译码算法,它的复杂度较低。由极化码编码原理可知,极化码的构造就是一个极化信道的选择问题,而极化信道的选择实际上是按照最优化 SC 译码性能为标准的。根据极化信道转移概率函数,各个极化信道并不是相互独立的,而是具有确定的依赖关系:信道序号大的极化信道依赖于所有比其序号小的极化信道。基于极化信道之间的这一依赖关系,SC 译码算法对各个位进行译码判决时,需要假设之前步骤的译码得到的结果都是正确的,并且正是在这种译码算法下,极化码被证明了是信道容量可达的。因此对极化码而言,最合适的译码算法应当是基于 SC 译码的,只有这类译码算法才能充分利用极化码的结构,并且同时保证在码长足够长时容量可达。

SC 译码算法以对数似然化(Log-Likelihood Ratio,LLR)为判决准则,对每一个位进行硬判决,按位序号从小到大的顺序依次判决译码。SC译码算法是一种贪婪算法,对码树的每一层仅仅搜索到最优路径就进行下一层搜索,所以无法对错误进行修改。当码长趋近于无穷时,由于各个分裂信道接近完全极化(其信道容量为0或者为1),每个消息位都会获得正确的译码结果,可以在理论上使得极化码达到信道的对称容量$I(W)$。而且SC译码器的复杂度仅为$O(N\log N)$,和码长呈近似线性的关系。然而,在有限码长下,由于信道极化并不完全,依然会存在一些消息位无法被正确译码。当前面$i-1$个消息位的译码中发生错误之后,由于SC译码器在对后面的消息位译码时需要用到之前的消息位的估计值,这就会导致较为严重的错误传递。因此,对于有限码长的极化码,采用SC译码器往往不能达到理想的性能。

串行抵消列表(Successive Cancellation List,SCL)算法是在SC算法的基础上,为了避免错误路径继续传播的问题,通过增加幸存路径数提高译码性能。与SC算法一样,SCL算法依然从码树根节点开始,逐层依次向叶子节点层进行路径搜索。不同的是,每一层扩展后,尽可能多地保留后继路径(每一层保留的路径数不大于$L$)。完成一层的路径扩展后,选择路径度量值(Path Metrics,PM)最小的$L$条,保存在一个列表中,等待进行下一层的扩展,参数$L$为搜索宽度。当$L=1$时,SCL译码算法退化为SC译码算法;当$L\geqslant 2K$时,SCL译码等价于最大似然译码。

SCL是通过比较候选路径的度量值来判断最终给出的结果,然而度量值最大的路径并不一定是正确的结果,因此产生了通过检错码来提高译码可靠性的思想,出现了"辅助位+极化码"的设计方案:循环冗余校验-极化(CRC-Polar)方案。

对于极化码而言,在SCL译码结束时得到一组候选路径,能够以非常低的复杂度与CRC进行联合检测译码,选择能够通过CRC检测的候选序列作为译码器输出序列,从而提高译码算法的纠错能力。CRC辅助SCL(CRC-Aided SCL,CA-SCL)译码算法,在信息位序列中添加CRC校验位序列,利用SCL译码算法正常译码获得$L$条搜索路径,然后借助"正确信息位可以通过CRC校验"的先验信息,对这$L$条搜索路径进行挑选,从而输出最佳译码路径。给定极化码码长为$N$,CRC校验码码长为$m$,若极化码的信息位长度为$K$,编码信息位的长度为$k$,如图7.14所示,有$K=k+m$。极化码的码率仍然为$R=K/N$。

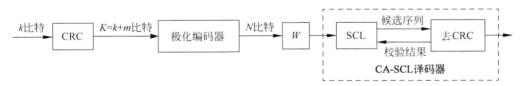

图7.14　极化码与CRC辅助(CA)-SCL译码方案

CA-SCL译码算法是对SCL算法的增强,SCL的内核不变,只是在Polar编码之前给信息位添加CRC,在SCL译码获得候选路径之后,进行CRC校验辅助路径选择,以较低的复杂度提升了极化译码性能。

3. 5G NR中的极化码

5G NR系统中,极化码是控制信道的差错编码。具体来说,PDCCH信道的下行控制信息DCI和PBCH信道都采用极化码编码。对于上行链路,PUCCH信道与PUSCH信道的上行控制信息UCI(12位以上)也使用极化码。

3GPP里的极化码是控制信道框架下的信道编码,采用CRC辅助的编译码方式,称为

CRC-Polar,分为集中式的 CRC 辅助极化(CA-Polar)码、分布式 CRC(Distributed-CRC, DCRC)极化码以及奇偶校验(PC)和 CRC 联合辅助译码的极化(CRC-PC-Polar)码。

5G NR 完整的编码过程包括 CRC 和交织器设计、序列设计、速率匹配等,具体描述如下。

1) CRC 和交织器设计

基于 CRC-Polar 的编码方案是 3GPP 确定采用的方案,传统的做法是将 CRC 位统一地放置在信息位后面,译码端只有译出全部比特时才能对该码字进行校验,校验后才能知道该译码码字是否正确。5G NR 中的方法是将 CRC 位分散地插入到信息位中间。这样做的好处是,只译出一部分 CRC 位即可进行一次 CRC 校验,一旦检测到误码立即终止译码,由于该码字已经出错,后面就没有必要再进行译码了。这种方法可降低译码计算量,节省功率,带来提前终止增益。

例如,信息位 $K=4$ 位,CRC 长度 $L_{CRC}=4$,CRC 位$(p_1 \quad p_2 \quad p_3 \quad p_4)$已分散地插入到信息位中:

$$(x_1 \quad x_2 \quad p_1 \quad x_3 \quad p_2 \quad x_4 \quad p_3 \quad p_4)$$

译码时每译出一个 CRC 位就进行一次校验。

综上,对于极化码编码,CRC 计算和交织的过程可分为如下两步:

第一步,进行正常的 CRC 添加。给定长度为 $L_{CRC}$ 的 CRC 生成多项式,按照传统的做法去计算 CRC。假设待编码序列长度为 $K$,添加 CRC 后的序列长度为 $K'=K+L_{CRC}$。3GPP 已确定 5G NR 定义了 CRC 长度为 6、11 和 24(即 $L_{CRC}=6,11,24$)时的生成多项式:

$$g_{CRC6C}(D) = [D^6 + D^5 + 1]$$

$$g_{CRC11C}(D) = [D^{11} + D^{10} + D^9 + D^5 + 1]$$

$$g_{CRC24C}(D) = [D^{24} + D^{23} + D^{21} + D^{20} + D^{17} + D^{15} + D^{13} + D^{12} + D^8 + D^4 + D^2 + D + 1]$$

其中,$g_{CRC24C}(D)$ 用于 PBCH 信道与 PDCCH 信道,$g_{CRC6C}(D)$ 和 $g_{CRC11C}(D)$ 用于 UCI 的编码。

第二步进行 CRC 交织。通过交织将 $L_{CRC}$ 个 CRC 位分散插入到 $K$ 个信息位中。该步骤交织器的输入、输出位数相同,都是 $K'=K+L_{CRC}$。

经过交织,信息位序列由原来的$(x_1 \quad x_2 \quad x_3 \quad x_4 \quad p_1 \quad p_2 \quad p_3 \quad p_4)$转换成新的序列$(x_1 \quad x_2 \quad p_1 \quad x_3 \quad p_2 \quad x_4 \quad p_3 \quad p_4)$。交织以后则进行极化码编码。

2) 序列设计

在编码之前需要进行输入序列的设计,极化码输入序列设计是关于信息位和冻结位位置如何选取的问题。选取的规则是根据子信道可靠性程度,将信息位放置在可靠性高的子信道上。

关于子信道可靠性的评估,3GPP 采用了华为公司提出的 $\beta$ 扩展(Beta-expansion)算法,按照极化权重给子信道排序,用极化权重度量子信道可靠性。虽然 5G NR 协议没有直接提到 $\beta$ 扩展算法,但 TS38.212 规范中给出的极化序列及其可靠性表是在 $\beta$ 扩展算法基础上进一步扩展得到的。

用 $\bar{Q}_I^N$ 表示信息位索引集合,用 $\bar{Q}_F^N$ 表示冻结位索引集合,$|\bar{Q}_I^N|=K'+n_{PC}$,$|\bar{Q}_F^N|=N-|\bar{Q}_I^N|$。这里的 $K'$ 表示包含 CRC 位的信息位数,即 $K'=K+L_{CRC}$。

若 $n_{PC}=0$，则说明极化码编码采用 CRC-Polar；若 $n_{PC}>0$，则说明极化码采用 CRC-PC-Polar，在这种情况下，CRC、PC 和待编码信息位都作为极化码的信息位，即都在 $\bar{Q}_1^N$ 中。对于 PDCCH 信道编码，$n_{PC}=0$。

用 $Q_{PC}^N$ 表示 PC 位索引集合，$|Q_{PC}^N|=n_{PC}$。极化码信息位索引集合 $\bar{Q}_1^N$ 还可进一步细分，用 $\tilde{Q}_1^N$ 表示 $\bar{Q}_1^N$ 中可靠性最高的 $(|\bar{Q}_1^N|-n_{PC})$ 个位索引。PC 位又分为两个部分，其中有 $n_{PC}^{wm}$ 个 PC 位对应于 $\tilde{Q}_1^N$ 的最小行重。用 $\boldsymbol{G}_N$ 表示极化码生成矩阵，$\boldsymbol{G}_N=(\boldsymbol{G}_2)^{\otimes n}$，$\boldsymbol{G}_2=\begin{bmatrix}1&0\\1&1\end{bmatrix}$。用 $\boldsymbol{g}_j$ 表示 $\boldsymbol{G}_N$ 的第 $j$ 行，用 $w(\boldsymbol{g}_j)$ 表示 $\boldsymbol{g}_j$ 的行重，行重就是 $\boldsymbol{g}_j$ 中"1"的个数。

图 7.15 给出了极化码输入序列索引示意图。在图 7.15 中，把 $n_{PC}^{wm}$ 个 PC 位放置在具有 $\tilde{Q}_1^N$ 最小行重的索引上；把 $(n_{PC}-n_{PC}^{wm})$ 个 PC 位放置在 $\bar{Q}_1^N$ 中可靠性最低的索引上；$\bar{Q}_1^N$ 中剩余的位索引放置 $K'=K+L_{CRC}$ 个信息位。

如果 $\tilde{Q}_1^N$ 中最小行重的位索引数大于 $n_{PC}^{wm}$，那么就将 $n_{PC}^{wm}$ 个 PC 位放置在行重最小且可靠性最高的位索引上。

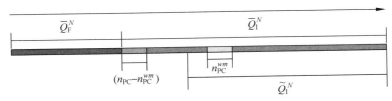

图 7.15 极化码输入序列索引示意

按照上述方法，得到极化码输入序列 $u=(u_0\quad u_1\quad u_2\quad \cdots \quad u_{N-1})$。将序列 $u$ 和生成矩阵相乘

$$d=u\boldsymbol{G}_n$$

得到编码器输出序列 $d=(d_0\quad d_1\quad d_2\quad \cdots \quad d_{N-1})$。

3) 速率匹配

编码之后的速率匹配是非常重要的一环。速率匹配的输入序列即为编码输出序列 $d=(d_0\quad d_1\quad d_2\quad \cdots \quad d_{N-1})$，速率匹配的输出序列为 $(f_0,f_1,f_2,\cdots,f_{E-1})$，速率匹配位数为 $E$，$E$ 是实际要传输的编码位数。

速率匹配可以进一步分为 3 个子过程：子块交织、位选择和位交织，如图 7.16 所示。

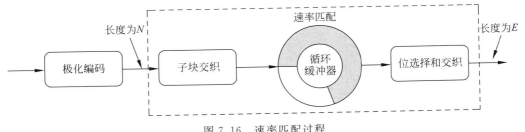

图 7.16 速率匹配过程

子块交织将输入进来的 $N$ 个编码位$(d_0, d_1, d_2, \cdots, d_{N-1})$分为 32 个子块,然后将子块按照一定顺序重新排序,经过子块交织后表示为$(y_0, y_1, y_2, \cdots, y_{N-1})$。

子块交织后的位序列$(y_0, y_1, y_2, \cdots, y_{N-1})$被写进一个长度为 $N$ 的循环缓冲器(circular buffer)。位缓冲器的输入序列是子块交织器的输出序列$(y_0, y_1, y_2, \cdots, y_{N-1})$,输出序列为 $e_k, k=0,1,2,\cdots,E-1$。

为了实现从极化码码长 $N$ 到速率匹配位数 $E$ 的转换,5G NR 规范给出 3 种速率匹配模式:重复(repetition)、打孔(puncturing)和压缩(shortening)。当 $E > N$,选择重复;当 $\frac{K}{E} \leqslant \frac{7}{16}$,选择打孔;当 $\frac{K}{E} > \frac{7}{16}$,选择压缩。

位交织器的输入序列为位选择器的输出 $e_0, e_1, e_2, \cdots, e_{E-1}$,位交织器的输出为 $f_0, f_1, f_2, \cdots, f_{E-1}$。

至此,一个码字的 5G 控制信道编码过程就完成了。$K$ 位待编码序列经极化码编码和速率匹配后输出 $E$ 位编码序列。

# 7.5 本章小结

本章给出了 5G 的物理层技术规范,首先对 5G NR 物理层规范进行了简要描述。在介绍帧结构和资源块的基础上,通过与 LTE 的对照,阐述了 5G NR 的数据处理过程,包括序列数据的映射、随机序列的生成、OFDM 符号生成以及变频等过程。最后,重点阐述了 LDPC 码和极化码及其在 5G 物理信道上的应用。介绍了 LDPC 码的定义、表示方法、分类等内容;阐述了 LDPC 码校验矩阵的两种构造方法:随机化构造方法和结构化构造方法,并介绍了 LDPC 码常见的编码算法和译码算法的原理。此外,还分析了极化码的编码原理,描述了其生成矩阵和输入的信息序列相乘来实现极化码的编码方案。主要介绍了极化码生成矩阵的方法、信息位选择方法以及编码构造原理,并对各个过程进行了详细的阐述和推导。

# C 第 8 章
## hapter 8

# 5G无线传输新技术

本章重点探讨 5G 移动通信中涉及的大规模 MIMO 技术、毫米波通信技术和同时同频全双工技术。通过对大规模 MIMO 的容量分析,说明了当天线数目很大时,采用线性预编码即可达到接近最优时的容量。给出了毫米波的空中接口和应用场景,重点给出了毫米波通信的混合波束成形技术。在同时同频全双工部分,介绍了灵活双工和全双工的自干扰问题,并给出了全双工系统中的自干扰消除方法。

## 8.1 5G 无线传输新技术概述

5G 空中接口(简称空口)技术具有统一、灵活、可配置的技术特性,针对不同场景的技术需求,通过关键技术和参数的灵活配置形成相应的优化技术方案。综合考虑需求、技术发展趋势以及网络平滑演进等因素,5G 空口可由 5G 新空口和 4G 演进空口两部分组成。

4G 演进空口以 LTE 框架为基础,在现有移动通信频段引入新的增强技术,进一步提升系统的速率、容量、连接数、时延等空口性能指标,在一定程度上满足 5G 技术需求。

受现有 LTE 框架的约束,大规模天线、新型多址等先进技术在现有技术框架下很难有效发挥,4G 演进空口无法完全满足 5G 的性能需求,因此需要突破后向兼容的限制,设计全新的空口,充分挖掘各种先进技术的潜力,以全面满足 5G 性能和效率指标要求,新空口将是 5G 主要的发展方向,4G 演进空口将是 5G 新空口的有效补充。

综合考虑国际频谱规划及频段传播特性,5G 新空口包含工作在 6GHz 以下(Sub6G)频段的新空口以及工作在毫米波(millimeter Wave,mmW)新空口。5G 将通过 Sub6G 新空口满足大覆盖、高移动性场景下的用户体验和海量设备连接。同时,需要利用毫米波丰富的频谱资源,来满足热点区域极高的用户体验速率和系统容量需求。

5G 的 Sub6G 新空口将采用全新的空口设计,引入大规模天线、新型多址、新波形等先进技术,支持更短的帧结构,更精简的信令流程,更灵活的双工方式,有效满足广覆盖、大连接及高速等多数场景下的体验速率、时延、连接数以及能效等指标要求,通过灵活配置技术模块及参数来满足不同场景差异化的技术需求。

5G 毫米波新空口考虑高频信道和射频器件的影响,并针对波形、调制编码、天线技术等进行相应的优化。同时,高频频段跨度大、候选频段多,从标准、成本及运营和维护等角度考虑,也要尽可能采用统一的空口技术方案,通过参数调整来适配不同信道及器件的特性。毫米波覆盖能力弱,难以实现全网覆盖,需要与低频段联合组网。由 Sub6G 形成有效的网络覆盖,对用户进行控制、管理,并保证基本的数据传输能力;毫米波作为低频段的有效补充,在信道条件较好情况下,为热点区域用户提供高速数据传输。

5G空口技术框架如图8.1所示。

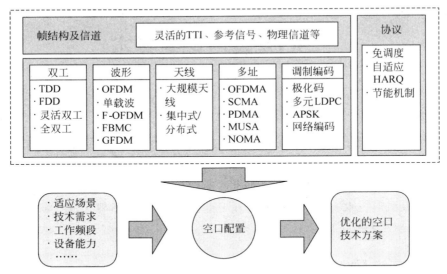

图 8.1　5G 空口技术框架

传统的移动通信升级换代都是以多址接入技术为主线,而 5G 的无线技术创新有着更为丰富的含义。从图 8.1 来看,5G 空口技术包括帧结构、双工、波形、多址、调制编码、天线、协议等基础技术模块,通过最大可能的整合共性技术内容,从而达到“灵活但不复杂”的目的,各模块之间可相互衔接,协同工作。各模块和技术描述如下。

(1) 帧结构及信道:面对多样化的应用场景,5G 帧结构的参数可灵活配置,以服务不同类型的业务。针对不同频段、场景和信道环境,可以选择不同的参数配置,具体包括带宽、子载波间隔、循环前缀(CP)、传输时间间隔(TTI)和上下行配比等。参考信号和控制信道可灵活配置以支持大规模天线、新型多址等新技术的应用。

(2) 双工技术:5G 将支持传统的 FDD 和 TDD 及其增强技术,并可能支持灵活双工和全双工等新型双工技术。低频段将采用 FDD 和 TDD,高频段更适宜采用 TDD。此外,灵活双工技术可以灵活分配上下行时间和频率资源,更好地适应非均匀、动态变化的业务分布。全双工技术支持相同频率上同时收发,是 5G 潜在的双工技术。

(3) 波形技术:除传统的 OFDM 和单载波波形外,5G 很有可能支持基于优化滤波器设计的滤波器组多载波(FBMC)、基于滤波的 OFDM(F-OFDM)和广义频分复用(GFDM)等新波形。这类新波形技术具有极低的带外泄漏,不仅可提升频谱使用效率,还可以有效利用零散频谱并与其他波形实现共存。由于不同波形的带外泄漏、资源开销和峰均比等参数各不相同,可以根据不同的场景需求,选择适合的波形技术,同时考虑可能存在多种波形共存的情况。

(4) 多址接入技术:除支持传统的 OFDMA 技术外,还将支持稀疏码分多址(SCMA)、图样分割多址(PDMA)、多用户共享接入(MUSA)等新型多址技术。这些新型多址技术通过多用户的叠加传输,不仅可以提升用户连接数,还可以有效提高系统频谱效率。此外,通过免调度竞争接入,可大幅度降低时延。

（5）调制编码技术：5G既有高速率业务需求，也有低速率小包业务和低时延高可靠业务需求。对于高速率业务，多元低密度奇偶校验码（M-aryLDPC）、极化码、新的星座映射以及超奈奎斯特调制（FTN）等比传统的二元Turbo＋QAM方式可进一步提升链路的频谱效率；对于低速率小包业务，极化码和低码率的卷积码可以在短码和低信噪比条件下接近香农容量界；对于低时延业务，需要选择编译码处理时延较低的编码方式。对于高可靠业务，需要消除译码算法的地板效应。此外，由于密集网络中存在大量的无线回传链路，可以通过网络编码提升系统容量。

（6）多天线技术：5G基站天线数及端口数可支持配置上百根天线和数十个天线端口的大规模天线，并通过多用户MIMO技术，支持更多用户的空间复用传输，数倍提升系统频谱效率。大规模天线还可用于高频段，通过自适应波束赋形补偿高的路径损耗。5G需要在参考信号设计、信道估计、信道信息反馈、多用户调度机制以及基带处理算法等方面进行改进和优化，以支持大规模天线技术的应用。

（7）底层协议：5G的空口协议需要支持各种先进的调度、链路自适应和多连接等方案，并可灵活配置，以满足不同场景的业务需求。5G空口协议还将支持5G新空口、4G演进空口及WLAN等多种接入方式。为减少海量小包业务造成的资源和信令开销，可考虑采用免调度的竞争接入机制，以减少基站和用户之间的信令交互，降低接入时延。5G的自适应HARQ协议将能够满足不同时延和可靠性的业务需求。此外，5G将支持更高效的节能机制，以满足低功耗物联网业务需求。

总之，5G空口技术框架可针对具体场景、性能需求、可用频段、设备能力和成本等情况，按需选取最优技术组合并优化参数配置，形成相应的空口技术方案，实现对场景及业务的"量体裁衣"，并能够有效应对未来可能出现的新场景和新业务需求，从而实现"前向兼容"。由于篇幅的限制以及和前面各章的延续性，本章重点描述其中大规模MIMO技术、毫米波无线通信技术、广义频分复用（Generalized Frequency Division Multiplexing，GFDM）技术以及同时同频全双工技术。

# 8.2 大规模 MIMO 技术

## 8.2.1 大规模 MIMO 概述

大规模MIMO（Large Scale MIMO，也称Massive MIMO）的概念是贝尔实验室的Marzetta在2010年提出的。他们的研究发现，对于采用TDD模式的多小区系统，在各基站配置无限数目天线的极端情况下，多用户MIMO具有了与单小区、有限数量天线时的不同特征，能大大提高系统性能。

在实际大规模MIMO中，基站能配置几十到几百根天线，在同一个时频资源上同时服务于若干用户。在天线的配置方式上，天线可以是集中配置在一个基站上，形成集中式的大规模MIMO，也可以是分布式配置在多个节点上，形成分布式大规模MIMO。

大规模MIMO的系统组成如图8.2所示。

大规模MIMO技术利用基站大规模天线配置所提供的空间自由度，提升多用户间的频谱资源复用能力、各个用户链路的频谱效率，以及抵抗小区间干扰的能力，由此大幅提升频谱资源的整体利用率;与此同时,利用基站大规模天线配置所提供的分集增益和阵列增益,每个用户与基站之间通信的功率效率也可以进一步提升。因此,面对5G系统在传输速率和系统容量等方面的性能挑战,大规模MIMO技术成为5G系统区别于现有移动通信系统的核心技术之一。

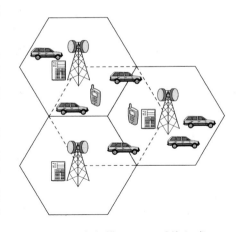

图8.2　大规模MIMO系统组成

大规模天线为无线接入网络提供了更精细的空间粒度和更多的空间自由度,因此基于大规模天线的多用户调度技术、业务负载均衡技术和资源管理技术将获得可观的性能增益。天线规模的扩展对于业务信道的覆盖将带来巨大的增益,但是对于需要有效覆盖全小区内所有终端的广播信道而言,则会带来诸多不利影响。在这种情况下,类似内外双环波束扫描的接入技术能够解决窄波束的广覆盖问题。除此之外,大规模天线还需要考虑在高速移动场景下,如何实现信号的可靠和高速率传输问题。对信道状态信息获取依赖度较低的波束跟踪和波束拓宽技术,可以有效利用大规模天线的阵列增益提升数据传输可靠性和传输速率。

大规模天线技术为系统频谱效率、用户体验、传输可靠性的提升提供了重要保证,同时也为异构化、密集化的网络部署环境提供了灵活的干扰控制与协调手段。随着一系列关键技术的突破,以及器件、天线的进一步发展,大规模天线技术必将在5G系统中发挥重大作用。

## 8.2.2　大规模MIMO关键技术

为充分挖掘大规模MIMO潜在的技术优势,需要探明符合典型实际应用场景的信道模型,并在实际信道模型、适度的导频开销及实现复杂性等约束条件下,分析其可达的频谱效率和功率效率,进而探寻信道信息获取及最优传输技术。此外,大规模MIMO的核心问题还包括传输与检测技术、多用户调度技术、资源管理技术、覆盖增强技术,以及高速移动解决方案等。

大规模天线技术的潜在应用场景主要包括宏覆盖、高层建筑、异构网络、室内外热点和无线回传链路等。此外,以分布式天线的形式构建大规模天线系统也可能成为该技术的应用场景之一。在需要广域覆盖的场景,大规模天线技术可以利用现有Sub6G频段;在热点覆盖或回传链路等场景,则可以考虑使用更高频段。针对上述典型应用场景,要根据大规模天线信道的实测结果,对一系列信道参数的分布特征及其相关性进行建模,从而反映出信号在三维空间的传播特性。大规模MIMO技术的应用场景如图8.3所示。

信道状态信息(CSI)测量、反馈及参考信号设计等对于MIMO技术的应用具有重要意义。为了更好地平衡信道状态信息测量的开销与精度,除了传统的基于码本的隐式反馈和基于信道互易性的反馈机制之外,诸如分级CSI测量与反馈、基于Kronecker运算的CSI测量与反馈、压缩感知以及预体验式等新型反馈机制也值得考虑。

大规模天线的性能增益主要是通过大量天线阵元形成的多用户信道间的准正交特性保证的。然而,在实际的信道条件中,由于设备与传播环境中存在诸多非理想因素,为了获得

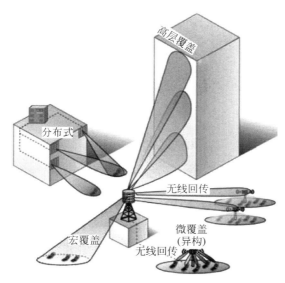

图 8.3　大规模 MIMO 技术应用场景

稳定的多用户传输增益,仍然需要依赖下行发送与上行接收算法的设计来有效地抑制用户间乃至小区间的干扰,而传输与检测算法的计算复杂度则直接与天线阵列规模和用户数相关。此外,基于大规模天线的预编码/波束成形算法与阵列结构设计、设备成本、功率效率和系统性能都有直接的联系。基于 Kronecker 运算的水平垂直分离算法、数模混合波束成形技术,或者分级波束成形技术等可以较为有效地降低大规模天线系统计算复杂度。

当天线数目很大时,大规模 MIMO 采用线性预编码即可达到接近最优时的容量。因此,下面重点阐述大规模 MIMO 常用线性预编码技术,并对其进行简单的对比分析。

### 8.2.3　大规模 MIMO 的预编码技术

大规模 MIMO 系统性能与预编码/波束成形算法有直接的联系。从理论上说,当基站天线数目接近无穷,且天线间相关性较小时,天线阵列形成的多个波束间将不存在干扰,系统容量较传统 MIMO 系统大大提升。此时,最简单的线性多用户预编码,如特征值波束成形(Eigen-values Beam Forming,EBF)、匹配滤波(Matching Filter,MF)、正则化迫零(Regularization Zero Forcing,RZF)等能够获得近乎最优的性能,且基站和用户的发射功率也可以任意小。

我们考虑由配置 $M$ 根天线的基站和 $K$ 个单天线用户构成的大规模 MIMO 系统。若 $M$ 根天线到同一用户的大尺度衰落相同,且基站端天线相关矩阵为单位阵,则基站到用户的信道为 $K \times M$ 维矩阵 $\boldsymbol{H} = \boldsymbol{DV} = [\boldsymbol{h}_1, \boldsymbol{h}_2, \cdots, \boldsymbol{h}_K]^{\mathrm{T}}$,其中 $\boldsymbol{D} = \mathrm{diag}(d_1, d_2, \cdots, d_K)$ 表示信道的大尺度衰落信息,$K \times M$ 维矩阵 $\boldsymbol{V}$ 表示信道的快衰落信息,其各元素独立同分布且服从均值为 0、方差为 1 的复高斯分布,$M$ 维行向量 $\boldsymbol{h}_K$ 为基站到用户 $k(k = 1, 2, \cdots, K)$ 的信道,其中 $[\cdot]^{\mathrm{T}}$ 表示矩阵或向量的转置。在大规模 MIMO 系统中,若 $M \gg K$,则有 $(\boldsymbol{HH}^{\mathrm{H}})/M = \boldsymbol{D}^{1/2}[(\boldsymbol{VV}^{\mathrm{H}})/M]\boldsymbol{D}^{1/2} \approx \boldsymbol{D}$,即各用户的信道是渐近正交的,$[\cdot]^{\mathrm{H}}$ 表示矩阵或向量的共轭转置。

1. 特征值波束成形算法

特征值波束成形(EBF)利用信道的特征值信息根据一定的准则进行波束成形。准则可以是最大信干噪比(MSINR)、最小均方误差(MMSE)或线性约束最小方差(LCMV)等,这里以 MSINR 准则为例对特征值波束成形进行分析。

设用户接收端噪声功率为 $\sigma^2$,EBF 权值矩阵为 $\boldsymbol{W}_{\mathrm{EBF}}$,则用户 $k$ 的接收端信干噪比(SINR)为

$$\gamma_k = \frac{[\boldsymbol{W}_{\mathrm{EBF}}]_k \boldsymbol{h}_k^{\mathrm{H}} \boldsymbol{h}_k \mathrm{vec}[\boldsymbol{W}_{\mathrm{EBF}}]_k^{\mathrm{H}}}{\sum\limits_{l=1,l\neq k}^{K} [\boldsymbol{W}_{\mathrm{EBF}}]_k \boldsymbol{h}_l^{\mathrm{H}} \boldsymbol{h}_l \mathrm{vec}[\boldsymbol{W}_{\mathrm{EBF}}]_k^{\mathrm{H}} + \sigma^2} \tag{8.1}$$

其中,$[\bullet]_k$ 表示矩阵的第 $k$ 列。

EBF 权值矩阵 $\boldsymbol{W}_{\mathrm{EBF}}$ 应使得 $\gamma_k$ 最大,对 $\gamma_k$ 求导并使其导数为 0,可知最优的 $[\boldsymbol{W}_{\mathrm{EBF}}]_k^{\mathrm{H}}$ 对应于 $\boldsymbol{h}_k^{\mathrm{H}} \boldsymbol{h}_k$ 的最大特征值 $\gamma_{\max}$,进一步可得最优特征值波束成形权值矩阵 $\boldsymbol{W}_{\mathrm{EBF}}$。若 $M \gg K$,则此时用户 $k$ 的接收端 SINR 为

$$\gamma_k = \frac{d_k^2}{\sum\limits_{l=1,l\neq k}^{K} d_l^2 + \sigma^2} \tag{8.2}$$

2. 匹配滤波

基站对 $K$ 个用户的匹配滤波(MF)多用户预编码矩阵为

$$\boldsymbol{W}_{\mathrm{MF}} = \boldsymbol{H}^{\mathrm{H}} \tag{8.3}$$

若基站发射信号向量为 $\boldsymbol{s} = (s_1, s_2, \cdots, s_K)^{\mathrm{T}}$,$K$ 个用户的接收噪声向量为 $\boldsymbol{n} = (n_1, n_2, \cdots, n_K)^{\mathrm{T}}$,$\boldsymbol{s}$、$\boldsymbol{n}$ 各元素独立同分布且服从均值为 0、方差分别为 1 和 $\sigma^2$ 的复高斯分布。$M \gg K$ 时,$K$ 个用户的接收信号向量为

$$\boldsymbol{r} = \boldsymbol{H}\boldsymbol{W}_{\mathrm{MF}}\boldsymbol{s} + \boldsymbol{n} \approx M\boldsymbol{D}\boldsymbol{s} + \boldsymbol{n} \tag{8.4}$$

用户 $k$ 的接收端 SINR 与式(8.2)相同。

3. 正则化迫零

正则化迫零(RZF)多用户预编码在莱斯信道下具有良好的性能,其预编码矩阵为

$$\boldsymbol{W}_{\mathrm{RZF}} = (\boldsymbol{H}^{\mathrm{H}}\boldsymbol{H} + M\alpha\boldsymbol{I}_K)^{-1}\boldsymbol{H}^{\mathrm{H}} \tag{8.5}$$

其中,$\alpha$ 是正规化系数。当 $\alpha$ 趋近于 0 时就是 ZF 预编码;当 $\alpha$ 趋近于无穷大时就是 MF 预编码。

当 $M$ 远大于 $K$ 时,$K$ 个用户的接收信号向量为

$$\boldsymbol{r} = \boldsymbol{H}\boldsymbol{W}_{\mathrm{RZF}}\boldsymbol{s} + \boldsymbol{n} = M\alpha\boldsymbol{D}\boldsymbol{s} + \boldsymbol{n} \tag{8.6}$$

同样,利用正则化迫零预编码时,用户 $k$ 的接收端 SINR 与式(8.2)相同。

由上述分析可知,在基站天线数趋于无穷大且发端天线相关矩阵为单位阵时,EBF、MF 与 RZF 性能相近且接近最优。然而,脱离了这一理想条件时,情况则不同。当基站天线相关矩阵为单位阵但天线数目有限时,可以利用大规模随机矩阵理论推导得到几种线性多用户预编码算法下的近似系统容量。通过理论分析和仿真表明,在基站天线数有限的情况下,与 MF 和 EBF 算法相比,RZF 算法可以利用更少的天线获得更大的系统容量。

## 8.3 毫米波无线通信技术

### 8.3.1 毫米波通信概述

5G 移动通信系统引入了 6GHz 以上的高频空口,支持毫米波段的无线传输。与 6GHz 以下的低频段相比,毫米波具有丰富的空闲频谱资源,能够满足热点高容量场景的极高传输速率要求。但是,毫米波在实际应用中还有很多极具挑战力的问题:毫米波传播中的路径损耗大,因此覆盖范围要比 6GHz 以下频段小。此外,在毫米波通信中可能出现长达几秒的深衰落,严重影响毫米波通信的性能。

毫米波通信系统的应用场景可以分为两大类:基于毫米波的小基站和基于毫米波的无线回传(Backhaul)链路。毫米波小基站的主要作用是为微小区提供吉比特每秒的数据传输速率,采用基于毫米波的无线回传的目的是提高网络部署的灵活性。在 5G 网络中,微/小基站的数目非常庞大,部署有线方式的回传链路会非常复杂,因此可以通过使用毫米波无线回传链路随时随地根据数据流量增长需求部署新的小基站,并可以在空闲时段或轻流量时段灵活、实时地关闭某些小基站,从而可以收到节能降耗之效。

高频段覆盖能力弱,难以实现全网覆盖,需要与低频段联合组网。低频段与高频段融合组网可采用控制面与用户面分离的模式,低频段承担控制面功能,高频段主要用于用户面的高速数据传输,低频与高频的用户面可实现双连接,并支持动态负载均衡。其组网如图 8.4 所示。

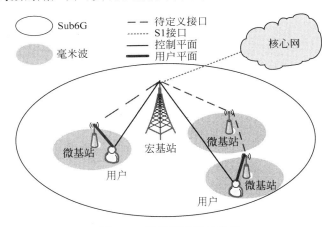

图 8.4 毫米波组网示意图

图 8.4 中,工作在 Sub6G 的宏基站提供广域覆盖,并提供毫米波频段吉比特每秒传输速率的微小区间的无缝移动。用户设备采用双模连接,能够与毫米波小基站间建立高速数据链路,同时还通过传统的无线接入技术与宏基站保持连接,提供控制面信息(如移动性管理、同步和毫米波微小区的发现和切换等)。这些双模连接需要支持高速切换,提高毫米波链路的可靠性。微基站和宏基站间的回传链路可以采用光纤、微波或毫米波链路。

由于高频段路径损耗大,通常要采用大规模天线,通过高方向性模拟波束成形技术,补偿高路损的影响;同时还利用空间复用技术支持更多用户,并开发多用户波束搜索算法,增加系统容量。在帧结构方面,为满足超大带宽需求,与 LTE 相比,子载波间隔可增大 10 倍以上,帧长也将大幅缩短;在波形方面,上下行可采用相同的波形设计,OFDM 仍是重要的候选波形,但考虑到器件的影响以及高频信道的传播特性,单载波也是潜在的候选方式;在双工方面,TDD 模式可更好地支持高频段通信和大规模天线的应用;编码技术方面,考虑到高速率大容量的传输特点,应选择支持快速译码、对存储需求量小的信道编码,以适应高速数据通信的需求。下面重点介绍混合波束成形技术。

### 8.3.2    单用户混合波束成形

毫米波通信需要采用波束成形补偿路径损耗。由于毫米波的波长短,因此可以在很小的尺寸设计一个高增益天线。但是由于大规模天线阵列数量较大,实现全数字波束成形需要使用与天线数量相同的射频(RF)链路,带来高功耗以及高成本。混合波束成形(Hybrid Beam Forming,HBF)结合数字域波束成形及模拟域波束成形,有效减少了射频链路数量,降低了系统实现复杂度,因此非常适用于毫米波通信系统。此外,射频模拟波束成形可以避免数字波束成形中每个天线都使用大功耗宽带数模转换器。

图 8.5 给出了仅考虑单个用户的毫米波混合波束成形的系统组成。

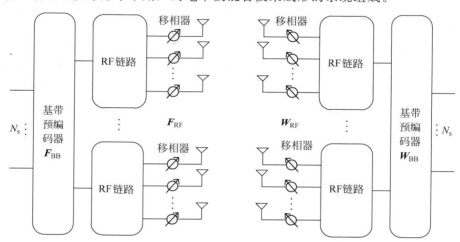

图 8.5    单用户毫米波混合波束成形系统组成

假设发射机使用 $N_{RF}^t$ 个射频链路、$N_t$ 根天线来发送 $N_s$ 个数据流($N_s \leqslant N_{RF}^t \leqslant N_t$),其基带预编码器为 $N_{RF}^t \times N_s$ 矩阵 $\pmb{F}_{BB}$,RF 预编码器为 $N_t \times N_{RF}^t$ 矩阵 $\pmb{F}_{RF}$。

假设接收机具有 $N_r$ 根天线,信道用 $N_r \times N_t$ 矩阵表示为 $\pmb{H}$,满足 $E[\parallel \pmb{H} \parallel_F^2] = N_t N_r$。基站端发送的数据流通过基带预编码器和 RF 预编码器,经信道传输后,在用户端的接收信号为

$$\pmb{y} = \sqrt{\rho} \pmb{H} \pmb{F}_{RF} \pmb{F}_{BB} \pmb{s} + \pmb{n} \tag{8.7}$$

其中,$\pmb{s}$ 是 $N_s \times 1$ 符号向量,为发送数据流,且满足功率约束 $E[\pmb{ss}^*] = \dfrac{1}{N_s} \pmb{I}_{N_s}$,$\pmb{I}_{N_s}$ 为单位阵;$\pmb{y}$ 是 $N_r \times 1$ 接收向量;$\rho$ 表示平均发射功率;$\pmb{n}$ 是独立同分布的均值为 0、方差为 $\sigma_n^2$ 的高斯白噪声。RF 预编码器使用模拟移相器来实现,每个元素只有相位是不同的,模值相等;基带预编码器 $\pmb{F}_{BB}$ 每个元素的幅度和相位均可不同,但总的功率受 $\parallel \pmb{F}_{RF} \pmb{F}_{BB} \parallel_F^2 = N_s$ 限制。

接收端使用 $N_{\mathrm{RF}}^{\mathrm{r}} \geqslant N_{\mathrm{s}}$ 的 RF 链路来接收发射端发送来的数据流,处理后的信号为

$$\tilde{\boldsymbol{y}} = \sqrt{\rho}\, \boldsymbol{W}_{\mathrm{BB}}^{*} \boldsymbol{W}_{\mathrm{RF}}^{*} \boldsymbol{H} \boldsymbol{F}_{\mathrm{RF}} \boldsymbol{F}_{\mathrm{BB}} \boldsymbol{s} + \boldsymbol{W}_{\mathrm{BB}}^{*} \boldsymbol{W}_{\mathrm{RF}}^{*} \boldsymbol{n} \tag{8.8}$$

其中,$\boldsymbol{W}_{\mathrm{RF}}$ 是 $N_{\mathrm{r}} \times N_{\mathrm{RF}}^{\mathrm{r}}$ 的 RF 合并矩阵,其元素具有单位范数;$\boldsymbol{W}_{\mathrm{BB}}$ 是 $N_{\mathrm{RF}}^{\mathrm{r}} \times N_{\mathrm{s}}$ 的基带合并矩阵,则可获得的数据传输速率为

$$R = \log_2 \left( \left| \boldsymbol{I}_{N_{\mathrm{s}}} + \frac{\rho}{N_{\mathrm{s}}} \boldsymbol{R}_{\mathrm{n}}^{-1} \boldsymbol{W}_{\mathrm{BB}}^{*} \boldsymbol{W}_{\mathrm{RF}}^{*} \boldsymbol{H} \boldsymbol{F}_{\mathrm{RF}} \boldsymbol{F}_{\mathrm{BB}} \boldsymbol{F}_{\mathrm{BB}}^{*} \boldsymbol{F}_{\mathrm{RF}}^{*} \boldsymbol{H}^{*} \boldsymbol{W}_{\mathrm{RF}} \boldsymbol{W}_{\mathrm{BB}} \right| \right) \tag{8.9}$$

其中,$\boldsymbol{R}_{\mathrm{n}} = \sigma^2 \boldsymbol{W}_{\mathrm{BB}}^{*} \boldsymbol{W}_{\mathrm{RF}}^{*} \boldsymbol{W}_{\mathrm{RF}} \boldsymbol{W}_{\mathrm{BB}}$ 是合并后的噪声协方差矩阵。

于是,可以通过设计分层预编码器 $\boldsymbol{F}_{\mathrm{RF}} \boldsymbol{F}_{\mathrm{BB}}$ 最大化可获得的数据传输速率,即求解式(8.10)的优化问题

$$(\boldsymbol{F}_{\mathrm{RF}}^{\mathrm{opt}}, \boldsymbol{F}_{\mathrm{BB}}^{\mathrm{opt}}) = \underset{\boldsymbol{F}_{\mathrm{RF}}, \boldsymbol{F}_{\mathrm{BB}}}{\arg\ \max} \log_2 \left( \left| \boldsymbol{I}_{N_{\mathrm{s}}} + \frac{\rho}{N_{\mathrm{s}}\sigma_{\mathrm{n}}^2} \boldsymbol{H} \boldsymbol{F}_{\mathrm{RF}} \boldsymbol{F}_{\mathrm{BB}} \boldsymbol{F}_{\mathrm{BB}}^{*} \boldsymbol{F}_{\mathrm{RF}}^{*} \boldsymbol{H}^{*} \right| \right) \tag{8.10}$$

$$\mathrm{s.t.} \quad \boldsymbol{F}_{\mathrm{RF}} \in W, \quad \| \boldsymbol{F}_{\mathrm{RF}} \boldsymbol{F}_{\mathrm{BB}} \|_{\mathrm{F}}^2 = N_{\mathrm{s}}$$

在实际中,由于模拟移相器是由一组具有等增益元素构成的矩阵,式(8.10)中的优化问题没有通解,因此在实际中常常采用简化的方法得到原问题的近似解。

### 8.3.3 多用户混合波束成形

本节考虑下行多用户 MIMO(MU-MIMO)系统中的混合波束成形方法,如图 8.6 所示。多用户混合波束成形与单用户混合波束成形的区别在于系统中有 $N_{\mathrm{u}} > 1$ 个用户,设计预编码器要考虑如何消除用户间干扰,以最大化系统容量。

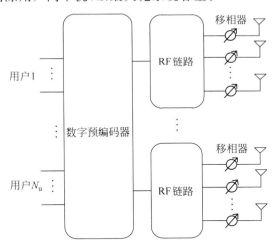

图 8.6 多用户混合波束成形

为了简化,我们假定所有 $N_{\mathrm{u}}$ 个用户具有相同的数据流数 $N_{\mathrm{s}}$。这里仅考虑水平维的波束成形(该方法也可以拓展到垂直维波束成形),则基站的 RF 预编码器可以表示为

$$\boldsymbol{W} = \begin{bmatrix} \boldsymbol{w}(\theta_1) & 0 & \cdots & 0 \\ 0 & \boldsymbol{w}(\theta_2) & \cdots & 0 \\ \vdots & \vdots & \ddots & \vdots \\ 0 & 0 & \cdots & \boldsymbol{w}(\theta_{N_{\mathrm{BS}}}) \end{bmatrix} \tag{8.11}$$

其中,$\boldsymbol{w}(\theta_i)$ 是方位角为 $\theta_i$ 的相位控制向量。用 $\boldsymbol{P}$ 表示 $N_{BS} \times N_s N_u$ 数字预编码器,其中每一列与每个用户和数据流的数字控制向量相对应。最终在 $N_{BS}^{RF} N_{BS}$ 个基站天线上来自 $N_s N_u$ 个流上的总的发送信号 $\boldsymbol{f}$ 可以表示为

$$\boldsymbol{f} = \boldsymbol{WPs} \tag{8.12}$$

其中,$\boldsymbol{s}$ 是包含不同用户数据流的 $N_s N_u \times 1$ 向量。

在用户端,使用相同的混合波束成形结构。接收天线数是 $N_{MS}$,每一个阵列具有 $N_{MS}^{RF}$ 个天线阵元,每一个天线阵元有对应的移相器。采用与基站相同的方式,用户的第 $k$ 个 RF 阵列的控制向量可以写成 $N_{MS}^{RF} \times 1$ 向量 $\boldsymbol{v}(\delta_k)$,其中 $\delta_k$ 是方位角控制方向,则用户第 $i$ 个基带接收信号向量为

$$\boldsymbol{y}_i = \boldsymbol{U}_i^H \boldsymbol{V}_i^H \boldsymbol{H}_i \boldsymbol{f} + \boldsymbol{U}_i^H \boldsymbol{V}_i^H \boldsymbol{n} \tag{8.13}$$

其中,用户的所有 RF 预编码器可以表示为

$$\boldsymbol{V}_i = \begin{bmatrix} \boldsymbol{v}(\delta_1) & 0 & \cdots & 0 \\ 0 & \boldsymbol{v}(\delta_2) & \cdots & 0 \\ \vdots & \vdots & \ddots & \vdots \\ 0 & 0 & \cdots & \boldsymbol{v}(\delta_{N_{MS}}) \end{bmatrix} \tag{8.14}$$

$\boldsymbol{U}_i$ 是用户数字合并器(本章假定采用最大比合并);$\boldsymbol{H}_i$ 是用户 $i$ 的 $N_{MS}^{RF} N_{MS} \times N_{BS}^{RF} N_{BS}$ 信道矩阵;$\boldsymbol{n}$ 是附加复高斯白噪声向量。定义总的 $N_u$ 个用户的信道矩阵为

$$\boldsymbol{H} = [\boldsymbol{H}_1^T \quad \cdots \quad \boldsymbol{H}_{N_u}^T]^T \tag{8.15}$$

对于数字 MU-MIMO 预编码,各用户的基带等效信道(在 RF 波束成形后)为

$$\boldsymbol{H}_{eff(multi\text{-}user)} = \begin{bmatrix} \boldsymbol{V}_1 & 0 & \cdots & 0 \\ 0 & \boldsymbol{V}_2 & \cdots & 0 \\ \vdots & \vdots & \ddots & \vdots \\ 0 & 0 & \cdots & \boldsymbol{V}_{N_u} \end{bmatrix} \boldsymbol{HW} \tag{8.16}$$

当基站端已知基带等效信道后,则可通过不同的方法计算 MU-MIMO 数字预编码器 $\boldsymbol{P}$。

为了比较后续所给出的各种方案的性能,这里给出了混合波束成形系统的 MU-MIMO 信道容量理论值的计算方法。当忽略多用户干扰时,基站到第 $i$ 个用户链路的容量等式可以写为

$$C_{i,no} = \log_2(\det(\boldsymbol{I}_{N_s} + \boldsymbol{Q}_i^{-1} \boldsymbol{H}_{MIMO,i} \boldsymbol{H}_{MIMO,i}^H)) \tag{8.17}$$

其中,$\boldsymbol{Q}_i = \boldsymbol{U}_i^H \boldsymbol{V}_i^H \boldsymbol{R}_{n,i} \boldsymbol{V}_i \boldsymbol{U}_i$;$\boldsymbol{R}_n$ 是噪声协方差矩阵;$\boldsymbol{V}_i$ 是用户端的 RF 预编码;$\boldsymbol{U}_i$ 是数字合并器;$\boldsymbol{H}_{MIMO,i}$ 是系统的 MIMO 等效信道,表示为

$$\boldsymbol{H}_{MIMO,i} = \boldsymbol{U}_i^H \boldsymbol{V}_i^H \boldsymbol{H}_i \boldsymbol{WP}_i \tag{8.18}$$

其中,$\boldsymbol{P}_i$ 是数字预编码矩阵 $\boldsymbol{P}$ 中对应用户 $i$ 的列。为了考虑其他用户对用户 $i$ 的干扰,用户 $i$ 的容量等式重写为

$$C_{i,int} = \log_2(\det(\boldsymbol{I}_{N_s} + \boldsymbol{Q}_{i,int}^{-1} \boldsymbol{H}_{MIMO,i} \boldsymbol{H}_{MIMO,i}^H)) \tag{8.19}$$

其中,$\boldsymbol{Q}_{i,int}^{-1}$ 定义为

$$\boldsymbol{Q}_{i,int}^{-1} = \boldsymbol{U}_i^H \boldsymbol{V}_i^H \left(\boldsymbol{R}_{n,i} + \sum_{i \neq j}^{N_u} \boldsymbol{H}_i \boldsymbol{WP}_j \boldsymbol{P}_j^H \boldsymbol{W}^H \boldsymbol{H}_i^H\right) \boldsymbol{V}_i \boldsymbol{U}_i \tag{8.20}$$

于是,$N_u$ 个无干扰用户和有干扰用户的总容量分别为

$$C_{\text{total\_no}} = \sum_{i=1}^{N_u} C_{i,\text{no}} \tag{8.21}$$

$$C_{\text{total\_int}} = \sum_{i=1}^{N_u} C_{i,\text{int}} \tag{8.22}$$

以式(8.21)和式(8.22)的容量为依据,给出不同 RF 波束分配策略下的 MU-MIMO 混合波束成形算法。

多用户混合波束成形分为两步:首先得到基站端和相关的用户最佳 RF 波束成形矩阵;然后从得到的 RF 波束成形矩阵获得 $H_{\text{eff(multi-user)}}$,计算 MU-MIMO 数字预编码器 $P$。

1. 最佳 RF 波束选择

对于具有渐进式相移值的控制向量,基站端的 RF 链路和用户端的 RF 链路的控制向量为

$$\boldsymbol{w}(\theta) = [1, \exp(j\pi\sin\theta), \cdots, \exp(j(N_{\text{BS}}^{\text{RF}}-1)\pi\sin\theta)]^{\text{T}} \tag{8.23}$$

$$\boldsymbol{v}(\delta) = [1, \exp(j\pi\sin\delta), \cdots, \exp(j(N_{\text{BS}}^{\text{RF}}-1)\pi\sin\delta)]^{\text{T}} \tag{8.24}$$

为了便于实际操作,从 RF 码本集中选择用于基站端和用户端每条 RF 链路的控制向量。对于基站和用户,将 RF 码本集的控制向量的数目设为每条链路移相器数,根据 RF 选择方案从中分别选出用于基站 RF 链路的 $N_{\text{BS}}^{\text{RF}}$ 个波束和用户端 RF 链路的 $N_{\text{MS}}^{\text{RF}}$ 个波束。

通过采用 RF 波束码本方法,每条 RF 链路具有固定波束集,与信道响应的有限集相对应,TDD 模式下的信道响应可以通过上行信道探测来测量。假定上行链路(用户端到基站)和下行链路(基站到用户端)信道是互易的,对每一个用户,用于每一个发送机和接收机波束合并的信道响应都在上行信道探测时测量,并在接收端进行校准,基站利用信道信息选择出最优波束用于后续下行链路数据传输。

图 8.7 给出了 4 种不同的 RF 波束选择方案。

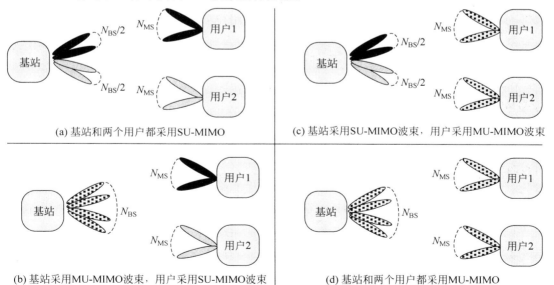

(a) 基站和两个用户都采用SU-MIMO

(c) 基站采用SU-MIMO波束,用户采用MU-MIMO波束

(b) 基站采用MU-MIMO波束,用户采用SU-MIMO波束

(d) 基站和两个用户都采用MU-MIMO

图 8.7 不同的 RF 波束选择方案

在图 8.7 中,方案(d)可以得到最佳多用户容量。对于方案(d),基站和用户的 RF 波束都以最优的方式从码本中选择出,基站和用户首先计算每一种可能的波束组合对应的 MU-MIMO 容量,然后选择出最优的 RF 波束,并根据相应的等效信道信息计算 MU-MIMO 数字预编码矩阵。然而,这种方案的缺点是随着同时调度用户数增加,需要评估的 RF 波束组合数目会呈指数增长。因此,在实际中可以考虑方案(a)、(b)和(c)等低复杂度方案。对于方案(a),基站为每个用户分配 RF 链路,并选择 RF 波束来优化单用户 MIMO(SU-MIMO)容量。这种方法不考虑用户间干扰,其性能不是很好,但是要评估的 RF 波束组合数最少。对于方案(b),首先用户采用与方案(a)相同的 RF 波束方式,然后基站进行 RF 波束选择来优化多用户 MIMO(MU-MIMO)容量。与方案(a)相比,这种方案的优点是改进 MU-MIMO 性能,与方案(d)相比,方案(b)具有较低的复杂度。方案(c)与方案(b)类似,不同的是,该方案基站端采用 SU-MIMO 模式选择 RF 波束,用户采用 MU-MIMO 模式选择波束来优化性能。

2. 计算数字预编码器 $\boldsymbol{P}$

在 RF 波束选择之后,根据等效信道矩阵,可以通过 MMSE 和 BD 算法得到数字预编码矩阵。

MMSE 算法使用等效信道矩阵计算数字预编码矩阵,具体如下:

$$\boldsymbol{P}_{\text{MMSE}} = \boldsymbol{H}_{\text{eff(multi-user)}}^{\text{H}} \left( \boldsymbol{H}_{\text{eff(multi-user)}} \boldsymbol{H}_{\text{eff(multi-user)}}^{\text{H}} + c\boldsymbol{I} \right)^{-1}$$
$$= \left[ \boldsymbol{P}_{\text{MMSE},1}, \boldsymbol{P}_{\text{MMSE},2}, \cdots, \boldsymbol{P}_{\text{MMSE},N_u} \right] \tag{8.25}$$

其中,常数 $c$ 根据等效信道矩阵 $\boldsymbol{H}_{\text{eff(multi-user)}}$ 的范数和噪声协方差计算得到,$\boldsymbol{P}_{\text{MMSE},i}$ 是用户 $i$ 的 $N_{\text{BS}} \times N_{\text{MS}}$ 数字预编码矩阵。由于矩阵 $\boldsymbol{P}_{\text{MMSE}}$ 的维数是 $N_{\text{BS}} \times N_{\text{MS}} N_u$,最终所需的预编码矩阵 $\boldsymbol{P}$ 的维数是 $N_{\text{BS}} \times N_s N_u$,当数据流数与用户端的 RF 链路数相同时,$\boldsymbol{P}_{\text{MMSE}}$ 是最终预编码矩阵 $\boldsymbol{P}$。但是当数据流数低于用户端的 RF 链路数 $(N_s \leqslant N_{\text{MS}})$ 时,需要从 $\boldsymbol{P}_{\text{MMSE}}$ 提取列向量得到最终预编码矩阵 $\boldsymbol{P}$,此时可以采用 SVD 分解的 MMSE 算法利用基带信道 SVD 分解,在由 $\boldsymbol{P}_{\text{MMSE},i}$ 生成的子空间中,找出每个用户 $i$ 的最优预编码器。

为了实现上述目标,首先将基带信道映射到由 $\boldsymbol{P}_{\text{MMSE},i}$ 生成的子空间中,并且对相应的信道进行 SVD 分解:

$$\text{SVD}(\boldsymbol{H}_{\text{eff},i} \boldsymbol{P}_{\text{MMSE},i}) = \widetilde{\boldsymbol{X}}_i \widetilde{\boldsymbol{\Sigma}}_i \left[ \widetilde{\boldsymbol{Z}}_i^{(N_s)} \quad \widetilde{\boldsymbol{Z}}_i^{(N_{\text{MS}} - N_s)} \right]^{\text{H}} \tag{8.26}$$

则 MMSE 预编码矩阵为

$$\boldsymbol{P}_i^{\text{final}} = \boldsymbol{P}_{\text{MMSE},i} \widetilde{\boldsymbol{Z}}_i^{(N_s)} \tag{8.27}$$

对于 BD 算法,用户 $i$ 的数字预编码矩阵需要分步计算。首先是形成除用户 $i$ 以外所有用户的等效信道矩阵

$$\overline{\boldsymbol{H}}_{\text{eff(multi-user,删除用户}i)} = \begin{bmatrix} \boldsymbol{H}_{\text{eff},1} \\ \vdots \\ \boldsymbol{H}_{\text{eff},i-1} \\ \boldsymbol{H}_{\text{eff},i+1} \\ \vdots \\ \boldsymbol{H}_{\text{eff},N_u} \end{bmatrix} \tag{8.28}$$

对该等效信道矩阵进行 SVD 分解:

$$\text{SVD}(\bar{\boldsymbol{H}}_{\text{eff(multi-user,删除用户}i)}) = \bar{\boldsymbol{X}}_i \bar{\boldsymbol{\Sigma}}_i \bar{\boldsymbol{Z}}_i^{\text{H}} = \bar{\boldsymbol{X}}_i \bar{\boldsymbol{\Sigma}}_i [\bar{\boldsymbol{Z}}_i^{(N_{\text{BS}}-N_0)} \quad \bar{\boldsymbol{Z}}_i^{(N_0)}]^{\text{H}} \tag{8.29}$$

其中,$\bar{\boldsymbol{X}}_i$ 和 $\bar{\boldsymbol{Z}}_i^{\text{H}}$ 是左和右奇异向量的正交矩阵;$\bar{\boldsymbol{\Sigma}}_i$ 是以降序排列的奇异值为对角元素的对角矩阵;$\bar{\boldsymbol{Z}}_i^{(N_0)}$ 表示从 $\bar{\boldsymbol{Z}}_i$ 提取的 $N_0$ 列,形成 $\bar{\boldsymbol{H}}_{\text{eff(multi-user,删除用户}i)}$ 的零空间。假定 $N_0 \geqslant N_{\text{s}}$,SVD 实现了用户 $i$ 有效信道在该零空间向量的投影

$$\boldsymbol{H}_{\text{eff},i} \bar{\boldsymbol{Z}}_i^{(N_0)} = \boldsymbol{X} \boldsymbol{\Sigma}_i [\bar{\boldsymbol{Z}}_i^{(N_{\text{s}})} \quad \bar{\boldsymbol{Z}}_i^{(N_0-N_{\text{s}})}]^{\text{H}} \tag{8.30}$$

最后用户 $i$ 的数字预编码矩阵可以用如下的方式计算:

$$\boldsymbol{P}_{\text{BD},i} = \bar{\boldsymbol{Z}}_i^{(N_0)} \bar{\boldsymbol{Z}}_i^{(N_{\text{s}})} \tag{8.31}$$

所有用户的数字预编码矩阵均可通过上述方法得到,形成最终的矩阵 $\boldsymbol{P}$。

使用 BD 算法的关键是如何选择零空间向量 $\bar{\boldsymbol{Z}}_i^{(N_0)}$,在式(8.29)中是假定它已经存在。对于 BD 算法生成一个零空间 $\bar{\boldsymbol{Z}}_i^{(N_0)}$ 的必要条件是等效信道矩阵 $\bar{\boldsymbol{H}}_{\text{eff(multi-user,删除用户}i)}$ 的列数要大于行数。为了达到这个条件,必须满足 $N_{\text{BS}} > N_{\text{u}} N_{\text{MS}}$。然而这样还不能保证可形成一个零空间。为了解决这一问题,可以采用增强型 BD 算法,即通过迭代过程搜索 $\bar{\boldsymbol{Z}}_i$ 的列,找出对应奇异值小的列以构成最优的零空间 $\bar{\boldsymbol{Z}}_i^{(N_0)}$,从而使容量最大化。

# 8.4 GFDM 原理及性能分析

## 8.4.1 GFDM 与 OFDM 的比较

为了解决 OFDM 带外(Out-of-Band,OOB)辐射以及峰均功率比(Peak to Average Power Ratio,PAPR)过高的问题,业界提出广义频分复用(Generalized Frequency Division Multiplexing,GFDM)技术,作为 5G 物理层候选波形之一。

针对 5G 应用场景,GFDM 技术存在一些 OFDM 所不具备的优点:第一,GFDM 的灵活性可以满足不同的业务需求。对于实时应用,要求整个系统的往返时延不大于 1ms,基于 OFDM 空口的 LTE 帧结构具有比实时应用目标至少高一个数量级的等待时间。而 GFDM 可以通过配置较大带宽的子载波来匹配低时延需求。第二,GFDM 不需要严格的同步,由于 5G 中的 eMBB 场景要求低功耗,而 OFDM 需要的严格同步会消耗大量功率,因此需要 GFDM 技术,放松系统同步要求。第三,GFDM 有利于碎片化的频谱利用和频谱动态接入。频带资源稀缺一直是无线通信的主要问题之一,OFDM 带外辐射较大,而 GFDM 使用非矩形脉冲成形滤波器在时频域移位过滤子载波,减小了 OOB 辐射,使得分散的频谱和动态频谱利用成为可能,而不会对现有服务和其他用户造成干扰。

对于实际多载波传输系统,GFDM 与 OFDM 技术主要区别于以下 3 点:

(1)脉冲成形滤波器的不同:OFDM 系统每个子载波均采用矩形脉冲成形,而 GFDM 可以按照给定的要求设计滤波器使其在每个子载波上实现脉冲整形。通过有效的原型滤波器滤波,在时域与频域循环移位,减小了带外功率泄漏,这是 GFDM 与 OFDM 相比最大的优势。

(2)数据结构的不同:GFDM 允许将给定的时间与频率资源分为 $K$ 个子载波和 $M$ 个子符号,以适应不同的应用场合,具有很强的灵活性。在不改变系统采样率的情况下,可以将 GFDM 配置为使用大量窄带子载波或者使用少量大带宽的子载波来占据带宽。但

GFDM 仍然是基于块的方案。OFDM 与 GFDM 结构如图 8.8 所示。

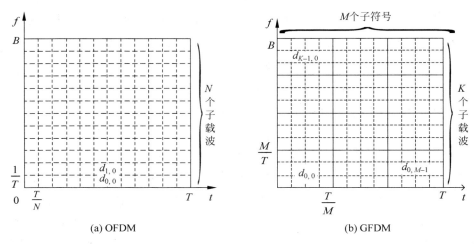

图 8.8　OFDM 与 GFDM 结构示意图

（3）循环前缀加入方式的不同：OFDM 为每个数据符号添加 CP 或 CS,而 GFDM 通过为包含多个子符号与子载波的整个块添加单个 CP 或 CS,降低系统的额外开销,进一步提高系统的频谱效率,同时降低了多个用户的同步要求。两者区别如图 8.9 所示。

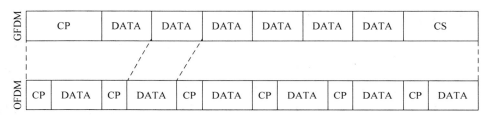

图 8.9　GFDM 与 OFDM 添加 CP 和 CS 示意图

## 8.4.2　GFDM 基本原理

GFDM 系统收发机结构如图 8.10 所示。由二进制信源产生一串随机二进制位 $b$,即发送的信息位,经过信道编码模块得到 $b_c$,然后通过 PSK 或 n-QAM 映射得到 $N$ 个符号 $d$。

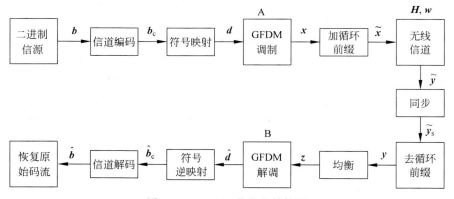

图 8.10　GFDM 收发机结构图

在 GFDM 调制模块中,数据符号序列 $\boldsymbol{d}$ 分解为 $\boldsymbol{d}=(\boldsymbol{d}_0^{\mathrm{T}},\cdots,\boldsymbol{d}_{M-1}^{\mathrm{T}})^{\mathrm{T}}$,其中,$\boldsymbol{d}_m=(d_{0,m},\cdots,d_{K-1,m})^{\mathrm{T}}$,$K$ 为子载波的个数,$M$ 为每个子载波上携带的子符号的个数,$N=KM$,$d_{k,m}$ 代表第 $k$ 个子载波上的第 $m$ 个子符号。GFDM 调制原理图如图 8.11 所示。

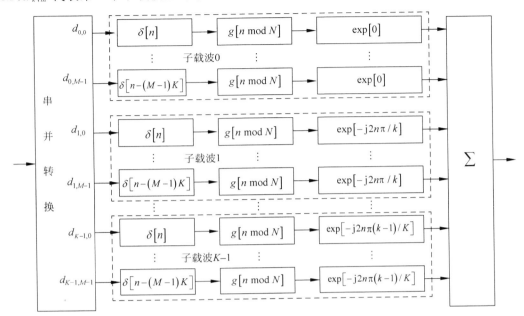

图 8.11 GFDM 系统调制模型框图

$d_{k,m}$ 对应的脉冲成形滤波器的时域冲击响应为

$$g_{k,m}[n]=g[(n-mK)\bmod N]\exp\left[-\mathrm{j}2\pi\frac{k}{K}n\right] \tag{8.32}$$

其中,$n$ 表示样点的索引;$g_{k,m}[n]$ 是由原型滤波器 $g[n]$ 的时域和频域的移位生成。利用模运算使 $g_{k,m}[n]$ 为 $g_{k,0}[n]$ 的循环移位版本。经过调制产生的一个 GFDM 符号可以表示为

$$x[n]=\sum_{k=0}^{K-1}\sum_{m=0}^{M-1}g_{k,m}[n]d_{k,m},\quad n=0,1,\cdots,N-1 \tag{8.33}$$

令 $\boldsymbol{g}_{k,m}=(\boldsymbol{g}_{k,m}[n])^{\mathrm{T}}$,则

$$\boldsymbol{x}=\boldsymbol{A}\boldsymbol{d} \tag{8.34}$$

其中,$\boldsymbol{A}$ 是一个 $KM\times KM$ 的生成(发射)矩阵,定义为

$$\boldsymbol{A}=(\boldsymbol{g}_{0,0},\cdots,\boldsymbol{g}_{K-1,0},\boldsymbol{g}_{0,1},\cdots,\boldsymbol{g}_{K-1,1},\cdots,\boldsymbol{g}_{K-1,M-1}) \tag{8.35}$$

图 8.12 表示的是 $K=4,M=7$ 时,原型滤波器使用滚降系数 $\alpha=0.5$ 的 RRC 滤波器的 GFDM 生成矩阵。调制后的 GFDM 符号通过循环前缀模块添加长度为 $N_{\mathrm{CP}}$ 的循环前缀得到 $\tilde{\boldsymbol{x}}$。

假设无线信道的冲激响应为 $\boldsymbol{h}=(h_0,h_1,\cdots,h_{N_{\mathrm{CH}}-1})^{\mathrm{T}}$,则 CP 的长度 $N_{\mathrm{CP}}$ 必须大于信道长度 $N_{\mathrm{CH}}$。通过信道之后的接收信号可以表示为

$$\tilde{\boldsymbol{y}}=\tilde{\boldsymbol{H}}\tilde{\boldsymbol{x}}+\tilde{\boldsymbol{w}} \tag{8.36}$$

其中,$\tilde{\boldsymbol{H}}$ 是维数为 $(N+N_{\mathrm{CP}}+N_{\mathrm{CH}}-1)\times(N+N_{\mathrm{CP}})$ 的具有对角结构的卷积矩阵;$\tilde{\boldsymbol{w}}$ 是均

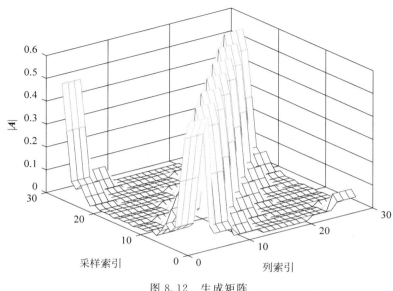

图 8.12　生成矩阵

值为 0、方差为 $\sigma_w^2$ 的加性高斯白噪声。经过同步模块得到 $\tilde{\boldsymbol{y}}_s$，假设时频完全同步，即 $\tilde{\boldsymbol{y}}_s = \tilde{\boldsymbol{y}}$。去掉 CP 之后得到 $\boldsymbol{y}$。$\boldsymbol{y}$ 可以表示为

$$\boldsymbol{y} = \boldsymbol{H}\boldsymbol{x} + \boldsymbol{w} = \boldsymbol{H}\boldsymbol{A}\boldsymbol{d} + \boldsymbol{w} \tag{8.37}$$

其中，$\tilde{\boldsymbol{H}}$ 用 $\boldsymbol{H}$ 代替，$\boldsymbol{H}$ 是信道冲激响应 $\boldsymbol{h} = (h_0, h_1, \cdots, h_{N_{CH}-1})^T$ 对应的循环卷积矩阵，维数为 $N \times N$。

GFDM 系统的基本接收机有 3 种形式，分别是匹配接收机（MF）、迫零接收机（ZF）、最小均方误差接收机（MMSE）。

GFDM 属于滤波器组多载波系统的范畴，但提供了比传统 OFDM 和单载波频域均衡更多的自由度。

### 8.4.3　脉冲成形滤波器及性能

OFDM 系统采用矩形脉冲成形，对应在频域上大致呈 sinc 函数，频谱范围无穷大，且每个子载波的旁瓣的振荡衰减比较慢，使得 OFDM 系统的带外辐射较大，干扰邻近信道，严重降低系统性能。因此，一般实际中传输的 OFDM 信号都是经过加窗处理的。

为了减小系统的带外辐射，GFDM 调制采用非矩形脉冲成形，经过滤波处理后的信号带宽得到限制，大大减小了系统的带外辐射。限制矩形脉冲的带宽必然会引入衰减的振荡，即矩形脉冲只有在脉冲间隔才具有非零的信号幅度，而经过平滑处理后的脉冲在脉冲间隔前后都会出现波纹。在接收端，波纹会导致错误的数据解码。为降低脉冲所附带的波纹对其前后脉冲的干扰，原型滤波器的选择对 GFDM 系统来说非常重要，需要在系统带外辐射与误码性能之间进行权衡。

常用的脉冲成形滤波器有升余弦滤波器（RC）、根升余弦滤波器（RRC）以及 Xia 滤波器等。几种滤波器频域响应如表 8.1 所示。其中，$\lin_\alpha(x) = \min(1, \max(0, ((1+\alpha)/2) + (|x|/\alpha)))$ 是一个截断线性函数，用于系统地描述由 $\alpha$ 定义的频域滚降区域。$p_4(x) =$

$x^4(35-84x+70x^2-20x^3)$。对应的时域响应可由离散傅里叶逆变换计算得到。

表 8.1　常用滤波器的频域响应

| 类　　型 | 频 域 响 应 |
| --- | --- |
| RC | $G_{RC}=\dfrac{1}{2}\left[1-\cos\left(\pi\mathrm{lin}_a\left(\dfrac{f}{M}\right)\right)\right]$ |
| Root RC | $G_{RRC}=\sqrt{G_{RC}[f]}$ |
| 一阶 Xia | $G_{Xia}[f]=\dfrac{1}{2}\left[1-\mathrm{e}^{-j\pi\mathrm{lin}_a\left(\frac{f}{M}\right)\mathrm{sign}(f)}\right]$ |
| 四阶 Xia | $G_{Xia}[f]=\dfrac{1}{2}\left[1-\mathrm{e}^{-j\pi p_4}\left(\mathrm{lin}_a\left(\dfrac{f}{M}\right)\right)\mathrm{sign}(f)\right]$ |

GFDM 系统的一个重要特点是带外辐射小,具体分析如下

$$P(f)=\lim_{T\to\infty}\left(\frac{1}{T}E\{|F\{x_T(t)\}|^2\}\right) \tag{8.38}$$

其中,$x_T(t)$ 是在时间间隔 $(-T/2,T/2)$ 内的发射信号。在 GFDM 系统中,$x_T(t)$ 是多个 GFDM 信号块的级联,即

$$x_T(t)=\sum_{v,m,k}d_{vmk}g_{0m}(t-vMT_s)\mathrm{e}^{-j2\pi\frac{k}{T_s}t} \tag{8.39}$$

$T_s$ 是一个子符号的周期,$v$ 是块索引,其范围从 $-(T/2MT_s)$ 到 $+(T/2MT_s)$,$k$、$m$ 是所有分配的子载波与子符号索引,所以 GFDM 系统的功率谱密度为

$$P(f)=\frac{1}{MT_s}\sum_{k,m}\left|G_m\left(f-\frac{k}{T_s}\right)\right|^2 \tag{8.40}$$

GFDM 符号的带外辐射定义为:发射信号在 $OOB$ 频带中的信号能量与整个通带 $B$ 中的能量总和之比,即

$$O=\frac{|B|}{|OOB|}\frac{\displaystyle\int_{f\in OOB}P(f)\mathrm{d}f}{\displaystyle\int_{f\in B}P(f)\mathrm{d}f} \tag{8.41}$$

图 8.13 给出了使用 $\alpha=0.5$ 的 RRC 滤波器的 GFDM 系统的功率谱密度,其中 $F$ 表示子载波间隔。由图 8.13 可知,GFDM 系统的带外辐射远低于 OFDM。

## 8.4.4　编码 GFDM

由 8.3.2 节可知,GFDM 数据符号在一个块中一起被调制,每个符号块占据 $M$ 个时隙的长度和 $K$ 个子信道的宽度,$N=K\times M$,而编码 GFDM 数据符号被分成两个连续的符号块进行传输,每个符号块占据 $2M$ 个时隙、$K$ 个子信道(即两个 $2M\times K$ 符号块),因此相应的调制矩阵 $\boldsymbol{G}'$ 的列数扩充了一倍,矩阵的每列数据对应不同子载波与子符号相应的脉冲成形滤波器。

由于 GFDM 的 MF 接收是非正交的,不能完全消除干扰,为了避免这一问题,编码 GFDM 数据符号中的两个符号块采用不同的方式进行调制,具体方法如下:

(1) 第一个符号块的调制:将数据分为奇偶时隙分别进行调制。对于偶数时隙传输的数据,其调制矩阵与 GFDM 相同,记为 $\boldsymbol{A}$,即是抽取 $\boldsymbol{G}'$ 的奇数列;而对于奇数时隙传输的数

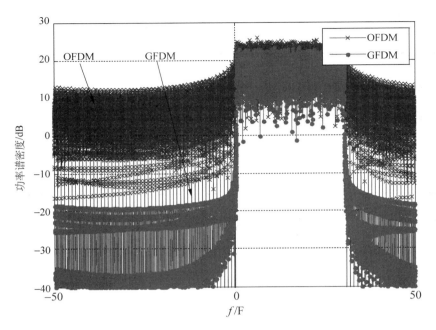

图 8.13　GFDM 与 OFDM 功率谱密度图

据,其调制矩阵抽取 $G'$ 的偶数列,记为 $B$。

（2）第二个符号块的调制：对奇偶时隙传输的数据做一个预编码。此时,偶数时隙传输的数据是原奇数时隙传输数据的共轭,并与副对角线上元素为 1、其余元素为 0 的矩阵 $J$ 取负相乘；而奇数时隙传输的数据则是原偶数时隙传输的数据的共轭,与 $J$ 相乘。其中对应调制矩阵与第一个符号块相同。

$$J = \begin{bmatrix} 0 & \cdots & 0 & 1 \\ \vdots & & 1 & 0 \\ 0 & & & \vdots \\ 1 & 0 & \cdots & 0 \end{bmatrix}$$

令 $\Lambda = \dfrac{1}{\sqrt{2}} \begin{bmatrix} A & B \\ B^* J & -A^* J \end{bmatrix}$,此时,$\Lambda$ 是一个酉矩阵,避免了接收自干扰。

当两者的 CP 长度相等均为 $N_{CP}$ 时,CGFDM 在 $2N+2N_{CP}$ 时隙内传输了两个 $2M \times K$ 的符号块（传输每个符号块分别需要 $N+N_{CP}$ 个时隙）。但是,由于第二个符号块的数据是由第一块的符号构成的,所以两个符号块传输的其实是一个符号块的数据,带宽效率为 $\beta_{CGFDM} = 2MK/(2N+2N_{CP})$,GFDM 在 $N+N_{CP}$ 个时隙中传输大小为 $M \times K$ 的符号块,带宽效率为 $\beta_{GFDM} = MK/(N+N_{CP})$。由此可得,CGFDM 系统的带宽效率与 GFDM 带宽效率完全相同。

图 8.14 给出了 $K=64,M=5$ 时不同算法的误比特性能。信道为频率选择性信道,其功率迟延谱为 $[0 \ -2 \ -4 \ -6]$。可以看出,MF-CGFDM 误码性能优于 MF-GFDM、ZF-GFDM 和 OFDM 系统。

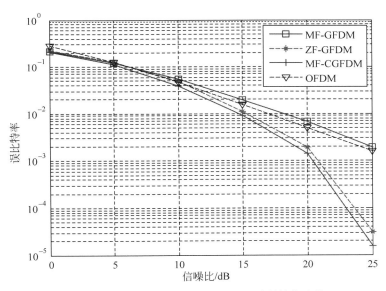

图 8.14　OFDM、GFDM 与 CGFDM 误码性能比较

# 8.5　同时同频全双工技术

## 8.5.1　灵活双工概述

随着在线视频业务的增加以及社交网络的推广,未来移动流量呈现出多变特性:上下行业务需求随时间、地点而变化。现有通信系统采用相对固定的频谱资源分配方式,无法满足不同业务的需求。灵活双工能够根据上下行业务变化情况动态分配上下行资源,有效地提高系统资源利用率。

灵活双工可以通过时域和频域方案实现。在 FDD 时域方案中,每个小区可根据业务量需求将上下频带配置成不同的上下行时隙配比,如图 8.15(a)所示;在 FDD 频域方案中,可以将上行频带配置为灵活频带以适应上下行非对称的业务需求,如图 8.15(b)所示。同样,在 TDD 系统中,每个小区可以根据上下行业务量需求决定用于上下行传输的时隙数目,实现方式与 FDD 中上行频段采用的时域方案类似。

灵活双工的设计还可以应用于全双工系统。全双工通信指同时、同频进行双向通信的技术。由于 TDD 和 FDD 方式不能进行同时、同频双向通信,理论上浪费了一半的无线资源(频率和时间)。全双工技术在理论上可将频谱利用率提高一倍,实现更加灵活的频谱使用。近年来,器件和信号处理技术的发展使同频同时的全双工技术成为可能,并使其成为 5G 系统充分挖掘无线频谱资源的一个重要方向。

目前,业界普遍关注的全双工系统主要采用全双工基站与半双工用户混合组网的架构设计,其时隙图如图 8.16 所示。在第一个时隙上,基站发射给用户 1 信号,接收用户 2 的信号;在第二个时隙上,基站发射给用户 2 信号,接收用户 1 信号,总共用 2 个时隙完成了用户 1 和用户 2 各一次双工通信。而传统 TDD 系统则需要至少 4 个时隙完成,因此其频谱利用率提高一倍。

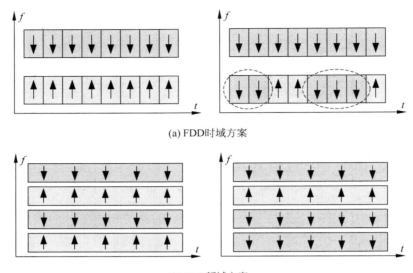

(a) FDD时域方案

(b) FDD频域方案

图 8.15　时域及频域的灵活资源分配

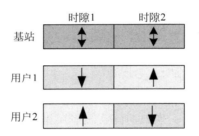

图 8.16　全双工基站与用户通信的时隙图

　　灵活双工和全双工的主要技术难点在于不同通信设备上下行信号间的相互干扰。围绕这一问题,本节接下来重点进行全双工系统的干扰分析,以及常见的干扰消除技术。

## 8.5.2　全双工系统干扰分析

　　在同时同频全双工无线系统中,所有发射节点对于非目标接收节点来说都是干扰源。发射机的发射信号会对本地接收机产生很强的自干扰。应用于蜂窝网络时还会存在较为复杂的系统内部干扰,包括单个小区内的干扰和多小区间的干扰。

　　1. 全双工系统单小区干扰分析

　　采用全双工基站与半双工终端混合组网的全双工系统如图 8.17 所示。图 8.17 中,基站端配置一根发射天线和一根接收天线,两者同时同频工作。由于手机体积和成本等因素的限制,这里考虑手机只配备一根天线并以半双工的方式工作,即每一时刻只能进行接收或者发射操作。由于基站工作在全双工方式,因此能够同时同频地服务一个上行用户和一个下行用户。除了基站全双工引起的自干扰外,由于上行用户和下行用户同时同频工作,也会造成用户间干扰。

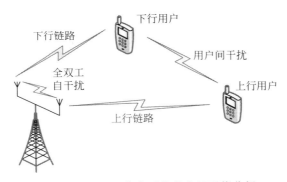

图 8.17  全双工蜂窝系统单小区干扰分析

用户间干扰可以采用信号处理方法进行抑制,如干扰抑制合并技术,或者通过资源调度,选择距离较远的上行和下行用户减少同时同频传输带来的用户间干扰。因此,这里重点阐述全双工系统的自干扰消除技术。

2. 全双工系统多小区干扰分析

在多小区组网的环境下,全双工蜂窝系统中同样存在传统半双工蜂窝系统内的小区间干扰,包括基站对相邻小区下行用户的干扰,以及上行用户对相邻小区基站的干扰。此外,由于全双工蜂窝系统每个基站都是同时同频地进行收发操作,还面临图 8.18 所示的用户间干扰,以及基站的收发天线之间的全双工自干扰。图 8.18 是考虑两个相邻小区间干扰的示意图。

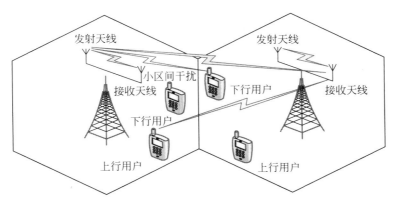

图 8.18  全双工蜂窝系统多小区干扰分析

小区间干扰有传统的解决办法,如联合多点传输技术和软频率复用等。采用与单小区干扰类似的分析方法,重点探讨全双工系统的自干扰消除技术。

## 8.5.3  全双工系统中的自干扰消除技术

全双工的核心问题是如何在本地接收机中有效抑制自己发射的同时同频信号(即自干扰)。为了分析全双工系统的自干扰,在图 8.19 中给出了同频同时全双工节点的结构。

在图 8.20 中,基带信号经射频调制,从发射天线发出。同时,接收天线正在接收来自期望信源的信号。由于节点发射信号和接收信号处在同一频率和同一时隙上,进入接收天线

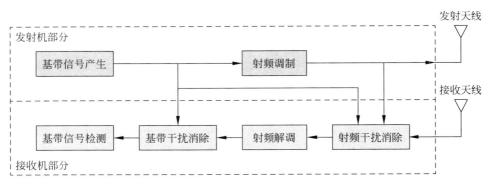

图 8.19　同频同时全双工节点结构图

的信号为节点发射信号和来自期望信源的信号之和,而节点发射信号对于期望的接收信号来说是极强的干扰,这种干扰称为双工干扰(自干扰)。双工干扰的消除对系统频谱效率的提升有极大的影响。如果双工干扰被完全消除,则系统容量能够提升一倍。可见,有效消除双工干扰是实现同时同频全双工的关键。

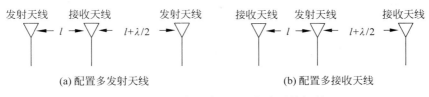

(a) 配置多发射天线　　　　　　　　(b) 配置多接收天线

图 8.20　利用多天线配置进行自干扰抑制

常见的自干扰抑制技术包括空域、射频域、数字域的自干扰抑制技术。空域自干扰抑制主要依靠天线位置优化、空间零陷波束、高隔离度收发天线等技术手段实现空间自干扰的辐射隔离;射频域自干扰抑制的核心思想是构建与接收自干扰信号幅相相反的对消信号,在射频模拟域完成抵消,达到抑制效果;数字域自干扰抑制针对残余的线性和非线性自干扰进一步进行重建消除。

1. 空域抑制方法

空域抑制方法是将发射天线与接收天线在空中接口处分离,从而降低发射机信号对接收机信号的干扰。常用的天线抑制方法包括以下 4 点。

(1) 加大发射天线和接收天线之间的距离:采用分布式天线,增加电磁波传播的路径损耗,以降低双工干扰在接收机天线处的功率。

(2) 直接屏蔽双工干扰:在发射天线和接收天线之间设置一微波屏蔽板,减少双工干扰直达波在接收天线处泄漏。

(3) 采用鞭式极化天线:令发射天线极化方向垂直于接收天线,有效降低直达波双工干扰的接收功率。

(4) 利用多天线配置进行自干扰抑制:还可以进一步分为配置多根发射天线和配置多根接收天线两种方案。图 8.20(a)给出了用于自干扰抑制的两发一收天线,其中两发射天线到接收天线的距离差为载波波长($\lambda$)的一半,而两发射天线的信号在接收天线处幅度相同、相位相反,使接收天线处于发射信号空间零点,以降低双工干扰。图 8.20(b)给出了用于自干扰抑制的一发两收天线,与两发射天线情况类似,两接收天线分别距发射天线的距离为载波波长的一半,这样两个接收天线接收的双工信号之和为零,有效降低了双工干扰。

此外,还有更多采用天线波束成形抑制双工干扰的方法。上述空域自干扰抑制的方法,一般可将双工干扰降低 20~40dB。

**2. 射频干扰消除方法**

射频干扰消除技术既可以消除直达双工干扰,也可以消除多径到达双工干扰。

图 8.21 描述了一个典型的射频干扰消除器,发射机的射频信号通过分路器分成 2 路,一路经过天线辐射给目标节点,另外一路作为参考信号经过幅度调节和相位调节,使接收天线从空中接口收到的双工干扰幅度相等、相位相反,并在合路器中实现双工干扰的消除。

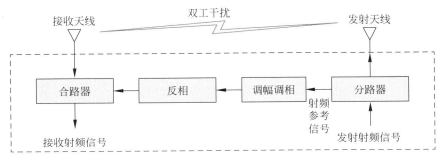

图 8.21 射频干扰消除的典型结构

为了进行幅度调节和相位调节,就要准确地估计出自干扰信号的参数,因此目前射频干扰消除的研究主要集中在如何根据射频参考信号进行调幅调相。常用的方法是以正交、同相参考支路构成的自干扰估计结构为基础,通过分析接收信号强度与两支路权向量之间的关系,实现射频域的自适应干扰抵消算法。

射频干扰消除方法还可用于多载波系统的双工干扰消除,主要思路是将干扰分解成多个子载波,先估计每个子载波上幅值和相位,对有发射机基带信号的每个子载波进行调制,使得它们与接收信号幅度相等、相位相反,再经混频器重构与双工干扰相位相反的射频信号,最后在合路器中消除来自空口的双工干扰。

**3. 数字干扰消除方法**

在一个同时同频全双工通信系统中,通过空口泄露到接收机天线的双工信号是直达波和多径到达波之和。射频消除技术主要消除直达波,数字消除技术主要消除多径到达波。

数字干扰消除器包括一个数字信道估计器和一个有限阶数字滤波器。信道估计器用于双工干扰的信道参数估计;滤波器用于双工干扰的重构。由于滤波器多阶时延与多径信道时延具有相同的结构,将信道参数用于设置滤波器的权值,再将发射机的基带信号通过上述滤波器,即可在数字域重构经过空口的双工干扰,并实现对于该干扰的消除。

此外,由于双工干扰是可知的,因此也可以通过一个自适应滤波器完成干扰消除。

同时同频全双工是一项极具潜力的新兴无线通信技术,已显示出广阔的应用前景。全双工技术实用化的关键问题在于如何消除干扰信号,尽可能减小残余干扰的影响。此外,单天线的同时同频全双工终端、组网和 MIMO 等相关领域的研究也在逐渐展开。我们相信,随着研究和开发工作的不断深入,这项新技术将会作为提高频谱效率的方法而被广泛应用。

## 8.6　本章小结

　　本章结合 5G 移动通信的最新发展趋势,阐述了 5G 移动通信研究领域关注的关键技术,重点阐述了大规模 MIMO 预编码技术、毫米波通信中的混合波束成形技术以及全双工系统中的自干扰消除技术。随着研究的不断深入,5G 关键支撑技术将逐步得以明确,并在未来几年内进入标准化研究与升级阶段,本章的内容可作为读者进一步展开对 5G 技术深入研究和探讨的基础。

# C 第9章
## hapter 9
# 软件无线电平台简介

软件无线电目前已广泛应用到各种无线通信设备中,已经成为一种工业标准。本章首先对软件无线电的概念进行介绍,包括软件无线电的定义和特点、软件无线电的发展历程和软件无线电的基本架构。从中引出目前软件无线电的设计和开发所面临的挑战:随着通信系统越来越复杂,人们需要在软件无线电系统中集成 GPP、FPGA 等处理单元,同时需要在更加集成化的 FPGA 芯片中设计更加复杂的数据处理程序和软件应用,这就需要更好的系统级软件工具来帮助人们设计和开发这样的软件无线电系统。最后,笔者以 NI 软件无线电系统平台为例介绍 NI 应对这一挑战所提出的方案,包括 LabVIEW Communications 软件工具和 USRP-RIO 硬件支撑平台。

## 9.1 什么是软件无线电

追溯软件无线电发展的历史,软件无线电这个概念最早是由 Joseph Mitola Ⅲ 博士在 1992 年首次提出的,经过了近三十年的发展,软件无线电技术从最初应用于军事通信开始逐步渗透到无线电工程应用的诸多领域,例如测控技术、雷达技术和移动通信技术。如今,软件无线电已经不再是某一项具体的技术应用,它被广泛地应用在现代通信系统中,成为一个工业标准。

### 9.1.1 软件无线电的定义和特点

在 1992 年发表的论文中,Joseph Mitola Ⅲ 博士把软件无线电定义为:软件无线电是一种多频段无线电,它具有天线、射频前端、ADC 和 DAC,能够支持多种无线通信协议,在理想的软件无线电中,包括信号的产生、调制/解调、定时、控制、编码/解码、数据格式、通信协议等各种功能都可以通过软件来实现。可以看到,该定义主要是从软件无线电的基本结构及其具体实现功能的方式来界定,强调了软件无线电技术在引入和支持多种空口标准方面的优势。随着软件无线电技术经过近 30 年的发展,软件无线电的巨大价值开始被人们逐渐地认识到,这是一种新的无线通信系统体系结构,旨在通过统一的硬件平台和灵活的软件架构使无线电设备具备可重配置能力。软件无线电提供了一种灵活高效且低成本的解决方案。利用软件无线电技术,人们可以灵活地构建多功能、多模式和多频段的无线电系统。利用先进的 FPGA 和 DSP 技术,软件无线电系统可以在很大程度上实现可编程重配置,加上灵活的软件架构及升级方式,可以实现完全通过软件来完成不同的功能。由此,软件无线电是一种以具有开放性、可扩展性和兼容性的硬件平台为基础,通过加载自定义的软件实现各种无线通信系统功能的体系和技术。

## 9.1.2　软件无线电的发展历程

软件无线电技术发展至今,经历了近30年的发展。接下来分别从软件无线电技术的过去、现在和未来,向读者介绍软件无线电的发展历程。

### 1. 过去:软件无线电30年的发展

软件无线电(Software Defined Radio,SDR)这个术语已经被提出30年了。对于技术的世界而言,30年是一段很长的时间。至今,软件无线电依然是一个被人们普遍讨论的技术,然而人们对于SDR这个概念,是有一些误解的。在过去,人们普遍认为SDR是"一种部分或者全部物理层功能被软件定义的无线电",即认为SDR主要关注在物理层(Physical Layer,PHY)对于信号的处理而不是无线电射频前端(Radio Frequency,RF),这是一种误解。

30年后的今天,SDR已经是一种主流的工业标准,从军事战术无线电到蜂窝通信终端,SDR技术在其中得到了广泛的应用。同时,随着半导体和软件技术的持续创新发展,也必将驱使更高开发效率和更低成本的SDR平台出现。这意味着SDR将是无线电进化为便捷变频智能通信系统的重要支撑技术。

### 2. 现在:软件无线电成为工业标准

在信号情报(Signals Intelligence,SIGINT)、电子战、测试和测量、公共安全通信、频谱监测和军事通信(Military Communications,MILCOM)等应用中,软件无线电已经成为工业标准。在这些应用中的SDR技术,有的是通过ASIC(Application Specific Integrated Circuit)实现的,有的使用可编程数字信号处理器(Digital Signal Processor,DSP)实现。如图9.1所示,为SDR技术在30年间的应用发展情况,共经历了4代发展。图9.1中靠近原点的深色部分表示最早从硬件架构无线电向软件架构无线电转变的应用集合,即第一个SDR技术发展阶段。

射频前端集成电路(RF Integrated Circuit,RFIC)(例如ADI公司的RFIC)和低成本DSP增强型FPGA(例如Xilinx公司的FPGA)技术的出现,极大地推动了SDR技术的发展,使得SDR技术从最初的军事通信应用扩展到许多新的应用中。SDR技术的生态系统逐渐形成,包括半导体、工具和软件技术公司等。在工具层面,SDR技术要求信号在不同的硬件平台上被尽量便捷地处理和使用,这也导致了像软件通信系统架构(Software Communications Architecture,SCA)核心框架的工具出现,还有许多来自EDA(Electronic Design Automation)和半导体公司的编程工具的出现。

RFIC、FPGA和EDA工具的进步,是SDR技术在4G LTE技术设施建设中得到广泛应用的重要因素,即第二个SDR技术发展阶段。事实上几乎所有的LTE基站都是基于RFIC和FPGA开发的。一些大型设备供应商会在设计中使用ASIC,但是其中大部分的基带ASIC都是可以编程的,它们使用处理器和硬核耦合的方式来使系统在性能和功耗上获得更好的表现,例如像Turbo译码这样计算集中的功能模块,将会使用硬核来加速。

第三个SDR技术发展阶段,SDR技术在4G终端设备中得到了广泛的应用,这得益于

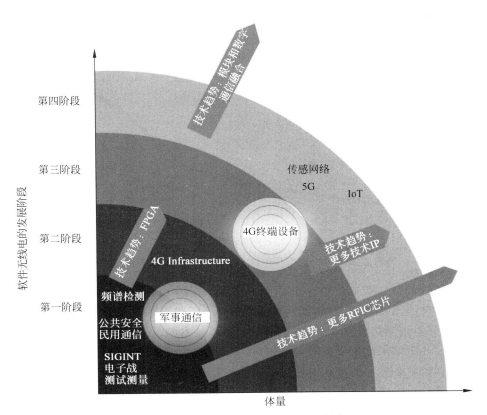

图 9.1 SDR 技术应用发展情况及趋势

Ceva、Tensilica 和 Qualcomm 等公司对终端使用的低功耗、高性能 DSP 处理器的优化和改进。例如基带处理 ASIC,这些硬核将被集成到专用标准产品(Application Specific Standard Products,ASSP)或者大多数的物理层处理芯片中。由此,SDR 技术真正成为了工业标准。

3. 未来:下一代软件无线电

随着 4G 终端中 SDR 技术越来越广泛的应用,一些新兴技术也正在迅速地驱动着 SDR 技术的发展,例如 5G、物联网(Internet of Things,IoT)和传感器网络等。那么什么技术是其中的主要驱动力呢? 参考从第一个到第三个 SDR 技术的发展阶段,硬件和软件的融合技术将会是主要的驱动力,软件无线电随之发展到了第四阶段。

在硬件层面,新的技术驱动在于把模拟和数字技术集成到单片芯片中以降低成本、尺寸、重量和功耗。对于通信基础设施而言,在单个 FPGA 芯片中可以把模数转换器(ADC)和数模转换器(DAC)集成在一起。对于终端和传感器而言,其他应用处理器芯片也可以把模数转换器和数模转换器集成在一起。

当然,如果软件和工具层面没有创新的话,硬件上的创新也将是无用的。软件和工具层面的创新,对于 SDR 技术而言至关重要。要在这些集成化的芯片上开发可运行的信号处理和应用软件,需要更好的可以在模拟域和数字域进行设计和调试的系统级开发工具。随着 SDR 技术被运用到越来越复杂的任务中,它们正在被设计到更高性能的 FPGA 中,如图 9.2 所示。这也就不可避免地需要可以满足处理大量激增的数据和复杂度的 FPGA 开发工具。

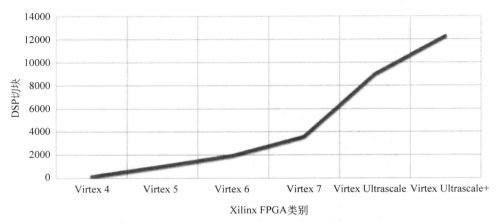

图 9.2　Xilinx 每一代 FPGA 中 DSP Slices 数量在快速增长

虽然通用处理器(General Purpose Processors,GPP)在过去已经很好地服务了一些软件无线电技术的应用,但是它们已经很难满足未来 5G 和军事通信应用中对于系统更高性能的要求。未来,集成化将进一步驱动下一代 SDR 技术的发展。这其中,模拟和数字技术在混合信号芯片中的集成十分关键,但是目前主要制约 SDR 技术的发展已经不再是硬件,而是软件。如果没有可以同时在 GPP 和 FPGA 上进行开发的软件工具,那么下一代 SDR 技术中的硬件革新特性将得不到充分的利用和开发。

### 9.1.3　软件无线电基本架构

图 9.3 所示为一个理想的软件无线电结构框图。在图 9.3 中,原始的模拟信源经过窄带 ADC 转换为数字信号,之后经过由软件定义的数字信号处理模块处理,之后再经过宽带 DAC 转换为模拟信号经射频前端模块处理后由天线发射出去。

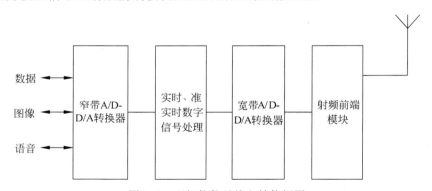

图 9.3　理想软件无线电结构框图

图 9.3 中的软件无线电系统体现了软件无线电的思想,整个系统的数字信号处理部分都由软件来完成,使得系统具有最大的兼容性和可重构性。从图中可以看出,理想软件无线电系统由天线、射频前端模块、ADC、DAC 和数字信号处理单元组成。其中天线完成射频信号的发射和接收功能,射频前端主要完成频段选择、混频、滤波、功率放大等功能,数字信号

处理单元主要完成信号的数字上/下变频、多速率变换和基带数字信号处理(编码/解码、调制/解调等)等功能。由此,可以把软件无线电的数据接收和发射链路处理流程分别用图 9.4 和图 9.5 来阐述。

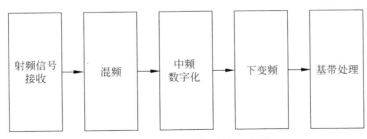

图 9.4  接收链路信号处理流程

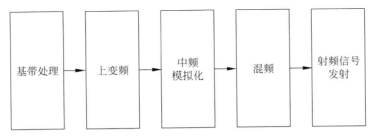

图 9.5  发射链路信号处理流程

软件无线电的接收信号链路处理应包括射频信号的接收、混频,中频信号的采样(模数转换),中频到基带的变换(下变频)以及基带信号处理;发射信号链路处理应包括基带信号的产生、基带到中频的变换(上变频)、中频信号的模拟化(数模转换)、混频以及射频信号的发射。基于以上分析的软件无线电数据链路结构,该软件无线电平台的数据链路首先应该满足的是通用性,即能够兼容目前大多数通信制式的能力。基于通用性的要求,一般软件无线电平台的数据链路应达到以下几个基本要求:

(1) 接收/发射频段要宽;

(2) ADC/DAC 采样范围宽且采样速率可变;

(3) 上/下变频参数可调;

(4) 可实现多速率信号处理功能;

(5) 具有支持多制式基带处理的算法库。

## 9.1.4  NI 软件无线电基本架构

如 9.1.2 节中所述,随着通信系统越来越复杂,人们需要在软件无线电系统中集成GPP、FPGA 等处理单元,同时需要在更加集成化的 FPGA 芯片中设计更加复杂的数据处理程序和软件应用,这就需要更好的系统级软件工具来帮助人们设计和开发这样的软件无线电系统。

基于下一代软件无线电系统设计和开发的这些挑战,NI 的软件无线电系统在软件侧基于 NI 强大的图形化系统开发软件平台 LabVIEW,使得用户可以轻松完成跨 GPP 和 FPGA的软件开发。值得一提的是,借助 LabVIEW FPGA 技术,开发人员无须处理复杂的硬件描述语言(HDL)就可以完成复杂的 FPGA 开发,降低了下一代软件无线电系统的开发难度,提高了开发效率。在硬件侧,LabVIEW 软件无缝对接各种指标和应用场景的 NI 软件无线电硬件平台,可以满足各种应用需求的软件无线电系统设计和开发。图 9.6 为 NI 软件无线电基本架构框图。在下面的章节中,将分别对 NI 软件无线电平台的软件开发工具 LabVIEW Communications 和硬件支撑平台 USRP-RIO 作介绍。

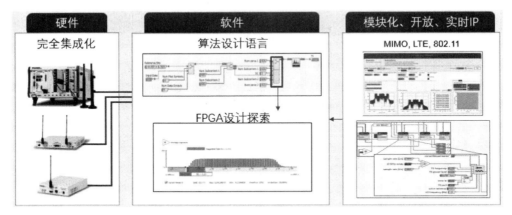

图 9.6　NI 软件无线电基本架构

## 9.2　LabVIEW Communications 简介

### 9.2.1　什么是 LabVIEW Communications

LabVIEW 是美国国家仪器(National Instruments,NI)公司最早于 1986 年推出的一款软件,最初主要是为了简化工程人员开发 PC 与仪器设备之间数据通信和数据处理的相关应用,所以一开始就提供了非常方便的程序界面设计工具以及基于数据流的图形化编程方式。后来越来越多的科学家和工程师发现这种程序开发方式相比基于文本语言的开发方式不仅能大大提高工作效率,而且图形化的编程方式也与流程图等工程思维相符合,显得非常直观,因此不断扩展其应用领域。另一方面,随着技术的发展和应用的拓展,LabVIEW 本身也不断发展,通过每年的升级添加更多功能,进一步降低科学家和工程师用其实现复杂应用的难度。时至今日,除了传统的仪器控制和数据采集应用,LabVIEW 在嵌入式控制、信号处理、射频和软件无线电等领域也有越来越多的应用。

LabVIEW Communications 是 NI 公司专门针对通信系统设计提供的一个与 NI 软件无线电硬件平台紧密集成的软件开发工具,旨在帮助工程师快速构建通信系统原型。在 LabVIEW Communications 软件开发工具中,开发人员可以在同一个开发环境中完成 CPU 和 FPGA 程序的开发和部署;其中还集成了 802.11、LTE 和 MIMO 等软件通信系统架构 (Software Communications Architecture,SCA)核心框架,开发人员可以在这些核心框架基础上更加快速地构建原型系统,加速创新;内嵌的 HLS 工具可以帮助开发人员更好地理解和实现从浮点算法到定点算法的转换;支持 MATLAB、C/C++ 和 VHDL 等第三方语言的程序集成;无缝对接 NI 软件无线电硬件平台;支持高级 FPGA 开发,例如自定义时钟驱动逻辑等。图 9.7 所示为 LabVIEW Communications 软件工具的功能及特点介绍。

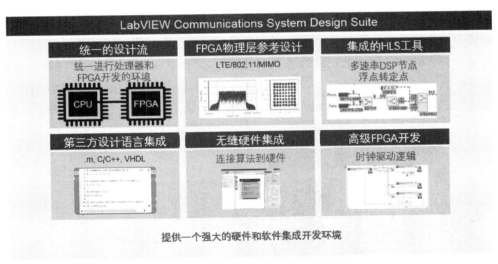

图 9.7 LabVIEW Communications 软件工具的功能及特点

## 9.2.2 LabVIEW Communications 的功能及特点

如上节所述,在 LabVIEW Communications 中有诸多利于下一代软件无线电系统设计和开发的功能及特点,本节将对这些功能及特点逐一介绍。

### 1. 硬件抽象功能

硬件是软件无线电系统中必不可少的部分,它通常包括射频前端、基带模数转换器、数据连接总线和多处理器子系统(GPP+FPGA),开发人员需要对整个系统的硬件构成、连接关系和软件程序映射关系做到心中有数。在 LabVIEW Communications 中,为开发人员提供了硬件抽象功能,使得开发人员可以在集成开发环境(IDE)中探索、设置和管理整个系统。图 9.8 所示为硬件抽象功能的界面。

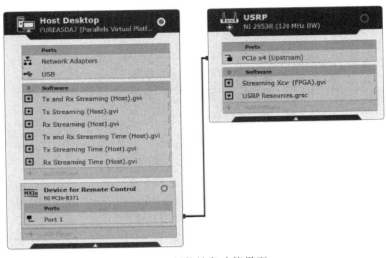

图 9.8 硬件抽象功能界面

### 2. 高效的 FPGA 开发

传统典型的软件无线电系统 FPGA 开发,要求开发人员在软件开发工具中完成除核心算法设计和开发以外的许多底层的设置和开发工作,例如 ADC/DAC 接口 FIFO 的实现、时钟约束、DMA 和寄存器的实现、DRAM 接口的实现、射频前端控制接口的实现等,如图 9.9所示。这些工作几乎占整个系统集成项目 50% 的工作量,而且是整个项目中价值比较低的工作。

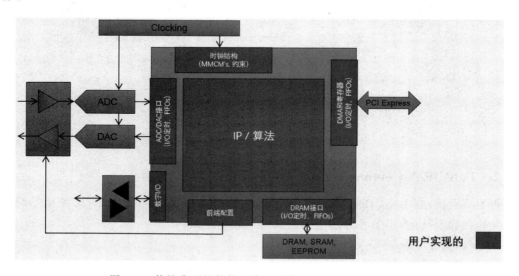

图 9.9　传统典型的软件无线电系统 FPGA 开发中的工作

在 LabVIEW Communications 中,开发工具会帮助开发人员尽量完成这些 FPGA 底层的设置和开发工作,使得开发人员把精力集中在集成项目中高价值的算法设计和开发工作上,如图 9.10 所示。

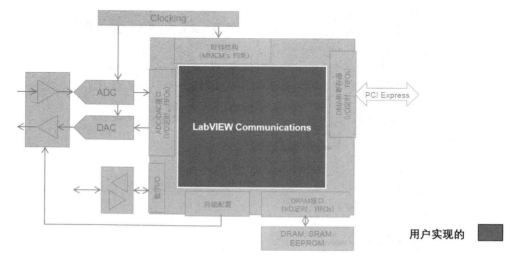

图 9.10　LabVIEW Communications FPGA 开发中的工作

而对于具体的 FPGA 程序开发,在 LabVIEW Communications 中可以基于图形化的方法对 FPGA 开发,使得开发人员可以基于像教科书中的原理框图构建类似的思考方式进行编程,而无须花很多精力去思考算法在 FPGA 中实现的细节(例如缓存、握手、流水线等)。例如图 9.11 是一个 20MHz OFDM 发射信号的 FPGA 算法代码。

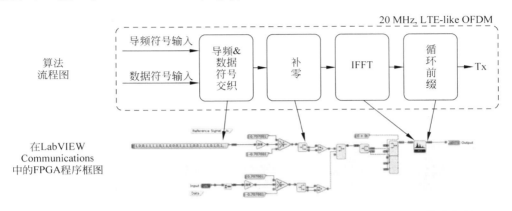

图 9.11 LabVIEW Communications 中 20MHz OFDM 发射信号的 FPGA 算法代码

### 3. 并行编程

软件无线电系统设计和开发中经常会涉及 GPP 和 FPGA 中并行程序的设计和开发,在 LabVIEW Communications 开发工具中,并行编程可以直观地实现,如图 9.12 所示。

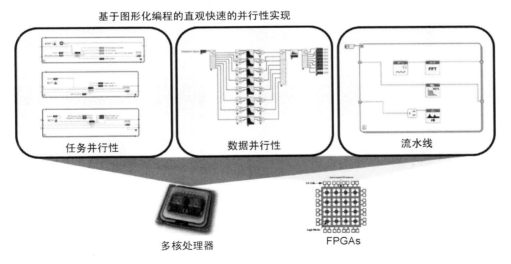

图 9.12 LabVIEW Communications 中的并行编程

### 4. 支持多开发语言的编程环境

LabVIEW Communications 软件工具中,支持把 MATLAB、C/C++ 和 VHDL 语言开发的代码和图形化编程语言开发的代码集成在一起进行混合编程,如图 9.13 所示。

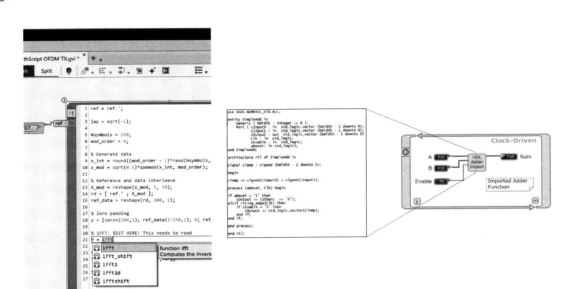

图 9.13　LabVIEW Communications 中对文本编程语言的支持界面

### 5. 快速捕捉和查看数据

LabVIEW Communications 中集成了丰富的数据捕捉和查看工具，便于开发人员获取和分析数据，从而更好地完成程序的调试和优化，例如 MathScript Console 和 Plot 功能，如图 9.14 所示。

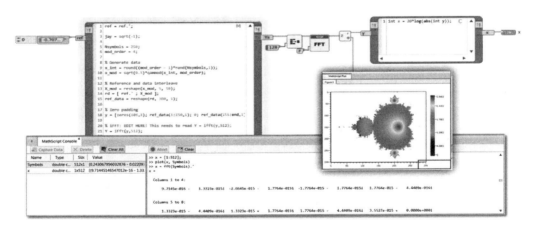

图 9.14　LabVIEW Communications 中的 MathScript Console 和 Plot 功能

### 6. 上位机程序开发

在 LabVIEW Communications 中，开发人员可以方便地进行基于处理器的软件应用和算法开发。同时，基于一些界面设计的控件，软件无线电的控制和展示界面可以被方便地设计和开发，如图 9.15 所示。

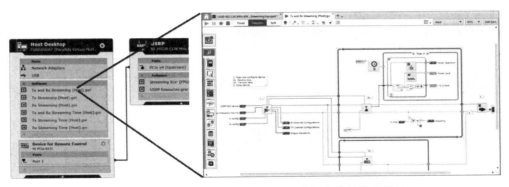

图 9.15 LabVIEW Communications 中的上位机软件开发

# 9.3 NI USRP-RIO 简介

NI USRP-RIO 是 NI 可重配置通用软件无线电外设
(Universal Software Radio Peripheral-Reconfigurable I/
O,USRP-RIO)的简称,是 NI 软件无线电系统的一种重
要硬件支撑平台,如图 9.16 所示。

## 9.3.1 什么是 NI USRP-RIO

NI USRP-RIO 是一个高度可定制的通用软件无线
电外设(USRP)收发器,用于创建完整的无线通信系统原

图 9.16 NI USRP-RIO 的外观

型。设备包括用于高级数字信号处理的强大 FPGA,并可以使用 LabVIEW FPGA 对其进
行编程。单个设备可以支持 2×2 多输入多输出(MIMO),并支持 10MHz~6GHz 的中心
频率,瞬时带宽最高达到 160MHz。同时,NI USRP-RIO 的可选项包括 GPS 锁定参考振荡
器(GPSDO),可以同步设备以形成多通道系统。可支持的原型验证应用包括广泛的高级研
究领域,如 MIMO、异构网络、LTE 和 802.11 原型、RF 压缩采样、频谱监测、认知无线电、波
束形成及无线电定位等。下面将分别从 USRP-RIO 硬件架构、连接选项、定时和时钟同步
3 个方面逐一介绍。

## 9.3.2 NI USRP-RIO 的功能及特点

1. NI USRP-RIO 硬件架构

NI USRP-RIO 的硬件架构如图 9.17 所示。

NI USRP-RIO 在 1/2U 机架安装式组成结构中结合了两个具有每通道 40MHz、
120MHz 或 160MHz 实时带宽的全双工收发通道和一个面向 DSP 的大型 Kintex-7 FPGA。
模拟 RF 前端通过两个时钟速率为 120MS/s 的模数转换器(ADC)和数模转换器(DAC)与
大型 Kintex-7 412T FPGA 连接在一起。每一个 RF 通道都包含一个开关,可允许在单个天
线上使用 TX1 和 RX1 端口进行时分双工操作,或使用 TX1 和 RX2 两个端口进行频分双工
操作。

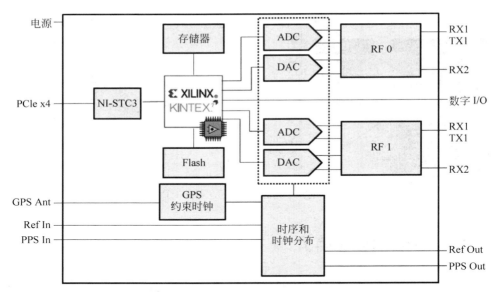

图 9.17　NI USRP-RIO 硬件架构

NI 提供了多种不同的 USRP-RIO 设备,频率从 10MHz 到 6GHz 不一而足,通过用户可编程的数字 I/O 线路来控制外部设备。Kintex-7 FPGA 是一个具有 DSP48 协同处理功能的可重配置 LabVIEW FPGA 终端,适用于高速率低延迟应用。连接回系统控制器的 PCI Express x4 能够以高达 800MB/s 的速率将数据传输到台式计算机或 PXI 机箱中,或以 200MB/s 的速率传输到笔记本计算机中。通过此连接,用户可以把多达 17 个 USRP RIO 设备连接到一个 PXI Express 机箱,并以菊花链形式将该机箱与其他机箱相连接,构成带宽高通道数的应用。

2. NI USRP-RIO 连接选项

USRP-RIO 的主要连接总线是 PCI Express x4,为 PHY/MAC 等高带宽、低延迟的应用提供有效的连接。借助 PXI Express x4 总线,用户可以以 800MB/s 的速率读写数据,并使用 LabVIEW FPGA 模块自定义 FPGA。该接口向后兼容为 NI USRP-292x 和 USRP-293x 设备编写的程序。USRP-RIO 硬件提供了以便未来通过软件升级扩展硬件功能的端口,这些待用端口包括后面板的两个 SFP+ 连接接口和前面板的一个 USB JTAG 调试端口。图 9.18 所示为 NI USRP-RIO 的 3 种连接选项方式。

3. 定时和时钟同步

USRP-RIO 294xR 设备包含了一个温度补偿晶体振荡器(TCXO),用作基频参考源,同时也可用作通用振荡器。USRP-RIO 295xR 设备包含一个精密的 GPS 驯服恒温控制晶体振荡器(OCXO),无须 GPS 即可提供更高的频率准确度,如果驯服至 GPS 卫星网络则可大幅提高频率准确度。

所有 USRP-RIO 设备都包含使用内部或外部时钟参考选项,而且可将时钟参考和时基导出到其他设备。Ref In(参考时钟输入)端口可接受 10MHz 的参考时钟,用户可根据参考时钟推导出 ADC/DAC 脉冲和本地振荡器的频率。还可将 PPS In(每秒脉冲输入)用作每秒标准脉冲端口或通用数字触发器输入端口。通过 Ref Out(参考时钟输出)和 PPS Out

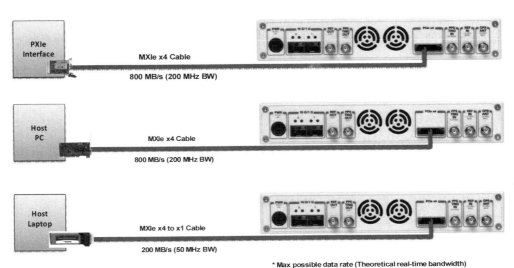

图 9.18 NI USRP-RIO 的三种连接选项方式

（每秒脉冲输出），可将这些信号导出到附近的设备，以构建更高通道数的系统。采用 Ettus Research 公司的 8 通道 OctoClock 分布式时钟可帮助用户创建超大型同步系统，如图 9.19 所示。只需通过几个 OctoClocks 将 USRP-RIO 设备与 Ref In 和 PPS 端口连接起来，即可构建一个超过 100 个同步通道的系统。

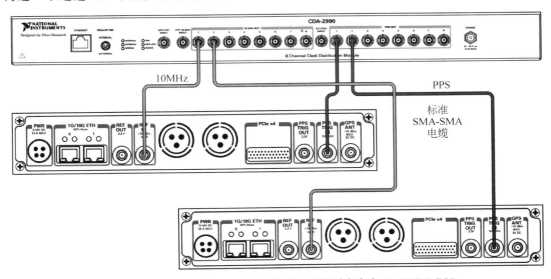

图 9.19 通过 8 通道 OctoClock 分布式时钟同步多个 NI USRP-RIO

## 9.4 构建软件无线电平台

9.2 节和 9.3 节分别介绍了软件无线电平台的软件设计和开发工具 LabVIEW Communications 和硬件支撑平台 NI USRP-RIO。本节将介绍基于这两个软硬件平台构建软件无线电平台的基本方法。本节将仅对构建单台 NI USRP-RIO 设备支撑的软件无线电平台进行介绍,便于读者掌握基本方法。对于构建多通道复杂系统的内容,会在后续章节中涉及。

首先,请先做好以下准备:

(1) 一台已经装好 LabVIEW Communications 软件和 NI USRP-RIO 驱动的计算机终端(可以是笔记本计算机、PXI 系统或者台式计算机);

(2) 一套 NI USRP-RIO 设备(包含电源线和天线);

(3) 一套 MXI Express 接口连接套件(请根据计算机终端的类型选择适合的连接套件,Express Card/PXIe/PCIe)。

做好以上准备后,参照 NI USRP-RIO 设备的用户手册,继续完成软件无线电平台的构建:

(1) 根据实验需要,通过天线或者线缆连接 NI USRP-RIO 前面板的相应端口;

(2) 根据计算机终端类型确定所使用的 MXI Express 接口连接套件的类型,相应 MXI Express 接口连接套件连接 NI USRP-RIO 和计算机终端,图 9.20 为笔记本计算机终端的连接方式。图 9.20 中,①为和 MXI Express 接口连接套件和 USRP-RIO 设备连接的线缆;②为 MXI Express 接口连接套件中的接口卡 ExpressCard-8360;③为笔记本计算机上的 ExpressCard 插槽;④为笔记本计算机。

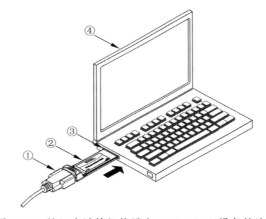

图 9.20　笔记本计算机终端和 USRP-RIO 设备的连接

(3) 连接 USRP-RIO 设备上的 AC/DC 电源;

(4) 按下 USRP-RIO 设备前面板上的 PWR 按钮,给 USRP-RIO 设备上电;

(5) 给计算机终端上电(注意计算机终端需要在 USRP-RIO 设备上电后再上电,否则计算机终端将无法识别出 USRP-RIO 设备);

(6) 计算机终端启动后,系统和软件将自动识别到 USRP-RIO 设备。

完成以上步骤后,USRP-RIO 设备就被正确地连接到计算机终端上了。下面便可以通过 LabVIEW Communications 软件工具对 USRP-RIO 编程,构建完整的软件无线电平台。为便于读者快速上手并理解基本原理,下面通过 LabVIEW Communications 软件工具中自带的一个范例程序来完成一个简单的软件无线电平台的构建:

(1) 运行计算机终端上的 LabVIEW Communications 软件;

（2）导航至"Learning→Examples→Hardware input and output"以创建一个范例程序；

（3）选择"Single-Device Streaming"项目模板创建范例程序；

（4）运行"Tx and Rx Streaming（Host）.gvi"程序；

（5）如果 USRP-RIO 设备在发射和接收信号，可以看到 LabVIEW Communications 的程序前面板中便可实时显示出波形数据。

至此，一个简单的软件无线电平台的构建便已完成，读者可以基于此范例程序继续开发完善更多的功能开发。在之后的章节中，还将详细介绍 LabVIEW Communications 的编程基础，以及更多基于 LabVIEW Communications 软件工具和 NI USRP-RIO 硬件支撑平台实现的移动通信相关应用。

## 9.5　本章小结

软件无线电技术已经成为当今构建和探索新一代通信系统的一种主流技术，具有灵活可自定义、可扩展性强等特点。NI 作为软件无线电技术的领先技术企业，为广大科学家和工程师提供了快速构建和探索通信系统的软件无线电软硬件工具链平台。本章从软件无线电的概念开始，讲述了软件无线电的发展历程、架构和发展趋势，并以 NI 的软件无线电平台为例介绍了如何构建软件无线电平台。

# 第10章
## Chapter 10
# LabVIEW Communications编程基础

本章将带领读者一起走进 LabVIEW Communications 软件里,认识软件开发环境中的各种功能,并对 LabVIEW Communications 中的 FPGA 设计流方法进行讲解。之后,对 LabVIEW 的编程基础进行介绍和讲解。

## 10.1 LabVIEW Communications 导航

LabVIEW Communications 是一个集成化的、可以和软件无线电硬件无缝衔接的通信原型系统设计环境。在本节中,将带领读者一起走进 LabVIEW Communications 软件,认识软件开发环境中的各种功能,并对 FPGA 设计流方法进行讲解。

### 10.1.1 LabVIEW Editor 简介

LabVIEW Editor 提供了设计原型系统中所需要用到的所有工具,包括硬件交互、查看数据、编写处理数据的程序、存储数据的工具等。熟悉了这些工具,后续在设计原型系统时就可以做到得心应手。下面对 LabVIEW Editor 的各个部分进行介绍。

1. 在项目中管理软硬件的关系

在 LabVIEW Editor 中,SystemDesigner 是用于管理软硬件关系的工具。SystemDesigner 在 Editor 中提供了一个原型系统的硬件虚拟映射关系,并且包含了代码与硬件的对应关系。用户可以通过 SystemDesigner 在项目中添加硬件、创建运行在硬件上的代码以及管理资源文件。图 10.1 为 SystemDesigner 的界面。

如图 10.1 所示,该原型系统的硬件主要由 PXI 机箱和机箱中的 FPGA 板卡构成。其中,①为空的槽位,意味着可以添加更多的硬件;②为已经插有板卡的槽位,其中也显示了用户可以添加的代码和模块信息;③为视图选择器,可以让用户以不同的方式显示硬件、代码和其他硬件资源的关系;④为硬件资源信息,不同的硬件也对应不同的资源信息;⑤为控制面板,用户可在其中选择对应的各种硬件和硬件资源添加到项目中;⑥为配置面板,用于对所选硬件进行配置。

2. 查看、创建并与文件进行交互

文件是任何可以被打开、编辑和保存的对象。无论用户是在运行一个已经存在的应用或者是创建一个新的应用,都必须从打开一个文件开始,比如一个 VI。如图 10.2 所示,在 LabVIEW Editor 中,用户可以用于打开、进入和编辑文件的工具。

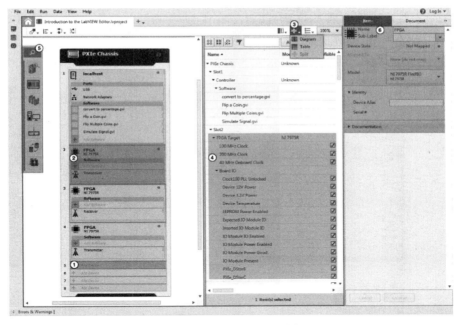

图 10.1　SystemDesigner 界面

如图 10.2 所示,①为项目文件管理器,在其中用户可以打开、创建和组织一个项目中的所有文件;②为文件内容,当用户开发一个或多个文件后,可以单击上方的便签来激活某一个文件;③为视图选择器,用于选择某个文件的不同部分,例如对于 VI 而言,可以选择前面板、程序框图和图标/连线板;④为控制按钮,分为运行、暂停和中止,用于控制程序代码的行为。

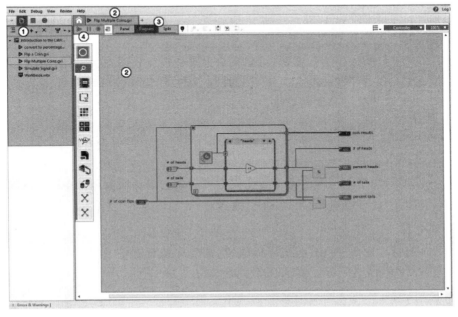

图 10.2　LabVIEW Editor 中对于文件的操作界面

### 3. 自定义创建显示数据的方法

当用户从硬件中获得数据后,往往期望创建一种自定义显示数据的方法。LabVIEW Editor 中提供了用户自己创建数据显示方法的工具,如图 10.3 所示。

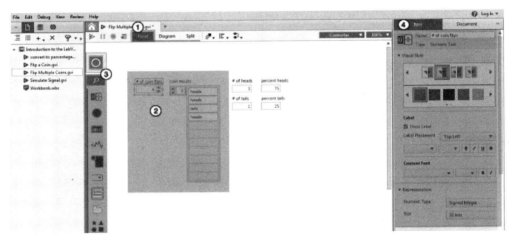

图 10.3　创建数据显示的工具

如图 10.3 所示,其中①为前面板选择器,前面板用于显示用户交互界面,即显示数据结果和获取用户输入;②为输入和显示控件,输入控件是用于输入数据的控件,显示控件是用于显示数据结果的控件;③为控制板,用于放置所有可用的输入控件和显示控件,用户可以根据需求从中选择并拖放相应控件到前面板中;④为配置窗口,用于对输入控件和显示控件进行各项配置的设置。

### 4. 存储并检索数据

用户可以在 LabVIEW Editor 中方便地查看和分析来自硬件和代码的各种数据,如图 10.4 所示。

如图 10.4 所示,其中①为数据源,可以来自于硬件或者代码,在任何时候用户都可以把看到的数据抓取并保存下来;②为抓取数据按钮,该按钮用于控制对所有显示控件数据的抓取,如果期望抓取某单一控件的数据,在数据源上单击右键选择抓取即可;③为抓取数据便签,包含所有用户抓取到的数据;④为数据项,即用户单次采集到的数据。

对于采集到的数据,用户可以:通过双击数据项后,在工作区查看数据;把采集到的数据复制到前面板中,即把相应的数据项拖曳到前面板中;把采集到的数据复制到特定的控件中,即把数据项中的某个控件的采集数据拖曳到相应数据类型的控件中;导出采集数据,即在数据项中选择对应的数据导出为 CSV 或者 TDMS 格式的文件。

### 5. 创建代码

如果用户需要对数据进行分析或者操作,则需要在源代码形式文件中的程序框图里创建相应的代码,如图 10.5 所示。在 LabVIEW Communications 中,源代码形式的文件包括以下 3 种:

(1) VI,即以 G 语言数据流形式执行的文件。一个 VI 可以是运行在上位机的类型,也可以是运行在 FPGA 终端上的类型。

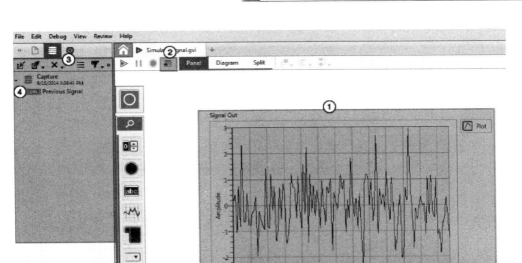

图 10.4　查看和分析数据的工具

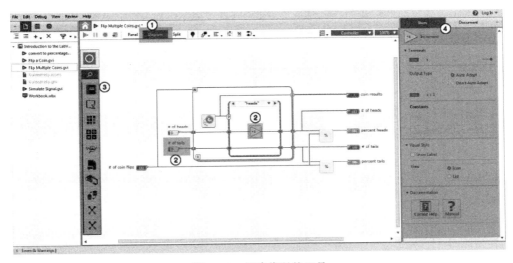

图 10.5　创建代码的工具

（2）Multirate Diagram，即以数据流形式完成信号处理的文件。用户可以在 PC 或者上位机上对 Multirate Diagram 进行配置和仿真后，再把 Multirate Diagram 转换成对应 FPGA 终端上运行的代码。

（3）Clock-Driven Logic，即在某个 FPGA 终端的时钟或者用户指定时钟下执行的文件。

如图 10.5 所示，其中①为程序框图选择器，用于在工作区域显示程序框图，程序框图是用户创建程序代码的区域；②为程序代码，由各种节点、连线和其他编程对象构成；③为控制板，用于放置所有可用的节点或者程序功能模块，用户可以根据需求从中选择并拖放相应节点或程序功能模块到程序框图中；④为配置窗口,用于对节点或程序功能模块进行各项配置。

### 6. 创建可重用的代码

有时用户需要把一个编写好的代码文档创建为可重用的代码,即子程序框图。Icon Editor 是帮助用户创建子程序框图的工具。图 10.6 为在 Icon Editor 中创建一个子 VI。

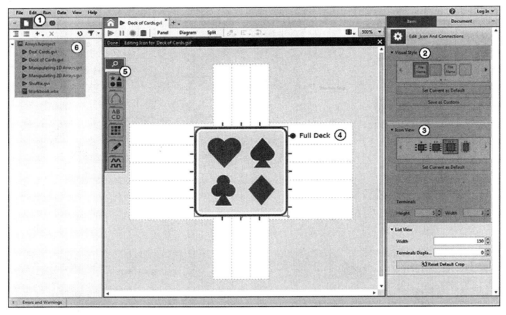

图 10.6　创建子 VI

如图 10.6 所示,其中①为选择"Edit→Icon and Connector Pane"打开 Icon Editor；②为选择一个图标模板,在其中用户可以自定义图标颜色和图标中显示的文件名字,用户也可以把自定义的图标保存为自定义的图标模板；③为选择图标的接口布局设计,用户可以根据需要的接口数量多少选择；④为图标的接口分配关联的输入和显示控件；⑤为控制板,包含各种用于图标样式设计的工具；⑥表示如果把一个 VI 用作其他程序框图中的子 VI 时,只需要在项目文件管理器中把相应 VI 拖放到相应程序框图中并连接好输入输出接口即可。

### 7. 利用帮助

LabVIEW Editor 中提供了很多获取帮助的途径,如图 10.7 所示。

如图 10.7 所示,其中①为文本帮助,用于提供对于控件、节点或者相关参数的说明,用户可以通过组合键"Ctrl+H"打开文本帮助窗口,并把鼠标悬停在相应需要获取帮助的对象上来查看对应的文本帮助信息；②为控制板搜索条,用户可以通过在控制板搜索条中输入相应控件或者节点的名字来定位到控制板中的对应控件或者节点；③为搜索器,用户可以在搜索器中输入相关信息,即可查看到对应的帮助信息和范例等信息；④为提示按钮,点击提示按钮后,相关软件环境的提示信息会显示出来。

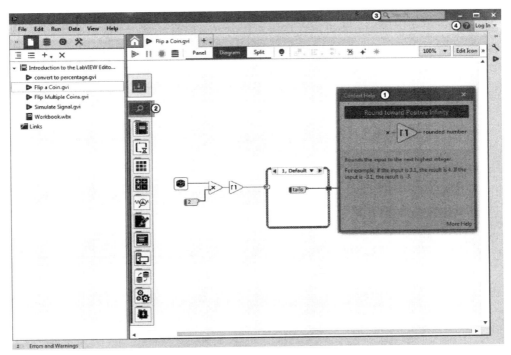

图 10.7　LabVIEW Editor 中获取帮助的途径

## 10.1.2　LabVIEW Communications 中的 FPGA 设计流程

在本节中,将对 LabVIEW Communications 中的 FPGA 设计流程进行介绍,包括在上位机上进行算法设计和测试、完成浮点数到定点数的转换和把算法部署到 FPGA 终端。下面将以 OFDM 调制算法在 LabVIEW Communications 中的 FPGA 设计流程为例,分别对这 3 个流程作介绍。

1. 算法设计和测试

在上位机上完成算法的设计和测试是 FPGA 设计流程的第一步。下面将会以一个 OFDM 调制算法在上位机上的设计和测试为例进行讲解。

图 10.8 所示为 OFDM 调制算法的原理框图。参考信号映射到一系列 QPSK 符号,紧接着 QPSK 符号通过交织和补零产生频域的 OFDM 符号,然后 OFDM 符号通过 IFFT 操作变换为时域波形。

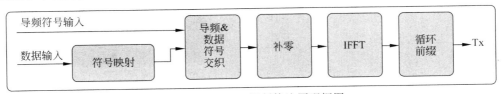

图 10.8　OFDM 调制算法原理框图

用户可以通过 G 语言数据流的方式或者多速率图数据流的方式在 LabVIEW 中实现 OFDM 调制算法,但是多速率图数据流的实现方式允许用户更容易地对数据流进行组合和操作。两种方式的区别在于 G 语言数据流的方式在每次执行的时候只可以处理一个数据采样,而多速率图数据流的方式可以在每次执行的时候同时处理多个数据采样的数据流。

图 10.9 所示为用 G 语言数据流的方式实现的 OFDM 调制算法中的交织和补零操作,其中涉及循环、移位寄存器、队列和数组的操作。

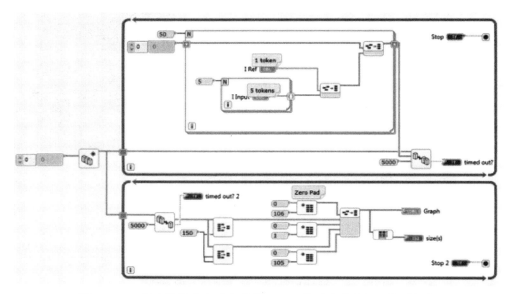

图 10.9　G 语言数据流方式实现的 OFDM 算法中的交织和补零操作

如果用多速率图数据流的方式实现同样的功能,只需要 3 个节点就可以,如图 10.10 所示。第一个节点,叫作交织数据流(interleave stream),作用是把 1 个参考符号和 5 个数据符号进行组合。然后输出 6 个符号给第二个节点,即分散数据流节点(distribute stream)。分散数据流节点等待输入接口处有 300 个符号积累后,把这 300 个符号分为 2 个 150 个符号组成的符号流。最后一个交织数据流节点完成补零操作,输出的信号波形如图中的图探针所示。

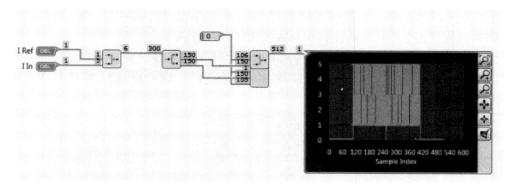

图 10.10　多速率图表数据流方式实现的 OFDM 算法中的交织和补零操作

除了实现交织和补零操作外,还需要实现 OFDM 调制算法中的其他算法模块,如 FFT 节点等。由于此节的重点在于让读者理解 LabVIEW Communications 中 FPGA 的设计流程,所以本节不继续对算法的实现细节作描述。图10.11所示为基于多速率图表数据流的方式实现的OFDM调试算法。

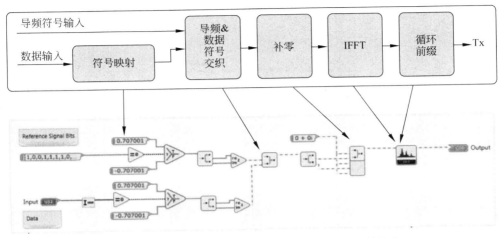

图10.11 基于多速率图数据流实现的OFDM调制算法

在上位机完成了算法设计后,接下来需要对算法进行测试。测试能够保证算法的设计满足性能要求,并且提前发现和解决设计中的问题。在设计算法之前,就应该对可测性设计有所考虑。在上位机对设计的算法进行测试,一般通过设计好的Testbench代码完成。例如针对之前设计好的OFDM调制算法,可以用Testbench调用这个OFDM算法对一些随机信号进行调制,再对调制后的信号进行解调,通过对比原始数据和解调数据来判断算法是否正确。此外,还可以对原始信号叠加一些干扰或者延迟,以测试算法在不同场景下的表现。

2. 浮点数到定点数的转换

在上一个环节中,已经在上位机上基于浮点数的方式,完成了OFDM调制算法的设计,并且经过了测试。然而,如果要把这一基于浮点数的算法部署到FPGA终端中,将会耗费大量的FPGA资源,并且会使FPGA芯片的功耗增加。为了解决这个问题,在把算法部署到FPGA终端之前,需要先完成浮点数到定点数的转换。定点数类型需要固定数据的位数和精度,这样FPGA就可以更高效地处理。LabVIEW Communications中提供了一个交互式的转换工具来评估用户的多速率图代码的性能,并且帮助用户方便地完成浮点数到定点数的转换,如图10.12所示。

3. 把算法部署到FPGA终端

算法完成了定点数的转换以后,就可以部署到FPGA终端中了。LabVIEW Communications中提供了一些针对不同硬件对象(例如USRP-RIO等)的参考设计代码,用户可以基于这些参考设计代码,把算法添加到参考设计代码中,即可方便地完成部署。

图10.13是一个USRP-RIO的参考设计代码框图,该参考设计中已经完成了一个射频收发信机的基本收发链路设计,用户可以基于此参考设计进行IQ基带信号的收发,并且对USRP-RIO设备的射频前端参数和基带处理参数进行设置。图中深色框图部分,即为用户往这个参考设计中添加的上位机代码和FPGA代码示意。例如针对前面两个环节完成的基于定点数运算的OFDM调制算法,可以添加到图中FPGA部分的深色框图中。

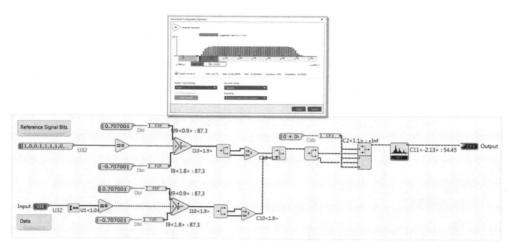

图 10.12　完成 OFDM 调制算法的定点数转换

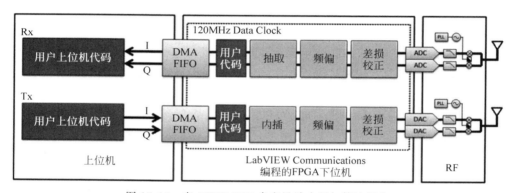

图 10.13　在 USRP-RIO 参考设计中添加算法模块

　　至此,已经介绍了 LabVIEW Communications 中 FPGA 的设计流程,主要包括在上位机上进行算法设计和测试、完成浮点数到定点数的转换和把算法部署到 FPGA 终端 3 个环节。本节中,并未对每一个环节的实现细节进行介绍,这部分内容将在后续的章节中涉及。

# 10.2　LabVIEW Communications 编程基础

## 10.2.1　VI 的组成

　　在 LabVIEW 中,VI 由 3 部分组成,即前面板(Panel)、程序框图(Diagram)和图标(Icon)。

　　图 10.14 为某 VI 的前面板。前面板中的输入和输出控件是用户和程序交互的接口,即应用程序的人机交互接口。

　　图 10.15 为某 VI 的程序框图。程序框图中包含了定义程序功能的源代码。

　　图 10.16 为某 VI 的图标。在 LabVIEW 中,用户可以通过图标编辑器(Icon Editor)编辑图标的样式。当 VI 作为另一个 VI 中的子 VI 被调用时,图标就在该 VI 的程序框图中代表被调用的子 VI。

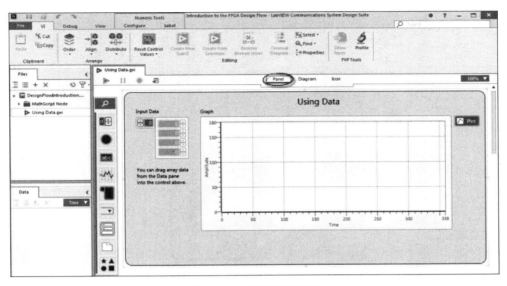

图 10.14　某 VI 的前面板

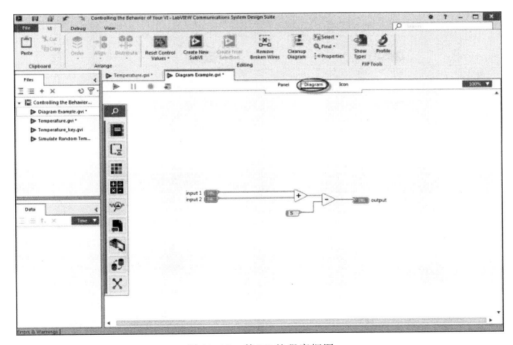

图 10.15　某 VI 的程序框图

## 10.2.2　VI 的前面板

　　VI 的前面板中包含输入控件和显示控件两类控件,它们分别是程序的输入和输出。如图 10.17 所示,左侧一列为输入控件,右侧一列为显示控件。

　　在 LabVIEW 中,有不同类型的控件可以使用,包括数值型(Numeric)、布尔型(Boolean)和字符串型(String)等,如图 10.18 所示。

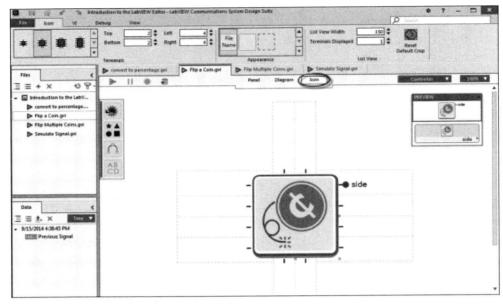

图 10.16　某 VI 的图标

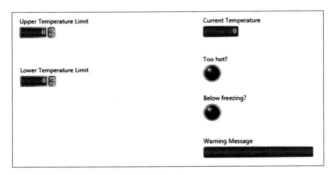

图 10.17　输入控件与显示控件

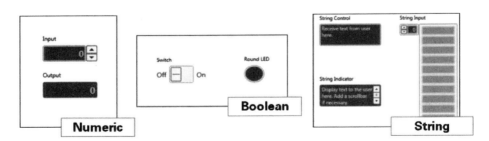

图 10.18　数值型、布尔型和字符串型控件

## 1. 数值型控件

数值型控件包含多种数据类型,包括浮点型、整型、无符号整型和复数型等。它们之间的区别在于用于存储数据的位数和所表示数值的不同。而且,在程序框图中,不同数值类型的控件所显示的接线端子和连线也是不同的,如表 10.1 所示。

表 10.1　数值控件类型

| 类　　型 | 描　　述 | 在程序框图上的表示 |
|---|---|---|
| Integers | 代表整数,有符号的整数可以是正数或负数。当知道整数始终为正时,使用无符号整数 | I8　U8　I16　U16　I32　U32　I64　U64 |
| Floating-Point Numbers | 浮点数,表示小数。双精度浮点数比单精度浮点数更精确 | SGL　DBL |
| Complex Numbers | 复数,表示在内存中连接在一起的两个值。一个值代表实部,另一个值代表虚部 | CSG　CDB |
| Fixed-Point Numbers | 定点数,在十进制之前和/或之后表示具有固定数字位数的值。在 FPGA 目标的编程中使用的是定点数 | FXP |
| Complex Fixed-Point Numbers | 复定点数,表示在内存中连接在一起的两个定点值。一个值代表实部,另一个值代表虚部 | CFX |

## 2. 布尔型控件

布尔型控件在前面板中一般为开关、指示灯等形式。在程序框图中体现出来的是真与假,如图 10.19 所示。

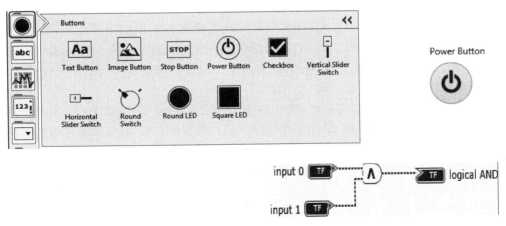

图 10.19　布尔型控件

## 3. 字符串型控件

字符串型控件用于输入或输出字符串,在图 10.20 所示的程序框图中用深色表示。在程序框图中,对于字符串型数据,LabVIEW 中提供了很多可以调用的控件用于处理字符串,例如格式化字符串、解析字符串等。

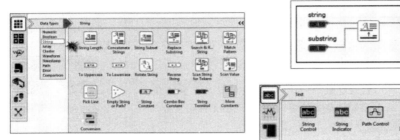

图 10.20　字符串型控件

### 10.2.3　VI 的程序框图

VI 的程序框图包含控制程序功能的源代码,这些源代码由接线端、节点和连线等构成。图 10.21 所示为一段典型的程序框图源代码。

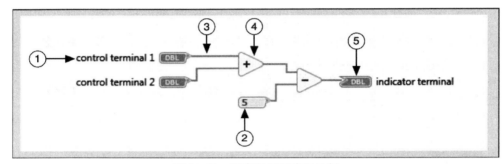

图 10.21　程序框图源代码示例

其中:①代表的是控件接线端,即将数据从前面板上的控件传输到程序框图,以便程序框图中使用数据;②代表的是常量,即提供只出现在程序框图中的固定数据;③代表的是连线,即在程序框图中的对象之间进行数据传输;④代表的是节点,即用来自连线的输入数据执行计算并产生一个或多个输出;⑤代表的是显示控件接线端,即将程序框图中的数据传输到前面板上的显示控件接线端。

在 LabVIEW 中,有许多用户可以调用的功能丰富的函数节点,用户可以通过搜索功能找到符合功能的函数节点。例如,当要使用"加"函数节点时,用户只需要在控件选板的搜索栏中输入"Add",然后在搜索结果中单击 Add 结果右边的"Show in Palette"按钮,即可定位到具体函数选板中的函数节点位置,如图 10.22 所示。

LabVIEW 程序框图中的源代码执行是以数据流的形式进行的,数据流由各个节点之间的连线来连接和传递。LabVIEW 中的连线具有以下属性:

(1) 连线具有单个数据源;

(2) 连线可以将数据从单个数据源传送到多个节点,该节点读取数据作为输入;

(3) 连线的颜色、样式和厚度表示节点之间传递的数据类型。

添加连线时,单击要启动连线的一个终端,此操作会将光标更改为布线工具,将光标移动到要连接的终端,然后单击该终端即可完成连线。表 10.2 所示为 LabVIEW 中的连线类型说明。

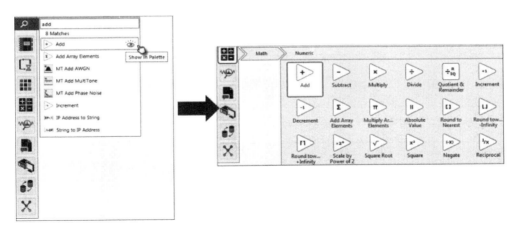

图 10.22 搜索并定位函数节点

表 10.2 连线类型

| | 浮 点 数 | 定 点 数 | 整 数 | 双精度复数 | 字 符 串 | 布 尔 |
|---|---|---|---|---|---|---|
| 标量 | | | | | | |
| 1D 数组 | | | | | | |
| 2D 数组 | | | | | | |
| 断线 | | | | | | |

如图 10.23 所示,这段代码中包含了几种不同颜色与厚度的连线,它们分别表示了节点之间传递的数据类型,两个节点之间传递的数据类型必须是统一类型,否则就会发生断线现象。

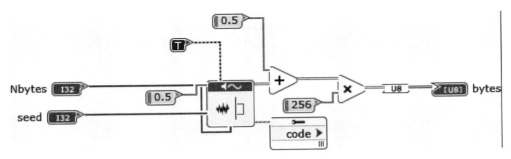

图 10.23 多种连线类型的数据流

表 10.3 中总结了在 LabVIEW 中编写程序时,常用到的连线操作。

表 10.3　关于连线的操作

| 编辑器命令 | 快　捷　键 | 功　　能 |
|---|---|---|
| 去除断线 | Ctrl+B | 去除面板上的所有断线 |
| — | Esc<br>右击<br>Ctrl+Z | 删除正在创建的连线 |
| 选择片段 | 单击连线 | 选择连线上的一段 |
| 选择分支 | 双击连线 | 选择连线上的分支 |
| 选择连线 | 三击连线 | 选择整个连线 |
| — | 在写入时单击 | 删除线段并开始新的线段 |
| — | 在写入时双击 | 结束导连线,而不将其连接到节点 |
| — | 书写时按空格键 | 在水平和垂直之间切换线的方向 |
| 清除连线 | 从快捷菜单中选择 Clean Up Wire | 清除选定的线路以减少线路中的弯曲数量,并避免在面板上交叉对象 |
| — | 在两个连线终端创建新路径 | 重新建立现有的连线 |

### 10.2.4　基于文本的设计语言支持

1. MathScript

MathScript 是用于支持 MATLAB 设计语言的节点,配有各种内置函数,用于执行数学、分析和信号处理计算。用户使用 MathScript 节点编写和执行 MathScript 代码,如图 10.24 所示。

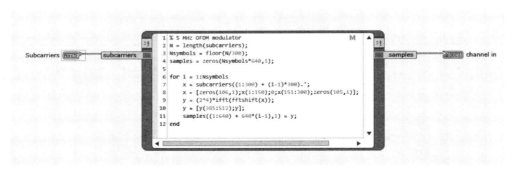

图 10.24　MathScript

用户也可以创建一个自定义的 MathScript 函数,并在 MathScript 节点中调用此函数。用户定义的函数具有小写文件扩展名.m,如图 10.25 所示。

MathScript 通过文件名来识别用户定义的函数。该文件的名称必须与该函数的名称相同。可以从 MathScript 节点内的 MathScript 代码或另一个用户定义的 MathScript 函数调用用户定义的函数。MathScript 节点和用户定义的函数都必须在一个工程中。不能在一个.m 文件中定义多个功能。

使用由函数定义的输入和输出参数,以调用用户定义的函数。例如,如果有一个名为 sumdifference.m 的用户定义函数在工程中,使用以下语法来调用函数:

图 10.25 创建并调用 MathScript 文件

MathScript 节点：`[sum,difference] = sumdifference(5,9)`

表 10.4 所示为函数调用时所用到的一些术语和定义。

表 10.4 函数调用时的术语和定义

| 术　　语 | 定　　义 |
| --- | --- |
| function | 函数的开始 |
| outputs | 输出变量的名称。如果一个函数有多个输出变量,变量的名称必须用方括号括起来,并以空格或逗号分隔。输出是可选的 |
| function_name | 函数的名称 |
| inputs | 输入变量的名称。如果一个函数有多个输入变量,变量的名称必须用逗号分隔。输入是可选的 |
| script | 函数的可执行体 |
| end | 函数结束是可选的 |

### 2. C Node

在 LabVIEW Communications 中除了引入以文本编程形式实现程序逻辑的公式节点以外,还引入了 C 语言节点,用户可以从 C 节点以下的库中调用函数:

(1) ANSI C 库;

(2) 数据分析库。

C 节点包括 C 语言特有的函数、宏和变量。当开始键入 C 节点时,可以使用元素的下拉列表。如果选择一个函数或宏,C 节点将显示原型和上下文帮助,以帮助编写代码,如图 10.26 所示。

## 10.2.5　程序结构

LabVIEW 中有循环、分支等控制程序流程的程序结构,确保程序得以正常实现功能。本节将详细介绍 LabVIEW 中提供的程序结构,包括 For 循环、While 循环、并行循环以及 Case 结构。所有结构均在程序框图函数控件→Program Flow 的子选板中。

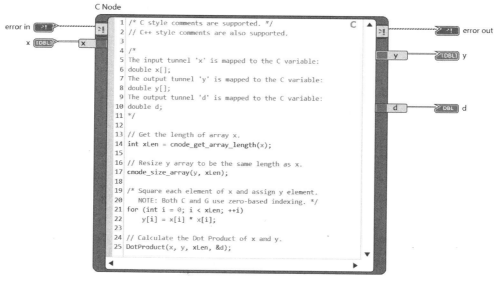

图 10.26　C 节点

## 1. 顺序结构

顺序结构在程序框图函数控件→Program Flow 子选板中的第五个模块，如图 10.27 所示。

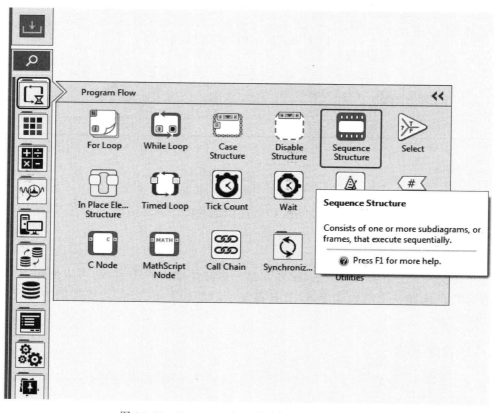

图 10.27　Program Flow 子选板和顺序结构模块

　　LabVIEW Communications 中的顺序结构为平铺式的顺序结构,可以右击结构边框,在弹出的快捷菜单中选择"Create Frame After"命令,则在这一帧的后面添加一个空白帧;选择"Create Frame Before"命令,将在这一帧的前面添加一个空白帧,新添加的帧宽度比较小,拖曳边框可以改变这一帧的大小。如图 10.28 所示为平铺式顺序结构。

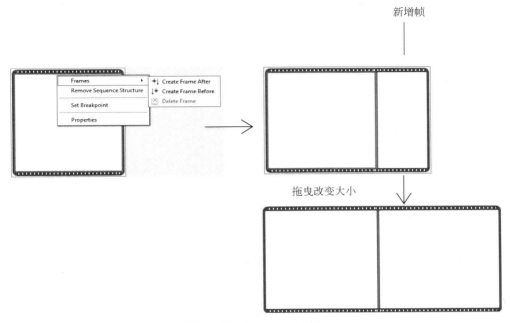

图 10.28　平铺式顺序结构

　　顺序结构的使用会强制代码按照规定好的步骤进行,对编写代码很有帮助。但顺序结构不能滥用,因为有些情况下并行运行机制会提高程序的运行效率。另外,LabVIEW 的数据流机制可以实现简单的顺序执行逻辑,在已可以满足要求的情况下,不一定要用顺序结构。

　　2. Case 结构

　　Case 结构位于程序框图函数控件→Program Flow 子选板中的第三个模块,如图 10.29 所示。

　　Case 结构的组成如图 10.30 所示,其左边框上有一个输入端子,该端子中心存在一个问号,称为"分支选择器",而在上边框上存在"选择器标签"。Case 结构有一个或多个子框图,每个子框图都是一个执行分支,它们与"选择器标签"上属于自己的标签相对应。执行条件结构时,执行的是与接入"分支选择器"数据相匹配标签所在的对应程序。分支选择器的值可以是整型、布尔型、字符串型以及枚举型。

　　当把 Case 结构框图放到程序框图上时,默认的分支选择器为布尔型:LabVIEW Communications 自动生成两个子框图,标签分别为 True 和 False。单击选择标签器左边和右边的减量、增量按钮,使得当前显示程序框图在堆叠起来的多个框图中进行切换。而单击选择标签器右端向下的箭头将弹出所有已定义的标签列表,可以利用已定义的标签列表在多个程序框图之间形成选择切换。

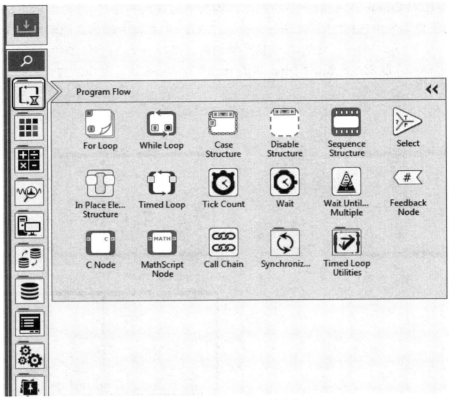

图 10.29　Case 结构函数选板

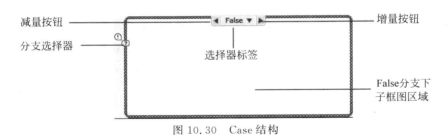

图 10.30　Case 结构

　　如图 10.31 所示,在条件边框上右击会弹出快捷菜单,"Create Case Before"命令在当前分支前面增加一个空白分支;"Create Case After"命令在当前分支后面增加一个空白分支并且自动生成合适的标签;"Duplicate After"命令复制当前框图分支,并且将新生的分支置于当前分支的后面;"Swap Diagram With Case"命令将选中的分支的选择器标签与当前分支的选择器标签互换;"Default Case"命令设置默认标记,对当前已有选择器标签的分支,单击此选项则将"默认"添加至此时的选择器标签中;"Delete Case"命令则是删除此分支;"Remove Case Structure"命令则是删除 Case 结构。

　　Case 结构的每个分支在跨域边框输出时,均会在边框上生成隧道,输入隧道在每个分支中都可使用,但输出隧道必须从每一个分支中都得到明确的输入值,否则程序无法运行。如图 10.32 所示,左图中输出隧道为空心,表示有些分支没有为其接入输入值,程序此时会报错;而右图中输出隧道为实心,说明每个分支都有接入隧道输入值。

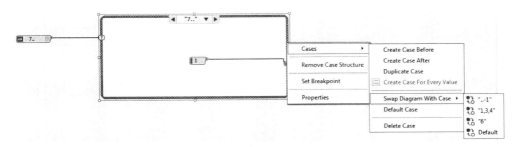

图 10.31　Case 结构快捷菜单

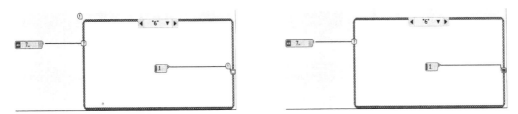

图 10.32　Case 结构要求所有分支接入隧道输入值

如图 10.33 所示,如果有些分支不想指定明确的输出,则可以为没有接入隧道输入值的分支使用未连线时默认的功能,其方法是在输出隧道上右击,从弹出的快捷菜单中选择"Default If Unwired"功能。如果该功能选项前出现了对勾,则表明该功能已经打开。

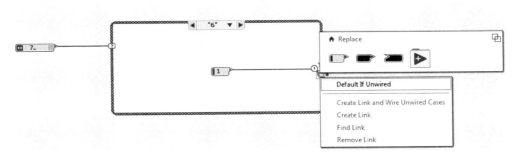

图 10.33　未连线时使用默认功能

### 3. While 循环

While 循环是在程序框图函数控件→Program Flow 子选板中的第二个模块,如图 10.34 所示。

把 While 循环放置到程序框图上的步骤如图 10.35 所示,在子选板 While 循环模块上单击鼠标左键,此时鼠标指针就会变成一个类似左上角被替换成加号的矩形图标,然后移动矩形图标到前面板中进行拖拉,拉出一个矩形形状,松开鼠标即可创建一个 While 循环。在 While 循环结构的矩形区域内,可以放置需要循环执行的任意图形化程序代码,而且这种结构还可以嵌套,即其中还可以有循环结构。

如图 10.36 所示,While 循环与 Do 循环或 Repeat-Until 循环类似,循环内的代码会重复执行,直到满足条件为止,其循环至少执行一次。

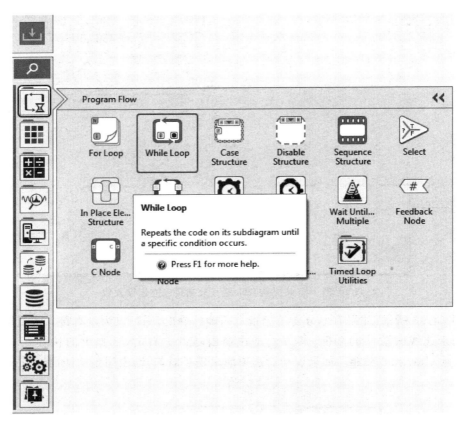

图 10.34　Program Flow 子选板和 While 循环模块

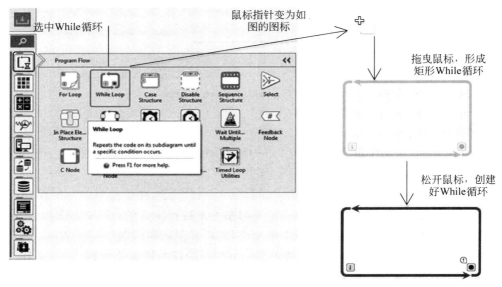

图 10.35　把 While 循环结构放置在程序框图上

如图10.37所示,可以在放置的While循环结构内添加程序代码,也可以直接拖曳生成While循环时直接框住已有的代码。While循环结构可分为3个部分,即代码、条件终端、迭代终端。条件终端设置的是循环终止的条件,循环是否继续的条件有两种,即"真时停止"和"真时继续",具体采用哪种方式,可以在条件终端上右击,创建布尔常量后用单击来切换条件状态。左下角有字母i的小型矩形框是迭代终端,它是用来输出已经执行的循环次数的工具,i的初始值是0。While循环结构矩形区域中除了上述两个终端以外的其他空白区域,都可以放置程序代码。

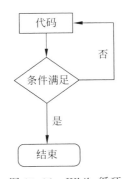

图10.36 While循环执行逻辑

While循环执行流程:首先迭代终端输出数值,循环内部的程序框图开始执行,当所有代码执行完后,迭代终端计数器加1,根据流入条件终端的布尔型数据判断是否继续执行循环。条件为"真时停止"时,如果流入条件终端的布尔型数据为真值,则停止循环,否则继续循环;条件为"真时继续"时,情况相反。

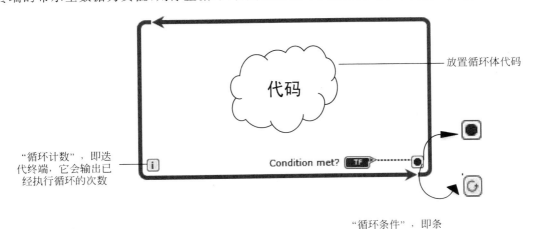

图10.37 While循环说明

#### 4. For循环

For循环是在程序框图函数控件→Program Flow子选板中的第一个模块,将For循环放置到程序面板上的步骤如图10.38所示。

For循环结构流程图和代码如图10.39所示。For循环中程序框图执行次数由接入其左上角的"循环总数"端子的整数值决定,循环次数是在For循环开始执行之前就已经确定的,无须在每次循环后继续判断是否继续。For循环的执行流程:在开始执行For循环之前,从"循环总数"读入循环需要执行的次数(即使以后连入"循环总数"端子的值发生改变,循环次数仍为循环执行之前读入的值)。然后"循环计数"端子输出当前值,即当前已经执行的循环次数。接着执行For循环内部的程序代码。程序执行完毕后,如果执行循环次数没有达到预设次数,则继续循环;否则退出循环。如果最初读入"循环总数"端子的值为0,则For循环内程序一次也不执行,如图10.40所示。

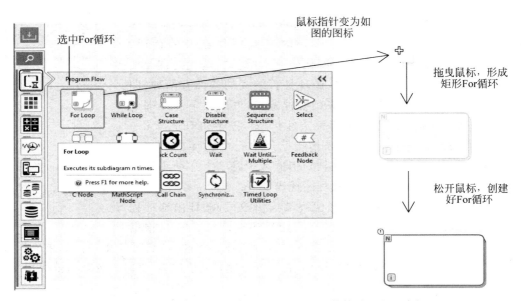

图 10.38　For 循环在选板中的位置及把 For 循环结构放置在程序框图上

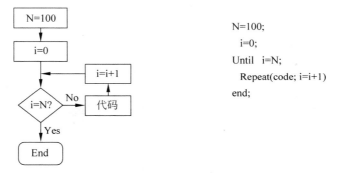

图 10.39　For 循环执行逻辑

图 10.40　For 循环说明

While 循环和 For 循环的功能都是循环,但具体实现方式和条件有所区别,如表 10.5 所示。

表 10.5　While 循环和 For 循环对比

| While 循环 | For 循环 |
| --- | --- |
| 仅当条件终端的值满足条件时才停止执行 | 执行一定次数 |
| 至少执行一次 | 可以一次都不执行 |
| 隧道自动输出最后一个值 | 隧道自动输出数据数组 |

5. 循环结构内外的数据交换与自动索引

循环结构可以与外界代码交换数据,方法是直接把外部对象与内部对象用连线连接起来。这时会在循环结构的边框上出现一个小方格,称作隧道,隧道是数据进入或退出结构的点。它们提供了将循环内的功能连接到后面板的其他部分的方法。如图10.41所示,被圈中的部分即被称作隧道。

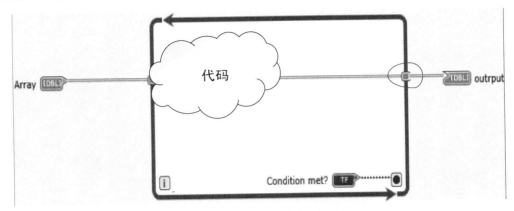

图 10.41　While 循环结构上的隧道

循环的所有输入数据都是在循环之前读取完毕的,即循环开始之后,就不再读取输入值。输出数据只有在循环完全退出后才输出。因此如果想在每一次循环中都检查某个端子的数据,就必须把这个端子放到循环内部,作为循环内部程序框图的一部分。

当把停止按钮放在 While 循环内部且与循环条件相连时,停止按钮每次循环都检查;若停止按钮放在 While 循环外部且与循环条件相连时,停止按钮只在进入循环时读取一次,然后就把这个值用于每一次循环。

While 循环和 For 循环均具有自动索引功能。如果将数组连接到 For 循环或 While 循环中,在循环边框上生成隧道,可以选择是否打开自动索引功能。如果打开自动索引功能,则可以在每次循环中按顺序流过该数组中的一个元素,该值在原数组中的索引与当次循环的端子值相同。

隧道对于索引来说十分重要,隧道可以承担以下功能。

(1) 非索引隧道:通过循环边界传递数据。

(2) 自动索引:自动索引隧道的行为取决于它是输入还是输出隧道。如果自动索引输入隧道的数据是数组,则在循环的每次迭代中处理数组的一个元素。自动索引输出通道将一段数据从单个循环迭代附加到累积的数据数组。数组在循环内部会降低一维,例如二维数组通过自动索引变为一维数组,而一维数组通过自动索引变为标量元素等。对于 For 循环来说,自动索引默认打开,而对于 While 循环来说,该功能是默认关闭的。

如图 10.42 所示要打开隧道的输入自动索引,需右击隧道,在弹出的快捷菜单中选择"Auto Index Values"选项,打开自动索引。如果打开输出自动索引,需右击隧道,在弹出的快捷菜单中选择"Append Mode→Auto Index Values"选项,打开自动索引。

For 循环计数端子没有接入任何数据,因为循环次数也可以根据接入的数组元素个数确定(此时,要求数组输入必须打开自动索引功能)。而 While 循环执行次数仍然受"循环条

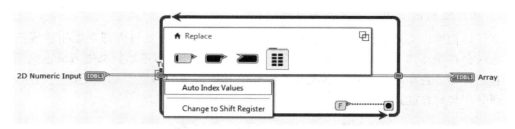

图 10.42　打开 While 循环结构上的自动索引

件"端子的输入决定,与输入数组是否自动索引无关。

如图 10.43 所示,此时输入和输出隧道端子的自动索引均为开的状态。那么改变其中的状态,情况会怎么样呢?

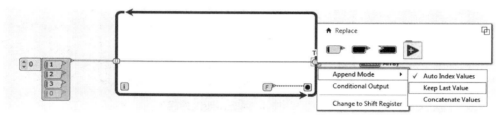

图 10.43　改变自动索引

如果输入隧道不变,而输出改为"Keep Last Value",则输出隧道只能接入标量数值显示控件,3 次循环后,得到原来数组中第三个元素"3"。如果输出隧道不变,输入为自动索引关闭,则将在输出隧道形成二维数组,其每一行都是原来的一维数组。对于 For 循环来说,情况类似。

6. 移位寄存器和反馈节点

循环结构还有一种称为移位寄存器的附加对象,其功能是存储之前几次循环的数据值,并且把它传递给下一次循环的开始,如图 10.44 所示。

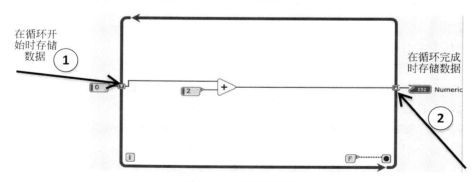

图 10.44　移位寄存器

在循环结构的左或右边框上弹出的快捷菜单上,选择"Change To Shift Register",即可添加一对移位寄存器。

新添加的移位寄存器由左、右两个端子组成,都是白色边框,黑色底色,白色向上和向下的三角箭头。这里颜色表明还没有接入任何数据。当接入数据以后其颜色会发生相应的变化,以反映接入数据的类型。

　　带有向上箭头的端子在每一次循环结束时保存传入其中的数据,然后把这一数据在下一次循环开始前传给左端子。这样就可以从左端子得到前一次循环中结束时保留在右端子的值。

　　可以为移位寄存器左端子设置初始值。移位寄存器在循环开始前读入一次初始值,循环开始后就不再读取。一个移位寄存器可以有多个左端子,但只能有一个右端子。此时,在多个左端子中将保留前面多次循环的值,能够保存数据的个数与左端子数目相同。在左端子一侧,最近一次循环保留在右端子的数据进入到最上面的左端子,原先保留的数据则自动下移到下一个左端子中,第二个左端子原来存储的值则自动下移到第三个左端子,下面的左端子依次将数据下移保存。

　　如图10.45所示,反馈节点在程序框图函数控件→Program Flow子选板中。反馈节点和只有一个左端子的移位寄存器功能完全相同。

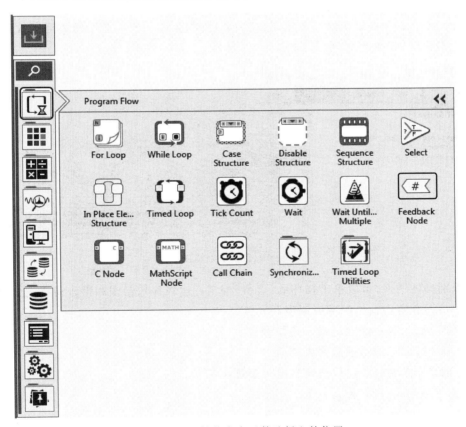

图 10.45　反馈节点在函数选板上的位置

　　反馈节点也有自己的初始值,可以在图标上自行设定。如图10.46所示,反馈节点箭头方向向左还是向右是无关紧要的,只不过根据方向分为正向反馈节点和反向反馈节点。当把反馈节点放到循环中,数据在本次循环结束前从反馈节点箭尾端进入,在下一次循环开始后从反馈节点的箭头流出。默认情况下,节点只存储来自前一次执行的数据。但是,用户可以将节点配置为通过延迟多个执行节点的输出来存储 $n$ 个数据采样。如果将延迟增加到多个执行,则节点仅输出初始值,直到指定的延迟完成。然后,该节点开始以随后的顺序输出存储的值。节点上的数字表示指定的延迟数。

图 10.46　正向和反向反馈节点

### 10.2.6　VI 的调试

1. 识别错误

在创建 VI 时,"运行"按钮可以传达 VI 是否包含任何阻止它运行的错误。如果 VI 包含错误,则运行按钮显示为断开。

为了帮助解决这些问题,LabVIEW Communications 提供错误和警告消息。错误阻止 VI 的运行,因此必须先解决所有的错误,然后才能运行 VI。警告并不妨碍运行 VI,它们旨在帮助您避免 VI 中的潜在问题,如图 10.47 所示。

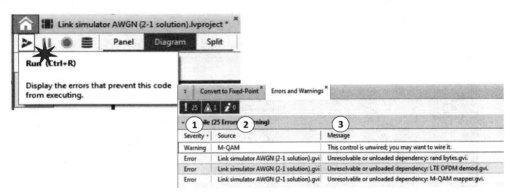

图 10.47　识别错误

要识别具体错误,可以单击损坏的"运行"按钮。这将显示错误和警告窗格,会突出显示检测到的错误和警告窗格的部分错误和警告。

(1) 严重性:表示问题是错误还是警告。

(2) 源:标识导致错误或警告的对象。

(3) 消息:提供有关错误或警告的更多详细信息。

2. 高亮显示执行和探针

可以通过单击程序框图工具条上的"高亮执行"按钮来打开高亮显示。执行高亮时,节点之间的数据流动采用在连线上移动的气泡来表示。通过执行高亮显示,用户可以以较慢的执行速度查看数据值,如图 10.48 所示。

图 10.48　高亮显示按钮

　　还可以使用选定连线上的探针来确定是否出现意外数据。探针用来检查 VI 运行时的即时数据。在程序运行时,在探头本身以及探针窗格上显示来自连线的数据。数据保持可见,直到相同的线再次执行。可以通过右键单击连线,在弹出的快捷菜单上选择“Set Probe”来将探头添加到连线上,如图 10.49 所示。

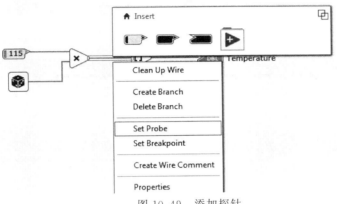

图 10.49　添加探针

　　如图 10.50 所示,在面板左侧 Debugging 窗格中可以查看探针所在连线的即时数据。

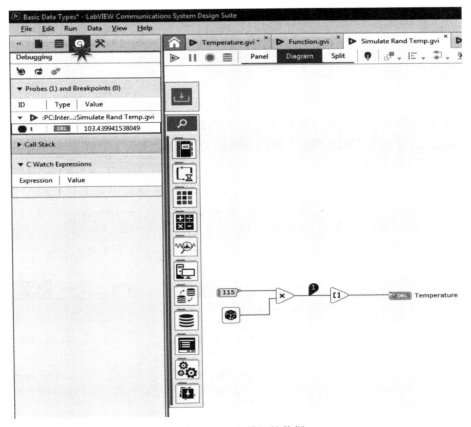

图 10.50　查看探针数据

**3. 断点、暂停按钮**

在连线或者循环上右击选择 Set Breakpoint,创建断点。使用断点工具在 VI、节点或连线上放置断点,当 VI 在某个断点处暂停时,LabVIEW Communications 中自动把框图窗口设为当前窗口并且用选取框选住添加了断点的对象,此时,可以在这一位置开始单步执行;可以使用探针来探测即时数据;可以检查控件的数据值;也可以单击暂停按钮继续程序的执行,如图 10.51 所示。

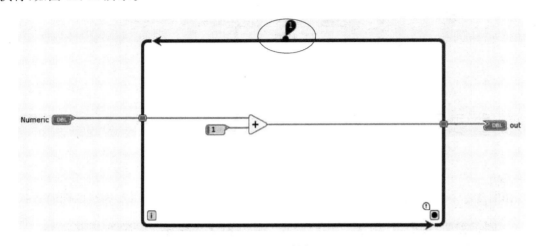

图 10.51　断点

**4. 单步执行**

单步执行用于观察 VI 运行时的每一个动作。在执行期间到达断点时,VI 暂停,单步执行使用单步执行按钮。单步执行按钮有 3 个,分别是 Step In(单步步入)、Step Over(单步步过)以及 Step Out(单步步出)。如图 10.52 所示,可以清楚看到 3 个单步执行按钮的功能,Step In(单步步入),其快捷键为 Ctrl+Down,作用是如果节点是子 VI 并且代表更多的代码,显示代码并暂停执行。对于无法打开的节点,使用此选项突出显示该节点并暂停其执行。对于 MathScript 和 C 节点,Step In 以行方式处理代码。Step Over(单步步过),其快捷键为 Ctrl+Right,其作用是完成当前图或子图的执行并暂停。Step Out(单步步出),其快捷键为 Ctrl+Up,其作用是逐步执行节点而不进入节点,并在下一个节点暂停。

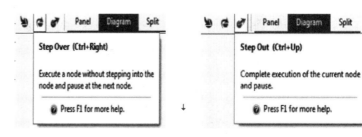

图 10.52　单步执行

## 10.3  本章小结

LabVIEW Communications 是 NI 软件无线电平台的软件开发平台,用户可以在 LabVIEW Communications 中完成与 NI 软件无线电硬件平台的控制和数据交互,进行数据分析和处理,实现通信系统的人机交互界面的设计等工作。本章中详细介绍了 LabVIEW Communications 软件的开发环境、使用和编程基础,希望为广大读者提供参考和借鉴。

# C 第11章
## hapter 11

# 快速构建实时无线系统实例

本章将会以一些实例实现过程来让读者对 LabVIEW Communications 和 USRP-RIO 的使用有一个基本认识。读者可以根据本章的实现步骤,在 LabVIEW Communications 和 USRP-RIO 上依次实现这些实例。

要完成本章的实例,需要做好以下准备:

(1) 硬件:NI USRP-RIO 设备一套;

(2) 软件:LabVIEW Communications 系统设计软件。

## 11.1 从 LabVIEW Communications 开始

本节中读者将学会如何管理文件面板中的文件,如何使用 MathScript 节点作算法开发的起点,以及如何使用 VI 之间捕获的数据。

请按以下步骤操作:

(1) 打开 LabVIEW Communications 系统设计套件;

(2) 在左侧导航中,单击 Learn;

(3) 选择 Getting Started→Overview of the FPGA Design Flow→Introduction to the FPGA Design Flow;

(4) 单击 Start 或 Start Over。

使用收起按钮 最小化 Guided Help 窗口。读者只需遵循此文件的说明,不需要使用 Guided Help。

### 11.1.1 MathScript 节点:简单的正弦波

(1) 在文件面板中,打开 MathScript Node 文件夹,双击打开 SineWave.gvi,如图 11.1 所示。

(2) 按键盘上的 Ctrl+E 键,切换到 SineWave.gvi 的程序框图,显示源代码。

(3) 使用选板,选择 Math→MathScript Node 添加一个 MathScript 节点,如图 11.2 所示。

(4) 在 For 循环的后面"画"一个 Mathscript 节点,如图 11.3 所示。

(5) 单击进入 Mathscript 节点和类型:$y = \sin(x)$。

(6) 右击 y 变量,从弹出菜单中选择 Create→Output:y。

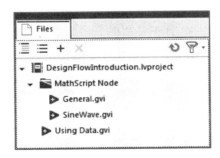

图 11.1　打开 SineWave.gvi

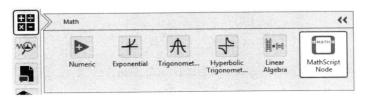

图 11.2　MathScript 节点

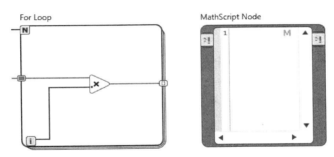

图 11.3　在程序中添加 MathScript 节点

（7）右击 x 变量,从弹出菜单中选择 Create→Input：x。

（8）将 For 循环的输出端连线至 Mathscript 节点的 x 输入端。

（9）将 MathScript 节点的 y 输出端连线至正弦波接线端,如图 11.4 所示。

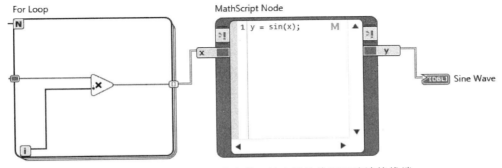

图 11.4　将 MathScript 节点的 y 输出端连线至正弦波接线端

（10）按键盘上的 Ctrl＋E 键切换至前面板。

（11）单击运行按钮 ▶ ，开始运行程序。

（12）将会得到一个工作程序，且正弦波图应显示单个周期的正弦波，如图 11.5 所示。

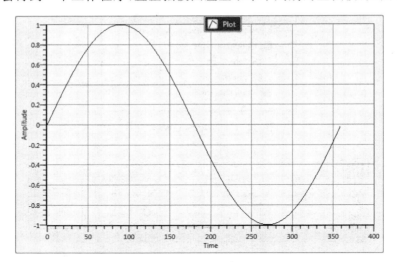

图 11.5　正弦波图

### 11.1.2　使用捕捉到的数据

（1）右击正弦波图，从弹出菜单中选择"Capture Data"，如图 11.6 所示。

（2）在文件面板中打开 Using Data.gvi 程序。

（3）把正弦波条目从数据面板拖至 Using Data.gvi 程序中的输入数据数组上，如图 11.7 所示。

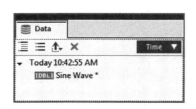

图 11.6　从弹出菜单中选择 Capture Data

图 11.7　把正弦波条目从数据面板拖至 Using Data.gvi 程序中的输入数据数组上

（4）启动Ⅵ，将看到正弦图会根据提供的捕获数据进行更新。

## 11.2　实现一个 FM 收音机

（1）打开 LabVIEW Communications 系统设计套件。

（2）在左侧导航中单击 Learn。

（3）选择 Getting Started→Demodulation FM signals with the NI USRP→Demodulating an FM Signals with MathScript。

（4）单击 Start 或 Start Over。

使用收起按钮  最小化 Guided Help 窗口。只需遵循此文件的说明，不需要使用 Guided Help。

（1）在文件面板中，打开 FMRadioEX2 文件夹，双击打开 Main_MathScript.gvi，如图 11.8 所示。

（2）按键盘上的 Ctrl＋E 键，切换到 Main_MathScript.gvi 的程序框图，显示源代码。

图 11.8  打开 Main_MathScript.gvi

（3）使用选板，选择 Math→MathScript Node 添加一个 MathScript 节点，如图 11.9 所示。

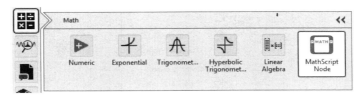

图 11.9  添加一个 MathScript 节点

（4）在图 11.10 所示位置放置 MathScript 节点。

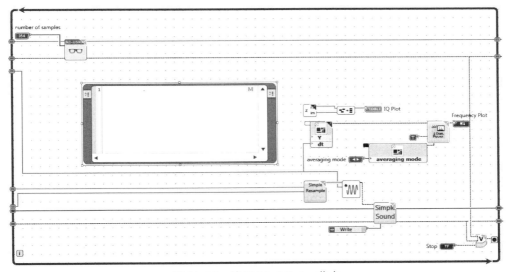

图 11.10  放置 MathScript 节点

（5）将下列 Matlab 程序复制到 MathScript 节点。

```
% Get the angle of the
% current sample
 theta = angle(samples);
% Unwrap the phase to
% eliminate discontinuity
 u_theta = unwrap(theta);
% Take the derivative of
% phase to get frequency
 fmdemod = diff(u_theta);
```

（6）右击 samples 变量，从弹出菜单中选择"Create→Input：samples"，如图 11.11 所示。

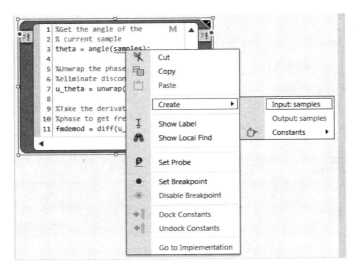

图 11.11　右击 samples 变量，从弹出菜单中选择"Create→Input：samples"

（7）右击 fmdemod 变量，从弹出菜单中选择"Create→Output：fmdemod"，如图 11.12 所示。

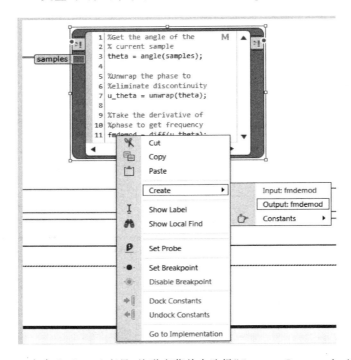

图 11.12　右击 fmdemod 变量，从弹出菜单中选择"Create→Output：fmdemod"

（8）右击 fmdemod 变量，在 Configure 选项卡中，将数据类型更改为 DBL。在 Configure 选项卡中，单击 Shape，选中 Array，将 Dimensions 改为 1。

（9）将 fmdemod 输出端连入 Complex Re/Im、簇的 Y 连接端和 Simple Resample 接口，如图 11.13 所示。

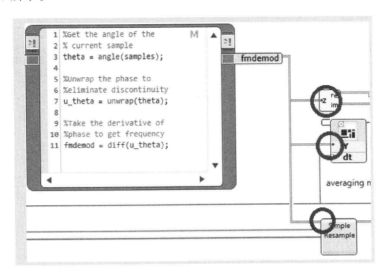

图 11.13　将 fmdemod 输出端连入 Complex Re/Im、簇的 Y 连接端和 Simple Resample 接口

（10）NI-USRP Data 输出端接入 MathScript 节点的 samples 输入端，最终在 While 循环内连线，如图 11.14 所示。

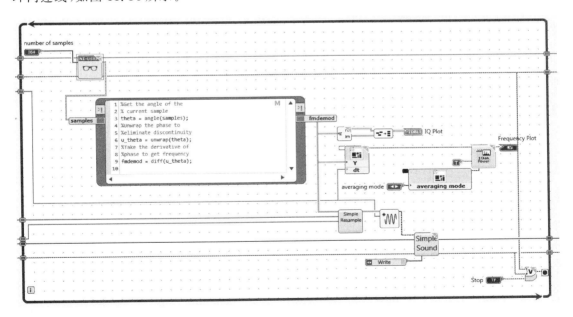

图 11.14　完整程序

（11）切换到前面板，在 Device Name 输入 RIO0，在 carrier frequency 输入 101.7M，gain 输入 10。

（12）运行程序，前面板应该与图 11.15 类似，并且能够听到广播声音。

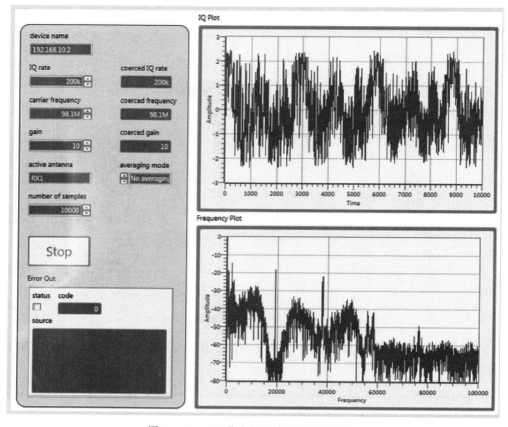

图 11.15　FM 收音机程序运行时前面板

## 11.3　算法设计和测试

　　FPGA 设计流程的第一步就是设计和测试算法。在这一节中,读者将会创建一个算法来执行正交频分复用(OFDM)。读者将会使用多速率图表,通过后续内容进一步熟悉OFDM 算法,并通过测试验证算法。

　　(1) 通过 File→Close All 关闭练习 1。无须保存任何文件。

　　(2) 单击 Getting Started→Overview of the FPGA→Algorithm Design and Testing。

　　(3) 单击 Start 或 Start Over。

　　使用收起按钮 ▼ 最小化 Guided Help 窗口。读者只需遵循此文件的说明,不需要使用Guided Help。

### 11.3.1　使用多速率图标创建一个 OFDM 调制器

　　(1) 在文件面板中打开 MyOFDM Tx Flt. gmrd。

　　(2) 在数据流操作选板中放置一个 Stream Constant 函数,如图 11.16 所示。

　　(3) 在顶部的配置区中,将数据类型切换为 FXP,如图 11.17 所示。

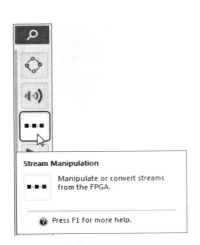

图 11.16 在数据流操作选板中放置
一个 Stream Constant 函数

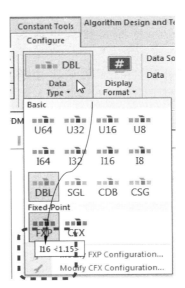

图 11.17 将数据类型切换为 FXP

（4）对数据流常量进行如图 11.18 所示的配置。

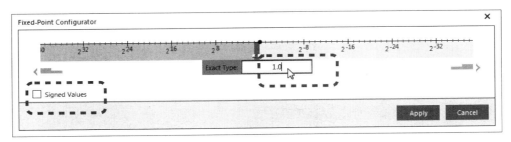

图 11.18 对数据流常量进行配置

（5）单击 Apply。

（6）在"Configure"区中将数据源切换为 CSV File。

（7）在 CSV 文件的下拉菜单中选择 RSbits.csv，如图 11.19 所示。

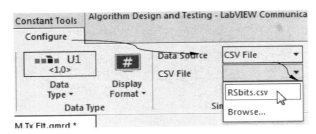

图 11.19 在 CSV 文件的下拉菜单中选择 RSbits.csv

（8）在程序框图上放置一个 Numeric Constant 函数，置于数据流常量之上。

（9）将数字常量值改为 0.707。

（10）将 Numeric Constant 函数复制粘贴到数据常量下方，并将其数值更改为－0.707，如图 11.20 所示。

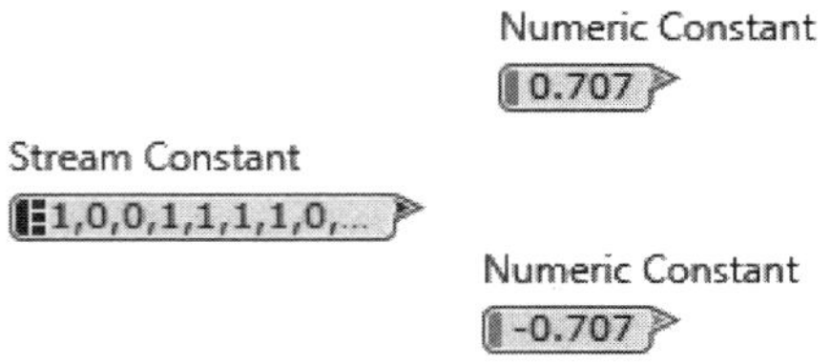

（11）放置 Equal to 0 函数，并将其连线至数据常量的右边。

（12）将 Select 函数放置到 Equal to 0 函数旁边。

（13）将 Equal to 0 的输出端连线至 Select 函数的中间输入端。

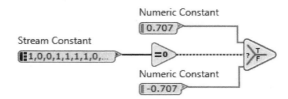

图 11.20 将 Numeric Constant 函数复制粘贴到数据常量下方，并将其数值更改为－0.707

（14）将数值常量＋0.707 连接至 Select 函数最上方的输入端。

（15）将数值常量－0.707 连接至 Select 函数最下方的输入端，如图 11.21 所示。

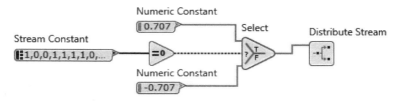

图 11.21 将数值常量－0.707 连接至 Select 函数最下方的输入端

（16）在 Select 函数旁边放置并连线 Distribute Stream 函数，如图 11.22 所示。

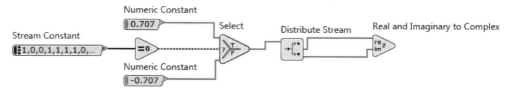

图 11.22 在 Select 函数旁边放置并连线 Distribute Stream 函数

（17）在 Distribute Stream 函数旁添加一个 Real and Imaginary to Complex 函数。

（18）将 Distribute Stream 最上方的输出端连线至 Real and Imaginary to Complex 最上方的输入端。

（19）将 Distribute Stream 最下方的输出端连线至 Real and Imaginary to Complex 最下方的输入端，如图 11.23 所示。

图 11.23 输出端连线至 Real and Imaginary to Complex 最下方的输入端

（20）复制粘贴组件，如图 11.24 所示。

（21）在虚线旁放置一个 Disaggregate 函数。

（22）选择分解函数后，在配置区中将 Output Chunks 的值更改为 32，如图 11.25 所示。

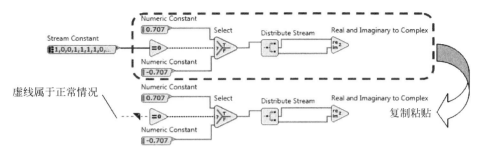

图 11.24 复制粘贴组件

虚线属于正常情况

复制粘贴

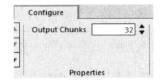

图 11.25 在配置区中将 Output Chunks 的值更改为 32

（23）将 Input **U32** 接线端移动并连接至 Disaggregate 函数。

（24）将 Disaggregate 函数连接至虚线，如图 11.26 所示。

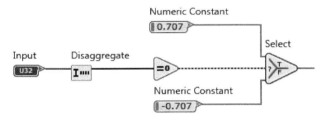

图 11.26 将 Disaggregate 函数连接至虚线

（25）在两个 Real and Imaginary to Complex 函数之间放置一个 Interleave Stream 函数。

（26）将 Real and Imaginary to Complex 最上方的输出端连接至 Interleave Stream 最上方的输入端。

（27）将 Real and Imaginary to Complex 最下方的输出端连接至 Interleave Stream 最下方的输入端，如图 11.27 所示。

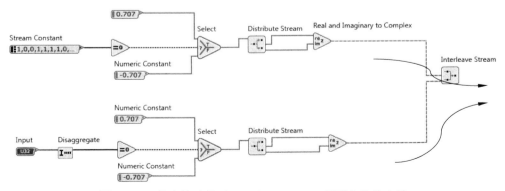

图 11.27 输出端连接至 Interleave Stream 最下方的输入端

## 11.3.2　显示和配置采样计数

为了帮助读者可视化多速率图表,LabVIEW Communications 能够显示多速率图表上每个节点接线端的采样计数,如图 11.28 所示。每个输入接线端的采样计数代表节点执行前输入需要的数据样本数量,每个输出接线端的采样计数代表节点返回的数据样本数量。如果有很多节点,则可以配置输入到节点或从节点输出的数据样本数量。

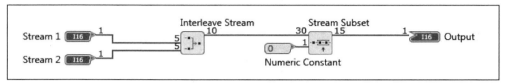

图 11.28　显示多速率图表上每个节点接线端的采样计数

如图 11.28 所示,显示采样计数具有两方面的作用,第一是可视化数据流,第二是确保每个节点运行需要的数据样本数量正确。

(1) 如图 11.29 所示,单击 Sample Counts 按钮。

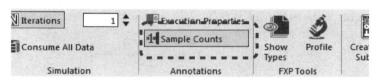

图 11.29　单击 Sample Counts 按钮

(2) 双击 Interleave Stream 函数。

(3) 在出现的对话框中,配置 Interleave Stream 参数,如图 11.30 所示。

(4) 在 Interleave Stream 函数旁边放置并连线至 Distribute Stream 函数,如图 11.31 所示。

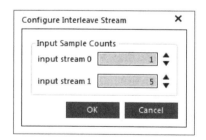

图 11.30　配置 Interleave Stream 参数

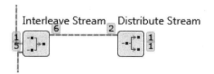

图 11.31　在 Interleave Stream 函数旁边放置并连线至 Distribute Stream 函数

(5) 双击 Distribute Stream 函数,按照图 11.32 进行设置。

(6) 将 Interleave Stream 函数放置在 Distribute Stream 函数旁边。

(7) 扩展 Interleave Stream 函数,使其可以容纳 5 个输入,如图 11.33 所示。

(8) 在 Distribute Stream 函数上方放置一个 Numeric Constant 函数。

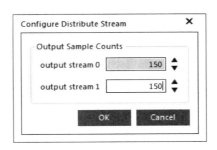

图 11.32　配置 Distribute Stream 参数

图 11.33　扩展 Interleave Stream 函数,使其可以容纳 5 个输入

（9）将 Numeric Constant 值更改为 $0+0i$。

（10）将 Numeric Constant 连线至 Interleave Stream 函数的第一个、第三个和最后一个输入端,如图 11.34 所示。

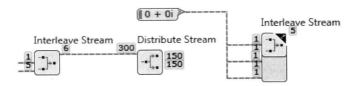

图 11.34　将 Numeric Constant 连线至 Interleave Stream 函数的输入端

（11）将 Distribute Stream 最上面的输出端连线至 Interleave Stream 第二个输入端。

（12）将 Distribute Stream 最下面的输出端连线至 Interleave Stream 第四个输入端,如图 11.35 所示。

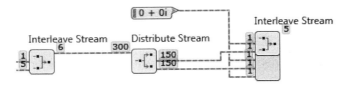

图 11.35　将 Distribute Stream 最下面的输出端连线至 Interleave Stream 第四个输入端

（13）双击 Interleave Stream 函数,按照图 11.36 进行设置。

（14）单击 OK。

（15）将 FFT 函数放置在 Interleave Stream 函数旁边。

（16）双击 FFT 并完成如图 11.37 所示配置。

（17）单击 OK。

（18）将 Interleave Stream 函数连接至 FFT,然后将 FFT 连接至 Output 接线端,如图 11.38 所示。

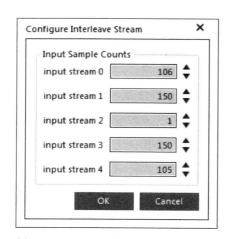

图 11.36　配置 Interleave Stream 参数

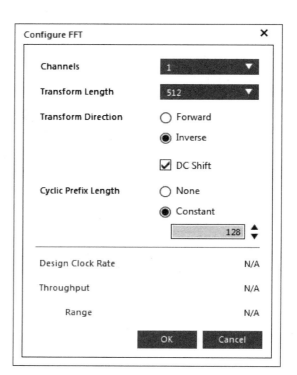

图 11.37　配置 FFT 参数

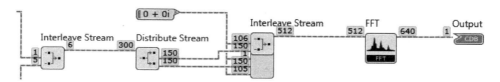

图 11.38　将 Interleave Stream 函数连接至 FFT,然后将 FFT 连接至输出接线端

### 11.3.3　使用图表探针

（1）在 FFT 前面放置并连线一个 Chart Probe。

（2）将 Complex Data Display Mode 切换为 Magnitude/Phase（radians）。

（3）在 FFT 后面放置并连线一个 Chart Probe。

（4）将 Complex Data Display Mode 切换至 Real/Imaginary。

（5）运行多速率图表并检查图表探针,如图 11.39 所示。

### 11.3.4　测试 OFDM 算法

（1）打开 Testbench OFDM flt. gvi。

（2）运行该 VI,其中包含了程序框图中的一个默认解决方案。

（3）可以看到一张非常漂亮的星座图,如图 11.40 所示。

（4）按 Ctrl＋E 键切换至程序框图。

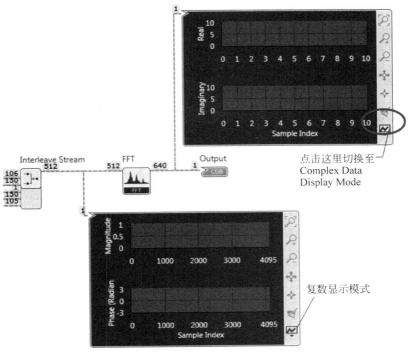

点击这里切换至
Complex Data
Display Mode

复数显示模式

图 11.39　使用图表探针

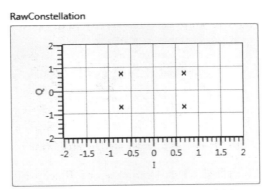

图 11.40　测试 OFDM 算法的星座图

（5）找到默认解决方案并删除如图 11.41 所示的 VI。

（6）拖动 MyOFDM Tx Flt.gmrd 多速率图表并将其放置在刚才删除的解决方案所在位置。

（7）将其输入和输出连线至 MyOFDM Tx Flt.gmrd，如图 11.42 所示。

图 11.41　需要删除的 VI

图 11.42　将其输入和输出连线至
MyOFDM Tx Flt.gmrd

（8）按 Ctrl＋E 键切换至前面板。

（9）再次运行该程序，确保星座点未发生变化（以及多速率图表创建无误）。

（10）在更真实的场景下使用 OFDM 调制器进行实验；选中 Add Impairments（添加减损）复选框。观察在错误出现之前可以设置的最低信噪比。

# 11.4　定点转换

本节将教读者如何将浮点算法设计转换为定点设计，以便将其部署到 FPGA 上。读者将会用到在前一节创建的浮点 OFDM 调制器来学习定点转换。

（1）通过 File→Close All 关闭之前的程序，无须保存任何文件。

（2）单击 Getting Started→Overview of the FPGA→Fixed-Point Conversion。

（3）单击 Start 或 Start Over。

使用收起按钮 ▼ 最小化 Guided Help 窗口。读者只需遵循此文件的说明，不需要使用 Guided Help。

## 11.4.1　复制层次结构

（1）打开 Testbench OFDM Fxp.gvi。

（2）按 Ctrl＋E 键切换至程序框图。

（3）单击 OFDM Tx Flt 多速率图表。

（4）在 Configure 区中，单击 Duplicate Hierarchy 按钮，如图 11.43 所示。

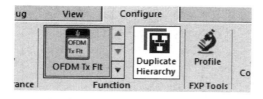

图 11.43　单击 Duplicate Hierarchy 按钮

（5）在复制层次结构对话框处，单击 Duplicate and Place Multirate Diagram on Cursor 按钮。

（6）将鼠标指针放至 OFDM Tx Flt 多速率图表下，即可复制 OFDM Tx Flt 多速率图表，如图 11.44 所示。

（7）将 Generate Random U32 函数连线至 OFDM Tx Flt Copy 多速率图表。

（8）将 OFDM Tx Flt Copy 的输出端连线至 NMSE 最下方的输入端，如图 11.45 所示。

（9）按 Ctrl＋E 键切换至前面板。

（10）运行 Testbench VI，观察均方误差。

由于复制了一个与 OFDM Tx Flt 多速率图表完全相同的图表，两个表之间没有任何差值，因此误差以 dB 计的值为无限大。

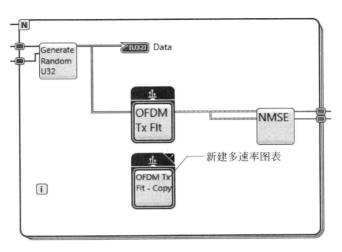

图 11.44　新建多速率图表

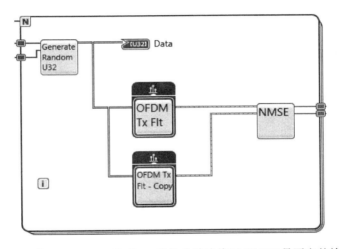

图 11.45　将 OFDM Tx Flt Copy 的输出端连线至 NMSE 最下方的输入端

## 11.4.2　分析复制的层次结构

（1）按 Ctrl＋E 键切换至程序框图。

（2）单击选择 。

（3）在配置区中单击 Profile 按钮，如图 11.46 所示。

（4）运行程序。

定点转换工具可用于图表分析，并在 Strategy 中给出标准的输出值建议。LabVIEW 在表格中自动填充了建议类型，并预测 FFT 的信噪比（Signal-to-Noise Ratio，SNR）为 50.64dB，如图 11.47 所示。

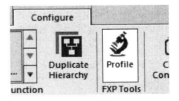

图 11.46　在配置区中单击
　　　　　Profile 按钮

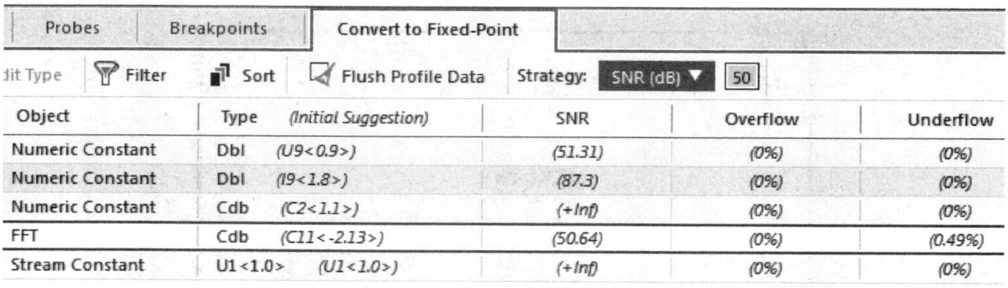

Probes
Breakpoints
Convert to Fixed-Point
dit Type
Filter
Sort
Flush Profile Data
Strategy:
SNR (dB)
50
Object
Type
(Initial Suggestion)
SNR
Overflow
Underflow
Numeric Constant
Dbl
(U9<0.9>)
(51.31)
(0%)
(0%)
Numeric Constant
Dbl
(I9<1.8>)
(87.3)
(0%)
(0%)
Numeric Constant
Cdb
(C2<1.1>)
(+Inf)
(0%)
(0%)
FFT
Cdb
(C11<-2.13>)
(50.64)
(0%)
(0.49%)
Stream Constant
U1<1.0>
(U1<1.0>)
(+Inf)
(0%)
(0%)

图 11.47 定点转换工具

### 11.4.3 将数据类型转换为定点数据

(1) 单击进入 Convert to Fixed-Point(转换为定点)表格,选择其中一列。

(2) 按 Ctrl+A 键选择表格的所有列。

(3) 单击 Convert Using Suggestion 按钮。LabVIEW 将数据类型转换为建议的定点数据类型,并会在每一个常量后自动插入一个转换节点,以保留常量的原始数据类型。

(4) 按 Ctrl+E 键切换至前面板,然后运行程序。

将测试平台计算出的均方误差(Mean Square Error,MSE)与表格中的信噪比率(SNR)进行比较。两个值几乎是一样的。在读者分析该图表之初,定点转换工具存储了数据,然后用这些数据来计算 SNR,而测试台只是每次运行两个版本来计算 MSE。

### 11.4.4 微调定点设计

由于最初建议的定点数据类型与目标类型相比超过 5dB 以上,读者可以在这一步停下来,然后继续在 FPGA 开发数据转换设计。然而在很多情况下,读者可能需要修改每个数据类型才能获得 SNR 目标值。

(1) 按 Ctrl+E 键切换至程序框图。

(2) 双击打开 OFDM Tx Flt Copy 多速率图表。

(3) 在程序框图中找到 FFT 函数,单击输出数据类型,如图 11.48 所示。如果没有看到 FFT 输出数据类型,则在多速率图表区单击 Show Types,如图 11.49 所示。

FFT
C11<-2.13>
FFT

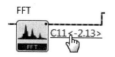

图 11.48 在程序框图中找到 FFT 函数,单击输出数据类型

operties
Show Types
Profile
Create SubM
FXP Tools

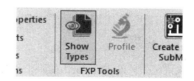

图 11.49 在多速率图表区单击 Show Types

(4) 将 Exact Type(精确类型)从 −2.13 转换至 −2.12 并单击 Apply,如图 11.50 所示。

(5) 按 Ctrl+S 键保存程序。

（6）切换至 Testbench OFDM Fx 前面板,并运行程序。

注意均方差从－55dB 增加至－50dB,这仍然属于可以接受范围,因为我们的目标 SNR 是－50dB。

在大多数情况下,读者可以继续进行调整,并运行测试程序,直至对结果满意为止。

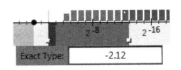

图 11.50 将 Exact Type(精确类型)从－2.13 转换至－2.12

# 11.5 将应用程序部署到 FPGA 上

本节将介绍 NI USRP-RIO 以及 LabVIEW 通信系统设计套件中包含的其中一个项目范例。读者需要将之前创建的 OFDM 调制器集成到一个项目范例中,并在 NI USRP RIO 装载的 Xilinx FPGA 上运行 OFDM 调制器,进行设计空间探索,完成设计流程,编译生成规范以及将应用程序部署到 FPGA 终端上。

（1）通过 File→Close All 关闭之前的程序,无须保存任何文件。

（2）单击 Getting Started→Overview of the FPGA→Deploying an Application on an FPGA。

（3）单击 Start 或 Start Over。

使用收起按钮 最小化 Guided Help 窗口。读者只需遵循此文件的说明,不需要使用 Guided Help。

## 11.5.1 NI USRP 数据流项目范例

（1）在文件面板打开 Full Duplex Streaming（Host）.gvi。

（2）按 Ctrl＋E 键切换至程序框图。

（3）在靠近程序框图的中心位置找到 Generate Waveform（Multi-Array）函数,如图 11.51 所示。

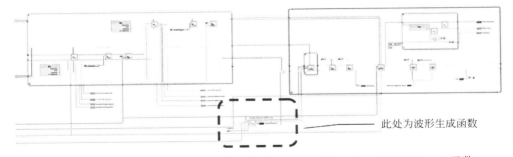

此处为波形生成函数

图 11.51 在靠近程序框图的中心位置找到 Generate Waveform（Multi-Array）函数

（4）在程序框图上放置一个分支结构。

（5）切换至 False 条件,并将 Generate Waveform（Multi-Array）函数导入分支结构中,如图 11.52 所示。

（6）将 Output Waveform 和 Amplitude 拖至分支结构处,如图 11.53 所示。

（7）切换到 True 分支。

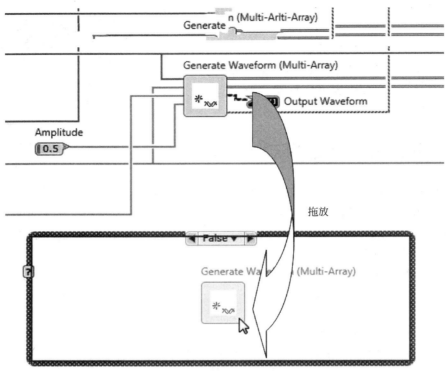

图 11.52　切换至 False 条件,并将 Generate Waveform(Multi-Array)函数导入分支结构中

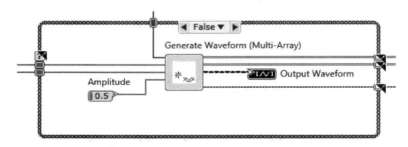

图 11.53　将 Output Waveform 和 Amplitude 拖至分支结构处

(8) 将文件面板的 Generate Random U32 函数添加至分支结构,如图 11.54 所示。

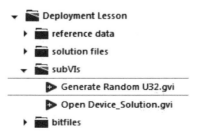

图 11.54　将文件面板的 Generate Random U32 函数添加至分支结构

(9) 右击 Generate Random U32 函数的采样次数输入端,创建数字常量,赋值 4000。

（10）在 Generate Random U32 函数后添加并连接 Split Number 函数。

（11）按图 11.55 所示将 Split Number 连线至输出隧道。

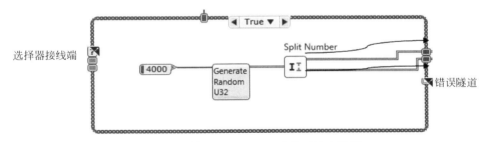

图 11.55　将 Split Number 连线至输出隧道

（12）右击分支结构里的错误通道,选择 Default If Unwired。

（13）右击选择器接线端,选择 Create Control。

（14）将控件命名为"Random Output?",如图 11.56 所示。

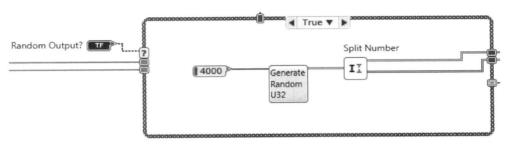

图 11.56　将控件命名为"Random Output?"

（15）按 Ctrl＋E 键切换至前面板。

（16）将"Random Output?"控件放置在前面板的任意位置上,如图 11.57 所示。

## 11.5.2　利用 SystemDesigner 创建一个新的 FIFO

（1）在视图区,单击 SystemDesigner 按钮,如图 11.58 所示。

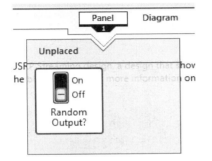

图 11.57　将"Random Output?"控件放置在
前面板的任意位置上

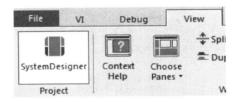

图 11.58　在视图区单击 SystemDesigner 按钮

（2）在 SystemDesigner 中，找到 USRP 硬件并导航至 Home→FIFO，如图 11.59 所示。

图 11.59　在 SystemDesigner 中，找到 USRP 硬件并导航至 Home→FIFO

（3）单击 ➕ 按钮，创建一个新的 FIFO。

（4）将 FIFO 命名为 myFIFO 并按回车键，如图 11.60 所示。

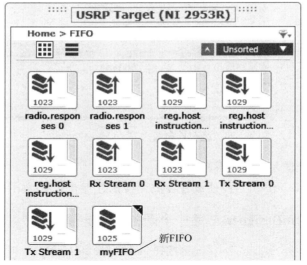

图 11.60　新创建的 FIFO

（5）选中 myFIFO 后，在配置区中将数据类型更改为 U32，如图 11.61 所示。

（6）将 Depth 属性值改为 2049，如图 11.62 所示。

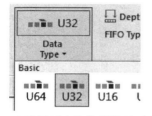

图 11.61　在配置区中将数据类型更改为 U32

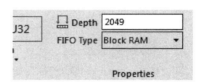

图 11.62　将 Depth 属性值改为 2049

### 11.5.3 修改 Streaming Xcvr FPGA 程序

(1) 在文件面板中打开 Streaming Xcvr FPGA.gvi。

(2) 找到 Tx Stream 0 FIFO 常量,并使用下拖功能将其改为 myFIFO,如图 11.63 所示。

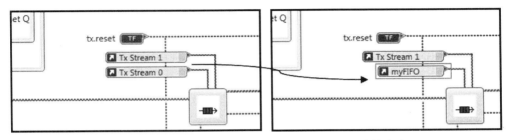

图 11.63 找到 Tx Stream 0 FIFO 常量,并使用下拖功能将其改为 myFIFO

(3) 滚动至 Streaming Xcvr(FPGA)底部,并创建读者自己的 Clock-Driven Loop。

(4) 在新的时钟驱动循环左侧,右击时钟图标,创建常量。

(5) 在下拉菜单中将常量更改为 Data Clock,如图 11.64 所示。

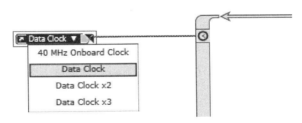

图 11.64 在下拉菜单中将常量更改为 Data Clock

(6) 将 OFDM Tx Fxp solution.gmrd 从文件面板拖放到 Streaming Xcvr(FPGA)的程序框图上,如图 11.65 所示。

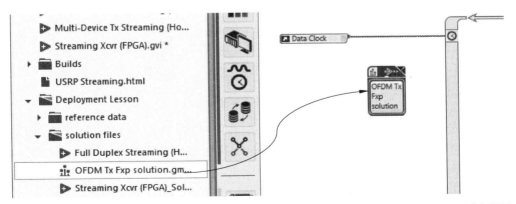

图 11.65 将 OFDM Tx Fxp solution.gmrd 从文件面板拖放到 Streaming Xcvr(FPGA)程序框图上

(7) 将数据时钟常量连线至 OFDM Tx Fxp Solution 多速率图表的 Clock 输入端,如图 11.66 所示。

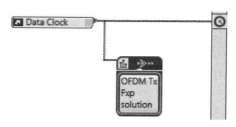

图 11.66  将数据时钟常量连线至 OFDM Tx Fxp Solution 多速率图表的 Clock 输入端

（8）在 Clock Driven Loop 内，依次插入一个 Read FIFO、一个 Write FIFO 和一个 Read FIFO，如图 11.67 所示。

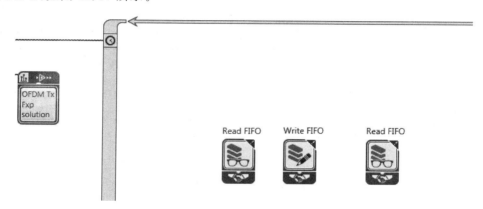

图 11.67  在 Clock Driven Loop 内插入 FIFO

（9）为最左边的 Read FIFO 创建一个 reference in 常量。

（10）在下拉菜单中将常量更改为 Tx Stream 0，如图 11.68 所示。

图 11.68  在下拉菜单中将常量更改为 Tx Stream 0

（11）将 OFDM Tx Fxp solution 连线至 Read FIFO 和 Write FIFO，如图 11.69 所示。

（12）将 Read FIFO 的 data 和 output valid 接线端连接至 Write FIFO 输入端，如图 11.70 所示。

（13）在函数下方插入一个 Feedback Node，并连接到 ready for input 与 ready for output 接线端，如图 11.71 所示。

（14）添加一个 Complex to Real and Imaginary，并连接至最后一个 Read FIFO 函数，如图 11.72 所示。

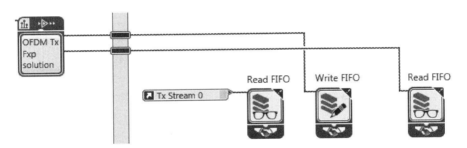

图 11.69 将 OFDM Tx Fxp solution 连线至 Read FIFO 和 Write FIFO

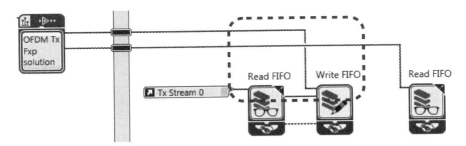

图 11.70 将 Read FIFO 的 data 和 output valid 接线端连接至 Write FIFO 输入端

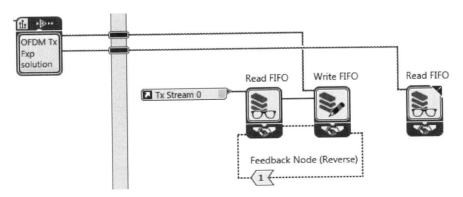

图 11.71 在函数下方插入 Feedback Node,并连接到相应接线端

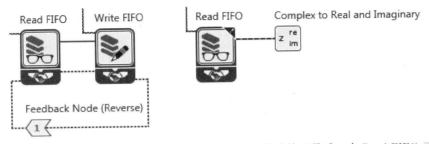

图 11.72 添加一个 Complex to Real and Imaginary,并连接至最后一个 Read FIFO 函数

（15）添加并连接两个 Reinterpret Number 函数，以获得实部和虚部输出值，如图 11.73 所示。

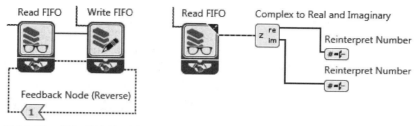

图 11.73　添加并连接两个 Reinterpret Number 函数，以获得实部和虚部输出值

（16）添加并连接 Join Numbers 函数，将两个 Reinterpreted Number 函数连接起来，如图 11.74 所示。

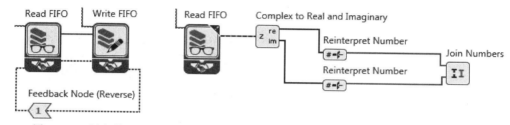

图 11.74　添加并连接 Join Numbers 函数，将两个 Reinterpreted Number 函数连接起来

（17）在 Join Numbers 函数后放置一个 Write FIFO 函数。

（18）将 Join Numbers 函数的输出端与 Write FIFO 函数的 data input 连接起来。

（19）为 Write FIFO 函数创建一个 FIFO constant，并从下拉菜单中选择 myFIFO，如图 11.75 所示。

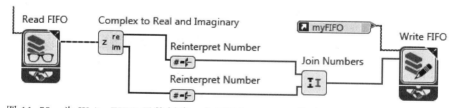

图 11.75　为 Write FIFO 函数创建一个 FIFO constant，并从下拉菜单中选择 myFIFO

（20）放置并连接 Feedback Node、ready for input、ready for output 和 data valid 接线端，如图 11.76 所示。

（21）完成后的时钟驱动循环如图 11.77 所示。

## 11.5.4　编译 FPGA 生成规范

（1）返回 SystemDesigner。

（2）在 USRP Target 中双击打开 Build Specifications，如图 11.78 所示。

（3）单击最左边的生成规范并查看配置区，如图 11.79 所示。正常情况下，读者可以使用生成规范编译 FPGA 文件，这个过程需要花较长时间。

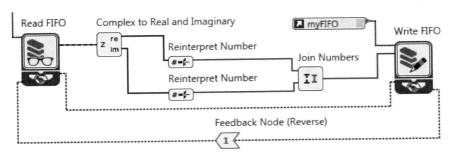

图 11.76　放置并连接 Feedback Node、ready for input、ready for output 和 data valid 接线端

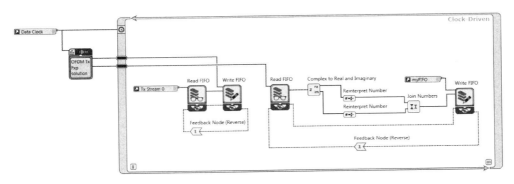

图 11.77　完成后的时钟驱动循环

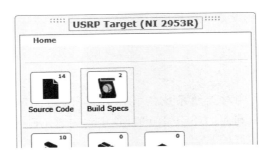

图 11.78　在 USRP Target 中双击打开 Build Specifications

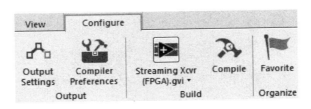

图 11.79　单击最左边的生成规范并查看配置区

（4）在文件面板，导航并打开 Deployment Lesson→solution files→Full Duplex Streaming（Host）_Solution.gvi，如图 11.80 所示。

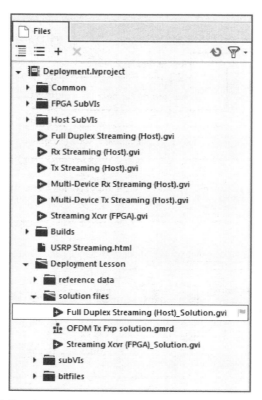

图 11.80 在文件面板,导航并打开 Full Duplex Streaming(Host)_Solution.gvi

(5) 单击运行按钮 ▷ ,开始运行程序。

## 11.6 本章小结

本章是一个快速构建实时无线系统的实例教程,向读者介绍了如何基于 LabVIEW Communications 软件平台和 NI USRP-RIO 硬件平台构建实时无线系统的详细过程,是利用后续章节开展 4G/5G 实践的基础。

# C 第 **12** 章

## hapter 12

# LTE数据链路的软件无线电实现

LTE 是由 3GPP 组织制定的通用移动通信系统(Universal Mobile Telecommunications System,UMTS)技术标准的长期演进,通常被称为 4G 移动通信技术。通信技术发展到第四代之后,协议的复杂性极大地提高,通过软件定义无线电的方式来原型化 LTE 数据链路传输可以帮助科研人员以及工程师更好地设计和优化现有的通信系统。本章中,我们将以 NI LTE 应用框架举例介绍 LTE 数据链路软件无线电实现的必要性以及关键技术;其次,阐述 FPGA 和上位机在 LTE 数据链路原型实现中分别承担的功能;最后,介绍基于 LTE 数据链路原型系统的相关应用实例。

## 12.1 LTE 数据链路的软件无线电实现概要设计

LTE 是典型的蜂窝网络传输技术,覆盖了通信传输中很多重要的技术点,包括调制、解调、信道估计、信道编码译码。LTE 系统引入 OFDM 和 MIMO 等关键技术,显著增加了频谱效率和数据传输速率。LTE 数据链路的软件无线电实现,从结构上分为基站端和用户端;从软件上根据算法处理实时性的区别通过上位机和 FPGA 分别实现不同的功能。接下来,将简述通过软件定义无线电的方式来实现一个蜂窝网络的 LTE 系统,并且简述 NI LTE 应用框架对于 LTE 蜂窝网络的完整硬件原型化实现方式。

### 12.1.1 LTE 数据链路中需要实现的关键特性

3GPP-LTE 版本 10 体现了 LTE 大部分的物理层特性,用 LTE 第 10 版本来简述一个 LTE 数据链路实现的关键特性。LTE 数据链路原型化必须包括基站端(eNodeB)和用户端 (UE)的物理层(PHY)以及媒体接入控制层(MAC),并可以实现以下功能:

(1) 下行链路传输(DL TX)和接收(DL RX);

(2) 上行链路传输(UL TX)和接收(UL RX)。

此外,还提供了基本的 MAC 功能:

(1) 下行链路中基于分组的用户数据传输,使用户数据流应用成为可能;

(2) DL 信道状态信息和 DL(HARQ)ACK/NACK 通过上行链路的反馈;

(3) 基本的自适应调制和编码(AMC),包括下行链路的链路自适应,使下行闭环操作。

1. LTE数据链路原型化平台工作模式

灵活的LTE数据链原型化平台适合使用3种不同的工作模式(图12.1)。

(1) 下行链路(DL)。可以用于单设备或双设备建立下行链路;实现基站(eNodeB)的下行链路发射机(DL TX)和用户设备(UE)的下行链路接收机(DL RX)以及基本的MAC层功能;在单设备设置中,即使没有真正的上行反馈信道,通过一个特殊的MAC也能实现下行AMC(速率自适应)。

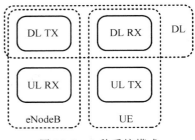

图12.1　3种系统模式

(2) eNodeB:在双设备中提供基站(eNodeB)端服务;实现包括基本eNodeB MAC功能的eNodeB的下行链路发射机(DL TX)和上行链路接收机(UL RX)。

(3) UE:在双设备设置中提供用户设备服务;实现包括基本UE MAC功能的UE的下行链路接收机(DL RX)和上行链路发射机(UL TX)。

2. LTE数据链路原型化平台物理层实现

为了将该应用框架的复杂度控制在合理的水平,以方便用户进行相关的扩展,LTE数据链路平台仅实现了3GPP-LTE版本10定义的物理层特征子集。该子集包括功能简化和对所实现的PHY功能的可配置性的限制,例如,特定的配置参数固定为单个值,而另一些仅是准静态可配置的。注意固定的参数设置只能通过修改设计来改变。以下内容概述了3GPP LTE版本10规范中实现的PHY特性及具体实现中的简化和(可能受限制的)PHY配置。

LTE物理层基本的配置如下:

(1) 带宽模式为20MHz(100 PRB);

(2) 循环前缀配置为常规循环前缀,帧结构包括类型1-FDD;类型2-TDD(TDD上行链路-下行链路配置:5;特殊子帧配置:5)。

两种帧结构类型的详细无线帧结构如图12.2所示。每个无线帧长10ms,由10个子帧组成。每个子帧长度为1ms,其包括以30.72MS/s的速率采样的30720个复数时域基带采样。相关采样周期$T_s$为(1/30.72e6)s。子帧的类型根据所选择的无线电帧类型随着子帧索引而变化。下行链路子帧(D)被保留用于下行链路传输;上行链路子帧(U)被保留用于上行链路传输。特殊子帧(S)仅与帧结构类型2(TDD)一起使用。LTE应用框架支持的TDD上下行配置5,每个无线帧只有一个特殊子帧。特殊子帧由以下字段组成:

(1) DwPTS:下行链路导频时隙。预留用于物理下行链路控制信道(PDCCH)和小区特定参考信号(CRS)的传输,长度固定为3个OFDM符号($6592×T_s$)。

(2) GP:保护间隔。用于在有效下行链路发送/接收和有效上行链路接收/发送之间切换的时域保护间隔。长度固定为9个OFDM符号($19744×T_s$)。

(3) UpPTS:上行链路导频时隙。预留用于传输上行链路探测参考符号(SRS),长度固定为2个OFDM符号($4384×T_s$)。

特殊子帧字段的长度随特殊子帧配置和选择的循环前缀配置而变化。在当前的LTE应用框架中,两个参数的实现都固定为特定的设置,所以特殊子帧字段具有固定的长度。

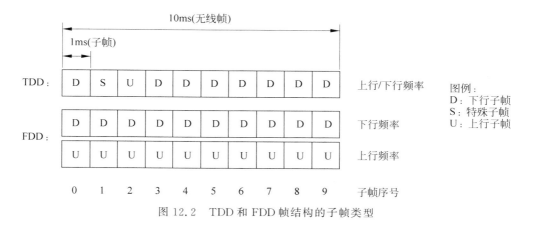

图 12.2　TDD 和 FDD 帧结构的子帧类型

对于常规循环前缀配置,每个子帧包含 14 个 OFDM 符号。OFDM 符号持续时间是 $2048 \times T_s$,对于 OFDM 符号 0 和 7,循环前缀长度为 $160 \times T_s$,子帧中其他所有 OFDM 符号的循环前缀长度为 $144 \times T_s$。

对于 20MHz LTE 带宽模式,在 OFDM 调制器中指定使用 2048 点 IFFT,即每个 OFDM 符号可以使用 2048 个频域子载波。除了 DC 载波外,只有内部 1200 个子载波被允许用于实际的信号传输。其余未使用的子载波充当相邻信道的保护频带。1200 个可用子载波被组织为 12 个连续子载波组成物理资源块(PRB)的集合。注意,一个 PRB 包括多个连续 OFDM 符号的 12 个连续的子载波,如时隙或子帧中所有 OFDM 符号。

接下来简述 LTE 物理层下行和上行链路以及相关的信号格式。LTE 应用框架实现了下行链路发射机和接收机以下信道和信号:主同步信号(PSS);小区专用参考信号(CRS);用户专用参考信号(UERS);物理下行控制信道(PDCCH);物理下行共享信道(PDSCH)。

所支持的物理信道和信号均按照 3GPP LTE 版本 10 规范来实现。

LTE 应用框架实现了上行链路发射机和接收机以下信道和信号,来实现相关信号的传输等功能:物理上行共享信道(PUSCH);解调参考信号(DMRS);探测参考信号(SRS)。

除了实现基本的物理层传输的功能,一个原型化的 LTE 数据链路平台还必须提供相关 MAC 层控制和实现基本分组数据传输的必要功能。LTE 应用框架实现用于在 eNodeB(DL 发射机)和 UE(DL 接收机)之间建立链路并且实现基于分组的数据传输的必要功能。此外它还提供:DL 信道状态信息和 DL(HARQ)ACK/NACK 经由上行链路的反馈;基本的自适应调制和编码(AMC),在下行链路中被称为链路自适应,使 DL 闭环操作成为可能。

LTE 应用框架支持物理下行共享信道(PDSCH)资源块分配的准静态调度。可以通过 eNodeB(DL)发射机来控制 PDSCH 资源分配,只要下行链路发射机处于活动状态,它将立即生效。PDSCH 调制和编码方案(MCS)可以通过两种可选的方式来控制。

(1)准静态:通过下行链路发射机(eNodeB)处的特定控制;

(2)自动:借助 DL MAC 的速率适配功能。

基于上行链路接收的 DL 信道状态反馈信息(宽带、SINR),DL 以下行链路接收机处获得约 5%～10%BLER 为目标适配相应的 MCS。

可以使用特殊参数如 SINR 偏移量[dB]来间接控制下行链路 BLER,方法是在给定值被反馈到速率自适应框架之前,将所报告的 SINR 减小给定值。

物理下行控制信道(PDCCH)用于通知从 eNodeB(DL)发射机到 UE(DL)接收机的 PDSCH 配置(资源块分配和 MCS)。下行链路控制信息(DCI)的信令是针对每个下行链路子帧和每个特殊子帧。由于 LTE 应用框架当前不支持特殊子帧中的 PDSCH 传输,所以在这些子帧中不传输 DCI 消息。

通过 PDCCH 信令 DCI 允许 UE(DL)接收机被自动配置为可由 eNodeB MAC 动态选择的 PDSCH 传输参数,这是下行链路中动态链路自适应(AMC)的先决条件。

原则上,LTE eNodeB 被设计为支持多个 UE。这就是在编码期间附加到 DCI 消息的循环冗余校验字段(CRC)与 UE 特定无线电网络临时标识符(RNTI)相关的原因。在 PDCCH 的解码期间,UE 接收机检查该 CRC 掩码是否与自己的 RNTI 相匹配。任何不匹配的 DCI 消息将被丢弃,并且 PDSCH 数据将不被解码。这样,eNodeB 可以寻址特定的 UE,使得只有该设备能解码 PDSCH 数据。这也意味着 eNodeB 发射机处选择的 RNTI 必须与在 UE 接收机处设置的 RNTI 相同时,LTE 应用框架下行链路数据才能成功传输。

类似于下行链路,上行链路使用准静态调度。对于物理上行共享信道(PUSCH),必须手动配置实现资源块分配以及 MCS。由于 PDCCH 不支持上行链路调度信息的信令,所以 eNodeB 接收机以及 UE 发射机都必须手动配置。

如之前所述,eNodeB 下行链路发射机一开启就开始(准静态选择的配置)发射。假定相应地配置了 UE 下行链路接收机(例如,相同的载波频率、相同的帧结构、相同的参考符号类型等),则应该能够同步到下行链路发送机,并且实现对下行链路 PHY 信道的接收和解码。上行链路也一样。一旦 UE 接通,UE 上行链路就发送准静态配置,并且只要配置正确,eNodeB 接收机就能够接收和解码上行链路传输。所有可调整的参数,例如载波频率、帧结构、发射功率和上行链路时间提前量都必须手动配置。

至此,我们就简述了 LTE 应用框架对一个 LTE 数据链路的软件无线电实现的基本物理层和 MAC 功能的简单介绍,如果想了解更多该部分技术细节,请参考 NI 官网 LTE 应用框架白皮书中的内容(http://www.ni.com/white-paper/53286/en/)。

## 12.1.2　如何完成 LTE 数据链路的软件无线电实现

根据 12.1.1 节简述的 LTE 物理层和 MAC 层功能,可以看到不同的功能模块有不同的实时性需求,从而由 FPGA 或者上位机来实现。比如 LTE 信道编译码比较适合使用实时性比较强的 FPGA 实现,而相关星座图显示等功能则比较适合于上位机实现。图 12.3 和图 12.4 分别显示了 DL、eNodeB 和 UE 工作模式下系统的框图。上位机和 FPGA 之间通过 DMA FIFO 实现高速率数据传输。这些数据包括从上位机到 FPGA 的有效载荷和上行链路数据,以及从 FPGA 到上位机接收到的 PDSCH/PUSCH 传输块。用于星座和频谱显示的 I/Q 采样以及信道估计值也使用 DMA FIFO 从 FPGA 传输到上位机。其他的状态信息通过读取指标值传递给上位机。

其中以下组件分别实现不同的上位机和 FPGA 的功能。

(1) UDP 读取:通过 UDP 套接字读取由外部应用程序提供的数据,数据被用作传输块(TB)中的有效载荷数据。然后由下行链路发射机(DL TX PHY)将其编码和调制为 LTE 下行链路(DL)信号。

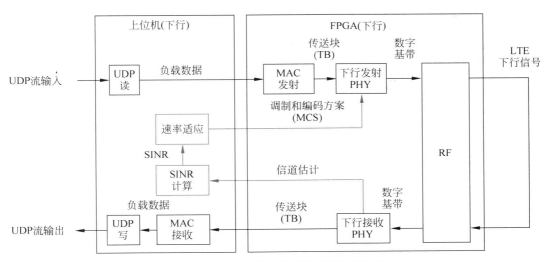

图 12.3　DL 模式的系统框图（单设备设置）

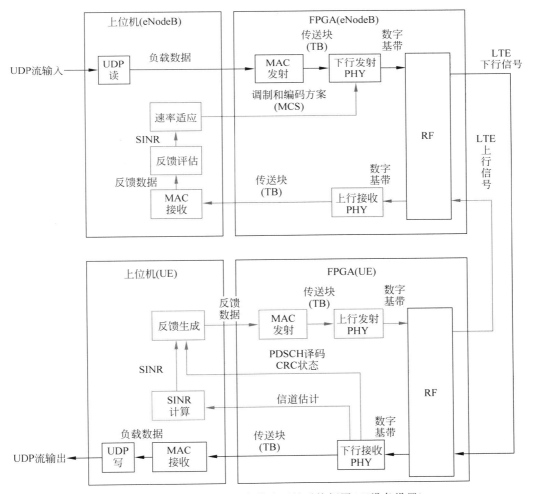

图 12.4　eNodeB/UE 操作模式下的系统框图（双设备设置）

（2）UDP写入：将由下行链路接收器（DL RX PHY）从LTE下行链路（DL）信号接收和解码的有效载荷数据写入UDP套接字。数据可以被外部应用程序读取。

（3）MAC TX：一个简单的MAC实现，它向包含有效负载字节数的传输块（TB）添加一个头部。头部后面是有效载荷字节，传输块的其余位是填充位。

（4）MAC RX：分解传输块（TB）并提取有效载荷字节。

（5）DL TX PHY：下行链路（DL）发射机（TX）的物理层（PHY）。通过信道编码并将LTE下行链路信号转化为数字基带I/Q数据。这包括：控制信道（PDCCH）的编码，数据信道（共享信道，PDSCH）的编码，资源映射和OFDM调制。

（6）DL RX PHY：下行链路（DL）接收器（RX）的物理层（PHY）。解调LTE下行链路信号并完成信道解码。这包括：基于主同步序列（PSS）的同步，OFDM解调，资源解映射，信道估计和均衡，控制信道（PDCCH）的解码以及数据信道（共享信道，PDSCH）的解码。

（7）UL TX PHY：上行链路（UL）发射机（TX）的物理层（PHY）。编码物理信道并将LTE上行链路信号转化为数字基带I/Q数据。这包括：数据信道（共享信道，PUSCH），资源映射和OFDM调制的编码。

（8）UL RX PHY：上行链路（UL）接收器（RX）的物理层（PHY）。解调LTE下行链路信号并完成信道解码。这包括：OFDM解调，资源解映射，信道估计和均衡以及数据信道（共享信道，PUSCH）的解码。

（9）SINR计算：基于信道估计的信干噪比（SINR）的计算，用于PDSCH解码；信道估计可以利用小区特定的参考信号（CRS）或者UE特定的参考信号获取。

（10）速率自适应：根据测量/反馈的信干噪比（SINR）设置调制和编码方案（MCS），目的是确保PDSCH解码保持低的误块率（BLER）。

（11）反馈生成：创建一个包含测量的子带和宽带SINR以及之前接收到的无线帧的ACK/NACK信息（PDSCH解码的CRC结果）的反馈消息。

（12）反馈评估：从反馈消息中提取子带和宽带SINR以及ACK/NACK信息。

# 12.2　FPGA实现概述

在LTE应用框架中，下行链路和上行链路发送机和接收机的处理可以直接在FPGA上实现。如图12.5所示，表示不同模式下的FPGA的实现方式。基带与RF接口的数据交换通过FIFO实现。实现实时的物理层处理，FPGA处理更具有优势，因为它提供了更低的延迟。这种方法不同于数字基带数据发送到上位机或从上位机接收数据，然后由上位机负责所有的信道编码和解码。

## 12.2.1　下行链路发射机（基站发送）

下行链路接收器由UE顶层FPGA和仅下行链路（DL）实现。如图12.6中的简化框图所示，它执行以下任务：

（1）同步和载波频率偏移（CFO）补偿；

（2）去除CP+FFT转换（OFDM解调）；

（3）将资源元素解映射到不同的物理信道；

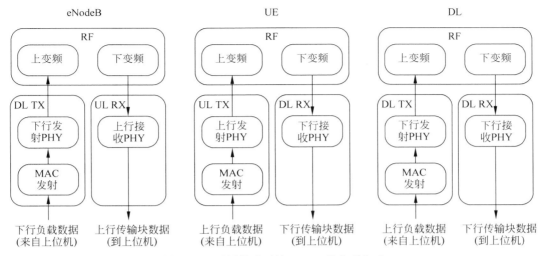

图 12.5 不同模式下的 FPGA 的实现方式

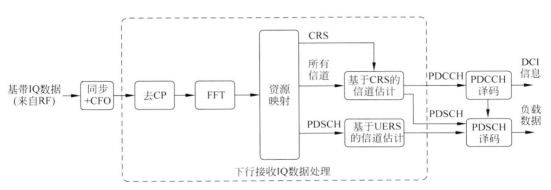

图 12.6 下行链路接收机的简化框图

(4) 基于 CRS 的信道估计和均衡;

(5) 基于 UERS 的信道估计和均衡;

(6) 物理下行控制信道(PDCCH)解码;

(7) 物理下行共享信道(PDSCH)解码。

以下参考信号和物理信道被解映射:主同步信号(PSS);小区专用参考信号(CRS);UE 专用参考信号(UERS);物理下行控制信道(PDCCH);物理下行共享信道(PDSCH)。

下行链路接收器(DL RX)从 RF 接收时域上的 I/Q 数据,完成 I/Q 减损校正、数字下变频、频移和从 ADC 采样率到 30.72MHz 的 LTE 采样频率的下变频。下行链路接收机中的第一个处理步骤是同步。主同步信号(PSS)用于无线电同步和载波频率偏移(CFO)补偿。

小区特定的参考信号(CRS)被用于信道估计和均衡。默认情况下,CRS 均衡用于 PDCCH 和 PDSCH 解码。可以可选地使用 UE 专用的参考信号(UERS)。基于 UERS 的信道估计和均衡与基于 CRS 的信道估计和均衡并行运行。如果启用 UERS,则 UERS 均衡用于 PDSCH 解码。

PDCCH 解码器对物理下行控制信道(PDCCH)进行解码,包括下行链路控制信息(DCI 消息)。

PDSCH 解码器解码物理下行共享信道（PDSCH）。PDSCH 配置参数是从接收到的DCI 消息中得到，用来确定资源块分配，即哪个子载波被 PDSCH 填充，以及调制和编码方案（MCS）。使用 target-to-host DMA FIFO 将解码的 PDSCH 输入上位机。

## 12.2.2　上行链路发射机（用户发送）

上行链路发送机由 UE 顶层 FPGA 实现。在图 12.7 所示的上行链路发射机的简化框图中，它对应于 UL TX PHY 模块。

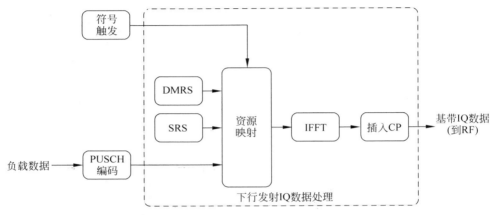

图 12.7　上行链路发射机的简化框图

上行链路发射机执行以下任务：

（1）物理上行共享信道（PUSCH）编码；

（2）映射到资源元素（EDSC 架构）；

（3）IFFT 变换＋CP（OFDM 调制）。

以下参考信号和物理信道被映射：解调参考信号（DMRS）；探测参考信号（SRS）；物理上行共享信道（PUSCH）。

## 12.2.3　上行链路接收机（基站接收）

上行接收机由顶层 FPGA eNodeB 实现。如图 12.8 中的简化框图所示，它执行以下任务：

（1）去除 CP＋FFT 转换（OFDM 解调）；

（2）将资源元素解映射到不同的物理信道；

（3）基于 DMRS 的信道估计和均衡；

（4）物理上行共享信道（PUSCH）解码。

以下参考信号和物理信道被解映射：解调参考信号（DMRS）；探测参考信号（SRS）；物理上行链路共享信道（PUSCH）。

上行链路接收机（UL RX）从 RF 回路接收时域上的 I/Q 样本，完成 I/Q 减损校正、数字下变频、频移和从 ADC 采样率到 30.72MHz 的 LTE 采样频率的下变频。

与下行链路接收器（DL RX）相比，由于要求 UE 以正确的时序发送上行链路子帧，因此不执行同步。因此，传入的 I/Q 采样已经是时间对齐的。

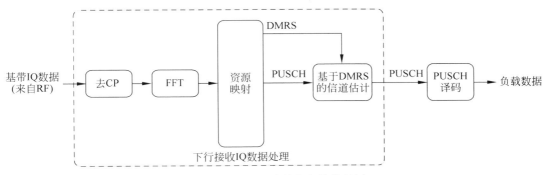

图 12.8　下行链路接收机简化框图

解调参考信号(DMRS)用于信道估计和均衡。

PUSCH 解码器解码物理上行共享信道(PUSCH)。根据上位机设置的 MCS 和 RB 分配参数来计算 PUSCH 配置参数。使用 target-to-host DMA FIFO 将解码的 PUSCH 传输块传给上位机。用于上行链路接收机的子模块与用于下行链路接收机的子模块非常相似,这里不做赘述。

### 12.2.4　FPGA 时钟考虑

在 FPGA 内部有 3 个主时钟域：40MHz 板载时钟；120MHz 采样时钟、130MHz 采样时钟或 200MHz 采样时钟；192MHz 基带时钟。

配置环路连接到 40MHz 时钟域。配置信息在执行之前设置,并在设计的其他地方用作常量。

所有的 LTE 基带处理环路都以 192MHz 时钟速率运行。ADC 和 DAC 接口以采样时钟速率运行,此外采样速率转换器可创建 30.72Ms/s 的 I/Q 数据。192MHz 的处理时钟和采样时钟不同步,这种差异在设计中考虑到。在 192MHz 中完成的处理有足够的余量来解决 192MHz 时钟和采样时钟之间的频率容限。

下行链路发射机使用同步机制保持基带处理对准并避免在两个时钟域之间传输数据的 FIFO 的下溢或上溢。采样时钟被用作绝对参考时间。在采样时钟每 10ms(每个无线电帧)产生一个触发。该触发被发送到 192MHz 的处理域,以启动新的无线帧的创建。两个时钟域之间的 FIFO 保证了数字上变频模块恒定的数据速率。

为了方便测试,可以使用 DL FPGA 上的内部反馈 FIFO 直接将采样从 DL TX 传送到 DL RX 基带处理来旁路 RF。内部环回默认是关闭的,可以从上位机启用。

## 12.3　上位机实现概述

如 12.2 节所述,LTE 应用框架提供了 3 种不同的工作模式,每个模式上位机实现必须与相应的 FPGA 的 bitfile 接口实现相关的数据交互。上位机显示了每个实现的主要功能。该功能包括配置 FPGA 目标,交换有效载荷数据以及监视系统状态。图 12.9 和图 12.10 分别为上位机中的原理框图和上位机框图中 LabVIEW G 代码屏幕截图。

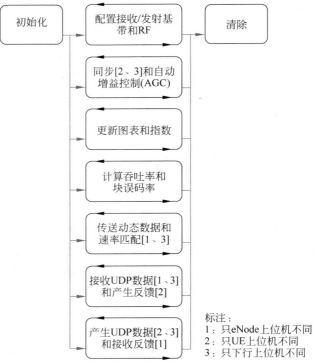

图 12.9　上位机框图-原理概述

标注：
1：只eNode上位机不同
2：只UE上位机不同
3：只下行上位机不同

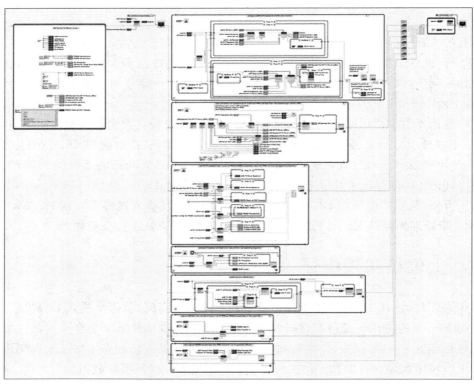

图 12.10　上位机框图-LabVIEW G 代码屏幕截图

（1）下行链路（DL）可以用于在单设备或双设备中建立下行链路。

（2）eNodeB在双设备中提供基站（eNodeB）端，实现eNodeB的下行发射机（DL TX）和上行接收机（UL RX）。

（3）UE在双设备中提供用户设备（UE）侧，实现UE的下行接收器（DL RX）和上行发射器（UL TX）。

## 12.3.1 上位机初始化

代码的入口是初始化模块，它将几个控件和参数设置为默认值。此外，它还通过启动必要的队列并将FPGA bitfile加载到配置的RIO设备来准备会话簇。所有处理循环在执行期间使用该会话簇交换数据或访问FPGA资源。

所有的处理循环通过上位机VI执行期间并行运行的While循环实现，使用一个专门的停止队列同步所有循环的停止条件。同步退出条件循环检查停止按钮是否被按下并相应地设置停止条件。如果在任何处理循环中发生错误，停止条件也被设置。

所有处理循环停止后，程序关闭会话中的句柄，即停止队列并关闭FPGA。

## 12.3.2 配置RX/TX基带和RF

12.3.1节中所说的循环将处理特定目标RF和LTE的配置。在RX或TX的使能开关更改后，前面板上显示的设置参数将传递给LTE FPGA处理，例如调制和编码方案（MCS）与资源块分配。LTE相关参数写入FPGA后对RF链路进行配置并启动，有些错误情况会在对话框中被捕获并呈现给用户。

## 12.3.3 同步和自动增益控制（AGC）

12.3.1节中所说的循环将连续监测接收到的信号功率，并相应地调整RX的增益，同时反馈FPGA无线帧同步的状态，更新前面板上的溢出指示。

该循环还读取PDSCH解码状态（UE）或PUSCH解码状态（eNodeB），该信息是传输UDP流和计算吐量所需的。因此，从PDSCH/PUSCH FIFO中读取的解码状态被复制并写入多个队列中。

## 12.3.4 更新图表和指标

12.3.1节中所说的循环将读取并处理来自FPGA的状态信息，并更新上位机前面板上的相关图表和指示器，例如读取相关RX或TX处理的基带信号、计算功率谱并更新相应的图表、更新当前选择的选项卡上显示的星座图等。对于DL和UE上位机，它还读取当前的信道估计结果，进而计算子带和宽带SINR，并更新关联的图和指示。

## 12.3.5 计算吞吐量和误块率

12.3.1节中所说的循环将根据由其他处理循环填充的几个队列的状态来计算吞吐量和误块率。

以固定的时间（1000ms）取出队列中的数据，吞吐量按以下方式计算：

$$\text{Throughput}_{\text{User data}} = \sum_{1000\text{ms}} n_{\text{payload bits}} \qquad (12.1)$$

$$\text{Throughput}_{\text{PDSCH(overall)}} = \sum_{1000\text{ms}} \text{TBSize} \tag{12.2}$$

其中，$n$ 是每个接收的传输块的有效载荷位的数量，可由 MiniMAC 头部获得。TBSize 是接收到的传输块的大小。PDSCH（CRC 正确）吞吐量值只考虑成功接收的传输块（即没有 CRC 错误）。PDSCH（总体）吞吐量在 CRC 状态上独立地累积所有传输块的大小。

同步失败率 $P_{\text{SyncFailure}}$ 以及 PDCCH 和 PDSCH 块错误率（BLER）$\text{BLER}_{\text{PDCCH}}$ 和 $\text{BLER}_{\text{PDSCH}}$ 计算如下

$$P_{\text{SyncFailure}} = 1 - P_{\text{SyncSuccessful}}, \quad P_{\text{SyncSuccessful}} = \frac{n_{\text{SyncSuccessful}}}{n_{\text{SyncChecked}}} \tag{12.3}$$

$$P_{\text{PDSCHSuccessful}} = \frac{n_{\text{PDSCH.CRC}_{\text{ok}}}}{n_{\text{PDSCH}}} \tag{12.4}$$

$$\text{BLER}_{\text{PDSCH}} = 1 - P_{\text{SyncSuccessful}} \cdot P_{\text{PDCCHSuccessful}} \cdot P_{\text{PDSCHSuccessful}} \tag{12.5}$$

$$P_{\text{PDCCHSuccessful}} = \frac{n_{\text{PDCCH.CRC}_{\text{ok}}}}{n_{\text{PDCCH}}} \tag{12.6}$$

其中，$n_{\text{SyncSuccessful}}$ 是同步成功次数；$n_{\text{SyncChecked}}$ 是同步状态被检查的数量（在同步和 AGC 环路内）；$n_{\text{PDCCH}}$ 是解码的 DCI 消息的数量，并且 $n_{\text{PDCCH.CRC}_{\text{ok}}}$ 是被成功解码的消息的数量（即，没有 CRC 错误）；$n_{\text{PDSCH}}$ 是解码的 PDSCH 传输块的数量；$n_{\text{PDSCH.CRC}_{\text{ok}}}$ 是成功解码（即没有 CRC 错误）的 PDSCH 传输块的数量。

### 12.3.6　DL 和 UL 的子帧配置参数

该系统实时支持 DL 和 UL 子帧参数配置。要使用此工作模式，需要一个实现实时功能的 MAC(RT MAC)。该工作模式实现以下功能：

(1) 通过 RT MAC 实时授权（DL 或 UL）和与相应的数据分组对齐；

(2) 支持时分双工多 UE 环境，在每个 TTI 中调度不同的 UE。

动态 DL（或 UL）配置的消息序列流程图如图 12.11 所示。FPGA 创建一个 TX 定时触发器，并将此触发器提供给 FPGA 和上位机。

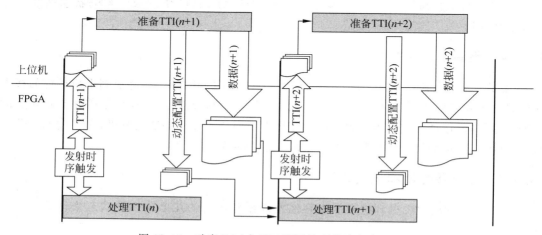

图 12.11　动态 DL（或 UL）配置处理的消息序列图

（1）FPGA 开始处理当前 TTI($n$)的配置和数据，并创建天线用于传输的数据。

（2）上位机开始为下一个 TTI($n+1$)准备配置和数据。它使用专用的 H2T DMA FIFO 将动态的 DL 或 UL 配置和相应的数据写入 FPGA。接收到下一个 TX 触发后，配置和数据由 FPGA 处理。

下行链路和上行链路配置包含以下参数：

（1）DL：动态 DL 配置（簇）、RNTI、使用 UERS、天线端口、CCE 抵消、DCI 消息（簇）；

（2）UL：动态 UL 配置（簇）、RNTI、SRS 配置（簇）、DCI 消息（簇）。

请注意，消息序列图假定理想的定时，其中从写入定时指示到读取动态 TX 配置的总等待时间小于 1ms。只有在支持实时设备上部署上位机代码时，才能实现严格的定时。在 Windows 操作系统上部署上位机代码时，会有额外的抖动，导致定时指示延迟，因此动态 DL TX 配置也将在 FPGA 上延迟接收。

上位机 UE 上下环路的更新动态还实现了根据所报告的宽带 SINR 值来设置调制和编码方案（MCS）的速率适配功能。该值可以直接从 FPGA（DL 上位机）读取，也可以从 UE 接收，作为上行链路反馈（eNodeB 上位机）的一部分。所使用的 SINR-MCS 映射表是经过校准的，使得如果没有偏差则产生的 PDSCH BLER 大约为 10%。控制 SINR 偏差[dB]可用于实现较低 PDSCH BLER。

## 12.3.7 接收 UDP 数据/生成反馈

在 eNodeB 和 DL 上位机中，回路处理传入的 UDP 数据，该数据用作下行链路传输（DL TX）的有效载荷数据。数据由外部应用程序提供，并从前面板上指定的端口号读取，使用上位机将数据传送到 FPGA 并将其写入 FIFO 中。

在 UE 中，该循环根据接收到的 ACK/NACK 信息和测量的 SINR 值生成 UL 反馈消息。

## 12.3.8 发送 UDP 数据/接收反馈

在 UE 和 DL 上位机中，循环处理传出的 UDP 数据，该数据流为从下行链路接收机（DL RX）接收并成功解码的有效载荷数据。数据传输到上位机后，使用一个 target-to-host 的 FIFO 将数据打包成 UDP 流，并发送给外部应用程序。IP 地址和端口号可以在前面板上设置。

在 eNodeB 中，该循环接收 UL 反馈数据并提取要在速率适配中使用的内容。

## 12.3.9 多个 eNodeB 场景的定时调整

在多个 eNodeB 的测试场景中，必须调整不同 eNodeB 之间的时间。为此，LTE 上位机 UE 顶层可以使用定时提前量（timing advance）参数。

系统参数包括：

（1）eNodeB 发射机的 LTE Host-eNodeB 定时偏移；

（2）eNodeB 接收机的 LTE Host-eNodeB 定时偏移；

（3）UE 发射机的 LTE Host UE 定时偏移。

### 12.3.10　DL 和 eNodeB 时序调整

RX 和 TX 之间的定时偏移由 eNodeB 处理时延定义并且是固定的。RX 和 TX 的触发点可以通过 eNodeB 定时偏移参数进行调整。原理如图 12.12 所示。

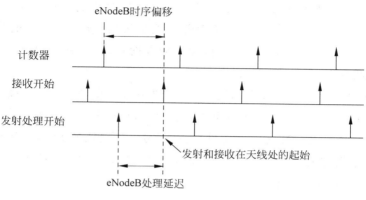

图 12.12　eNodeB 定时偏移

### 12.3.11　UE 定时调整

要调整 UE 发射机的发射定时，需要使用定时提前量参数。该参数调整与 RX 同步有关的 TX 开始时间，其原理如图 12.13 所示。

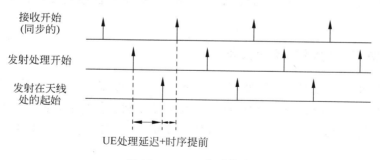

图 12.13　UE 定时偏移

## 12.4　基于 LTE 数据链路应用程序框架构建软件无线电应用

本节详细介绍了 LTE 数据链路应用程序框架的实现，用户可以基于该应用程序框架方便地构建基于 LTE 数据链路的原型化实验场景。例如，可以基于 LTE 数据链路应用程序框架和 1 台 NI USRP-RIO 软件无线电平台，仿真 LTE 数据链路中 eNodeB 和 UE 间的下

行通信链路,如图 12.14 所示;也可以基于 LTE 数据链路应用程序框架和 2 台 NI USRP-
RIO 软件无线电平台,仿真 LTE 数据链路中 eNodeB 和 UE 间的上行和下行通信链路,如
图 12.15 所示。

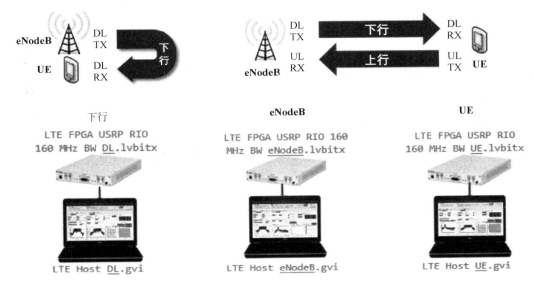

图 12.14　仿真 LTE 下行通信链路　　　　图 12.15　仿真 LTE 上行和下行通信链路

　　LTE 数据链路应用程序框架为用户提供了传输业务数据的能力,利用程序框架的
UDP 接口,用户可以方便地实现例如高清视频等业务数据的实时传输,如图 12.16
所示。

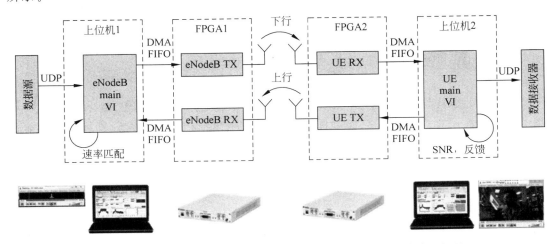

图 12.16　仿真 LTE 上行和下行通信链路并实现高清视频传输的机理

　　图 12.17 所示为仿真 LTE 上行和下行通信链路进行高清视频实时传输的实物演示系
统。图 12.18 所示为演示系统的上位机软件运行时的界面。

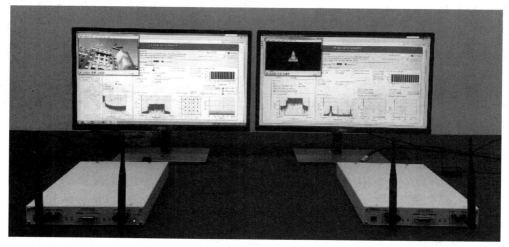

图 12.17　仿真 LTE 上行和下行通信链路进行高清视频实时传输的实物演示系统

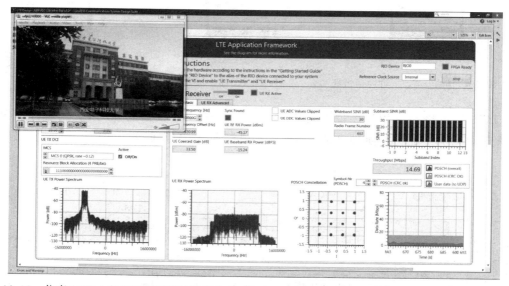

图 12.18　仿真 LTE 上行和下行通信链路进行高清视频实时传输的实物演示系统的上位机软件运行界面

## 12.5　本章小结

本章详细介绍了 LTE 数据链路应用程序框架的实现原理,包括 FPGA 部分的实现和上位机部分的实现,并以该 LTE 数据链路应用程序框架为例实现了基于 LTE 数据链路的高清视频实时传输原型系统。掌握该 LTE 数据链路应用程序框架的实现原理和应用方法,读者还可以基于此构建更多与 LTE 相关的通信原型系统。

# 第 *13* 章

## Chapter 13

# MIMO数据链路的软件无线电实现

大规模多输入多输出（MIMO）是 5G 无线通信研究中一个令人兴奋的领域。对下一代无线数据通信网络，它将带来显著的进步，拥有在更高的数据速率下以更高的可靠性容纳更多用户同时消耗更低功耗的能力。使用 NI 大规模 MIMO 的应用程序框架，研究者可以快速搭建多达 128 天线的 MIMO 测试平台，采用一流的 LabVIEW 系统级设计软件和顶尖的 NI USRP-RIO 软件无线电硬件，来进行大规模天线系统的快速原型开发，使得该领域的研发者能够使用统一的软件和硬件设计流程来满足这些高度复杂系统的原型设计需求。

## 13.1 MIMO 数据链路的软件无线电实现概要设计

随着移动设备的数量和人们所使用的无线数据流量的指数级增长，驱使着研究人员对于新技术和新方法进行探究以解决这一日益增长的需求。下一代的无线数据网络，被称作第五代移动通信技术或 5G，必须要解决容量限制，以及一些现有通信系统中存在的挑战，诸如网络的可靠性、覆盖率、能效性和延迟性等。大规模 MIMO 作为 5G 技术的一种实现方案，通过在基站收发信机（Base Transceiver Station，BTS）上使用大量的天线（超过 64 根）实现了更大的无线数据流量和连接可靠性。这种方式从根本上改变了现有标准的基站收发信机架构，现有标准只使用了最多 8 根天线组成的扇形拓扑。由于拥有数以百计的天线单元，大规模 MIMO 可以使用预编码技术将能量集中到目标移动终端上，从而降低了辐射功率。通过把能量指向到特定用户，辐射功率降低，同时对其他用户的干扰也降低。这一特性对于目前受干扰限制的蜂窝网络来说是非常有吸引力的。如果大规模 MIMO 的想法真的可以实现，那么未来的 5G 网络一定会变得更快，能够容纳更多的用户且具有更高的可靠性和更高的能效。

由于大规模 MIMO 使用了较多的天线单元，因而面临了一些现有网络未遇到过的系统挑战。比如说，当前基于 LTE 或 LTE-A 的数据网络所需的导频开销是与天线的数量成比例的。而大规模 MIMO 管理了大量时分复用的天线的开销，在上下行之间具有信道互易性。信道互易性使得上行导频获取的信道状态信息可以在下行链路的预编码器中被使用。其他更多实现大规模多入多出的挑战还包括：在一个或多个数量级下确定数据总线和接口的规模；在众多独立的射频收发器之间进行分布式的同步。

有关定时、处理以及数据收集上的挑战使得原型化验证变得更为重要。为了让研发者能够证实对应理论，需要把理论工作转移到实际的测试台上。通过使用真实应用场景中的实际波形,研发者开发出产品原型并确定大规模 MIMO 的技术可行性和商业可行性。就新型无线标准和技术来说,把概念转化为产品原型的时间就直接影响到了实际部署和商业化的进程。研发者能越快地开发出产品原型,就意味着社会能越早地受益于这项创新技术。

### 13.1.1　MIMO 数据链路中需要实现的关键特性

下面所述的是一个完整的大规模 MIMO 应用程序框架。它包含了搭建世界上最通用的、灵活的、可扩展的大规模 MIMO 测试台所需的硬件和软件,该测试台支持实时处理以及在研发团队所感兴趣的频段和带宽上进行双向通信。使用 NI 软件无线电(Software-Defined Radio,SDR)和 LabVIEW 系统设计平台软件,这种 MIMO 系统的模块化特性促使系统从仅有几个天线发展到了 128 天线的大规模 MIMO 系统。并且随着无线研究的演进,基于硬件的灵活性,它也可以被重新部署到其他配置的应用中,比如点对点网络中的分布式节点,或多小区蜂窝网络等。

瑞典隆德(Lund)大学的 Ove Edfors 教授和 Fredrik Tufvesson 教授与 NI 一起合作,使用 NI 大规模 MIMO 应用程序框架开发出了一套大规模的 MIMO 系统(见图 13.1)。他们的系统使用了 50 套 USRP-RIO 软件无线电来实现大规模 MIMO 基站收发信机天线数(见表 13.1)为 100 天线的配置。基于软件无线电的技术,NI 和隆德大学研发团队开发了系统级的软件和物理层,该物理层使用了类似于 LTE 的物理层和时分复用技术来实现移动端接入。在这一合作过程中所开发的软件,可作为大规模 MIMO 应用程序框架的一部分被下载。表 13.1 中展示了大规模 MIMO 应用程序框架所支持的系统和协议参数。

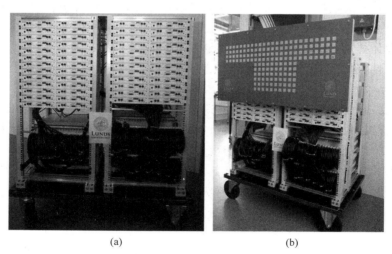

(a)　　　　　　　　　　　(b)

图 13.1　(a) 瑞典隆德大学——基于 USRP-RIO 的大规模 MIMO 测试台;
(b) 一种自定义的横向极化贴片天线阵列

**表 13.1　大规模 MIMO 应用框架系统参数**

| 参　　　数 | 数　　　值 |
| --- | --- |
| BTS 天线数 | 64～128 |
| RF 中心频率 | 1.2～6GHz |

| 参　　数 | 数　　值 |
|---|---|
| 各个信道带宽 | 20MHz |
| 采样率 | 30.72Ms/s |
| FFT 大小 | 2048 |
| 使用子载波数 | 1200 |
| 时隙 | 0.5ms |
| 用户分享时长/频率 | 10 |

在原型化大规模 MIMO 系统中需要考虑的因素如下：

1. CPU 主机代码开发

LabVIEW Communications 包括用于为实时无线通信系统创建基于 CPU 的应用程序的软件开发工具。使用基于 Linux 的实时操作系统，LabVIEW Communications 包含多线程和实时线程调度等内置结构的功能，可帮助用户高效编写健壮的、确定性的代码，以确保时间关键型操作一致可靠地执行，且不会丢失数据（用于与 MAC 和通信栈的其他更高层相关的功能）。LabVIEW Communications 还支持其他编程语言，包括 C 和 C++，以便用户可以导入和重用现有的 IP。

2. FPGA 开发

对于在电路级需要严格时序确定性（如计算密集型数字信号处理或时间关键的 MAC 层操作）的基于 FPGA 的应用，LabVIEW Communications 提供了为无线通信应用创建 FPGA IP 所需的所有软件开发工具。除了开发基于电路原语的大型复杂 FPGA 应用程序外，LabVIEW Communications 还包含用于许多信号处理功能的 Xilinx IP，并且还可导入其他 HDL 代码并重复使用以提高生产力。LabVIEW 通信还包含内置循环精确的仿真和调试工具，以在冗长的编译之前消除代码中的错误。

3. 紧密的硬件和软件集成

除了改进异构目标的实时无线通信应用程序代码的开发过程之外，LabVIEW Communications 还简化了将应用程序代码与周围硬件集成的过程，确保软件和硬件无缝协作。对于 MIMO 系统性能至关重要的硬件相关操作，如同时触发多个 RF 通道或 RF 校准以支持信道互异（如大规模 MIMO 的情况），LabVIEW Communications 还提供了广泛的软件 API，用于与多种硬件相关的任务定时和同步，RF 电路的控制，跨处理目标的数据流传输等。此外，由于 NI 为 MIMO 原型系统开发了硬件和软件，与其他系统结合了不同供应商的硬件相比，硬件和软件集成可以可靠和一致地执行，从而确保整个系统行为如预期的那样。

## 13.1.2　如何完成 MIMO 数据链路的软件无线电实现

正如其他通信网络，大规模 MIMO 系统由基站收发信机（BTS）和用户设备（Users Equipment，UE）或者移动用户所组成。然而，大规模 MIMO 彻底改变了以往需要配置大量的 BTS 天线以同时跟多个用户设备进行通信的传统拓扑结构。在 NI 和隆德大学合作开发的系统中，其 BTS 采用了每用户设备 10 个基站天线单元的系统设计因数，可同一时间提供 10 个用户，对这个 100 天线基站进行全带宽访问的能力。每用户设备 10 个基站天线单元的这一系统设计已经使得众多理论成果得到证实。

在一个大规模 MIMO 系统中,一组用户设备同时发射一组正交导频到基站收发信机(BTS)。而 BTS 所接收的上行链路导频就可被用来估计信道矩阵。在下行链路时隙中,该信道估计即被用于计算下行链路信号的预编码器。理想情况下,这就导致每一个移动用户从无干扰的信道上收到所要传达给他们的信息。预编码器设计是一个开放的研究领域,且适用于各种各样的系统设计目标。举个例子,预编码器设计尽可能地对其他用户不产生干扰、最小化总辐射功率,或者是减少所发送射频信号的峰值平均功率比。

大规模 MIMO 应用程序框架可用于很多的配置应用中,且可支持 64～128 天线高达 20MHz 瞬时实时带宽,同时支持多个独立用户设备同时使用。这个类似 LTE 的协议使用 2048 个点的快速傅里叶变换计算和 0.5ms 的时隙,如表 13.1 中所示。这 0.5ms 的时隙确保了足够的信道一致性,促进了移动测试场景中的信道互易性。

设计一个大规模 MIMO 系统需要 4 个属性:

(1) 灵活的软件无线电,可用于接收和发送射频信号;

(2) 射频设备之间精确的时间和频率同步;

(3) 具有高吞吐量和确定性的总线,用以传输和汇集海量的数据;

(4) 高性能的处理能力,用以满足物理层和介质访问控制(MAC)执行时所需的实时性能需求。

理想情况下,这些属性可被快速自定义以满足更多、更广泛的研发需求。具有以下功能:50MHz～6GHz 频率覆盖;可扩展的 4～128 个基站天线数量;支持多达 12 个单天线移动台;基于 LTE 的完全可重新配置的帧结构;128×12MMSE,ZF 和 MRC MIMO 解码器 FPGA IP;支持 QPSK、16QAM、64QAM、256QAM;每个 RF 信道的信道互易性补偿;开环功率控制;空口同步。

基于 NI 平台的大规模 MIMO 应用程序框架将软件无线电、时钟分配模块、高数据吞吐量 PXI 系统以及 LabVIEW 相结合,提供了一个具有鲁棒性和确定性的研发所使用的原型设计平台。

1. 可扩展的基站天线数量为 4～128

根据应用的需求,MIMO 基站可以配置 4～128 的可变数目的天线信道。因此,无论是进行大规模 MIMO 还是小规模 MIMO 的研究,MIMO 应用框架都可以用来进行各种不同的 MIMO 实验。此外,通过软件进行天线通道配置,无须更改或修改 FPGA 设计,可以为用户提供高度的灵活性,使其原型设计体验变得更加轻松。

2. MIMO 预编码和解码

MIMO 应用框架包括实时 FPGA IP,以在下行链路中执行 MIMO 预编码,在上行链路中执行 MIMO 解码,使用矩阵尺寸高达 128×12,其中 128 对应于基站天线的最大数量,并且 12 对应于单个天线移动台的最大数量。MIMO 应用框架采用 TDD 帧结构以利用信道互易性,由此在传输之前将上行链路中的信道估计应用于下行链路 MIMO 预编码器。由没有干扰的单天线移动台接收预编码的下行链路 MIMO 信号。MIMO 应用框架包括以下 3 种内置 MIMO 解码选项,它们也是软件可选的:最小均方误差(Minimum Mean Square Error,MMSE)、迫零(Zero Force,ZF)和最大比合并(Maximum Ratio Combination,

MRC)。

### 3. 通道互异校准

为了利用信道互易性,必须满足许多条件,包括精确估计 UL 信道响应,不包括 RF 电路对基站中每个天线信道的贡献。为此,MIMO 应用框架包括执行各种基站 RF 前端的校准的自动化例程,由此在 UL 方向和 DL 方向估计每个 RF 链的频率响应。然后将 RF 前端的估计值应用于 UL 信道估计过程,以确保仅实现空中信道的准确测量。

### 4. 开环功率控制

MIMO 应用框架包括自动调整网络中所有移动台功率水平的软件程序。这包括接收机的自动增益控制(Automatic Gain Control,AGC)逻辑和发射机的开环功率控制。这样做确保信号在链路的两端以功率电平被接收,这提高了以最小误差正确解调的可能性。而且,由于调整功率电平的过程是完全自动化的,因此用户不需要手动调整移动台上的许多 RF 收发器,这对于大型网络来说是一个耗时的过程,这使得用户能够快速起步和运行,开箱即用。

如读者想了解更多内容,可参看 NI 官网的 MIMO 原型系统设计系统页面:http://www.ni.com/sdr/mimo/zhs/。

## 13.2 大规模 MIMO 基站实现概述

为便于理解,以 64、96 以及 128 天线配置为例说明大规模 MIMO 基站的实现。如图 13.2 所示 128 天线系统包含 64 个双通道 USRP-RIO 设备,通过星形架构连接到 4 个 PXI 机箱上。主机箱汇集数据后由 FPGA 和基于四核 Intel i7 处理器的 PXI 控制器进行集中处理。

主机箱使用了 PXIe-1085 机箱作为主数据汇集节点和实时信号处理引擎。PXI 机箱提供了 17 个插槽,预留给输入输出设备、定时和同步模块、用于实时信号处理的 FlexRIO FPGA 模块以及连接从机箱的扩展模块。128 天线的大规模 MIMO BTS 系统需要非常高的数据吞吐量来汇集和实时处理 128 个通道发送和接收的 I/Q 正交信号,为此 PXIe-1085 机箱是最佳选择,它支持吞吐量高达 3.2Gb/s 的 PCI Gen 2×8 数据链路。

在主机箱第一槽位的 PXIe-8135 实时控制器或嵌入式计算机担任中央系统控制器的角色。PXIe-8135 实时控制器具有 2.3GHz 四核 i7-3610QE 处理器(单核下最大可超频提升到 3.3GHz)。主机箱内还包含 4 个 PXIe-8384(S1 到 S4)接口模块,用于将子机箱连接到主系统。主从机箱间通过 MXI 总线进行连接,确切来说是 PCI ExpressGen 2×8 总线,为主从节点之间提供了高达 3.2GB/s 的数据传输吞吐量。

系统还包括了 8 个 PXIe-7976R FlexRIO FPGA 模块,用来满足大规模 MIMO 系统中的实时信号处理需求,如图 13.2 所示。插槽的位置配置示例展示了主机箱中的 FPGA 可以通过级联方式连接,以支持每一个子节点的数据处理需求。每个 FlexRIO 模块可以通过背板以低于 5μs 的延迟和高达 3Gb/s 的吞吐量与其他 FlexRIO 模块或所有 USRP-RIO 进行数据通信。

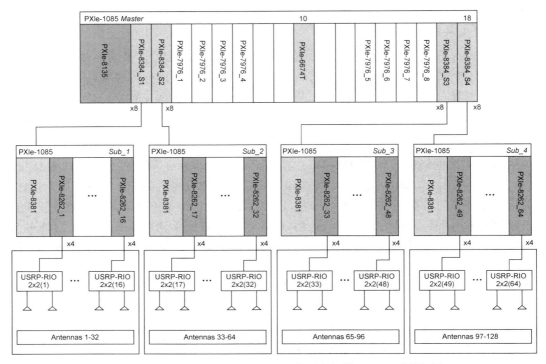

图 13.2　基于 PXI 和 USRP-RIO 可扩展大规模 MIMO 系统框图

## 13.2.1　基站端定时和同步

定时和同步对于任何一个需要部署大量无线电设备的系统来说都是至关重要的,对于大规模 MIMO 系统来说也是如此。BTS 系统共享一个通用 10MHz 参考时钟和一个数字触发信号,用于启动每个无线电设备的数据采集和生成,以确保整个系统之间的系统级同步(参见图 13.3)。PXIe-6674T 定时和同步模块具有一个恒温晶体振荡器(Thermostatic Crystal Oscillator,OCXO),位于主机箱的第 10 槽,可生成一个非常稳定且精确的 10MHz 参考时钟并提供一个数字触发信号来实现与 OctoClock-G 时钟分配模块的同步。之后,OctoClock-G 提供并缓存这一个 10MHz 参考时钟信号(MCLK)和触发信号(MTrig)到 OctoClock 模块,以 1:8 的比例提供给 USRP-RIO 设备,从而确保所有天线共享 10MHz 的参考时钟和主触发信号。这里提到的控制架构可精确地控制每一个无线电设备/天线单元。

## 13.2.2　大规模 MIMO 基站软件架构图

基站应用程序框架软件是根据图 13.4 中所列的系统参数目标而设计的,其中 USRP-RIO 中的 FPGA 负责物理层的 OFDM 处理,PXI 主机箱中的 FPGA 负责 MIMO 物理层处理。更高层的介质访问控制函数则在 PXI 控制器上的英特尔通用处理器中运行。该系统架构可允许进行大量的数据处理且具有足够低的延时性来维持信道互易性。预编码的参数直接从接收机传输到发射机,以获得最高的系统性能。

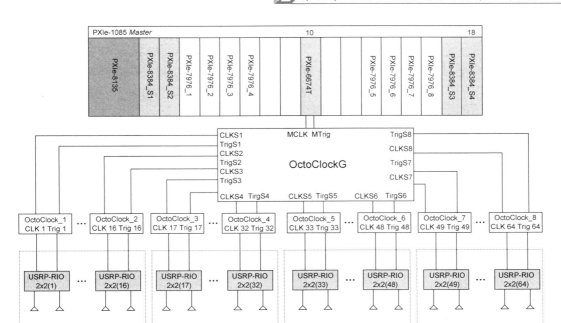

图 13.3 大规模 MIMO 基站系统时钟分配图

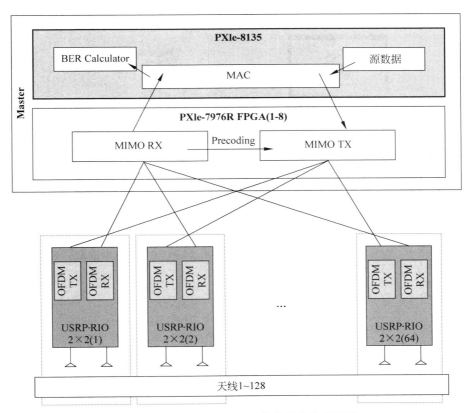

图 13.4 大规模 MIMO 系统数据和处理框图

从天线开始,OFDM 物理层的处理在 FPGA 中实现,这样计算强度最大的处理就可在天线附近执行。之后,计算结果与 MIMO 接收机(MIMO RX)的 IP 函数相结合,从而得到每个用户和每个副载波的信道信息。然后再将计算得到的信道参数传输到 MIMO 发射端(MIMO TX)进行预编译,将能量集中到单一用户的回路中。虽然介质访问控制的某些部分是在 FPGA 中实现,但是其大部分的实现还有其他更高层的一些处理还是在通用处理器中实现的。系统每个阶段使用的特定算法是当前一个活跃的研究领域。整个系统可使用 LabVIEW 和 LabVIEW FPGA 进行重新配置——在提升速度的同时无须牺牲程序的可读性。

## 13.3 大规模 MIMO 用户端实现概述

每一个用户设备代表一台手机或者是其他单入单出(SISO)或具有 2×2 MIMO 无线功能的无线设备。用户设备(UE)的原型实验使用了具有集成式 GPSDO 的 USRP-RIO,并通过一根 PCI Express 转 ExpressCard 线缆连接到一台笔记本电脑。GPSDO 的重要性在于它提供了更高的频率精确性,而且如果将来进行系统扩展有需要时,也可提供同步和获取地理位置的能力。一个典型的测试台实现通常包含多个用户设备的系统,其中每一台 USRP-RIO 可相当于一台或两台用户设备。在用户设备上部署的软件与 BTS 的软件非常相似,然而它只是作为一个单天线系统实现,所以将它的物理层放在 USRP-RIO 中的 FPGA 上实现,而把介质访问控制层(MAC)放在主机 PC 上实现,如图 13.5 所示。

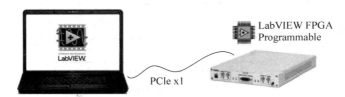

图 13.5  典型的 USRP-RIO 配置用户设备搭建

## 13.4 大规模 MIMO 应用案例

除了上节提到的 Lund 大学和 NI 合作的 Massive MIMO 原型化平台,大规模 MIMO(Massive MIMO)在近几年一直是学术界和工业界研究的热点。下面举例介绍一些 Massive MIMO 的具体应用。

1. Facebook Terragraph and Project ARIES

ARIES 项目是 Facebook 的概念验证工作(https://code.facebook.com/posts/1072680049445290/introducing-facebook-s-new-terrestrial-connectivity-systems-terragraph-and-project-aries/),旨在为频谱和能源的高效率使用构建一个测试平台:一个有 96 个天线的基站,可以在同一无线电频谱上同时支持 24 个数据流。目前能够展示 71(b/s)/Hz 的频谱效率,并且完整的 ARIES 将展现出前所未有的 100+(b/s)/Hz 的频谱效率。

如图 13.6 所示,对于 ARIES 计划,Facebook 和 NI 合作实现一个可操作的大规模

MIMO测试平台,可以明确展示4G通信中点对点和多点部署的大规模MIMO技术,从而提升10倍频谱和能效增益。从最近20个国家的人口分布研究可以看出,全球近97%的人口生活在一个大城市40km的范围内。通过更先进的无线通信技术以便利用从城市中心向农村社区提供交流的巨大收益。另外,为乡村环境提供回程可能会非常昂贵,但是像这样的系统希望可以避免代价高昂的农村基础设施,同时仍然提供高速连接。此外,ARIES希望能够将此技术应用于无线通信研

图13.6 Facebook ARIES计划

究和学术界,可以帮助构建和改进已经实施的算法,或者设计新的算法,以帮助解决未来更广泛的连接性挑战。

2. 国外大学的大规模MIMO系统

该系统多次打破世界纪录(http://www.bristol.ac.uk/news/2016/march/massive-mimo.html/)。他们使用由数十个天线组成的蜂窝基站的大规模MIMO(多输入,多输出)阵列获得的成就进一步证明,该技术对于构建网络以提供超高速数据来说是一个很有前途的选择。

该团队在共享的20MHz 3.51GHz无线信道上,使用128天线的大规模MIMO阵列,为22位用户提供了145.6(b/s)/Hz的速率,每个用户均采用256-QAM调制。这表示频谱效率比现有4G网络增加了22倍。来自布里斯托尔大学和瑞典隆德大学的8位研究人员和博士后在英格兰布里斯托尔大学校园的一座大学的中庭上完成了示范。

"将它集中到一起非常具有挑战性,"该团队负责人Mark Beach说,"为了使设备正常工作,必须要做很多事情,主要是多射频通道间的链接。"

瑞典林雪平大学通信系统部门负责人Erik G. Larsson指出,这些新成果是实验性的。它们是在高度控制的环境中实现的,不受其他蜂窝信号的干扰。用户是静止的,而在现实中,用户往往在运动。不过,Larsson说这个结果对这个领域来说非常重要。他说:"我对这些实验结果印象深刻,我认为它们清楚地展示了大规模MIMO作为5G关键可扩展技术的巨大潜力。"

# 13.5 基于MIMO数据链路应用程序框架构建软件无线电应用

本节详细介绍了MIMO数据链路应用程序框架的实现,用户可以基于该应用程序框架方便的构建基于MIMO数据链路的原型化实验场景。在基站侧,该MIMO数据链路应用程序框架最多可以支持128天线的配置,如图13.7所示。在用户侧,该MIMO数据链路应用程序框架最多可以支持12个用户的配置。

如图13.8所示,为基于MIMO数据链路应用程序框架构建的16×2 MIMO链路的实物演示系统;如图13.9和图13.10所示为演示系统的上位机软件运行时截图。

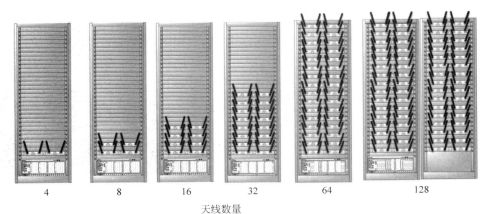

图 13.7　MIMO 数据链路应用程序框架支持的天线配置

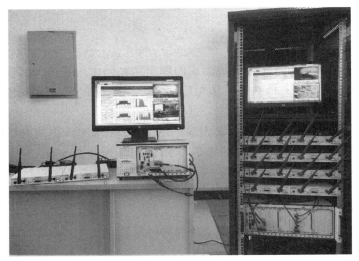

图 13.8　基于 MIMO 数据链路应用程序框架构建的 16×2 MIMO 链路的实物演示系统

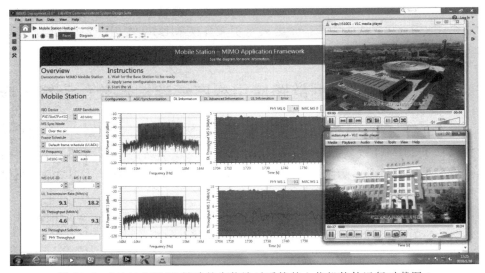

图 13.9　16×2 MIMO 链路的实物演示系统的上位机软件运行时截图 1

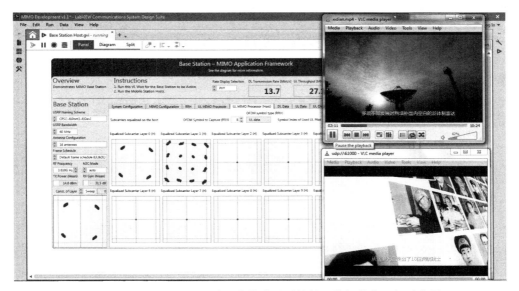

图 13.10　16×2 MIMO 链路的实物演示系统的上位机软件运行时截图 2

## 13.6　本章小结

本章详细介绍了 MIMO 数据链路应用程序框架的实现原理,包括基站部分的实现和用户部分的实现,并以该 MIMO 数据链路应用程序框架为例实现了 16×2 MIMO 链路的原型系统。掌握该 MIMO 数据链路应用程序框架的实现原理和应用方法,读者还可以基于此构建更多与 MIMO 相关的通信原型系统。

# C 第14章

## Chapter 14

# 移动通信新技术的软件无线电实现

从 19 世纪初第一次实现无线通信至今,通信协议不断演进,另一方面软件无线电技术从最初应用于军事通信开始逐步渗透到无线电工程诸多的领域,包括军事通信技术、测控技术、雷达技术和移动通信技术。目前 5G 通信系统变得愈发复杂,基于 PC 的软件仿真系统由于过多的假设限制和系统简化已经不能严格地反映整体的系统性能,因此硬件原型系统变得愈发重要。在本章中,我们会介绍毫米波、新型物理层和 5G 网络层与物理层联合研究系统的软件无线电实现方案。

## 14.1 5G NR 毫米波原型系统

在 5G NR 毫米波系统中,通过载波聚合的方式大幅提高了其系统工作的带宽。计算负荷通常会随着带宽线性增加,计算能力必须成倍数增加才能解决 5G 数据速率需求。在通信原型系统中,FPGA 为这些计算提供了理想的硬件解决方案,对于诸如 Turbo、LDPC、Polar 码等信道编译码技术开发,FPGA 的利用已是不可或缺。尽管 FPGA 是毫米波原型验证系统的核心元件,但如何能够设计出能处理数 GHz 通道的多 FPGA 平台将是毫米波原型系统设计需要解决的关键问题。

本章节,笔者将介绍 NI 毫米波收发系统整体架构、组件和实时系统运行结果,旨在为后续毫米波原型验证平台的设计和开发提供借鉴。

### 14.1.1 NI 毫米波收发系统框架介绍

NI 毫米波收发系统是一个软件定义无线电平台,适用于构建毫米波相关应用,包含毫米波原型验证系统和信道测量系统。该系统为用户提供了灵活的硬件平台与应用软件来进行实时无线毫米波通信研究。软件对用户开放,可根据研究需求变化进行调整,因此设计可以反复迭代和优化来满足特定研究目标。

系统基于 PXIe 平台,包含 2GHz 带宽的基带处理子系统、2GHz 带宽的中频(IF)模块,以及位于机箱外部的模块化毫米波射频收发模块(毫米波射频接收、毫米波射频发送)。如图 14.1 所示,该系统分为毫米波射频收发模块、中频上下变频模块、基带收发模块和 FPGA 处理模块。毫米波射频收发模块负责毫米波频段到中频的转换(中频范围:10.5~12GHz);中频上下变频负责中频信号到基带信号的转换;基带收发模块负责基带模拟信号到 IQ 数字信号的转换,该系统中 ADC 和 DAC 的采样率为 3.072GS/s;FPGA 处理模块负责 FPGA 处理,可以灵活地根据计算需求增加或减少 FPGA 模块从而实现高达 2GHz 带宽的数据处理能力。

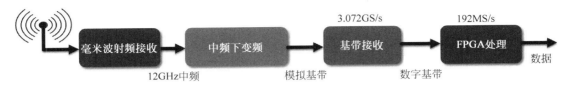

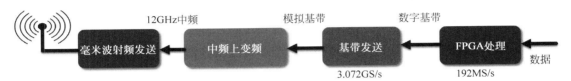

图 14.1 毫米波系统框图

从系统模块化角度,模块化方法可通过增加或移除对应模块来满足各种通道和配置需求,从而实现了灵活的硬件平台。用户可以选择使用完整的毫米波解决方案,或将自己的射频设备集成至中频或基带系统。在自定义射频前端系统中,一个典型的应用场景为,用户使用太赫兹射频前端搭建 NI 毫米波系统中频和基带模块,从而实现太赫兹射频收发原型系统。从而,用户使用相同的系统以及相同的中频和基带软硬件来开发不同频带的原型。从系统扩展角度,此系统还可从单向 SISO 系统扩展到双向 MIMO 系统。从系统功能角度,不仅适用于信道探测,也可进行并行收发来实现完整的双通道双向通信链路。

## 14.1.2 NI 毫米波收发原型系统介绍

本节将介绍毫米波原型系统的硬件组成。NI 毫米波收发系统内含 PXIe 机箱、控制器、时钟分配模块、FlexRIO FPGA 模块、高速 DAC 与 ADC、LO 与 IF 模块和毫米波上下变频头。以上模块可组装成不同的配置来满足不同毫米波应用的需求,例如信道测量、通信链路原型验证等。图 14.2 为典型的中频单收单发系统。

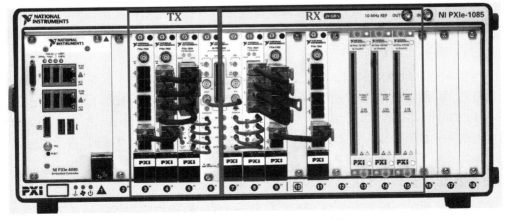

图 14.2 中频单收单发毫米波系统

相关的硬件配置如表 14.1 所示。

表 14.1　中频单收单发毫米波系统硬件表

| 硬　　件 | 插　　槽 | 功 能 简 介 |
| --- | --- | --- |
| PXIe-7902R | 3 | MIMO 功能扩展 |
| PXIe-7902R | 4 | 发送信号调制 |
| PXIe-3610 | 5 | I/Q 数模转换器 |
| PXIe-3620 | 7 | 中频和本振信号 |
| PXIe-3630 | 8 | I/Q 模数转换器 |
| PXIe-7902R | 9 | 接收信号解调 |
| PXIe-7902R | 11 | MIMO 功能扩展 |
| PXIe-7976R | 13 | 信道译码 |
| PXIe-7976R | 14 | 信道译码 |
| PXIe-7976R | 15 | MAC 层信息解析 |

如图 14.2 所示,PXIe 机箱内 slot 3~7 负责基带信号发送(包括极化码和 LDPC 在内的信道编码、信号调制和 MIMO 扩展功能),slot 9~15 负责基带信号接收(信道译码、信号解调和 MIMO 信号扩展),slot 8 为中频信号收发功能。可以通过增加相关模块构建基带收发、中频收发和更高阶次比如 2×2 MIMO 毫米波信号收发等不同层次系统。

发送端整体链路流程为:

(1) slot 4 PXIe-7902R 负责产生基带数字信号(包括信道编码工作);

(2) 数字信号通过前端 MGT 数字串行总线传输至 slot 5 PXIe-3610 I/Q 数模转换器;

(3) slot 5 PXIe-3610 I/Q 数模转换器将接收的数字信号转换成模拟信号;

(4) 模拟信号通过基带模拟信号线缆传输至 PXIe-3620 中频模块;

(5) PXIe-3620 中频模块进行上变频至中频,选择发送中频或继续将中频信号导入毫米波收发器,从而实现中频到毫米波频段转换。

整体接收流程和发送流程相对应,在接收流程中,由于信道译码等复杂信号运算,所以相对应将有更多的 FPGA 模块板卡参与到接收链路中。

如图 14.3 和图 14.4 所示,扩展一个中频系统,实现毫米波信号收发。在下方圆形框图中为毫米波变频器,将中频信号和本振信号通过射频线缆与毫米波上下射频收发器相连,实现中频到毫米波频段的扩展(24.5~33.4GHz;37~43.5GHz;57~64GHz;71~76GHz)。

### 1. PXI Express 机箱

原型验证系统以 PXIe-1085 机箱为基础。如图 14.5 所示,机箱包含不同的处理模块,并提供电源、数据互连以及定时和同步基础功能。18 槽机箱的每个插槽均搭载了 PCI Express(PCIe)第 3 代技术,适用于高吞吐量和低延迟应用。机箱可提供 4GB/s 的单槽带宽和 24GB/s 的系统带宽。由于灵活的 PXI 设计,在创建高通道数系统时,多个机箱可通过菊花链方式或星形配置连接在一起。

### 2. 高性能可重配置 FPGA 处理模块

图 14.6(a)所示单槽 FlexRIO FPGA 模块为 PXIe 机箱中添加了灵活的高性能 FPGA 处理模块,该模块可使用 LabVIEW 进行编程。PXIe-7976R FlexRIO FPGA 模块可独立运

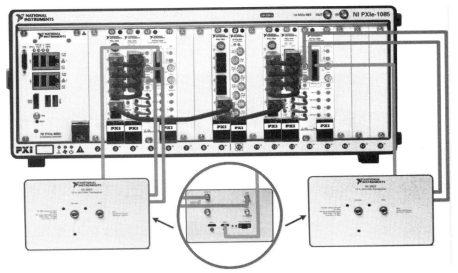

图 14.3 毫米波 2×2 MIMO 基站系统

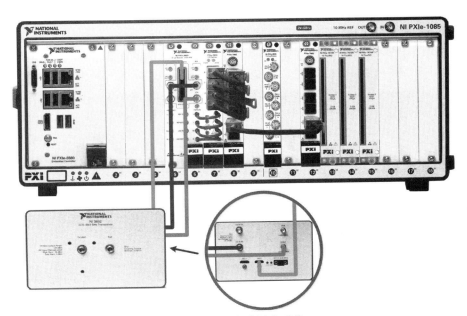

图 14.4 毫米波用户系统

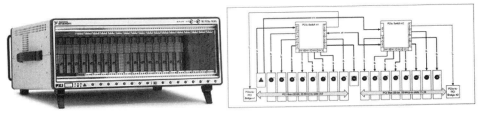

(a) 机箱          (b) 系统图

图 14.5 18 槽 PXIe-1085 机箱与系统图

行,提供了可自定义的 Xilinx Kintex-7 410T,通过 PCI Express Generation 2×8 连接至 PXI Express 背板。如图 14.6 所示,基于 PXIe-7976R FlexRIO FPGA 实现的毫米波收发器系统可根据不同的配置,将不同处理任务分配给不同的 FPGA,配置可通过软件进行设定。

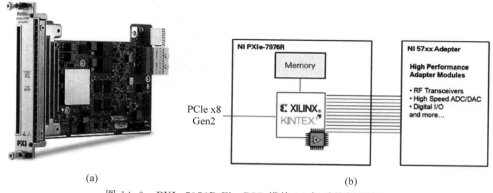

(a)                                (b)

图 14.6    PXIe-7976R FlexRIO 模块(a)与系统框图(b)

### 3. 用于高吞吐量应用的高性能 FPGA

图 14.7(a)所示 NI PXIe-7902 FPGA 模块是基于 Xilinx Virtex 7 485T 构建的功能强大的处理模块。大型 FPGA 适用于处理计算密集型应用,例如毫米波物理层。此模块能以 PCIe gen 2×8 的速率在 PXIe 机箱的背板之间传输数据。对于需要更快数据传输率的应用,PXIe-7902 还提供了由 24 个 GB 级收发器(MGT)组成的 6 个 miniSAS HD 前端面板连接器。MGT 可连接至其他 PXIe-7902 或其他 DAC/ADC 模块,使基带信号具有高达 2GHz 的实时宽带。基于 PXIe-7902 FPGA 模块的系统如图 14.7(b)所示。

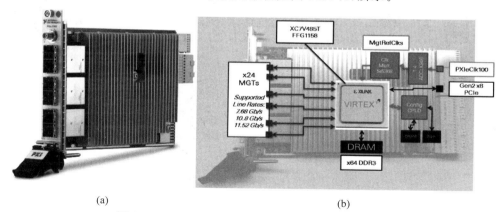

(a)                                (b)

图 14.7    PXIe-7902R FPGA 模块(a)与系统框图(b)

### 4. 超宽带 DAC 与 ADC

图 14.8 为 PXIe-3610 DAC,图 14.9 为 PXIe-3630 ADC。两者均可通过 4 个 MCX 前面板接头来连接模拟基带差分 I/Q 信号。这些模块连接起来组成一个基带回环测试系统,并连接至 PXIe-3620 中频模块或第三方基带硬件。

### 5. 12GHz IF 模块

图 14.10 所示的 PXIe-3620 LO/IF 模块能以高达 2GHz 的带宽分别处理一组发送链路

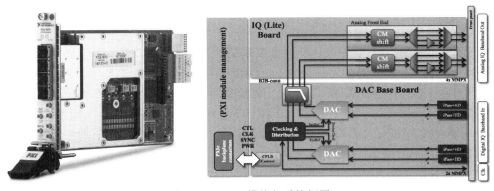

图 14.8 DAC 模块与系统框图

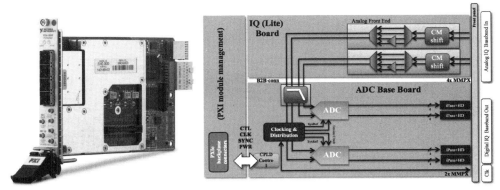

图 14.9 ADC 模块与系统框图

与一组接收链路。NI PXIe-3620 通过将输入信号与集成式 LO 组合,将 10.5～12GHz 之间的上变频基带信号编程为中频(IF)信号。针对接收部分,NI PXIe-3620 可接收 10.5～12GHz 的输入 IF,并将其转换为基带信号。该模块具有内部增益控制功能,并可传输高达 7dBm 的信号和接收 20dBm 的信号。PXIe-3620 还提供适用于毫米波射频前段的 LO 参考信号。LO/IF 模块可接收外部 LO 信号,也可针对其他 IF 模块驱动 LO 信号,在 MIMO 拓扑中同步多个发射器/接收器数据流。差分 I/Q 可通过设备前面板的 MXC 连接器进行模拟信号收发。

图 14.10 PXIe-3620 IF 模块

### 14.1.3　5G NR 毫米波系统运行结果

本节将简述使用上一节中叙述的毫米波系统硬件平台搭建的 5G NR 毫米波系统(原型系统参数见表 14.2,硬件部分见图 14.11)的实测结果。如图 14.12 所示,NI 5G NR 毫米波原型系统可在 2×2 下行链路 MU-MIMO 配置中使用具有 8 个分量载波(8×100MHz)的 OFDM 信号,具有混合波束成形和独立子帧,产生 5Gb/s 峰值吞吐量,并且可扩展到具有 8 个 MIMO 流的 20Gb/s。

**表 14.2　5G NR 毫米波原型系统参数**

| 参　　数 | 数　　值 |
| --- | --- |
| 中心频率 | 28GHz(可更换频率) |
| 带宽 | 8×100MHz |
| 采样率 | 3.072GS/s |
| 波形 | CP-PFDM |
| FFT | 2048@75kHz 子载波间隔 |
| 复用方式 | 动态 TDD |
| 天线数量 | 64 单元相控阵天线(可自定义调整) |
| MIMO 方案 | 混合型 MIMO 波束成形方案 |
| 调制方式 | QPSK 16-QAM 64-QAM |
| 编码方式 | Turbo |
| 吞吐率 | 3Gbps/stream |

图 14.11　5G NR 毫米波原型系统硬件部分

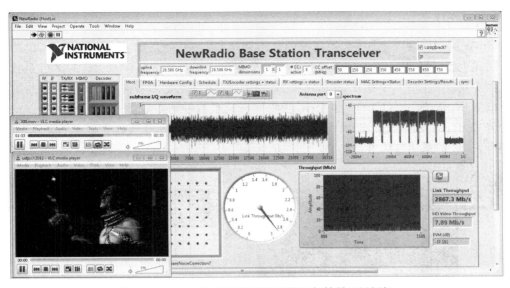

图 14.12　5G NR 毫米波原型系统运行结果(基站端)

### 14.1.4　NI 毫米波系统扩展应用

本节将简述基于 NI 毫米波系统的两个扩展案例,包括太赫兹研究原型平台以及 mmWave IC 应用研究平台。

#### 1. 太赫兹研究原型平台

Beyond-5G 研究中的一个热点话题就是太赫兹通信相关的研究,太赫兹(Terahertz)泛指频率在 100GHz～10THz。NI 毫米波原型系统,可以通过更换毫米波变频头的方式,使用同样的基带和中频模块,实现太赫兹传输原型系统。图 14.13 为利用 NI 毫米波中频系统搭载 VDI 太赫兹上下变频头,实现 110GHz 信号收发。

图 14.13　太赫兹通信原型系统

## 2. mmWave IC 应用研究

mmWave IC 设计是 5G 商用研究的热点领域,在芯片商用以前,算法的原型化芯片的验证同样也至关重要。图 14.14 和图 14.15 分别给出了基于 mmWave IC 的平台系统架构及硬件实现。与图 14.1 相比,mmWave IC 芯片实现了从毫米波到基带的转换,并输出基带模拟型号。后通过 NI ADC 和 DAC 模块实现模拟信号到 I/Q 数字信号的转换。该平台的优势在于,后端算法可以沿用原有的 NI 毫米波原型平台软件架构,从而快速验证 mmWave IC 的系统整体性能。

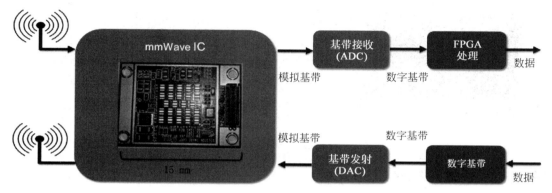

图 14.14　mmWave IC 原型平台系统框图

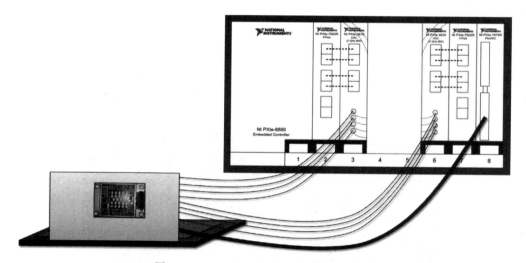

图 14.15　mmWave IC 原型平台硬件系统

# 14.2　新型物理层研究

虽然 OFDM 在过去的 10 年中一直是无线接入技术的选择,但调制波形设计在 5G 研究中也是一个热点的研究领域。例如,802.11a/ac/ad 和 LTE/LTE-A 使用 OFDM 的调制方式,但是由于循环前缀、严格的同步要求和频谱灵活性,使得 OFDM 设计的带外开销很高,这些都是寻求 5G 新型调制波形设计的原因。在 5G 研究的文献中出现了不同的 5G 新型波形,用于解决现有和预期场景。对 5G 新波形探索的迫切需求,推进了我们构建调制波形应用框架和快速原型平台。

在本章中,我们考虑了 5G 新波形之一——GFDM,并展示了如何使用 LabVIEW Communications 系统设计套件和 LTE 应用框架来快速建立 5G 波形原型平台,从而对新型物理层研究有更深入的理解。

## 14.2.1　基于 GFDM 的物理层系统框架介绍

很多有线或无线通信标准的物理层都采用了正交频分复用技术(OFDM)。基本原理是将高速率的数据流分割成 $N$ 组低速率的数据流,可以将其在正交的载频上并行传输。从数学的角度来看,这种特性是由将传输信号进行 $N$ 点 IFFT 操作来实现的。

$$x = Ad$$

其中,$d$ 是包含 $N$ 个复数数据码元的向量;$A$ 是 $N$ 乘 $N$ 的傅里叶矩阵;而 $x$ 是包含 $N$ 个复数传输采样点的向量。OFDM 通常和循环前缀(CP)技术组合使用,它允许接收机以较低的计算复杂度进行迫零信道均衡。尽管拥有上述诸多优点,OFDM 在带外(OOB)功率泄漏和较差的峰均功率比(PAPR)问题上仍有着严重不足。

在 5G 物理层研究的大背景下,GFDM 受到了广泛关注。对比 OFDM,广义频分复用(GFDM)采用了二维块结构。例如,$N$ 个复数数据码元被展开为 $K$ 个子载波和 $M$ 个子码元。这种特性可以通过应用每个子载波的脉冲成型滤波器 $g_{k,m}$ 来弥补 OFDM 在 OOB 和 PAPR 方面的不足。GFDM 信号的生成可以表示为

$$x = Ad$$

其中,$A$ 是所谓的调制矩阵,它包含了原型滤波器 $g_{0,0}$ 在时域和频域的偏移情况。值得强调的是,GFDM 和 OFDM 相比可以在相同处理方式的情况下从低复杂度的 FFT 中受益。在一般情况下,GFDM 是非正交调制方案。因此,在接收端进行额外的处理可能变得十分必要。值得一提的是,GFDM 在正交的情况下也可以参数化为等效的 OFDM 调制。

GFDM 是一种灵活的多载波调制技术,滤波过程(以及滤波器的选择)相比 OFDM 而言能够有效地减少带外功率辐射,因此它作为频谱利用灵活的调制技术备受关注。

令 $K$ 为子载波的数目,$M$ 为块存储长度,那么一组数据长度可以表示为 $N = K \times M$。因此,输入数据矩阵 $d$ 是 $K \times M$ 的输入矩阵

$$d = \begin{bmatrix} d_{0,0} & \cdots & d_{0,M-1} \\ \vdots & \ddots & \vdots \\ d_{K-1,0} & \cdots & d_{K-1,M-1} \end{bmatrix}$$

使用原型滤波器 $g(\cdot)$,GFDM 码元为

$$x[n] = \sum_{k=0}^{K-1} \sum_{m=0}^{M-1} g[(n - mK) \bmod N] d_{k,m} \mathrm{e}^{-2\mathrm{j}\pi n \frac{k}{K}}$$

对原型滤波器而言,使用各种滚降系数的根升余弦或升余弦滤波器经常被使用。GFDM 的块处理结构只需要在使用的时间块加循环前缀,比 OFDM 减少了循环前缀的开销。此外,数据的时频结构也更适用于从低延迟的小数据包传输到容忍延迟的大数据包传输。

选取 GFDM 为新型物理层的典型应用,简述利用 LTE 应用框架搭建 GFDM 原型系统的框图。如第 12 章所述,NI 提供了 LTE 应用框架实现 LTE 系统的原型验证平台。基于该 LTE 原型平台,在图 14.16 更改对应的 GFDM 资源映射和 GFDM 调制模块替换对应的 LTE 资源块映射和 OFDM 调制。

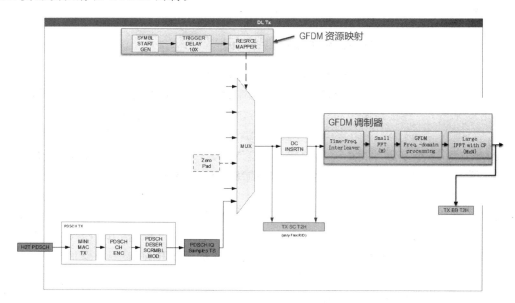

图 14.16　基于 LTE 应用框架的 GFDM 原型系统发送框图

## 14.2.2　GFDM 原型系统介绍

本实验的硬件拓扑关系如图 14.17 所示。其中,两台 USRP-RIO 分别实现 LTE 通信链路和 GFDM 发射机原型,它们都是基于 LTE 应用框架实现的。LTE 信号收发机的 USRP-RIO 实现的是一个完整的 LTE 通信链路,GFDM 发射机的 USRP-RIO 实现的是发送 GFDM/OFDM 信号来利用 LTE 通信空闲频段进行传输,同时接收两台 USRP-RIO 的发射信号并进行频谱分析。值得一提的是,本系统既可以采用图中 SMA 线缆的连接方式,也可以采用天线的无线传输方式。

传统 LTE 链路由在 NI USRP-RIO 设备上运行的 LTE 应用框架软件实现。

GFDM 用户通过在第二台 USRP-RIO 设备上并行运行的实时 GFDM 发送器实现新型波形收发。两个 USRP 设备(即 GFDM 发射机和 LTE 传统发射机)的 RF/Tx 输出信号通过 RF 耦合器或者空口传输,并且组合信号最终被馈送到 LTE 传统接收机的 Rx 输入。

## 14.2.3　GFDM 原型系统运行结果

使用 14.2.2 节所述的 GFDM 发射机。图 14.18 显示了用于 GFDM 的改进的 LTE 应用框架传输的实例。在这个例子中,产生两个窄带 GFDM 信号。图 14.19 左侧是生成的 GFDM 频谱,右侧为接收频谱。从图 14.18 和图 14.19 可以看出,GFDM 信号带外发射优于 OFDM。

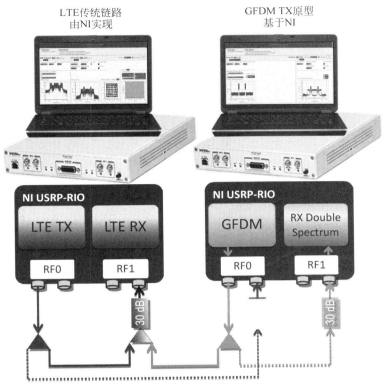

图 14.17 GFDM 原型系统硬件链接图

图 14.18 GFDM 原型系统实测环境

图 14.20 中的频谱图显示了 GFDM 信号以及另一个 LTE 信号源。GFDM 信号利用 LTE 信号源的空隙进行传输,在例如低速率窄带 IoT 类型的应用中,IoT 设备可利用 LTE 信号的空闲频谱进行传输。这里主要关心的是窄带 GFDM 对 LTE 信号的影响。机会用户

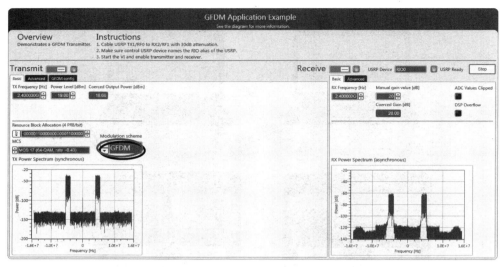

图 14.19　GFDM 发射机和频谱检测接收机

（即 GFDM 发射机）不应该干扰原有的 LTE 信号收发。右边的频谱图表明 GFDM 对 LTE
占用的子载波的影响非常小。

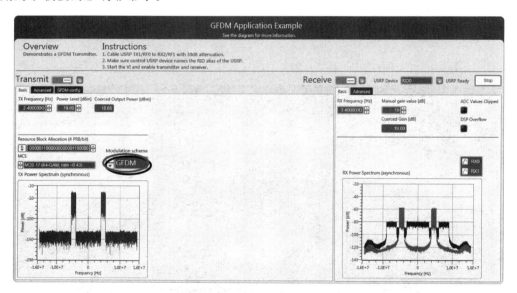

图 14.20　GFDM 信号和 LTE 信号共存

## 14.3　5G 网络层和物理层联合研究

在设计 5G 网络时，为了满足网络虚拟化和超密集部署严格的低延迟性能要求，包括核
心网络的通信系统的所有层必须以联合方式进行优化。此外，随着 small cell 和 micro cell
等概念的提出，蜂窝网络小区覆盖范围在减少而部署数量在增加，干扰管理成为一个更大的

挑战。因此,eICIC、FeICIC 和 CoMP 等干扰协调技术必须进一步发展,以支持未来更密集的网络。最后,对于其中网络资源随着业务状况改变而动态地重新配置的 SDN,必须适当地抽象出控制和数据平面,以便研究不同应用相关联的网络管理。如图 14.21 所示,针对上述挑战,基于 PC 模拟的网络仿真的方式已经不能满足相对应的研究需求,从而需要相对应的网络层和物理层联合研究原型验证系统。

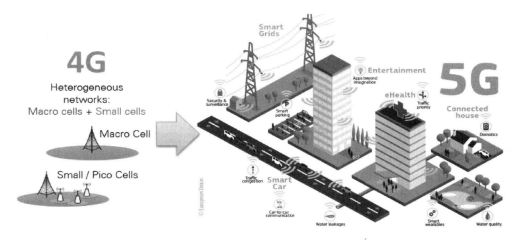

图 14.21 5G 网络侧演进

## 14.3.1 5G 网络层与物理层联合研究系统框架介绍

NI 5G 网络层与物理层联合研究系统结合 LTE 应用框架和包括 NS-3 在内的开源仿真平台。如第 12 章所述,NI LTE 应用框架是一个实时的 LTE 物理层原型系统,通过 L1-L2 API 与广泛的开源协议栈包括 OAI(Open Air Interface)和 NS-3(Network Simulator-3)结合,提供一个完整的网络层到物理层原型系统,如图 14.22 所示。此外,由于整个系统的每一层的源代码都是可更改的,研究人员可以定制系统以适应他们的研究需求。

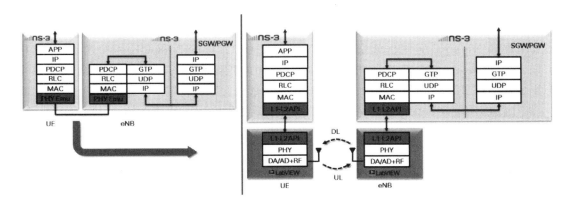

图 14.22 NI 网络层与物理层联合研究系统框图

在欧洲的 FP7 项目 CROWD 中,NI 原型系统已经被用来成功实现在蜂窝无线网络密集异构部署中用于干扰管理的 SDN 算法原型验证。使用分布式移动性管理(DMM),原型系统采用 MIH IEEE 802.11u 来演示 UE 在不同的干扰和业务条件下,在 LTE 和 WiFi 网络间成功切换。CROWD 项目还成功演示了多基站和终端的 eICIC 空白子帧传输。基于此原型系统,也可以用于以下研究领域:

(1) 系统级延迟优化算法;

(2) 干扰协调和消除算法(CoMP、eICC 等);

(3) 新波形的灵活数字技术和协议;

(4) 窄带物联网协议;

(5) 新的 SDN 和网络切片;

(6) CRAN。

### 14.3.2　5G 网络层和物理层联合原型系统介绍

传统的网络层仿真平台通常用物理层抽象的方式来实现物理层系统,简单地使用信噪比和丢包率等关键 KPI 来映射网络中的系统指标。这在实际的系统中会带来很大的偏差。图 14.23 的左边部分代表以 NS-3 为例的传统网络层仿真的系统框图,右边部分为 NI 网络层和物理层联合原型系统。其中最大的区别在于,将原有的物理抽象层用实际的硬件原型系统替代,并增加 L1-L2 API 实现物理层和网络层的交互。

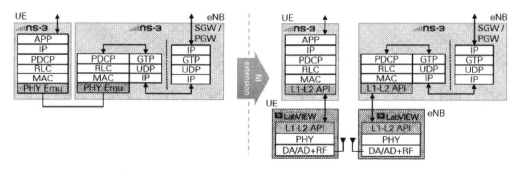

图 14.23　网络层和物理层联合原型系统框图

NI MAC/PHY 原型系统硬件框图如图 14.24 所示。在图 14.24(a)中示出的是由 NS-3 上层和 NI LTE 应用框架实时 PHY 层组成的 LTE eNB 和 UE 的功能组件,其中 L1-L2 API 为高速 UDP 接口。图 14.24(b)描绘了原型系统的硬件体系结构以及各个 PHY 层和上层软件组件到各个硬件设备的映射和数据交互。

图 14.25 所示是一个系统图,描绘基站、UE 配置及控制器和 FPGA 模块等硬件。NI PXI 控制器运行 Linux RT NS-3,FPGA 内通过 LTE 应用框架运行 LTE 物理层,L1-L2 API 使用主机 UDP 接口。

系统中心是一个 Windows PC,用来控制 eNodeB 和 UE。Windows PC 连接到每个目标通过以太网部署和执行相关任务,如部署在每个 PXI 目标运行项目的可执行文件,配置设备的整体网络,监控每个 PXI 系统的行为和终端输出。该系统还可以扩展到支持更多的基站和 UE 形成更大的 5G 无线网络。每个设备具有类似的硬件和软件架构。由于每个设备的源代码都是开放的和可修改的,所以每个设备都可以用独特的上层堆栈协议来定制,以支持跨相邻小区的快速切换或新的干扰消除算法。5G MAC/PHY 原型平台的灵活性和硬件能力使它

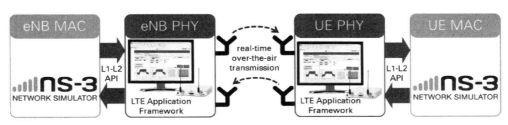

(a) 功能分割

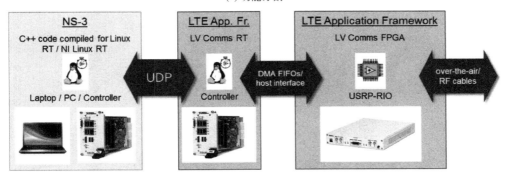

(b) 原型系统的硬件结构

图 14.24 网络层和物理层联合研究原型系统硬件框图

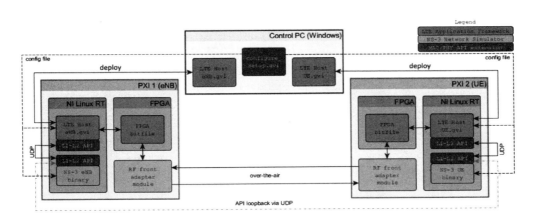

图 14.25 网络层和物理层原型系统框图

能够用于进行空中试验以评估 5G 无线网络。更多的信息请参考：https://forums.ni.com/
t5/Software-Defined-Radio/NI-LTE-MAC-PHY-Prototyping-Application-Example/ta-p/3572116。

### 14.3.3 5G 网络层和物理层联合原型系统运行结果

基于 14.3.2 节叙述的 5G 网络层和物理层联合原型系统，系统运行结果如图 14.26 和
图 14.27 所示。

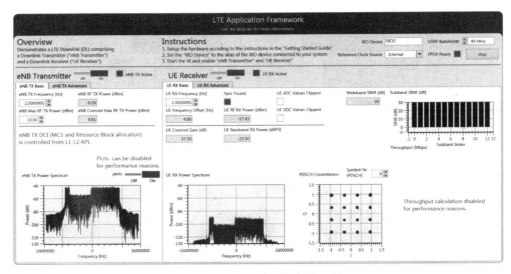

图 14.26　LTE 应用框架物理层

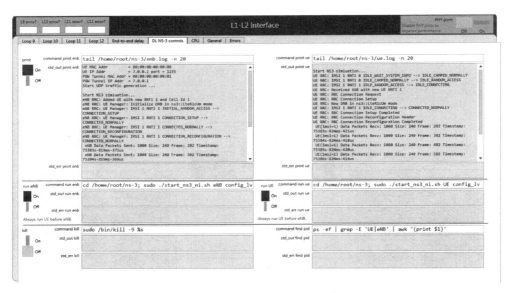

图 14.27　L1-L2 接口和 MAC 层信息

# 14.4　本章小结

当今,软件无线电正在广泛助力于各种移动通信新技术的探索和发展,本章介绍了软件无线电技术在大规模 5G NR 毫米波系统、新型物理层研究及 5G 网络层和物理层联合研究中的应用情况,希望为广大读者提供参考和借鉴。

# 缩 略 词 表

| 缩写 | 英文全称 | 中文全称 |
|------|----------|----------|
| 1G | The First-Generation Mobile Communication Systems | 第一代移动通信系统 |
| 1xEV-DO | Evolution Data Optimized | 演进数据优化 |
| 1xEV-DV | Evolution Data and Voice | 演进数据和话音 |
| 2G | The Second-Generation Mobile Communication Systems | 第二代移动通信系统 |
| 3G | The Third-Generation Mobile Communication Systems | 第三代移动通信系统 |
| 4G | The Fourth-Generation Mobile Communication Systems | 第四代移动通信系统 |
| 5G | The Fifth-Generation Mobile Communication Systems | 第五代移动通信系统 |
| 3GPP | The 3rd Generation Partnership Project | 第三代伙伴计划 |
| ADC | Analog-to-Digital Converter | 模数转换器 |
| AF | Application Function | 应用功能 |
| AMC | Adaptive Modulation Coding | 自适应调制和编码 |
| AMF | Access and Mobility Function | 接入和移动性管理功能 |
| AMPS | Advanced Mobile Phone System | 美国的高级移动电话系统 |
| API | Application Program Interface | 应用程序接口 |
| AUSF | Authentication Server Function | 认证服务器功能 |
| BABS | Bandwidth Assignment Based on SNR | 基于信噪比的带宽分配算法 |
| BCCH | Broadcast Control Channel | 广播控制信道 |
| BCH | Broadcast Channel | 广播信道 |
| BER | Bit Error Rate | 误比特率 |
| CAZAC | Constant Amplitude Zero Auto-Corelation | 恒包络零自相关序列 |
| CB | Coordinated Beamforming | 波束赋形 |
| CC | Component Carrier | 成员载波数 |
| CCCH | Common Control Channel | 公共控制信道 |
| CCE | Control Channel Element | 控制信元 |
| CCIR | Consultative Committee of International Radio | 国际无线电咨询委员会 |
| CDD | Cyclic Delay Diversity | 循环延迟分集 |
| CDMA | Code Division Multiple Access | 码分多址 |
| CDN | Content Delivery Network | 内容分发网络 |
| CFI | Control Format Indicator | 控制格式指示 |
| CoMP | Coordinated Multi-Point Transmission | 多点协作传输 |
| CP | Control Plane | 控制面 |
| CQI | Channel Quality Information | 信道质量信息 |
| CRC | Cyclic Redundancy Check | 循环冗余校验 |
| C-RNTI | Cell-Radio Network Temporary Identifier | 小区无线网络临时标识 |
| CS | Coordinated Scheduling | 协作调度 |
| CS/CB | Coordinated Scheduling/Coordinated Beamforming | 协作调度/波束赋形 |
| CSI | Channel State Information | 信道状态信息 |
| CSIR | Channel State Information of Receive | 接收端信道状态信息 |
| CSIT | Channel State Information of Transmit | 发送端信道状态信息 |

| CU | Central Unit | 集中单元 |
|---|---|---|
| DAC | Digital-to-Analog Converter | 数模转换器 |
| D-AMPS | Digital Advanced Mobile Phone System | 数字高级移动电话系统 |
| D-BLAST | Diagonal Bell Labs Layered Space-Time | 对角-贝尔实验室分层空时 |
| DCI | Downlink Control Information | 下行控制信息 |
| DCS | Dynamic Cell Selection | 动态小区选择 |
| DDC | Digital Down Converter | 数字下变频器 |
| DFE | Decision Feedback Encode | 判决反馈解码 |
| DFT | Discrete Fourier Transformation | 离散傅里叶变换 |
| DL-SCH | Down-link Shared Channel | 下行共享信道 |
| DMRS | Demodulation Reference Signal | 解调参考信号 |
| DN | Data Network | 数据网络 |
| DPC | Dirty Paper Coding | 脏纸编码 |
| DRS | Dedicated Reference Signal | 专用参考信号 |
| DS-CDMA | Direct Sequence-Code Division Multiple Access | 直接序列码分多址 |
| DSP | Digital Signal Processing | 数字信号处理 |
| DSTBC | Differential Space-Time Block Codes | 差分空时编码 |
| DTCH | Dedicated Traffic Channel | 专用数据信道 |
| DwPTS | Downlink link Pilot Time Slot | 下行链路导频时隙 |
| DU | Distributed Unit | 分布式单元 |
| DUC | Digital Up Converter | 数字上变频器 |
| EDGE | Enhanced Data Rate for GSM Evolution | GSM 增强型数据传输技术 |
| eMBB | enhanced Mobile Broadband | 增强型移动宽带 |
| eNodeB | evolved Node Basestation | 演进型 Node B |
| EPC | Evolved Packet Core | 分组核心网 |
| EPS | Evolved Packet System | 演进分组系统 |
| ETSI | European Telecommunications Standard Institute | 欧洲电信标准化协会 |
| EUTRAN | Evolved Universal Terrestrial Radio Access Network | 演进的通用陆地无线接入网 |
| FBMC | Filter Bank Multi-Carrier | 滤波器组多载波 |
| FDD | Frequency Division Duplexing | 频分双工 |
| FFO | Frame-Frequency-Offset | 小数倍频偏 |
| FFT | Fast Fourier Transform Algorithm | 快速傅里叶变换算法 |
| FOMA | Freedom of Mobile Multimedia Access | 自由移动多媒体接入 |
| FPGA | Field Programmable Gate Array | 现场可编程门阵列 |
| FSTD | Frequency Switched Transmit Diversity | 频率切换传输分集 |
| GMC | Generalized Multi-carrier | 广义多载波 |
| gNB | next generation Node Basestation | 5G 基站 |
| GP | Guard Period | 保护间隔 |
| GPRS | General Packet Radio Service | 通用分组无线业务 |
| GSM | Global System for Mobile communications | 全球移动通信系统 |
| GT | Guard Time | 保护时间 |
| GTP | GPRS Tunnel Protocol | GPRS 隧道协议 |
| HARQ | Hybrid Automatic Repeat reQuest | 混合自动重传 |
| HSDPA | High Speed Downlink Packet Access | 高速下行链路分组接入 |

| HSPA | High Speed Packet Access | 高速分组接入 |
|------|--------------------------|-------------|
| HSUPA | High Speed Uplink Packet Access | 高速上行链路分组接入 |
| ICI | Inter Carrier Interference | 载波间干扰 |
| ICIC | Inter-Cell Interference Coordination | 小区间干扰协调 |
| IDFT | Inverse Discrete Fourier Transform | 离散傅里叶反变换 |
| IETF | Internet Engineering Task Force | Internet 工程任务委员会 |
| IFFT | Inverse Fast Fourier Transform | 快速傅里叶逆变换 |
| IFO | Integer-Frequency-Offset | 整数倍频偏 |
| IMS | IP Multimedia Subsystem | IP 多媒体子系统 |
| IoT | Internet of Things | 物联网 |
| IR | incremental redundancy | 增量冗余 |
| ISG | Industry Specification Group | 行业规范工作组 |
| ISI | Inter Symbol Interference | 符号间干扰 |
| ITU | International Telecommunication Union | 国际电信联盟 |
| JP | Joint Processing | 联合处理 |
| JT | Joint Transmission | 联合传输技术 |
| LCMV | Linearly Constrained Minimum Variance | 线性约束最小方差 |
| LSS | Least Squares Smoothing | 最小二乘滤波法 |
| LTE | Long Term Evolution | 长期演进 |
| LTE-A | LTE-Advanced | 先进的长期演进技术 |
| MAC | Media Access Control | 媒体介入控制层 |
| Max C/I | Maximum Carrier to Interference | 最大载干比算法 |
| MBMS | Multimedia Broadcast Multicast Service | 多媒体广播多播服务 |
| MANO | MANagement & Orchestration | 管理和编排 |
| MBSFN | Multicast Broadcast Single Frequency Network | 多播广播单频网络 |
| MC-CDMA | Multi-Carrier Code Deivision Multiple Access | 多载波码分多址接入 |
| MCCH | Multicast Control Channel | 多播控制信道 |
| MCH | Multicast Channel | 多播信道 |
| MCM | Multi-Carrier Modulation | 多载波调制 |
| METIS | Mobile and wireless communications Enablers for The 2020 Information Society | 2020 年信息社会的移动无线通信使能技术 |
| MIB | Master Information Block | 主信息块 |
| MIMO | Multiple Input Multiple Output | 多输入多输出 |
| MISO | Multiple Input Single Output | 多输入单输出 |
| ML | Maximum Likelihood | 最大似然 |
| MLD | Maximum Likelihood Decoding | 最大似然解码 |
| M-LWDF | Modified Largest Weighted Delay First | 修正最大加权时延优先 |
| MME | Mobility Management Entity | 移动性管理实体 |
| MMSE | Minimum Mean Square Error | 最小均方差 |
| mMTC | massive Machine Type Communication | 大规模机器类通信 |
| MSINR | Maximum Signal to Interference plus Noise Ratio | 最大信干噪比 |
| MTCH | Multicast Traffic Channel | 多播流量通道 |
| M-UE | Macro-User Equipment | 直接由基站服务的用户 |
| MU-MIMO | Multiple-User-MIMO | 多用户 MIMO |

| MUSA | Multi-User Shared Access | 多用户共享接入 |
|---|---|---|
| NE | Network Elements | 网元 |
| NEF | Network Exposure Function | 能力开放功能 |
| NF | Network Function | 网络功能 |
| NFVI | NFV Infrastructure | NFV 基础设施 |
| NG | Next Generation | 下一代 |
| NMT | Nordic Mobile Telephone | 北欧移动电话系统 |
| NRF | NF Repository Function | 网络仓库功能 |
| NSA | Non-StandAlone | 非独立 |
| NFV | Network Function Virtualization | 网络功能虚拟化 |
| NSSF | Network Slice Selection Function | 网络切片选择 |
| OFDM | Orthogonal Frequency Division Multiplexing | 正交频分复用 |
| OFDMA | Orthogonal Frequency Division Multiple Access | 正交频分多址接入 |
| OFDM-TDMA | OFDM Time Division Multiple Access | OFDM 时分多址接入 |
| OS | Opportunity Scheduling | 机会调度 |
| OSS/BSS | Operation Support System/Business Support System | 运营支撑系统/业务支撑系统 |
| PAPR | Peak-to-Average Power Ratio | 峰均比 |
| PBCH | Physical Broadcast Channel | 物理广播信道 |
| PCC | Primary Component Carrier | 主载波 |
| PCCH | Paging Control Channel | 呼叫控制信道 |
| Pcell | Primary cell | 主小区 |
| PCF | Policy Control Function | 策略控制功能 |
| PCFICH | Physical Control Format Indicator Channel | 物理控制格式指示信道 |
| PCH | Paging Channel | 寻呼信道 |
| PDC | Personal Digital Cellular | 个人数字蜂窝网 |
| PDCCH | Physical Downlink Control Channel | 物理下行控制信道 |
| PDCP | Packet Data Convergence Protocol | 分组数据汇聚协议 |
| PDMA | Pattern Division Multiple Access | 图样分割多址 |
| PDSCH | Physical Downlink Shared Channel | 物理下行共享信道 |
| PER | Packet Error Rate | 误包率 |
| PF | Proportional Fairness | 比例公平算法 |
| PHICH | Physical Hybrid ARQ Indicator Channel | 物理混合重传指示信道 |
| PHY | Physical Layer | 物理层 |
| PLMN | Public Land Mobile Network | 公用陆地移动通信网络 |
| PMCH | Physical Multicast Channel | 物理多播信道 |
| PRACH | Physical Random Access Channel | 物理随机接入信道 |
| PRB | Physical resource block | 物理资源块 |
| PS | Packet Scheduling | 分组调度算法 |
| PSCH | Primary Synchronization Channel | 主同步信道 |
| PSS | Primary Synchronization Signal | 主同步信号 |
| PSTN | Public Switched Telephone Network | 公共交换电话网 |
| PUCCH | Physical Uplink Control Channel | 物理层上行控制信道 |
| PUSCH | Physical Uplink Shared Channel | 物理上行共享信道 |
| PVS | Precoding Vector Switch | 预编码向量切换 |

| QAM | Quadrature Amplitude Modulation | 正交幅度调制 |
|---|---|---|
| QoS | Quality of Service | 服务质量 |
| QPP | Quadratic Permutation Polynomial | 二次置换多项式 |
| RACH | Random Access Channel | 随机接入信道 |
| RAN | Radio Access Network | 无线接入网 |
| RAR | Random Access Reply | 随机接入响应 |
| RA-RNTI | Random Access-RNTI | 随机接入 RNTI |
| RB | Resource Block | 资源块 |
| RE | Resource Element | 资源粒子 |
| RF | Radio Frequency | 射频 |
| RR | Round Robin | 轮询 |
| RRC | Radio Resource Control | 无线资源控制层 |
| RRM | Radio Resource Management | 无线资源管理 |
| RSRP | Reference Signal Received Power | 参考信号接收功率 |
| RU | Resource Unit | 资源单元 |
| R-UE | Remote-User Equipment | 中继进行服务的用户 |
| SA | Stand Alone | 独立 |
| SAE | System Architecture Evolution | 系统架构演进 |
| SBA | Service-Based Architecture | 基于服务的网络架构 |
| SC | Successive Cancellation | 串行抵消 |
| SCC | Secondary Component Carrier | 辅载波 |
| Scell | Secondary cell | 辅小区 |
| SC-FDMA | Single Carrier-FDMA | 单载波频分多址技术 |
| SCH | Synchronizing CHannel | 同步信道 |
| SCMA | Sparse Code Multiple Access | 稀疏码分多址 |
| SDD | Subcarrier Division Duplex | 载波分双工 |
| SDN | Software Defined Network | 软件定义网络 |
| SDR | Software Defined Radio | 软件定义无限定 |
| SFC | Space-Frequency Coding | 空频编码 |
| SFN | System Frame Number | 系统帧号 |
| S-GW | Serving Gateway | 服务网关 |
| SIB | System Information Block | 系统信息块 |
| SIMO | Single Input Multiple Output | 单输入多输出 |
| SINR | Signal to Interference plus Noise Ration | 信号干扰噪声比 |
| SIP | Session Initiation Protocol | 会话发起协议 |
| SISO | Single Input Single Output | 单输入单输出 |
| SMF | Session Management Function | 会话管理功能 |
| SNR | Signal to Noise Ratio | 信号噪声功率比 |
| SON | Self-Organizing Network | 自组织网络 |
| SRS | Sounding Reference Symbol | 探测参考符号 |
| SSCH | Secondary Synchronization CHannel | 辅同步信道 |
| SSS | Secondary Synchronization Signal | 辅同步信号 |
| STBC | Space-Time Block Codes | 分组空时码 |
| ST-BICM | Space-Time Bit-Interleaved Coded Modulation | 级联空时码 |

| STC | space Time Coding | 空时编码 |
| STTC | Space-Time Trellis Codes | 网格空时码 |
| STTD | Space-Time Transmit Diversity | 空时发送分集 |
| SU-MIMO | Single-User-MIMO | 单用户 MIMO |
| SUS | Semi-orthogonal User Selection | 半正交调度 |
| SVD | Singular Value Decomposition | 奇异值分解 |
| TA | Timing Advance | 时间提前量 |
| T-BLAST | Threaded Bell Labs Layered Space-Time | 螺旋-贝尔实验室分层空时（编码） |
| TCM | Trellis Coded Modulation | 编码调制 |
| TDD | Time Division Duplexing | 时分双工 |
| TDM | Time Division Multiplexing | 时分复用 |
| TDMA | Time Division Multiple Access | 时分多址接入系统 |
| TD-SCDMA | Time Division-Synchronous Code Division Multiple Access | 时分同步码分多址 |
| TSTD | Time Switched Transmit Diversity | 时间切换分集 |
| TTI | Transmission Time Interval | 传输时间间隔 |
| UCI | Uplink Control Information | 上行控制信息 |
| UDN | Ultra Dense Network | 超密集网络 |
| UDM | Unified Data Management | 统一数据管理 |
| UE | User Equipment | 用户设备 |
| ULA | Uniform Linear array | 单位线性阵列 |
| UL-SCH | Up-link Shared Channel | 上行共享信道 |
| UMTS | Universal Mobile Telecommunications System | 通用移动电信系统 |
| UP | User Plane | 用户面 |
| UPA | Uniform Planar Array | 单位面阵 |
| UPF | User Plane Function | 用户面功能 |
| UpPTS | Uplink Pilot Time Slot | 上行导频时隙 |
| uRLLC | ultra Reliable & Low Latency Communication | 超可靠低时延通信 |
| USRP | Universal Software Radio Peripheral | 通用软件无线电外设 |
| USTC | Unitary Space-Time Codes | 酉空时编码 |
| UTRA | Universal Terrestrial Radio Access | 通用陆地无线接入 |
| V-BLAST | Vertical Bell Labs Layered Space-Time | 垂直-贝尔实验室分层空时（编码） |
| VIM | Virtualized Infrastructure Manager | 虚拟设施管理器 |
| VNF | Virtual Network Function | 虚拟化网络功能 |
| VoIP | Voice over Internet Protocol | 互联网协议电话 |
| VRB | Virtual Resource Block | 虚拟资源块 |
| WCDMA | Wideband Code Division Multiple Access | 宽带码分多址移动通信系统 |
| ZC | Zadoff-Chu | Zadoff-Chu（正交序列） |
| ZF | Zero-Forcing Detection | 迫零检测 |

# 参 考 文 献

[1] 李晓辉,付卫红,黑永强. LTE 移动通信系统[M].西安:西安电子科技大学出版社,2016.

[2] 皮埃尔,蒂埃里. 演进分组系统(EPS):3G UMTS 的长期演进和系统结构演进[M]. 李晓辉,崔伟,译.北京:机械工业出版社,2009.

[3] 沈嘉,索士强,全海洋,等. 3GPP 长期演进(LTE)技术原理与系统设计[M]. 北京:人民邮电出版社,2008.

[4] 王文博,郑侃. 宽带无线通信 OFDM 技术[M].2 版.北京:人民邮电出版社,2007.

[5] 尤肖虎,潘志文,高西奇,等. 5G 移动通信发展趋势与若干关键技术[J]. 中国科学:信息科学,2014,44(5):551-563.

[6] IMT-2020(5G)推进组. 5G 愿景与需求白皮书[R]. http://www. imt-2020. org. cn/zh/documents/. 2014.

[7] 焦秉立,李建业. 一种适用于同频同时隙双工的干扰消除方法:CN101141235[P].2008-03-12.

[8] Vucetic B,Yuan J. Space-Time Coding[M]. New York:John Wiley,2003.

[9] Jones A E,Wilkinson T A,Barton S K. Block coding scheme for reduction of peak to mean envelope power ratio of multicarrier transmission schemes[J]. Electronics letters,1994,30(25):2098-2099.

[10] Wong C Y,Cheng R S,Letaief K B,et al. Multiuser OFDM with adaptive subcarrier bit and power allocation[J]. Communication Tech. IEEE J. Select. Areas Commun,1999,17(10):1747-1757.

[11] Kivanc D,Li G,Liu H. Computationally efficient bandwidth allocation and power control for OFDMA[J]. IEEE Trans. Wireless Commun,2003,2(6):1150-1158.

[12] Coleri S,Ergen M,Puri A,et al. Channel estimation techniques based on pilot arrangement in OFDM systems[J]. IEEE Transactions on Communication Tech,2002,48(3):223-229.

[13] Muquet B,De Courville M and Duhamel P. Subspace-based blind and semi-blind channel estimation for OFDM systems[J]. IEEE Transactions on Signal Processing,2002,50(7):1699-1712.

[14] Kung T L,Parhi K K. Optimized joint timing synchronization and channel estimation for OFDM systems[J]. Wireless Communications Letters,IEEE,2012,1(3):149-152.

[15] Chang J C,Ueng F B,Wang H F,et al. Performances of OFDM-CDMA receivers with MIMO communications[J]. International Journal of Communication Systems,2014,27(5):732-749.

[16] Golden G D,Foschini G J,Valenzuela R A,et al. Detection algorithm and initial laboratory results using V-BLAST space-time communication architecture[J]. Electronics Letters,1999,35(1):6-7.

[17] Naguib A F,Tarokh V,Seshadri N,et al. A space-time coding modem for high-data-rate wireless communications[J]. IEEE J. Select. Areas Commun. 1998,16(2):1462-1478.

[18] Hochwald B M,Marzetta T L. Unitary space-time modulation for multiple-antenna communication in Rayleigh flat-fading[J]. IEEE Trans. Inform. Theory,2000,46(2):543-564.

[19] Agrawal D,Richardson T J and Urbanke R. Multiple-antenna signal constellations for fading channels. IEEE Trans. Inform. Theory,2001,47(6):2618-2626.

[20] Ogawa Y,Nishio K,Nishimura T,et al. A MIMO-OFDM system for high-speed transmission. 2003 IEEE 58th Vehicular Technology Conference,VTC2003-Fall,2004,58(1):493-497.

[21] Oggier F,Hassibi B. Algebraic Cayley differential space-time codes. IEEE Trans. Inform. Theory,2007,53(5):1911-1919.

[22] Gulati V，Narayanan K R. Concatenated codes for fading channels based on recursive space-time trellis codes[J]. IEEE Trans. Wireless Commun，2003,2(1)：118-128.

[23] Tang J，Zhang X. Cross-layer design of dynamic resource allocation with diverse QoS guarantees for MIMO-OFDM wireless networks[J]. World of Wireless Mobile and Multimedia Networks[J]. Sixth IEEE International Symposium，2005：205-212.

[24] Wong K K. Adaptive Space-Division Multiplexing for Multiuser MIMO Antenna Systems in Downlink[C]. 2005 Asia-Pacific Conference on Communications，2005：334-338.

[25] Zhang R，Liang Y C，Cui S. Dynamic resource allocation in cognitive radio networks：A convex optimization perspective. IEEE Signal Process,2010,27(3)：102-114.

[26] Prabhu R S，Daneshrad B. An energy-efficient water-filling algorithm for OFDM systems[C]，in Proc. IEEE ICC 2010，2010：1-5.

[27] Goldsmith. Adaptive modulation and coding for fading channels[C]. Information Theory and Communications Workshop，1999：24-26.

[28] Häring L，Kisters C. Performance comparison of adaptive modulation and coding in OFDM systems using signalling and automatic modulation classification[C]. OFDM 2012，17th International OFDM Workshop 2012 (InOWo'12)，Proceedings of VDE，2012：1-8.

[29] Minseok K，Sungbong K，Yonghoon L. An implementation of downlink asynchronous HARQ for LTE TDD system[C]. 2012 IEEE Radio and Wireless Symposium (RWS)，2012：271-274.

[30] Zhihui Qiu，Tao Lei and Rongyu Fang. A New Scheme for Initial Cell Search in Time Division Long Term Evolution Systems[C]. 2013 Ninth International Conference on Natural Computation (ICNC).

[31] Rapeepat Ratasuk，Dominic Tolli and Amitava Ghosh. Carrier Aggregation in LTE-Advanced[J]. IEEE Communications Magazine，2010，10(1).

[32] E. Lang，S. Redana，B. Raaf. Business Impact of Relay Deployment for Coverage Extension in 3GPP LTE-Advanced[C]. LTE Evolution Workshop in ICC,2009：14-18.

[33] METIS. Mobile and wireless communications enablers for the 2020 information society[OL]. EU 7th Framework Programme Project. https：//www. metis2020. com.

[34] Hoydis J，ten Brink S and Debbah M. Massive MIMO in the UL/DL of cellular networks：How many antennas do we need？ [J] IEEE J Sel Area Commun，2013，31：160-171.

[35] Larsson E G，Tufvesson F，Edfors O，et al. Massive MIMO for next generation wireless systems [J]. IEEE Commun Mag，2014，52：186-195.

[36] Wunder G，Kasparick M，ten Brink S. 5G NOW：Challenging the LTE design paradigms of orthogonality and synchronicity[C]. Proceedings of IEEE Vehicular Technology Conference (VTC Spring)，2013：1-5.

[37] Cheng W C，Zhang X，Zhang H L. Optimal dynamic power control for full-duplex bidirectional-channel based wireless networks[C]. Proceedings of IEEE International Conference on Computer Communications (INFOCOM)，2013：3120-3128.

[38] 3GPP TR 25. 913. Requirements for evolved UTR (E-UTRA) and evolved.

[39] 3GPP TR 25. 814. Physical layer aspect for Evolved Universal Terrestrial Radio Access (E-UTRA).

[40] 3GPP TS 36. 101. Evolved Universal Terrestrial Radio Access (E-UTRA)：User Equipment (UE) radio transmission and reception.

[41] 3GPP TS 36. 104. Evolved Universal Terrestrial Radio Access (E-UTRA)：Base Station (BS) radio transmission and reception.

[42] 3GPP TS 36. 201. Evolved Universal Terrestrial Radio Access (E-UTRA)：LTE Physical Layer-

General Description.

[43] 3GPP TS 36. 211. Evolved Universal Terrestrial Radio Access (E-UTRA): Physical channels and modulation.

[44] 3GPP TS 36. 212. Evolved Universal Terrestrial Radio Access (E-UTRA): Multiplexing and channel coding.

[45] 3GPP TS 36. 213. Evolved Universal Terrestrial Radio Access (E-UTRA): Physical layer procedures.

[46] 3GPP TS 36. 214. Evolved Universal Terrestrial Radio Access (E-UTRA): Physical layer measurements.

[47] 3GPP TS 36. 300. Evolved Universal Terrestrial Radio Access (E-UTRA) and Evolved Universal Terrestrial Radio Access Network (E-UTRAN), Overall Description: Stage 2.

[48] 3GPP TR 36. 808. Technical Specification Group Radio Access Network. Evolved Universal Terrestrial Radio Access (E-UTRA); Carrier Aggregation; Base Station (BS) radio transmission and reception.

[49] 3GPP TR 36. 819. Coordinated Multi-Point Operation for LTE Physical Layer Aspects.

[50] R3-161809, Analysis of migration paths towards RAN for new RAT, CMCC.

[51] 3GPP TR 38. 801(v14. 0. 0), Study on new radio access technology: Radio access architecture and interfaces (Release 14), 2017. 3.

[52] 3GPP TS 38. 202(v15. 2. 0), NR: Services provided by the physical layer(Release 15), 2018. 6.

[53] 3GPP TS 38. 211(v15. 2. 0), NR: Physical channels and modulation(Release 15), 2018. 6.

[54] 3GPP TS 38. 212(v15. 2. 0), NR: Multiplexing and channel coding(Release 15), 2018. 6.

[55] 3GPP TS 38. 213(v15. 2. 0), NR: Physical layer procedures for control(Release 15), 2018. 6.

[56] 3GPP TS 38. 214(v15. 2. 0), NR: Physical layer procedures for data(Release 15), 2018. 6.

[57] 3GPP TS 38. 215(v15. 2. 0), NR: Physical layer measurements(Release 15), 2018. 6.

[58] IEEE. Part 11: Wireless LAN Medium Access Control (MAC) and Physical Layer (PHY) Specification, 2012.

[59] IEEE. Part 11: Wireless LAN Medium Access Control (MAC) and Physical Layer (PHY) Specifications; Amendment 4: Enhancements for Very High Throughput for Operation in Bands below 6GHz, 2013.

[60] IEEE. User guide for 802. 11ac waveform generator, IEEE 802. 11-11/0517r6, 2011.

[61] Schmidl T M, Fox D C. Robust Frequency and Timing Synchronization for OFDM[J]. IEEE Transactions on Communications, 1997, 45(12): 1613-1621.

[62] 802. 11 Application Framework Getting Started Guide. National Instruments, 2015.

[63] 3rd Generation Partnership Project. TS 36. 212 V10. 0. 0 Multiplexing and channel coding.

[64] Shepard C, Yu H, Anand N, et al. Argos: Practical many-antenna base stations. Proc. ACM Int. Conf. Mobile Computing and Networking (MobiCom), 2012.

[65] Larsson E G, Tufvesson F, Edfors O, et al. Marzetta, Massive mimo for next generation wireless systems. CoRR, vol. abs/1304. 6690, 2013.

[66] Rusek F, Persson D, Lau B K, et al. Scaling Up MIMO: Opportunities and Challenges with Very Large Arrays. Signal Processing Magazine, IEEE, 2013.

[67] Ngo H Q, Larsson E G, Marzetta T L. Energy and spectral efficiency of very large multiuser mimo systems. CoRR, 2011 vol. abs/1112. 3810.

[68] Rusek F, Persson D, Buon Kiong Lau, et al. Scaling Up MIMO: Opportunities and Challenges with Very Large Arrays. Signal Processing Magazine, IEEE, 2013, 30(1): 40-60.

[69] National Instruments and Lund University Announce Massive MIMO Collaboration，ni. com/ newsroom/release/national-instruments-and-lund-university-announce-massive-mimo-collaboration/ en/，Feb. 2014.

[70] Thoma R，Hampicke D，Richter A，et al. Identification of time-variant directional mobile radio channels. in Instrumentation and Measurement Technology Conference，1999. IMTC/99. Proceedings of the 16th IEEE，1999，1：176-181.